清华大学能源动力系列教材

工程热力学
(第3版)
Engineering Thermodynamics
(Third Edition)

朱明善　刘　颖　林兆庄　彭晓峰　编著
Zhu Mingshan　Liu Ying　Lin Zhaozhuang　Peng Xiaofeng
史　琳　吴晓敏　段远源　杨　震　改编
Shi Lin　Wu Xiaomin　Duan Yuanyuan　Yang Zhen

清华大学出版社
北京

内容简介

本书是在普通高等教育“十一五”国家级规划教材《工程热力学》(第2版)的基础上,参照清华大学能源与动力工程、车辆工程、建筑环境与能源应用工程、工程热物理、工程物理等本科专业,以及行健书院、未央书院、自强书院等的教学大纲,根据近年来的学科发展并参考国内外同类教材的经验和优点,基于近年的教学实践修订而成。

本书充实并强化了基本概念与基本定律的论述,力求严谨深入、由浅入深,并突出工程观点,使理论密切联系实际,注重培养学生灵活分析问题的能力。在体系编排方面注意与物理、化学等课程的衔接,起点较高,避免不必要的重复,并且将气体动力循环、蒸汽动力循环、制冷循环以及湿空气过程紧接在基本定律之后,依理想气体、蒸汽与湿空气三个层次循序渐进,引导学生加深对热力学基本规律的理解、掌握与运用。全书取材广泛,内容有所拓宽,着意反映一些最新科技进展,加强了㶲的概念、计算及应用的叙述;增加了超临界蒸汽动力循环的介绍;针对全球环境保护的热点——温室气体控制,着重介绍了环保方面对制冷工质提出的新要求与挑战。

本书可用作高等院校能源与动力工程、新能源工程、车辆工程、暖通空调、储能工程、核能工程,以及工程热物理等专业的教科书或参考书,也可供有关科技人员参考。

图书在版编目(CIP)数据

工程热力学 / 朱明善等编著 ; 史琳等改编. -- 3版. -- 北京 : 清华大学出版社, 2025. 8.
(清华大学能源动力系列教材). -- ISBN 978-7-302-70002-9

Ⅰ. TK123

中国国家版本馆CIP数据核字第2025WT5603号

责任编辑:冯　昕
封面设计:常雪影
责任校对:王淑云
责任印制:刘海龙

出版发行:清华大学出版社
网　　址:https://www.tup.com.cn, https://www.wqxuetang.com
地　　址:北京清华大学学研大厦A座　**邮　　编**:100084
社 总 机:010-83470000　**邮　　购**:010-62786544
投稿与读者服务:010-62776969, c-service@tup.tsinghua.edu.cn
质量反馈:010-62772015, zhiliang@tup.tsinghua.edu.cn
印 装 者:天津安泰印刷有限公司
经　　销:全国新华书店
开　　本:185mm×260mm　**印　　张**:20.75　**字　　数**:500千字
版　　次:1995年7月第1版　2025年8月第3版　**印　　次**:2025年8月第1次印刷
定　　价:65.00元

产品编号:109148-01

前言

PREFACE

本书是根据教育部制定的“工程热力学课程教学基本要求”并参照清华大学四年制相关学科培养方案，在清华大学多年教学实践的基础上，在2011年第2版教材的基础上再次修订而成的。

本书基本反映了我们在清华大学讲授“工程热力学”课程的教学内容，并吸收了国内外同类教科书的优点与经验。

在体系编排方面，本书将气体动力循环、水蒸气和蒸汽动力循环以及制冷循环等紧接在热力学第一、第二定律之后，以加深学生对基本定律的理解，更好地掌握与运用基本定律。

在内容方面，本书力图对基本概念和基本理论部分进行严密而深入的论述，充实热力学基本定律的本质及其数学表达式。例如，开口系统能量方程、熵的性质及熵方程、㶲及㶲的计算、热力学微分关系式及其应用等内容，突出工程观点，使理论密切联系实际，注重培养学生运用热力学理论解决工程问题的能力。为适应学科发展的需要，本书还注意引进国内外科学研究的新成果与新技术，更新与充实了内容。例如，考虑到国际计量大会对基本物理量的重新定义，增加了关于温度单位的基于玻耳兹曼常数的新定义；考虑到能源合理利用和节能工作的需要，深化了热力学第二定律及其分析方法的叙述，加强了物理㶲与化学㶲，㶲分析、㶲损失等概念，以及新国标中㶲的新基准，并引入对熵的微观意义的介绍；又如，根据最新研究结果，对水及水蒸气热力性质进行了修订，并结合蒸汽动力循环的发展，增加了超临界蒸汽动力循环的介绍及其练习题；针对全球环境保护的热点——温室气体控制，着重介绍了环保方面对制冷工质提出的新要求与挑战。

在编写安排方面，本书尽量避免与物理、化学等课程不必要的重复，但又注意保持相应的衔接。例如，对理想气体状态方程、理想气体基本热力过程、理想混合气体等部分采用总结归纳的方法加以叙述，不从头推导；在化学热力学部分中，对于化学反应方程式等反映质量守恒定律的内容，融合在化学热力学的整个叙述中，而不另列一节。这样，使本书在取材方面有一定的深度，起点较高。

为了帮助学生复习以及培养学生独立思考和解决问题的能力，本书每章均有例题、思考题和习题，这些题的针对性、启发性与工程性较强，并与正文内容密切配合。全书采用我国法定计量单位。

参加本书第1版编写工作的有朱明善、刘颖、林兆庄和彭晓峰。绪论与第1、9、10章由朱明善编写；第2、3、4、6、7章由刘颖编写；第5、8、11章由林兆庄编写；第12章由彭晓峰编写。全书由朱明善统稿。

在本书第2版的修订中,史琳、吴晓敏和段远源进行了主要改编工作,刘颖和林兆庄进行审定。其中,第1~4章由史琳改编,第5~12章由吴晓敏改编,水蒸气物性软件由段远源编写,全书由吴晓敏统稿。

在本书第3版的修订中,史琳主要进行前言、绪论、第1章、第4章、第8章和第12章的改编工作,吴晓敏主要进行第2章、第3章、第9章、第10章的改编工作,段远源主要进行第5章、第6章的改编工作,杨震主要进行第7章、第11章的改编工作。全书由史琳统稿。

鉴于编者水平有限,书中难免有疏漏与不妥之处,请读者指正。

编　者

2025年春于清华园

主要符号表

拉丁字母

A	截面积
a	声速
A_n, a_n	总炕；比炕
C, c	热容,临界点；比热容,速度
c_p, c_V	定压比热容；定容比热容
C'	容积热容
C_m	摩尔热容
d	比湿度,汽耗率
E, e	总能；比能
E_k, E_p	动能；位能
E_x, E_{xm}, e_x	总㶲；摩尔㶲；比㶲
F, f	亥姆霍兹函数；比亥姆霍兹函数
G, G_m, g	吉布斯函数；摩尔吉布斯函数；比吉布斯函数
$\bar{g}_f^\circ$	标准生成吉布斯函数
H, H_m, h	总焓,磁场强度；摩尔焓；比焓
$\bar{h}_f^\circ$	标准生成焓
$[-\Delta H_f^l], [-\Delta H_f^h]$	低发热量；高发热量
i	分子运动自由度
K_p, K_x	平衡常数
k	比热容比
M	摩尔质量
Ma	马赫数
$m, \dot{m}$	质量；质量流率
n	摩尔数,准静态功的数目,多变指数
P	功率
p	压力
p_b, p_g, p_v	大气压力；表压力；真空度
Q, q	传热量,反应热；单位质量的传热量
Q_p	定压过程传热量,定压热效应
Q_v	定容过程传热量,定容热效应
r	汽化潜热

R, R_m	气体常数；摩尔气体常数
S, S_m, s	面积，总熵；摩尔熵；比熵
$S_m^\circ, S_m^\circ(T)$	标准状态的绝对熵；TK，101.325 kPa 下的绝对熵
T, t	热力学温度；摄氏温度
U, U_m, u	总热力学能(亦称总内能)；摩尔热力学能(亦称摩尔内能)；比热力学能(亦称比内能)
V, V_m, v	容积；摩尔容积；比容
W, w	容积变化功，闭口系统净功；比容积变化功，闭口系统比净功
W_{net}, w_{net}	开口系统净功；开口系统比净功
W_s, w_s	轴功；比轴功
W_t, w_t	技术功；比技术功
x	干度
x_i	摩尔成分
Z	压缩因子
z	高度

希腊字母

α	抽汽量，离解度
α_v, α_p	弹性系数；定压热膨胀系数
β_T, β_s	定温压缩系数；绝热压缩系数
γ_i	容积成分
ε	制冷系数，内燃机压缩比，反应度
ε'	供热系数
η, η_t	效率；热效率
η_{oi}	相对内效率
η_V	压气机容积效率
λ	内燃机定容增压比
μ	化学势
μ_J	焦-汤系数
ν_{cr}	临界压力比
π	单位质量工质做功能力损失或㶲损失，燃气轮机循环增压比
ρ	密度，内燃机定压预胀比
σ	回热度，表面张力
τ	时间，燃气轮机循环增温比
φ	相对湿度，速度系数
w_i	质量成分
ζ	能量损失系数

下　标

a	干空气
C	卡诺循环
c	临界状态,冷凝器；压气机
c. v	开口系统或控制容积
d	露点
ex	㶲(亦称有效能)
f	燃料,(熵)流
g	(熵)产,气体
i	第 i 种组元
in	进口条件
iso	孤立系统
IR	不可逆机
l	液体
m	混合加热内燃机循环
max	最大
min	最小
mix	混合
n	多变过程
opt	最佳
out	出口条件
p	定压,定压加热内燃机循环
P	生成物,水泵
Q,q	热量
Q_o	冷量
R	可逆循环,朗肯循环,反应物
RG,RH	回热循环；再热循环
r	热源,对比状态
rev	可逆
s	饱和状态
s	定熵
T	定温
T	汽轮机
tu	管道
U,u	内能
V,v	定容；定容加热内燃机循环
v	水蒸气

w	湿球
0	死态,环境
1,2	状态1与2,瞬时1与2

上　标

′,″	饱和液;饱和气
*	滞止状态
—	平均
•	单位时间的物理量
°	环境参数,标准态

目录 CONTENTS

0-1 热能及其利用

人类在生产和日常生活中,需要各种形式的能量。自然能源的开发和利用是人类社会进步的起点,而能源开发和利用的程度又是社会生产发展的一个重要标志。

所谓能源,是指提供各种能量的物质资源。自然界以自然形态存在的、可以利用的能源称为**一次能源**,主要有风能、水力能(含潮汐能)、太阳能、地热能、化学能(指天然气、石油、煤、氢、氨等可燃气,生物质等产生的能量)和核能等,其中有些可直接加以利用,但通常需要经过适当加工转换后才能利用。由一次能源加工转换后的能源称为**二次能源**,其中主要是热能、机械能和电能。因此,能量的利用过程,实质上是能量的传递和转换过程,大致如图0-1所示。

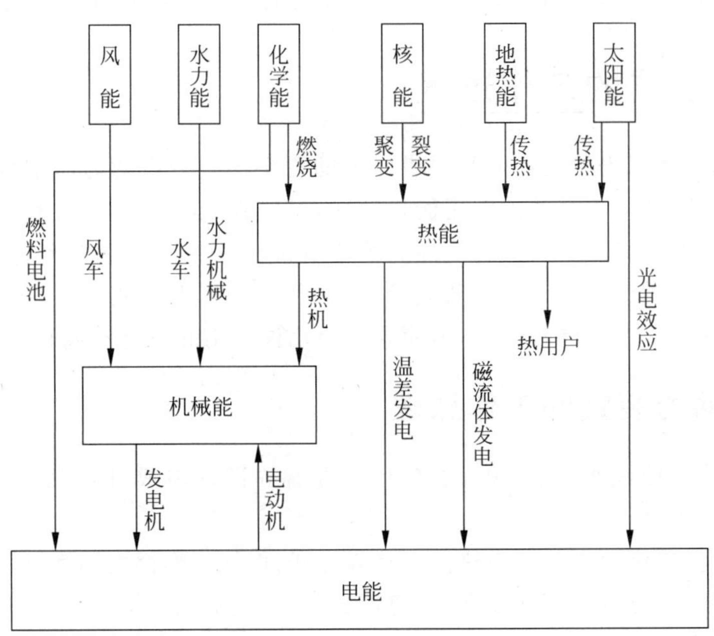

图0-1　能量转换关系

由图0-1可见,在能量转换过程中,热能不仅是最常见的形式,而且具有特殊重要的作用。一次能源中除太阳能通过光电效应,化学能通过燃料电池直接提供电能以及风能、水力能直接提供机械能外,其余各种一次能源往往都要首先转换成热能的形式。因此,热能的有效开发利用对于人类社会的发展有着重要意义。

热能的利用,有以下两种基本方式:一种是热利用,即将热能直接用于加热物体,以满足烘干、蒸煮、采暖、空调、熔炼等需要。这种方式的利用可追溯到数千年以前。另一种是动力利用,通常是指通过各种热能动力装置将热能转换成机械能或者再转换成电能加以利用,如热力发电、车辆、船舶、飞机、火箭等,为人类的日常生活和工农业及交通运输提供动力。自从18世纪中叶发明蒸汽机以来,至今仅200多年的历史,但却开创了热能动力利用的新纪元,使人类社会生产力和科学技术突飞猛进。可以说,热能动力的利用,奠定了工业革命的基础。

进入21世纪,传统化石能源(天然气、石油、煤等)在能源转换过程中的污染物排放特别是碳的人工排放,引起了全球对生态环境恶化和气候变化的担忧。世界正在经历深刻的能源革命,即逐步减少化石能源使用,能源利用方式向清洁、高效、低碳、智能的方向转型升级。在能源革命的浪潮中,以可再生能源为代表的新型能源动力类型更为丰富,如何更加经济地利用能源,需要我们掌握更多有关能量转换规律方面的知识。

热力学可以定义为关于能量的科学。能量可以被视为引起变化的能力。热力学的名称源于希腊语的therme(热)和dynamis(动力),体现了人类将热量转化为动力所付出的努力。如今,这一名称被广义化,它包含能量和能量转化的各个方面。

自然界的所有活动都涉及能量和物质之间的相互作用,很难想象有哪个领域与热力学没有联系。因此,充分理解热力学的基本原理一直以来都是工程教育的重要组成部分。

0-2 热能转换装置的工作过程

目前,各种热能动力装置仍然是为人类提供动力的主要形式。在动力需求日益增长的今天,如何开发新的能源,如何更高效地实现能量转换,是摆在能量转换学科及动力工程工作者面前的一个十分迫切而又重要的课题。热能的转换和利用,离不开各种热能转换装置,如蒸汽动力装置、内燃机、燃气轮机装置以及制冷、空调装置等。为了便于从这些装置中总结出能量转换的基本规律以及共同特性,本节简要介绍几种常用的热能转换装置。

0-2-1 蒸汽动力装置的工作原理

简单的蒸汽动力装置由锅炉、汽轮机、水泵和冷凝器等设备组成,图0-2(a)为其系统简图。

燃料在锅炉内燃烧,其化学能转变为热能,产生高温的烟气。汽锅内的水吸收烟气的热量,变为水蒸气,当它流经过热器时,继续吸热,温度进一步提高,变为过热蒸汽。此时蒸汽的温度、压力比外界介质(空气)的高,具有做功能力。当它被导入汽轮机后,先通过喷管并在其中膨胀,压力、温度降低,而速度增大,热能转换成了汽流的动能。这种高速汽流冲击推动叶片,带动叶轮旋转。汽流的速度降低,动能转化为叶轮的机械能,通过轴转动向外做功,如图0-2(b)所示。膨胀后的乏汽,压力与温度都较低,进入冷凝器后向冷却水放热而凝结成水,并由泵升压后打入锅炉加热。如此周而复始循环,重复上述吸热、膨胀、放热和升压等一系列过程,把燃料燃烧放出的热能源源不断地转换为功。这种装置可简化为图0-2(c)所示的热力系统图。

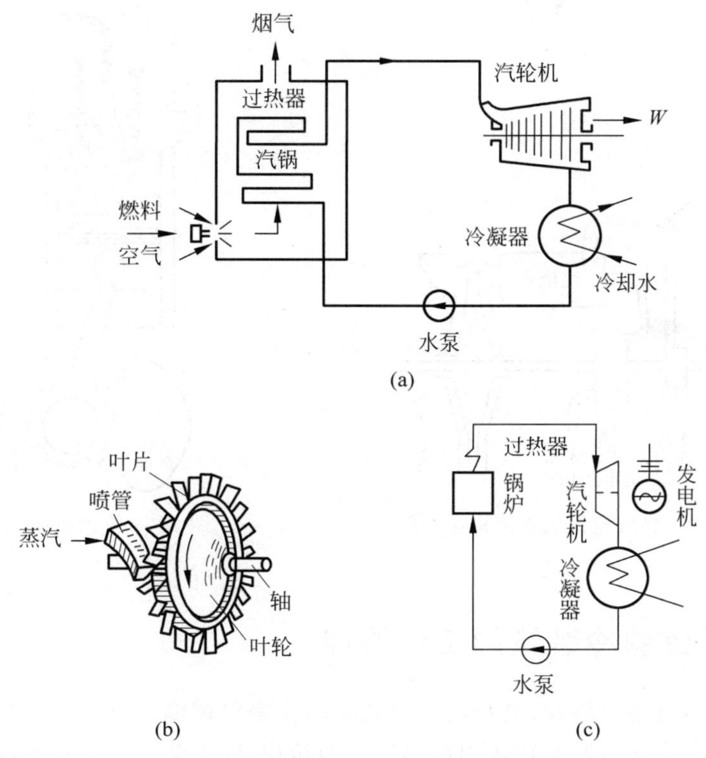

图 0-2　蒸汽动力装置设备简图

0-2-2　燃气轮机装置的工作原理

最简单的燃气轮机装置包括三个主要部件,即压气机、燃气轮机和燃烧室,图 0-3 为其流程示意图。空气和燃料分别经压气机与泵增压后送入燃烧室,在其中燃料与空气混合并燃烧,释放出热能。燃烧所产生的燃气吸热后温度升高,然后流入燃气轮机边膨胀边做功,做功后的气体排向大气并向大气放热。重复上述升压、吸热、膨胀与放热过程,连续不断地将燃料的化学能转换成热能,进而转换成机械能。

0-2-3　内燃机的工作原理

内燃机的工作特点是,燃料在气缸内燃烧,所产生的燃气直接推动活塞做功。下面,以图 0-4 所示的汽油机为例加以说明。

开始,活塞向下移动,进气阀开启,排气阀关闭,汽油与空气的混合气进入气缸。当活塞到达最低位置后,改变运动方向而向上移动,这时进、排气阀关闭,缸内气体受到压缩。压缩终了,电火花塞将燃料气点燃。燃料燃烧所产生的燃气在缸内膨胀,向下推动活塞而做功。当活塞再次上行时,进气阀关闭,排气阀打开,做功后的烟气排向大气。重复上述压缩、燃烧、膨胀、排气等过程,周期循环,不断地将燃料的化学能转变为热能,进而转换为机械能。

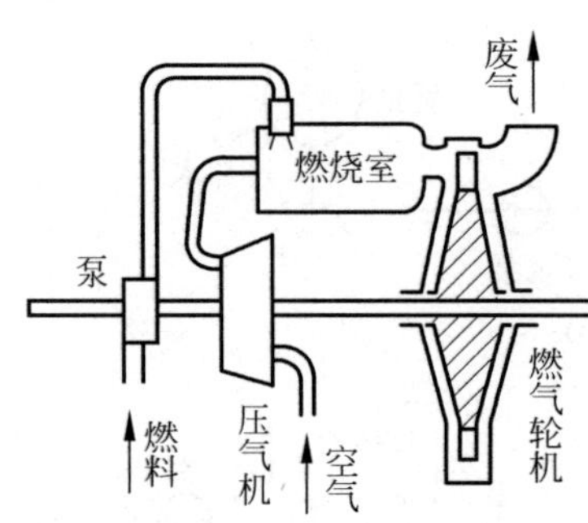

图 0-3　燃气轮机装置流程示意图

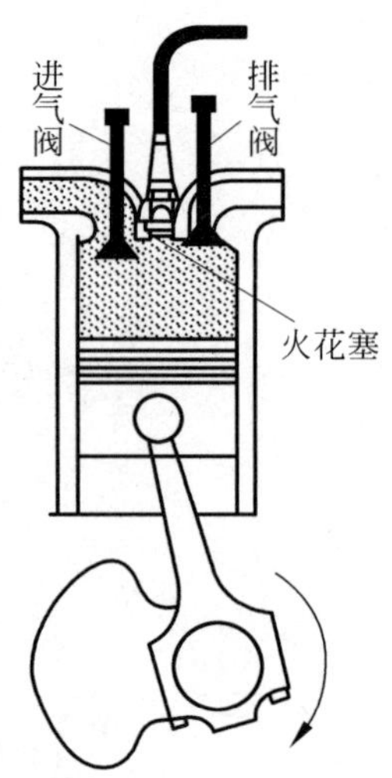

图 0-4　汽油机结构简图

0-2-4　压缩制冷装置的工作原理

以上介绍了热能动力装置,其目的是将热能转换为机械能。这里介绍另一类装置,它们消耗机械功来实现热能由低温物体向高温物体的转移,这类装置通常称为制冷装置或热泵。现以氟利昂蒸气压缩制冷装置为例说明其工作原理。

图 0-5 所示系统中,一般采用氟化物作制冷剂。当低温低压的制冷剂蒸气从冷藏室被吸入压缩机后,经压缩变为高温高压的过热蒸气,送至冷凝器冷凝为高压液态制冷剂,再经膨胀机绝热膨胀,降温降压后送回冷藏室,吸收热量而汽化,这时在冷藏室内形成低温制冷的条件。

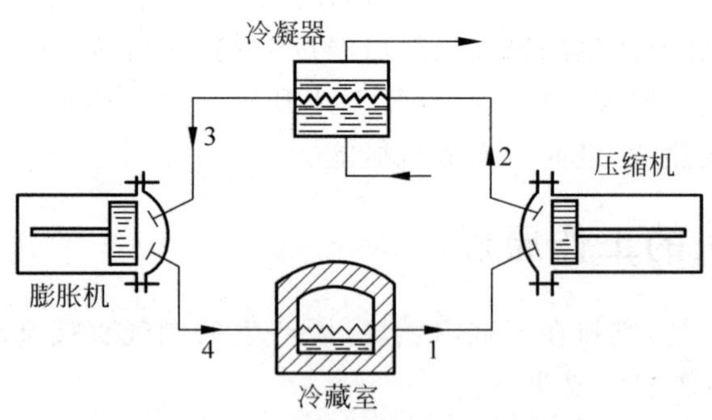

图 0-5　压缩制冷装置流程示意图

上述几种能量转换装置的结构与工作方式虽各不相同,但分析后不难发现它们的共性。

首先,实现能量转换时,均需要某些物质作为它的工作物质,称为**工质**。例如水蒸气、空气、燃气以及氟利昂等。

其次,能量转换是在工质状态连续变化的情况下实现的。热能动力装置一般都经历升压、吸热、膨胀和放热等过程。

此外，供给热能动力装置的热能，只有一部分转变为机械能，其余的部分排给大气或冷却水。

以上是通过初步的观察和分析得到的寓于各装置个性中的共性。通过上述分析，不禁会提出一些值得研究的问题，例如：

(1) 为了获得一定数量的机械功，是否必须投入热量？反之，为了使热能从低温物体传给高温物体，是否一定要消耗功或热等作为代价？

(2) 为什么在各动力装置中既要吸热又要放热？这是不是热功转换的必要条件？为什么都要先升压，再吸热，能否先吸热，再升压？

(3) 不同的工质对热功转换的程度有否影响？

(4) 影响能量转换效果的因素有哪些？如何提高其转换效果？

……

所有这些，正是工程热力学课程所要讨论的问题。

0-3 工程热力学的研究对象及其主要内容

如上所述，工程热力学研究的主要课题，归纳起来，包括以下几个方面。

(1) 研究能量转换的客观规律，即热力学第一定律与热力学第二定律。这是工程热力学的理论基础。其中，热力学第一定律从数量上描述了热能与其他能量（特别是机械能）相互转换时的关系；热力学第二定律从质量上说明热能与以机械能为代表的其他能量之间的差别，指出能量转换的方向性。

(2) 研究工质的基本热力性质。

(3) 研究各种热工设备中的工作过程，即应用热力学基本定律，分析计算工质在各种热工设备中所经历的状态变化过程和循环，探讨、分析影响能量转换效果的因素以及提高转换效果的途径。

(4) 研究与热工设备工作过程直接有关的一些化学和物理化学问题。燃料的燃烧是热能的主要来源之一，而燃烧是剧烈的化学反应过程，因此需要讨论化学热力学的基础知识。

随着科技进步与生产发展，工程热力学的研究与应用范围已不限于只是作为建立热机（或制冷装置）理论的基础，现已扩展到许多工程技术领域中，从航空航天、深海深地探测，到高能激光、芯片和数据中心冷却；从化学精炼、生物工程、空气分离等过程工业，到分布式区域网络、热泵、海水淡化等民生事业，再到适应可再生能源波动的各种储能技术，都需要应用工程热力学的基本理论和基本知识。因此，工程热力学已成为许多有关专业必修的一门技术基础课。

0-4 热力学的研究方法

热力学有两种不同的研究方法：一种是宏观研究方法，另一种是微观研究方法。

宏观研究方法不考虑物质的微观结构，把物质看成连续的整体，并且用宏观物理量来描述它的状态。通过大量的直接观察和实验，总结出基本规律，再以基本规律为依据，经过严密逻辑推理，导出描述物质性质的宏观物理量之间的普遍关系及其他一些重要推论。由于热力学基本定律是无数经验的总结,因而具有高度的可靠性和普遍性。

应用宏观研究方法的热力学叫作宏观热力学,或经典热力学或唯象热力学。工程热力学主要应用宏观研究方法。

在热力学和工程热力学中,还普遍采用抽象、概括、理想化和简化处理的方法,将往往较为复杂的实际现象与问题,突出本质,突出主要矛盾,略去细节,抽出共性,建立起合适的物理模型,以便能更本质地反映客观事物。例如将空气、燃气、湿空气等简化为理想气体处理,将高温烟气以及各种可能的热源概括成具有一定温度的抽象热源,将实际不可逆过程理想化为可逆过程,以便分析计算,然后依据经验给予必要校正等。当然,运用理想化和简化方法的程度要视分析研究的具体目的和所要求的精度而定。

宏观研究方法也有它的局限性,由于它不涉及物质的微观结构,因而往往不能解释热现象的本质及其内在原因。

微观研究方法正好弥补了这个不足。应用微观研究方法的热力学叫作微观热力学,或统计热力学。它从物质的微观结构出发,即从分子、原子的运动和它们的相互作用出发,研究热现象的规律。在对物质的微观结构及微粒运动规律作某些假设的基础上,应用统计方法,将宏观物理量解释为微观量的统计平均值,从而解释热现象的本质及其发生的内部原因。由于作了某些假设,所以其结论与实际并不完全符合,这是它的局限性。

作为应用科学之一的工程热力学,以宏观研究方法为主,微观理论的某些结论用来帮助理解宏观现象的物理本质。

第1章 基本概念

1-1 热力系统

1-1-1 系统与外界

分析任何现象时，首先应明确研究的对象，分析热力现象也不例外。通常根据所研究问题的需要，人为地划定一个或多个任意几何面所围成的空间作为热力学研究对象。这种空间内的物质的总和称为热力系统，简称为系统或体系。系统之外的一切物质统称为外界。系统与外界的边界面称为边界。系统与外界之间，通过边界进行能量的传递与物质的迁移。

边界面的选取可以是真实的，也可以是假想的；可以是固定的，也可以是移动的。作为系统的边界，可以是这几种边界面的组合。图 1-1(a)表示的是电加热器对水罐中的水加热的情况。如果只取水作为系统，则其边界如图 1-1(b)所示，这时作为界面的罐子壁面部分是真实的、固定的，而水与空气之间的界面则是假想的、可移动的。如果考虑罐子容器及其中的水作为系统，其边界如图 1-1(c)所示；如果把电加热器、水罐及其中的水作为系统，则其边界如图 1-1(d)所示。由此可见，随着研究者所关心的具体对象不同，系统的划分可以很不相同，系统所含内容也就不同。于是，同一物理现象由于划分系统的方式不同而成为不同的问题。

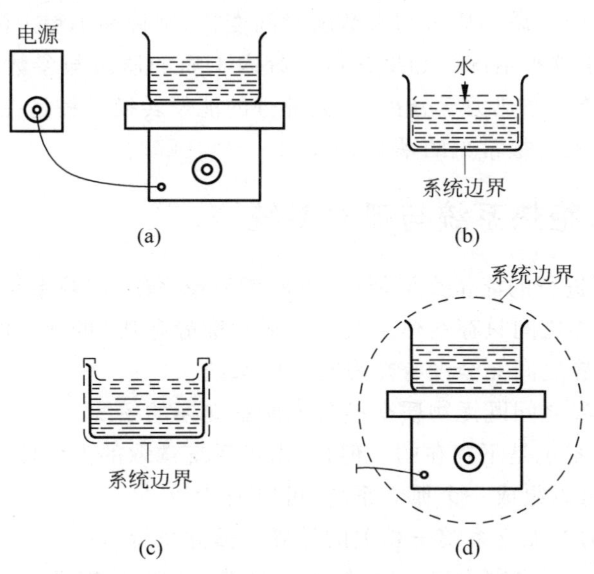

图 1-1　系统边界示例图

1-1-2 闭口系统与开口系统

按系统与外界是否进行物质交换,系统可分为闭口的与开口的两种。

系统与外界之间没有物质交换时,这种系统称为闭口系统。例如取气缸中的空气作为系统。如图 1-2(a)所示,即为闭口系统,虚线表示边界。

闭口系统由于与外界没有物质交换,系统内包含的物质质量为一不变的常量,所以又叫作控制质量系统。但应注意:闭口系统具有恒定的质量;但具有恒定质量的系统不一定都是闭口系统。例如,在一个稳定流动的系统中,进入与离开系统的质量是恒定的,因而系统内的质量也将不变,但这样的系统显然不是闭口系统。

开口系统是指与外界有物质交换的系统。例如水蒸气流经汽轮机,如图 1-2(b)所示,虚线标出的是所选定的边界。这时水蒸气从汽轮机入口不断地流入汽轮机,做功后又从汽轮机出口不断地流出去。通过边界,系统与外界之间不仅存在着能量交换(例如对外做功等),而且还有物质的交换。

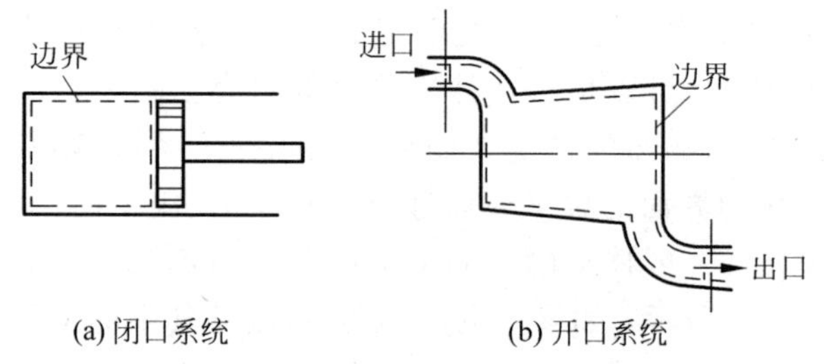

图 1-2 闭口系统与开口系统示例图

通常,开口系统总是一种相对固定的空间,故又称为控制容积系统,大多数热工设备都是开口系统。如果开口系统内工质的质量与参数随时间变化,则称为不稳定流动开口系统,设备的起动、停车过程都属于这种情况。如果开口系统内工质的质量与参数均不随时间变化,则称为稳定流动开口系统。在热力学分析中,大部分的能量转换过程是在稳定流动下进行的,所以,稳定流动开口系统是最常见的系统。

1-1-3 简单系统、绝热系统与孤立系统

根据系统与外界之间所进行的能量交换情况,有所谓简单系统、绝热系统与孤立系统。

(1) 简单系统是指与外界之间只存在热量及一种形式准静态功①的交换的系统。

(2) 绝热系统是指与外界之间完全没有热量交换的系统。

(3) 孤立系统是指与外界之间既无物质交换又无能量交换的系统。

绝对的绝热系统与孤立系统是不存在的。但是,由于系统选取的人为性,任何一个非孤立系统加上相关的外界,就可以组成一个孤立系统,可以表达为

任何非孤立系统+相关的外界=孤立系统

孤立系统一定是闭口的;反之则不然。同样,孤立系统一定是绝热的,但绝热系统不一

---

① 关于准静态的概念,参见 1-6 节。不同形式的准静态功参见 1-7 节。

定都是孤立的。

1-1-4　均匀系统与非均匀系统，单元系统与多元系统

系统也可按其内部状况的不同而分为均匀系统、非均匀系统、单元系统、多元系统、可压缩系统和简单可压缩系统。

(1) 均匀系统是指内部各部分化学成分和物理性质都均匀一致的系统，它是由单相组成的。

(2) 非均匀系统是指内部各部分化学成分或物理性质不一致的系统，如由两个或两个以上的相所组成的系统。

(3) 单元系统是指只包含一种化学成分物质的系统。

(4) 多元系统是指由两种或两种以上物质组成的系统。

(5) 可压缩系统是指由可压缩流体组成的系统。

(6) 简单可压缩系统是指与外界只有热量及准静态容积变化功(膨胀功或压缩功)交换的可压缩系统。

工程热力学中讨论的大部分系统都是简单可压缩系统。

1-2　状态和状态参数

1-2-1　热力系统的状态和状态参数

热力系统在某一瞬间所处的宏观物理状况称为系统的状态。用以描述系统所处状态的一些宏观物理量则称为状态参数。通常系统由工质组成，因此，所谓系统的状态，也就指系统内工质在某瞬间所呈现的宏观物理状况；而描述工质状态的参数也就称为工质的状态参数。

系统或工质的状态是要通过参数来表征的；而状态参数又单值地取决于状态。换句话说，状态一定，描写状态的参数也就一定；若状态发生变化，至少有一种参数随之改变。状态参数的变化只取决于给定的初始与最终状态，而与变化过程中所经历的一切中间状态或路径无关。

1-2-2　状态参数的数学特性

在给定的状态下状态参数的单值性，在数学上表现为点函数，具有下列积分特性和微分特性。

1) 积分特性

当系统由初态 1 变化到终态 2 时，任一状态参数 z 的变化量等于初、终态下该状态参数的差值，而与其中经历的路径(如 a 或 b)无关，即

$$\Delta z=\int_{(1,a)}^{(2)}\mathrm{d}z=\int_{(1,b)}^{(2)}\mathrm{d}z=z_2-z_1 \tag{1-1}$$

当系统经历一系列状态变化而又恢复到初态时，其状态参数的变化为零，即它的循环积分为零，即

$$\oint \mathrm{d}z = 0 \tag{1-2}$$

2）微分特性

由于状态参数是点函数，它的微分是全微分。设状态参数 z 是另外两个变量 x 和 y 的函数，则

$$\mathrm{d}z = \left(\frac{\partial z}{\partial x}\right)_y \mathrm{d}x + \left(\frac{\partial z}{\partial y}\right)_x \mathrm{d}y \tag{1-3}$$

在数学上的充要条件为

$$\frac{\partial^2 z}{\partial x \partial y} = \frac{\partial^2 z}{\partial y \partial x} \tag{1-4}$$

如果某物理量具有上述数学特征，则该物理量一定是状态参数。

1-2-3 广延参数与强度参数

给定状态下的状态参数按其数值是否与系统内物质数量有关，可分为广延参数与强度参数两类。

在给定状态下，凡与系统内所含物质的数量有关的状态参数称为广延参数。这类参数具有可加性，在系统中它的总量等于系统内各部分同名参数值之和。若系统（无论是否为均匀系统）被分为 k 个子系统，则整个系统的广延参数 Y 为

$$Y = \sum_{i=1}^{k} Y_i \tag{1-5}$$

式中，Y_i 为第 i 个子系统的同名参数值。容积、能量、质量等均是广延参数。显然，无论系统是否均匀，广延参数均有确定的数值。

在给定的状态下，凡与系统内所含物质的数量无关的状态参数称为强度参数，如压力、温度等。强度参数不具可加性。如果将一个均匀系统划分为若干个子系统，则各子系统及整个系统的同名强度参数都具有相同的值。但非均匀系统内各处的同名强度参数不一定都具有相同的值，因而就整个系统而言，强度参数没有确定的值，将视系统的组成而定。例如，某种物质的蒸汽、液体和固体共存于一个系统所形成的三相混合物，其中每一相都是均匀的，但整个混合物是非均匀系统，虽然此非均匀系统中各相的压力相等，但它们的密度却并不相同，整个系统的密度将视系统的组成而定。

单位质量的广延参数，具有强度参数的性质，称为比参数。如果系统内物质的状态参数均匀一致，则系统的广延参数除以系统的总质量，即为比参数。例如，对于容积为 V，质量为 m 的均匀系统，其比容（$v=V/m$）即为比参数。如果系统内各部分状态不均匀，则广延参数对质量的微商为比参数。通常广延参数用大写字母表示，由广延参数转化而来的比参数用相应的小写字母表示，而且为了书写方便，有时把除比容以外的其他比参数的“比”字省略。

类似地，均匀系统的任意广延参数除以系统的总摩尔数就成为所谓的摩尔参数，例如摩尔体积、摩尔能量等。对于非均匀系统，同样应以广延参数对摩尔量的微商表示。

还有一些参数，它们与热力系统的内部状态无关，常常需要借助外部参考系来确定，例如热力系统作为一个整体的运动速度、动能与重力位能（重力势能）等，它们描述热力系统的力学状态，称为力学状态参数或外参数。

1-3 基本状态参数

压力、比容和温度是三个可以测量而且又常用的状态参数，称为**基本状态参数**。其他的状态参数可依据这些基本状态参数之间的关系间接导出。

1-3-1 压力

流体单位面积上作用力的法向分量称为压力（又称压强），以 p 表示，即

$$p = F_n / A \tag{1-6}$$

式中，F_n 为作用于面积 A 上的力的法向分量。对于流体，经常用“压力”概念，而固体则用“应力”。静止流体内任一点的压力值，在各个方向是相同的。气体的压力是气体分子运动撞击表面，而在单位面积上所呈现的平均作用力。

1. 绝对压力、表压力和真空度

工质真实的压力常称为绝对压力，用 p 表示，一般用弹簧管式压力计或测量微小压力的 U 形管压力计测量。

弹簧管式压力计的基本原理如图 1-3 所示。弹性弯管的一端封闭，另一端与被测工质相连，在管内作用着被测工质的压力，而管外作用着大气压力。弹性弯管在管内外压差的作用下产生变形，从而带动指针转动，指示出被测工质与大气之间的压差。

U 形管压力计如图 1-4 所示。U 形管内盛有用来测压的液体，通常是水或水银（汞）。U 形管的一端接被测工质，而另一端与大气环境相通。当被测的压力与大气压力不等时，U 形管两边液柱高度不等。此高度差即指示出被测工质与大气之间的压差。

由此可见，不管用什么压力计，测得的是工质的绝对压力 p 和大气压力 p_b 之间的相对值。

当绝对压力高于大气压力（$p > p_b$）时，压力计指示的数值称为表压力，用 p_g 表示，如图 1-4(a)所示。显然

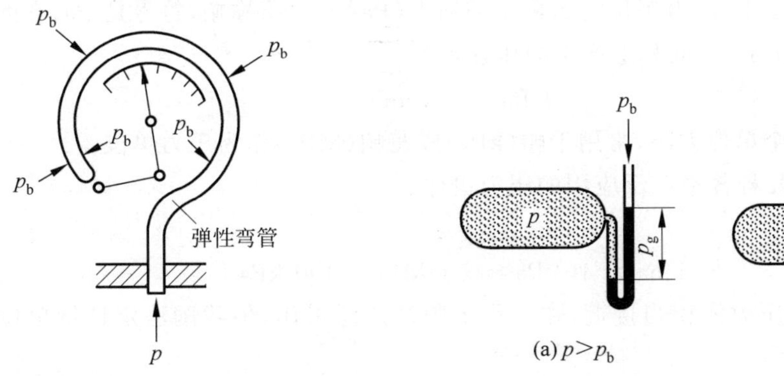

图 1-3 弹簧管式压力计原理示意图

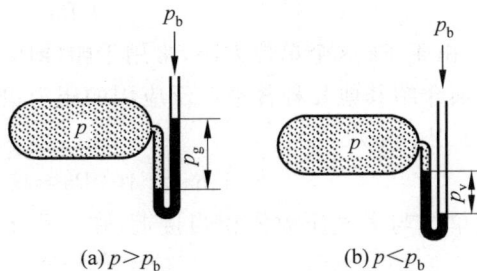

图 1-4 U 形管压力计压差关系图

$$p = p_g + p_b \tag{1-7}$$

当绝对压力低于大气压力（$p < p_b$）时，压力计指示的读数称真空度，用 p_v 表示，如

图 1-4(b)所示。显然

$$p = p_b - p_v \tag{1-8}$$

若以绝对压力为零时作为基线,则可将工质的绝对压力、表压力、真空度和大气压力之间的关系用图 1-5 表示。

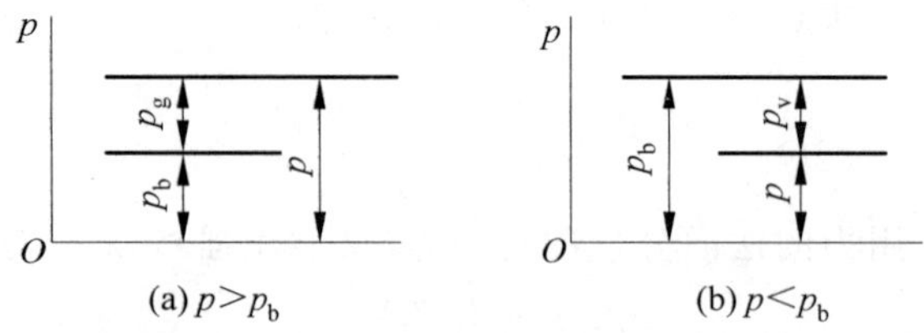

图 1-5　绝对压力、表压力、真空度和大气压的关系

作为工质状态参数的压力是绝对压力,但测得的是与大气压力的相对值,因此必须同时知道大气压力值。大气压力是地面之上的空气柱重力所造成的,它随各地的纬度、高度和气候条件而变化,可用气压计测定。工程计算中,如被测工质绝对压力值很高,可将大气压力近似地取为 0.1 MPa;若被测工质绝对压力值较小,就必须按当时当地大气压力的具体数值计算。

不难理解,若压力计处于特定外界时,则 p_b 应为此外界的压力,而测得的 p_g 或 p_v 均应是相对于 p_b 的压力。

实际测量时,除了弹簧管式压力计和 U 形管压力计,其他的压力计还包括负荷式压力计和电测式压力测量仪表。负荷式压力计是直接按压力的定义制作的,常见的是活塞式压力计,这类压力计误差很小,主要作为压力基准仪表使用。电测式压力测量仪表(压力传感器)利用金属或半导体的物理特性直接将压力转换为电压、电流信号或频率信号输出,或是通过电阻应变片等将弹性体的形变转换为电压、电流信号输出。代表性产品有压电式、压阻式、振频式、电容式和应变式等。

2. 压力单位

在法定计量单位中,压力单位的名称是帕斯卡(Pascal),简称帕,符号是 Pa,它的定义是 1 N 的力均匀作用在 1 m^2 面积上产生的压强,即

$$1\ \text{Pa} = 1\ \text{N/m}^2 \tag{1-9}$$

工程上,由于 Pa 这个单位太小,常用千帕(kPa)或兆帕(MPa)作为压力单位。

下面介绍其他几种曾被广泛应用的压力单位。

(1) 巴(bar)

$$1\ \text{bar} = 10^5\ \text{Pa} = 0.1\ \text{MPa} = 100\ \text{kPa}$$

此压力单位与大气压力值相当接近,在工程上曾被广泛采用,但我国法定计量单位已将其废除。

(2) 毫米汞柱(mmHg)和毫米水柱(mmH_2O)

这是用液柱高度表示的压力单位,与压力的关系为

$$p = \rho g h \tag{1-10}$$

式中,h 为液柱高度,ρ 为液体密度。

由于水的密度可取为 $\rho_{H_2O}=1\,000\ kg/m^3$(4℃时)，汞的密度可取为 $\rho_{Hg}=13\,595\ kg/m^3$(0℃时)，则由式(1-10)可得出以 1 mmHg 柱与 1 mmH_2O 柱高度为压力单位时相应的压力值为

$$1\ mmHg=133.322\ Pa\approx 133.3\ Pa$$

$$1\ mmH_2O=9.806\,65\ Pa\approx 9.81\ Pa$$

(3) 标准大气压(物理大气压)(atm)

这是以纬度 45°的海平面上的常年平均大气压力的数值为压力单位，其值为 760 mmHg，由此

$$1\ atm=760\ mmHg=1.013\,25\times 10^5\ Pa=1.013\ bar$$

(4) 工程大气压(at)

这是工程单位制的压力单位，即 1 at=1 kgf/cm^2，由此

$$1\ at=1\ kgf/cm^2=10^4\ mmH_2O=9.806\,65\times 10^4\ Pa=0.980\,665\ bar\approx 735.6\ mmHg$$

各种压力单位的换算关系见附录中的附表 1。

例题 1-1　用一个装有水的斜管微压计去测量管中的气体压力(见图 1-6)，斜管中的水面比直管中的水面沿斜管方向高出 14 cm，大气压力为 1.01×10^5 Pa，求管中 D 点气体的压力。

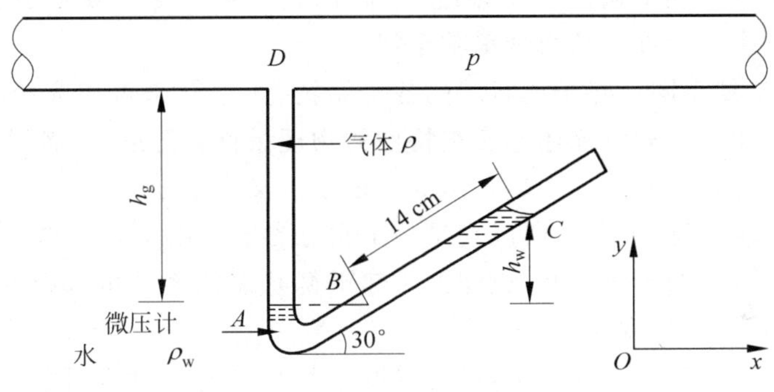

图 1-6　斜管微压计示意图

解：由于气体的密度 ρ_g 远小于水的密度 ρ_w，故微压计垂直管中气柱造成的压力可以忽略不计，即 $p_A=p_D$。所以有

$$p=p_b+\rho_w g\cdot h_w=(1.01\times 10^5+10^3\times 9.81\times 0.14\times \sin 30°)\ Pa=1.017\times 10^5\ Pa$$

1-3-2　比容及密度

比容在数值上等于单位质量工质所占的容积，在法定计量单位制中，其单位是 m^3/kg。但它不是容积的概念，而是描绘分子聚集疏密程度的比参数。如果质量为 m(单位为 kg)的工质占有容积 V(单位为 m^3)，则比容 v 的数值为

$$v=\frac{V}{m} \tag{1-11}$$

密度在数值上等于单位容积内所包含的工质的质量，是强度量，单位是 kg/m^3。如果在容积 V 内含有工质的质量为 m，则密度 ρ 的数值为

$$\rho=\frac{m}{V} \tag{1-12}$$

不难看到，比容与密度互为倒数，即

$$v\rho=1 \tag{1-13}$$

可见它们不是互相独立的参数。可以任意选用其中的一个，热力学中通常选用比容 v 作为独立状态参数。

1-3-3 温度

温度概念的建立及其测量是以热力学第零定律为基础的。

1. 热力学第零定律与温度

若将冷热程度不同的两个系统相互接触，它们之间会发生热量传递。在不受外界的影响下，经过一段足够长的时间，它们将达到相同的冷热程度，而不再进行热量传递，这种情况称为热平衡。

经验表明，如果 A，B 两系统可分别与 C 系统处于热平衡，只要不改变它们各自的状态，令 A 与 B 相互接触，可以发现它们的状态仍维持恒定不变，这说明两者也处于热平衡状态。由此可以得出如下结论：

与第三个系统处于热平衡的两个系统，彼此也处于热平衡。按照 1931 年福勒(R. H. Fowler)的提议，这个结论称为**热力学第零定律**。

根据这个定律，处于同一热平衡状态的各个系统，无论其是否相互接触，必定有某一宏观特性是彼此相同的。我们将描述此宏观特性的物理量称为温度，或者说，我们把这种可以确定一个系统是否与其他系统处于热平衡的物理量定义为温度。

因为温度是系统状态的函数，所以它是一个状态参数。由于处于热平衡状态的系统，其内部各部分之间必定也处于热平衡，也即处于热平衡状态的系统内部每一部分都具有相同的温度，所以温度是一个强度参数。

温度与其他状态参数的区别在于，只有温度才是热平衡的判据，而其他参数如压力、比容等无法判断系统是否热平衡。

处于热平衡的系统具有相同的温度，这是可以用温度计测量物体温度的依据。当温度计与被测物体达到热平衡时，温度计的温度即等于被测物体的温度。

温度计的温度读数，是利用它所采用的测温物质某种物理特性来表示的。当温度改变时，物质的某些物理性质，如液体的体积、定压下气体的容积、定容下气体的压力、金属导体的电阻、不同金属组成的热电偶电动势等都随之变化。只要这些物理性质随温度改变而且发生显著的单调变化，就都可用来标志温度，相应地就可制作各种类型的温度计，如水银温度计、气体温度计、电阻温度计等。

2. 温标

为了进行温度测量，需要有温度的数值表示方法，即需要建立温度的标尺，即**温标**。建立任何一种温标都需要选定测温物质及其某一物理性质、规定温标的基准点以及分度的方法。例如，旧的摄氏温标规定标准大气压下纯水的冰点温度和沸点温度为基准点，并规定冰点温度为 0℃，沸点温度为 100℃。这两个基准点之间的温度，按照温度与测温物质的某物理性质(如上述的液柱体积或金属的电阻等)的线性函数确定。

采用不同的测温物质，或者采用同种测温物质的不同测温性质所建立的温标，除了基准点的温度值按规定相同外，其他的温度值都有微小差异。因而，需要寻求一种与测温物质的性质无关的温标，这就是建立在热力学第二定律基础上的热力学温标（参见 4-4 节）。用这种温标确定的温度称为热力学温度，以符号 T 表示，计量单位为开尔文（Kelvin），简称开，以符号 K 表示。

国际计量大会决定，热力学温标选用冰、水和水蒸气三相平衡共存的状态点——水的三相点为基准点，并规定它的温度为 273.16 K。因此，热力学温度的每单位开尔文，等于水三相点热力学温度的 1/273.16。

与热力学温度并用的有热力学摄氏温度，简称摄氏温度，以符号 t 表示，其单位为摄氏度，以符号℃表示。1960 年国际计量大会规定新的摄氏温度按以下定义式确定：

$$t/℃ = T/\mathrm{K} - 273.15 \tag{1-14}$$

也就是说，摄氏温度的零点（$t=0$℃）相当于热力学温度的 273.15 K，而且这两种温标的温度间隔完全相同。

按此新的定义，水的三相点温度为 0.01℃。

在国外，其他常用的温标还有华氏温标（符号 t_F，单位为℉）和朗肯温标（朗氏温标，符号 T_F，单位为°R）。

摄氏温度与华氏温度的换算关系为

$$t/℃ = \frac{5}{9}(t_F/℉ - 32) \tag{1-15}$$

朗肯温度（朗氏温度）与华氏温度的换算关系为

$$T_F/°\mathrm{R} = t_F/℉ + 459.67 \tag{1-16}$$

朗肯温度的零点与热力学温度的零点相同，它们的换算关系为

$$T_F/°\mathrm{R} = \frac{9}{5}T/\mathrm{K} \tag{1-17}$$

各种温标的比较见图 1-7。

2018 年 11 月，在法国巴黎举行的第 26 届国际计量大会上，批准使用玻耳兹曼常数重新定义温度单位开尔文，这一决议从 2019 年 5 月 20 日开始正式实施。国际单位制中的热力学温度单位开尔文的新定义为：开尔文，符号 K。当玻耳兹曼常数 k 以单位 $\mathrm{J \cdot K^{-1}}$ 即 $\mathrm{kg \cdot m^2 \cdot s^{-2} \cdot K^{-1}}$ 表示时，将其固定数值取为 $1.380\,649\times10^{-23}$ 来定义开尔文。这一新定义提供了一种与任何物质的性质无关的通用温度计量方法。中国计量科学研究院和清华大学联合开展研究，采用圆柱定程干涉法（声学法）和噪声法两种方法精确测定了玻耳兹曼常数，为玻耳兹曼常数的最终定值作出了重要贡献。需要说明的是，原国际温标 ITS-90 中水的三相点、冰点和蒸气点等的数值不受开尔文新定义的影响。

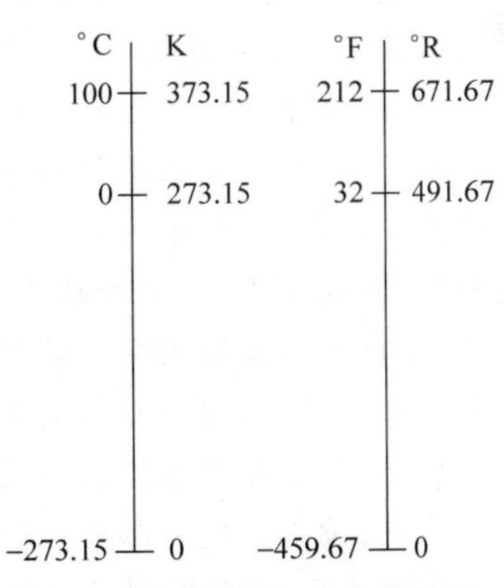

图 1-7　摄氏温标与热力学温标、华氏温标与朗肯温标的对应关系

例题 1-2　已知华氏温度为 167℉，若换算成摄氏温度和热力学温度各为多少？又若摄氏温度是 −20℃，则相当的华氏温度与朗肯温度各是多少？

解：按式（1-15），当华氏温度为 167℉时，摄氏温度为

$$t/℃=\frac{5}{9}(t_F/℉-32)=\frac{5}{9}(167-32)=75$$

据式(1-14),热力学温度为

$$T/K=t/℃+273.15=75+273.15=348.15$$

当摄氏温度为−20℃时,华氏温度为

$$t_F/℉=\frac{9}{5}t/℃+32=-4$$

朗肯温度为

$$T/°R=t_F/℉+459.67=455.67$$

1-4 平衡状态

1-4-1 平衡状态的概念

热力系统可能呈现各种不同的状态。其中具有特别重要意义的是平衡状态。

在不受外界(重力场除外)影响的条件下,如果系统的状态参数不随时间变化,则该系统所处的状态称为平衡状态。

显然,对于平衡状态的描述,不涉及时间以及状态参数对时间的导数。但应注意,这里所说的"平衡"是对系统的宏观状态而言的,在微观上因系统内的粒子总在永恒不息地运动,不可能不随时间而变化。

1-4-2 实现平衡的充要条件

引起系统状态变化的原因可以是外部的,也可以是内部的。在没有外界影响的条件下,系统的状态还不一定处于"平衡"状态。当系统内各部分工质的温度不一致时,在温差的推动下,各部分之间将发生热量自发地从高温工质向低温工质传递,这时系统的状态不可能维持不变,除非直至温差消失而达到平衡。这种平衡称为热平衡。可见温差是驱动热流的不平衡势差,而温差的消失则是建立热平衡的必要条件。同样,当系统内部存在不平衡力时,在力差(例如压力差)的推动下,各部分之间将发生相对位移,系统的状态也不可能维持不变,除非直至力差消失而达到平衡,这种平衡称为力学平衡。所以力差也是驱动状态变化的一种不平衡势差,而力差的消失是建立力学平衡的必要条件。对于有相变和化学反应的情况,也必由于存在其他势差如化学势差,当这种势差消失时达到相应的相平衡或化学平衡。由上可见,倘若系统内部存在温差、力差、化学势差等驱使状态变化的不平衡势差,就不可能处于平衡状态。因此,处于平衡状态的系统应既无外部势差又无内部势差,亦即不存在任何驱使状态变化的不平衡势差。

不平衡势差是驱使状态变化的原因,而处于平衡状态的系统,其参数不随时间改变则是不存在不平衡势差的结果。总之,就平衡状态而言,不存在不平衡势差是其本质,而状态参数不随时间改变仅是现象。判断系统是否处于平衡状态,要从本质上加以分析。例如稳态导热中,系统的状态不随时间改变,但此时在外界的作用下系统有内、外势差存在,该系统的状态只能认为处于"稳态",而并非平衡状态。可见,平衡必稳定;反之,稳定未必平衡。

此处还需要注意的是，平衡与均匀也是两个不同的概念。平衡是相对时间而言的，而均匀是相对空间而言的。平衡不一定均匀。例如处于平衡状态下的水和水蒸气，虽汽、液两相的温度与压力分别相同，但比容相差很大，显然并非均匀系统。但是对于单相系统（特别是气体组成的单相系统），如果忽略重力场对压力分布的影响，则可以认为平衡必均匀，即平衡状态下单相系统内部各处的热力参数均匀一致。不仅温度、压力以及其他比参数均匀一致，而且它们均不随时间改变。因此，对于整个系统就可用一组统一的并具有确定数值的状态参数来描述其状态，使热力分析大为简化。工程热力学中只研究系统的平衡状态及其相关内容。

1-5　状态方程和状态参数坐标图

1-5-1　状态公理

热力系统的状态可以用状态参数来描述，每个状态参数分别从不同的角度描述系统某一方面的宏观特性。

若要确切地描述热力系统的状态，是否必须知道所有的状态参数呢？

如前所述，若存在某种不平衡势差，就会引起闭口系统状态的改变以及系统与外界之间的能量交换。每消除一种不平衡势差，就会使系统达到某一种平衡。各种不平衡势差是相互独立的。因而，确定闭口系统平衡状态所需的独立变量数目应该等于不平衡势差的数目。由于每一种不平衡势差会引起系统与外界之间某种方式的能量交换，所以这种确定闭口系统平衡状态所需的独立变量数目也就应等于系统与外界之间交换能量方式的数目。在热力过程中，除传热外，系统与外界还可以传递不同形式的功。因此，对于组元一定的闭口系统，当其处于平衡状态时，可以用与该系统有关的准静态功形式的数目 n①加一个象征传热方式的独立状态参数构成的 $(n+1)$ 个独立状态参数来确定。这就是所谓的"状态公理"。

1-5-2　状态方程

对于由气态工质组成的简单可压缩系统，与外界交换的准静态功只有容积变化功（膨胀功或压缩功）一种形式，因此简单可压缩系统平衡状态的独立状态参数只有两个。也就是说，只要给定了任意两个独立的状态参数的值，系统的状态就被确定，其余的状态参数也将随之确定，而且均可表示为这两个独立状态参数的函数。如以 p,T 为独立状态参数，则有

$$v=f(p,T)$$

或者写成隐函数形式

$$f(p,v,T)=0 \tag{1-18}$$

此式反映了工质处于平衡状态时基本状态参数 p,v,T 之间的制约关系，称为状态方程。

状态方程的具体形式取决于工质的性质。理想气体的状态方程 $pv=RT$ 最为简单。其他工质的状态方程将在第 10 章介绍。

---

① 参见 1-7 节。

1-5-3 状态参数坐标图

对于只有两个独立状态参数的系统，可以任选两个独立状态参数作为坐标组成平面坐标图。系统任一平衡状态都可用这种坐标图上的相对应点代表。经常用的坐标图有 p-v 图，如图 1-8 所示，纵轴表示状态参数 p，横轴表示状态参数 v。图中点 1 表示由 p_1，v_1 这两个独立状态参数所确定的平衡状态。如果系统处于不平衡状态，由于无确定的状态参数值，也就无法在图上表示。

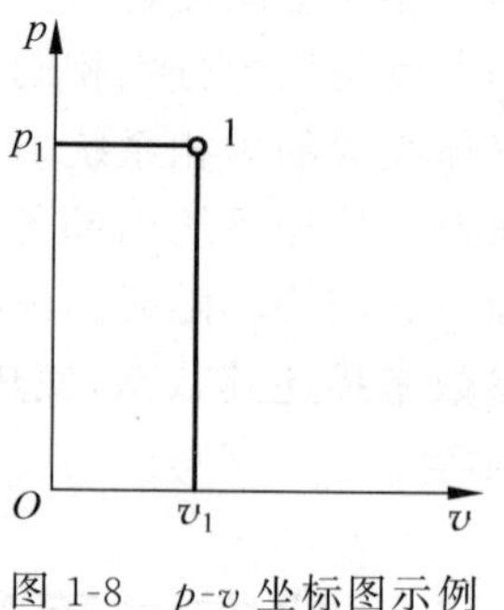

图 1-8 p-v 坐标图示例

1-6 准静态过程与可逆过程

当存在某种不平衡势差时，会破坏系统原有的平衡，使系统的状态发生变化。系统状态的连续变化称为系统经历了一个热力过程，简称过程。

严格地讲，系统经历的实际过程，由于不平衡势差作用必将经历一系列非平衡态。这些非平衡态实际上已无法用少数几个状态参数描述。因为一个系统的非平衡态是很不均匀的，为此，研究热力过程时，需要对实际过程进行简化，建立某些理想化的物理模型。准静态过程和可逆过程就是两种理想化的模型。

1-6-1 准静态过程

如果造成系统状态改变的不平衡势差无限小，以致该系统在任意时刻均无限接近于某个平衡态，则称这样的过程为准静态过程。

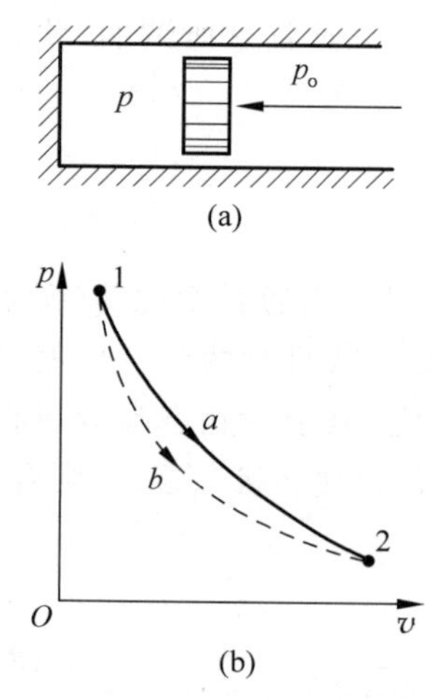

图 1-9 准静态过程示例：气缸内气体绝热膨胀

下面以气体在气缸内的绝热膨胀为例，如图 1-9(a)所示。设想由理想绝热材料制成气缸与活塞，气缸中储有气体，并以这部分气体作为系统。起初，气体在外界压力作用下处于平衡状态 1，参数为 p_1，v_1 和 T_1。显然此时外界压力 $p_{o,1}$ 与气体压力 p_1 相等，活塞静止不动。如果外界压力突然减小很多，即 $p_{o,2} \ll p_{o,1}$，这时活塞两边存在一个很大的压力势差，势必气体压力将推动活塞右行，系统的平衡遭受破坏，气体膨胀，其压力、温度不断变化，呈现非平衡性。经过一段时间后，气体压力与外界压力趋于相等，且气体内部压力、温度也趋于均匀，即重新建立了平衡，到达一个新的平衡态 2。这一过程除了初态 1 与终态 2 以外都是非平衡态。在 p-v 图上除 1，2 点外都无法确定，通常以虚线代表所经历的非平衡过程，如图 1-9(b)中虚线 b 所示。曲线上除 1 与 2 以外的任何一点均无实际意义，绝不能看成是系统所处的状态。

上述例子中，若外界压力每次只改变一个很小的量，等待系统恢复平衡以后，再改变一个很小的量，以此类推，一直变化到系统达到终态点 2，气体内部压力与温度到处均匀，而且

压力等于外界压力 $p_{o,2}$ 值。这样，在初态 1 与终态 2 之间又增加了若干个平衡态。外界压力每次改变的量越小，中间的平衡态越多。极限情况下，外界压力每次只改变一个微小量，那么初、终态之间就会有一系列的连续平衡态，也就是说，状态变化的每一步，系统都处在平衡态，这样的过程即为准静态过程。在 p-v 图上就可以在 1，2 点之间用实线表示，如图 1-9(b)中的曲线 a。

准静态过程是一种理想化的过程，一切实际过程只能接近于准静态。如上所述，准静态过程要求一切不平衡势差无限小，使得系统在任意时刻皆无限接近于平衡态，这就必须要求过程进行得无限缓慢。

实际过程都不可能进行得无限缓慢，那么准静态过程的概念还有什么实际意义呢？在什么情况下，才能将一个实际过程看成是准静态过程？

处于非平衡态的系统经过一定时间便趋向于平衡，从不平衡态到平衡态所需要经历的时间间隔称为弛豫时间。如果系统某一个状态参数变化时所经历的时间比其弛豫时间长，也就是说系统有足够的时间恢复平衡态，这样的过程就可以近似看成准静态过程。幸好，系统的弛豫时间很短，即恢复平衡的速度相当快，特别是力平衡的恢复更快，虽然工程上的过程也以相当快的速度进行，但大多数还是可以作为准静态过程处理的。以两冲程内燃机的工作为例，通常内燃机的转速为 2 000 r/min。每分钟 4 000 个冲程，每个冲程为 0.15 m，则活塞运动速度为(4 000×0.15/60) m/s=10 m/s，而空气压力波的传播速度约为 350 m/s，远大于 10 m/s，即空气在体积变化的过程中有足够的时间恢复平衡，所以可将内燃机气缸内的过程近似地看作准静态过程。

建立准静态过程的概念，其好处如下：①可以用确定的状态参数变化描述过程；②可以在参数坐标图上表示过程；③可以用状态方程进行必要的计算；④可以计算过程中系统与外界的功热交换。

1-6-2　耗散效应

我们在讨论准静态过程时并没有涉及摩擦现象。其实在 1-6-1 节气缸内气体绝热膨胀的例子中，即使气缸壁面与活塞之间存在摩擦，活塞移动时由于摩擦力做功要损耗一部分能量，但只要每次使外界压力降低一个微量，等待气体重新平衡以后再次降低外界压力，过程的每一步，系统仍可保持平衡态，也就是说，摩擦现象并不影响准静态过程的实现。

类似地，电阻、磁阻以及非弹性变形等的存在，也不影响准静态过程。

摩擦使功和动能转化为热，电阻使电能转化为热。这种通过摩擦、电阻、磁阻等使功变热的效应称为耗散效应，耗散效应并不影响准静态过程的实现。

1-6-3　可逆过程

如果当准静态过程进行时不伴随摩擦损失，这样的准静态过程会有什么特性呢？

我们仍以图 1-9(a)所示的气缸为例，在无摩擦的准静态过程中，气体压力始终和外界压力相等，气体膨胀时，对外做功。当气体到达状态 2 后，外界推动活塞逆行，使气体沿原过程线逆向进行准静态压缩过程，外界对气体做功。由于正向、逆向过程中均无摩擦损失，因而压缩过程所需要的功与原来膨胀过程所产生的功相等，也就是说，气体膨胀后经原来路径返回原状时，外界也同时恢复到原来的状态，没有留下任何影响。上述准静态过程中系统与外界同时复原的特性称为可逆性。这种具有可逆特性的过程称为可逆过程。它的一般定义如下：

系统经历一个过程后，如令过程逆行，使系统与外界同时恢复到初始状态而不留下任何痕迹，则此过程称为可逆过程。

实现可逆过程需要什么条件呢？

若上述准静态过程伴随有摩擦，活塞与气缸壁之间的摩擦将使正向过程中传给外界的功减少，并使逆向过程所需的外界功增大。这样，原先正向过程中外界得到的功不足以在逆行时将系统压缩恢复到初态，即外界虽然恢复了原状但不能同时令系统恢复原状，因此这种过程不具可逆性，也就不成为可逆过程。

实现可逆过程需要满足的充分必要条件是：

(1) 过程进行中，系统内部以及系统与外界之间不存在不平衡势差，或过程应为准静态的；

(2) 过程中不存在耗散效应。

也就是说，无耗散的准静态过程为可逆过程。准静态过程是针对系统内部的状态变化而言的，而可逆过程则是针对过程中系统所引起的外部效果而言的。可逆过程必然是准静态过程，而准静态过程则未必是可逆过程，它只是可逆过程的条件之一。

应当特别注意准静态过程和可逆过程之间的联系与区别。它们之间的共同之处都是无限缓慢进行的、由无限接近平衡态所组成的过程。因此可逆过程与准静态过程一样，在状态参数坐标图上也可用连续的实线描绘。但其差别却是本质的，即准静态过程虽然是过程理想化了的物理模型，但并不排斥耗散效应的存在；而可逆过程是一个理想化的极限模型，这类过程进行的结果不会产生任何能量损失，可以作为实际过程中能量转换效果比较的标准，所以可逆过程是热力学中极为重要的概念。

实际过程都或多或少地存在摩擦、温差传热等不可逆因素，因此，严格地讲，实际过程都是不可逆的。如果只是内部存在不可逆因素(例如系统内部的摩擦等)，称为内不可逆；反之，如果只是外部存在不可逆因素(例如系统与外界之间的摩擦或温差传热等)，称为外不可逆；而系统内部和外部如果都存在不可逆因素，则称为完全不可逆。作这样的划分，只是为了分析的方便。可逆过程是相对于不可逆过程的一种理想极限境界。

1-7 功量

系统与外界之间在不平衡势差作用下会发生能量交换。能量交换的方式有两种，即做功和传热。本节先讨论功，主要讨论准静态过程的功。

1-7-1 功的定义

功是系统与外界交换能量的一种方式。在力学中，功的定义为系统所受的力和沿力作用方向所产生的位移的乘积。若系统在力 F 作用下，在力的方向上产生位移 $\mathrm{d}x$，则所做的微元功为

$$\delta W = F\,\mathrm{d}x$$

式中，δW 表示功量的微小变化。若系统从位置 1→2 移动有限距离，则所做的功为

$$W=\int_{(1)}^{(2)} F\,\mathrm{d}x$$

系统与外界之间交换的功量可以多种多样，并不是任何情况下都能容易地确定与功有关的力和位移。因而，需要建立一个具有普遍意义的热力学定义，即系统与外界在边界上发生的一种相互作用，其唯一效果可归结为外界举起了一个重物。这里，举起重物实际上是力作用于物体使之产生位移的结果。在功的热力学定义中并非意味真的举起了重物，而是说产生的效果相当于重物的举起。机械功、电功、磁功等都符合这个定义。这个定义突出了做功与传热的区别，任何形式的功的全部效果可以统一用举起重物来概括；而传热的全部效果，无论通过什么途径，都不可能与举起重物的效果相当。

热力学中规定，系统对外界做功为正值；而外界对系统做功为负值。

在法定计量单位中，功的单位为 J(焦[耳])，1 J 的功相当于系统在 1 N 力作用下产生 1 m 位移时完成的功量，即

$$1\ \mathrm{J}=1\ \mathrm{N}\cdot\mathrm{m}$$

单位质量的系统所做的功称为比功，用 w 表示，单位为 J/kg。

单位时间内完成的功称为功率，单位为 W(瓦[特])，即

$$1\ \mathrm{W}=1\ \mathrm{J/s}$$

制定国际单位制以前，已流行过许多功量单位，不同单位换算参见附录中的附表 1。

1-7-2　准静态过程中的容积变化功——膨胀功和压缩功

系统容积变化所完成的膨胀功或压缩功统称容积变化功，它是一种基本功量。

如图 1-10 所示，取气缸里质量为 m 的气态工质为系统，其压力为 p。设活塞面积为 A，则系统作用于活塞的总作用力为 $p\cdot A$。由于讨论的是准静态过程，这个力应该随时与外界对活塞的反方向作用力相差无限小。至于这个反方向的作用力来源于何处，这无关紧要，它可以是外界负载的作用，也可包括活塞与气缸壁面间的摩擦。这样，当活塞移动一微小距离 $\mathrm{d}x$，则系统在此过程中对外做的微元功为

$$\delta W=p\cdot A\cdot \mathrm{d}x=p\cdot \mathrm{d}V \tag{1-19}$$

式中，$\mathrm{d}V$ 为活塞移动 $\mathrm{d}x$ 时工质的容积变化量。

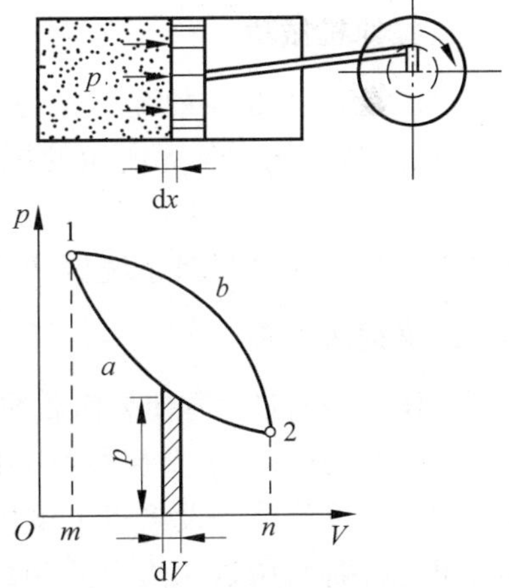

图 1-10　准静态容积变化功推导示例

若活塞从位置 1 移动到位置 2，系统在整个过程中所做的功为

$$W=\int_{(1)}^{(2)} p\,\mathrm{d}V \tag{1-20}$$

这就是任意准静态过程容积变化功的表达式。这种在准静态过程中完成的功称为准静态功。由式(1-19)和式(1-20)可见，准静态功可以仅通过系统内部的参数来描述，而无须考虑外界的情况，只要已知过程的初、终状态以及描写过程性质的 $p=f(V)$，就可确定准静态的

容积变化功。在 p-V 图中,积分 $\int_{(1)}^{(2)} p\,\mathrm{d}V$ 相当于过程曲线 1—2 下的面积 S_{12nm1},所以,这种功在 p-V 图上可用过程曲线下的面积表示,也因此 p-V 图又称为示功图。

显然,若过程曲线不同,即使从同一初态过渡到同一终态,容积变化功也是不相同的,如图中面积 S_{1b2nm1} 与 S_{1a2nm1} 所示。可见准静态容积变化功是与过程特性有关的过程量,而不是系统的状态参数。

此外,如气体膨胀,$\mathrm{d}V>0$,因而 $\delta W>0$,功量为正,表示气体对外做功。反之,如气体被压缩,$\mathrm{d}V<0$,因而 $\delta W<0$,功量为负,表示外界对气体做功。

容积变化功只涉及气体容积变化量,而与此容积的空间几何形状无关。因此不管气体的容积变化是发生于如图 1-10 所示的气缸等规则容器内,抑或发生在不规则流道的流动过程中,其准静态功都可用式(1-19)或式(1-20)计算。

还应注意,可逆过程是无耗散效应的准静态过程。因此,可逆过程的容积变化功显然也可用这两个式子确定。但是,非准静态过程就不能用这两个式子。

对于单位质量气体准静态或可逆过程中的比容积变化的微元功可表示为

$$\delta w=\frac{1}{m}p\,\mathrm{d}V=p\,\mathrm{d}v \tag{1-21}$$

整个过程做功为

$$w=\int_{(1)}^{(2)} p\,\mathrm{d}v \tag{1-22}$$

1-7-3 其他形式的准静态功

除容积变化功外,系统还可能有其他形式的准静态功。

1. 拉伸机械功

以原来长度为 L 的金属丝为系统,在外力 τ 的作用下,其将被拉伸 $\mathrm{d}L$。这时外界将消耗功,或者说系统对外界所做的拉伸功为

$$\delta W=-\tau\mathrm{d}L$$

负号表示拉伸时外界对系统做功,即 δW 为负值。

2. 表面张力功

液体的表面张力有使表面收缩的趋势。若要扩大其表面积,外界需克服表面张力而做功。

图 1-11 表示一个金属框架,里面装有液体薄膜,框架的一边(长为 L)可移动。设该边上单位长度受到的表面张力为 δ,薄膜有正、反两面,所以该边上受到的力为 $2\delta L$,方向朝薄膜内部,使薄膜收缩。若以薄膜为系统,外界对其施加外力 $F(=2\delta L)$,使该边沿 F 方向移动 $\mathrm{d}x$,外力对系统所做的功为

$$\delta W'=2\delta L\,\mathrm{d}x=\delta\,\mathrm{d}A$$

则系统对外界所做的功为

$$\delta W=-\delta dA$$

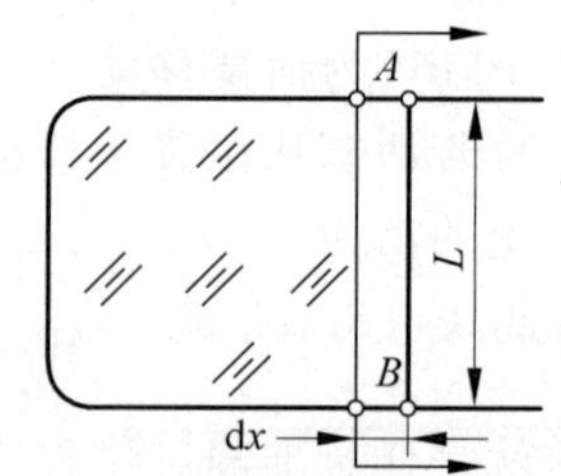

图 1-11 表面张力功推导示例

其中 $A=2L\,\mathrm{d}x$。负号表示液膜表面积增加时外界对系统做功。

还可能有其他准静态功。类比功的力学定义，可将上述这些准静态功表示为一个广义力 F（如 τ，δ 等）和一个广义位移 $\mathrm{d}X$（如 $\mathrm{d}L$，$\mathrm{d}A$ 等）的乘积，即

$$\delta W=-F\mathrm{d}X$$

1-8　热量与熵

1-8-1　热量

系统与外界之间依靠温差传递的能量称为热量。这是与功不同的另一种能量传递方式。

按照定义，热量是系统与外界之间所传递的能量，而不是系统本身所具有的能量，其值并不由系统的状态确定，而是与传热时所经历的具体过程有关。所以，热量不是系统的状态参数，而是一个与过程特征有关的过程量。

热量用符号 Q 代表。微元过程中传递的微小热量则用 δQ 表示，此 δQ 并不是热量的无限小的增量。如将 δQ 对有限过程积分，其结果为 Q 而并非 ΔQ。

热力学中规定：系统吸热时热量取正值，放热时取负值。

法定计量单位中，热量的单位为 J。工程上曾用 cal（卡）为单位。两者的换算关系为

$$1\ \mathrm{cal}=4.186\ 8\ \mathrm{J}$$

不同单位制的换算参见附录中的附表 1。

单位质量的工质与外界交换的热量，用符号 q 表示，单位为 J/kg。

1-8-2　熵

热量和功量是能量传递的两种不同方式，具有一定的类比性。例如，可逆过程的容积变化功与传热量，两者均为过程量；又如，实现可逆过程容积变化功的推动力是无限小的压力势差，而可逆过程传热的推动力为无限小的温度势差，并且压力与温度均为系统的强度参数。类似地，既然可逆过程容积变化功的标志是广延参数 V 的微小增量 $\mathrm{d}V$，当 $\mathrm{d}V>0$ 时，表示系统膨胀做功；当 $\mathrm{d}V<0$ 时，表示系统被压缩得到外界提供的功量；当 $\mathrm{d}V=0$ 时，表示系统与外界无容积变化功的交换，那么，作为可逆过程传热的标志一定也是某个广延参数的微小增量。我们就把这个新的广延参数叫作熵，以符号 S 表示，而且应当具有下列性质，即 $\mathrm{d}S>0$ 表示系统吸热，$\mathrm{d}S<0$ 表示系统放热，$\mathrm{d}S=0$ 表示系统与外界无热量的交换。这样一来，可逆过程的传热量也就可以用与容积变化功类似的方式表示。参照可逆过程容积变化功的计算式 $\delta W=p\mathrm{d}V$，可逆过程传热量的计算式为

$$\delta Q_{\mathrm{rev}}=T\mathrm{d}S \tag{1-23}$$

由此式可得，熵的定义式为

$$\mathrm{d}S=\frac{\delta Q_{\mathrm{rev}}}{T} \tag{1-24}$$

式中，δQ_{rev} 为系统在微元可逆过程中与外界交换的热量；T 是传热时系统的热力学温度；$\mathrm{d}S$ 为此微元可逆过程中系统熵的变量。也就是说，微元可逆过程中系统与外界交换的热量 δQ_{rev} 除以传热时系统的热力学温度 T 所得的商，即为系统熵的微小增量 $\mathrm{d}S$。

单位质量(即每千克)工质的熵称为比熵(也常简称为熵),用小写 s 表示。比熵的定义式为

$$\mathrm{d}s=\frac{\delta q_{\mathrm{rev}}}{T} \tag{1-25}$$

熵是广延参数,具有可叠加性,均匀系统质量为 m(单位为 kg)的工质的熵为

$$S=m\cdot s$$

熵的单位为 J/K,比熵的单位为 J/(kg·K)。

在第 4 章中,我们将从热力学第二定律出发严格地导出熵,而且证明它是一个状态参数,并详细阐述它的物理意义及应用。

1-8-3 T-S 图

与 p-V 图类似,可以用热力学温度 T 作为纵坐标,熵 S 作为横坐标构成 T-S 图,称为温熵图。

如图 1-12 所示,图上任何一点表示一个平衡态。任何一个可逆过程可用一条连续的曲线表示,如图中的 1—2 曲线。该过程的任一状态若产生一个 $\mathrm{d}S$ 的微小变化,则系统与外界交换的微元热量 δQ_{rev} 相当于图中画剖面线的微小面积。整个可逆过程 1—2 中系统与外界交换的热量 Q_{rev} 可以用过程线 1—2 下的面积代表。因此,T-S 图是表示和分析热量的重要工具,又称为示热图。

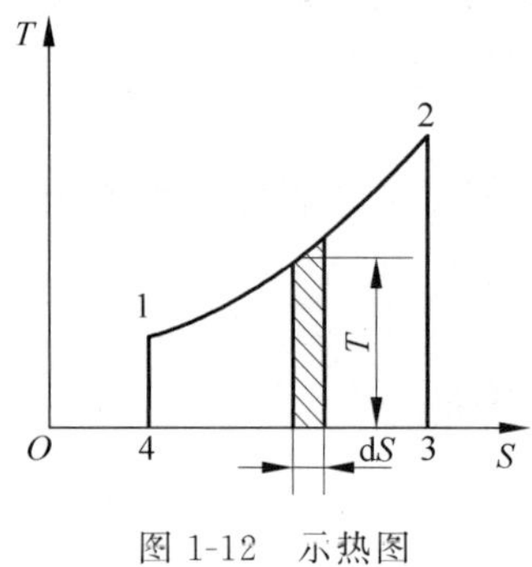

图 1-12 示热图

根据 $\delta Q_{\mathrm{rev}}=T\mathrm{d}S$,且热力学温度 $T>0$,所以,如 T-S 图中沿可逆过程线熵增加,则该过程线下的面积所代表的热量为正值,即系统从外界吸热;反之,所代表的热量为负值,即系统向外界放热。

1-9 热力循环

热能和机械能之间的转换,通常都是通过工质在相应的热力设备中进行循环的过程来实现的。工质从初始状态出发经历某些过程之后又恢复到初始状态,称为工质经历了一个热力循环,简称循环。

含有不可逆过程的循环,称不可逆循环;全部由可逆过程组成的循环称为可逆循环。在 p-V 图或 T-S 图上,可逆循环用闭合实线表示。不可逆循环中的不可逆过程用虚线表示。

循环有正向循环和逆向循环。正向循环指工质经历一个循环要对外做出的功量,也叫作动力循环(热机循环)。在 p-V 图和 T-S 图上,正向循环都是按顺时针方向运行,如按图 1-13 中的 1—2—3—4—1 方向运行。

逆向循环指工质经历一个循环,要接受外界提供的功量,以实现把热量从低温热源传递到高温热源的目的,也叫作制冷循环。

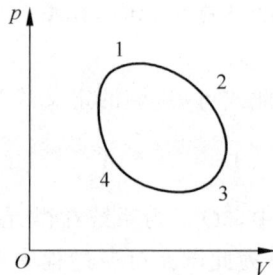

图 1-13 热力循环示意图

如果用作供热则叫供热循环(热泵循环)。在 p-V 图和 T-S

图上，逆向循环都是按逆时针方向运行的，如按图 1-13 中 1—4—3—2—1 方向运行。

循环的经济指标用工作系数来表示，即

$$工作系数=\frac{得到的收益}{付出的代价}$$

热机循环的经济性用循环热效率 η_t 来衡量，即

$$\eta_t=\frac{W_{net}}{Q_1} \tag{1-26}$$

式中，W_{net} 是循环对外界做出的功量；Q_1 是为了完成 W_{net} 输出从高温热源取得的热量。

制冷循环的经济性用制冷系数 ε 来衡量，即

$$\varepsilon=\frac{Q_2}{W_{net}} \tag{1-27}$$

式中，Q_2 是该循环从低温热源（冷库）取出的热量；W_{net} 为取出 Q_2 所耗费的功量。

热泵循环的经济性用供热系数 ε′来衡量，即

$$\varepsilon'=\frac{Q_1}{W_{net}} \tag{1-28}$$

式中，Q_1 为热泵循环给高温热源（供暖的房间）提供的热量；W_{net} 为循环提供 Q_1 所耗费的功量。

思考题

1-1　进行任何热力分析是否都要选取热力系统？

1-2　引入热力平衡态解决了热力分析中的什么问题？

1-3　平衡态与稳定态的联系与差别是什么？不受外界影响的系统稳定态是不是平衡态？

1-4　表压力或真空度为什么不能当作工质的压力？工质的压力不变化，测量它的压力表或真空表的读数是否会变化？

1-5　准静态过程如何处理“平衡状态”又有“状态变化”的矛盾？

1-6　准静态过程的概念为什么不能完全表达可逆过程的概念？

1-7　有人说，不可逆过程是无法恢复到起始状态的过程。这种说法对吗？

1-8　$w=\int p\,\mathrm{d}v, q=\int T\,\mathrm{d}s$ 可以用于不可逆过程吗？为什么？

习题

1-1　试将 1 物理大气压（1 atm）表示为下列液体的液柱高（mm）：（1）水；（2）酒精；（3）液态钠。已知它们的密度分别为 1 000 kg/m^3，789 kg/m^3 和 860 kg/m^3。

1-2　如图 1-14 所示，管内充满密度 $\rho_1=900$ kg/m^3 的流体，用 U 形管压力计去测量该流体的压力，U 形管中是密度为 1 005 kg/m^3 的水。已知 $h_1=15$ cm，$h_m=54$ cm，大气压是 1.01×10^5 Pa。试求在管内 E 处流体的压力为多少毫米汞柱？已知水银的密度是 13 600 kg/m^3。

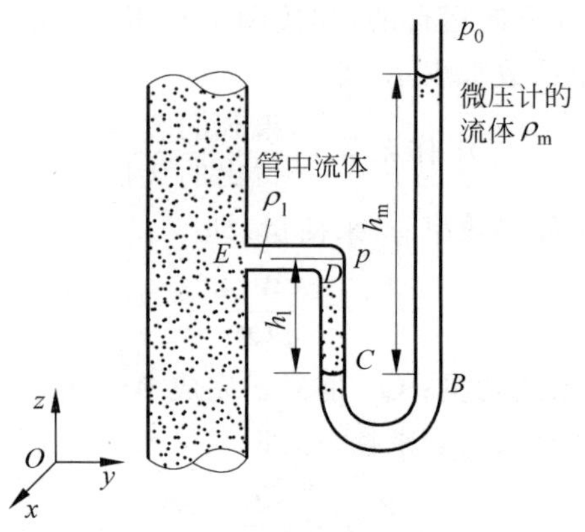

图 1-14　习题 1-2 图

1-3　用图 1-6 所示的斜管微压计去测量管中水的压力。微压计中的流体是水银，斜管与水平方向的夹角是 15°，斜管中水银柱长度为 77 mm，而垂直管中水银柱为 8 mm 且水银柱上面的水柱为 60 cm。试求管中水的压力。大气压为 763 mmHg。

1-4　假定大气环境的空气压力和密度之间的关系是 $p=c\rho^{1.4}$，c 为常数。在海平面上空气的压力和密度分别为 1.013×10^5 Pa 和 1.177 kg/m^3，如果在某山顶上测得大气压为 5×10^4 Pa，试求山的高度。已知重力加速度为常量，$g=9.81$ m/s^2。

1-5　某冷凝器上的真空表读数为 750 mmHg，而大气压力计的读数为 761 mmHg，试问冷凝器的压力为多少帕？

1-6　在山上的一个地方测得大气压力为 742 mmHg，连接在该地一汽车发动机进气口的真空表的读数为 510 mmHg，试问该发动机进气口的绝对压力是多少毫米汞柱？多少帕？

1-7　如图 1-15 所示的一圆筒容器，表 A 的读数为 360 kPa；表 B 的读数为 170 kPa，表示Ⅰ室压力高于Ⅱ室的压力。大气压力为 760 mmHg。试求：(1)真空室以及Ⅰ室和Ⅱ室的绝对压力；(2)表 C 的读数；(3)圆筒顶面所受的作用力。

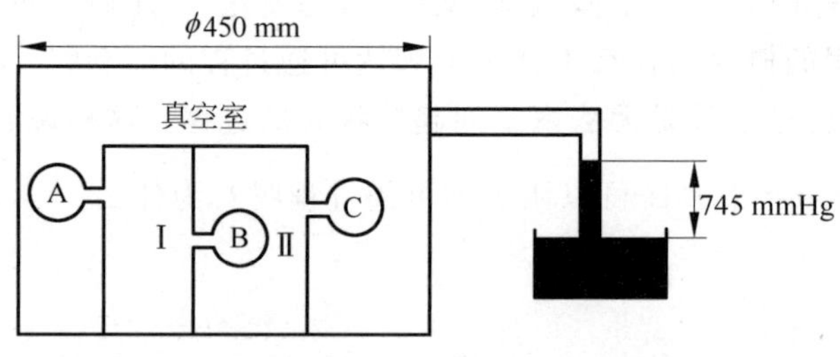

图 1-15　习题 1-7 图

1-8　若某温标的冰点为 20°，沸点为 75°，试导出这种温标与摄氏温标的关系。设它们为线性关系。

1-9　一种新的温标，其冰点为 100°N，沸点为 400°N。试建立这种温标与摄氏温标的关系。如果氧气处于 600°N，试求它为多少开？

1-10　若分别用摄氏温度计和华氏温度计测量同一个物体的温度，有人认为这两种温度计的读数不可能出现数值相同的情况，对吗？若可能，读数相同的温度应是多少？

1-11　有人定义温度作为某热力学性质 z 的对数函数关系，即

$$t^* = a\ln z + b$$

已知 $t_i^* = 0$ 时，$z = 6$；$t_S^* = 100$ 时，$z = 36$。试分别求当 $t^* = 10$ 和 $t^* = 90$ 时的 z 值。

1-12　铂金丝的电阻在冰点时为 10.000 Ω，在水的沸点时为 14.247 Ω，在硫的沸点(446℃)时为 27.887 Ω。试求出摄氏温度 t 和电阻 R 关系式 $R = R_0(1 + At + Bt^2)$ 中的常数 A，B 的值。

1-13　气体初态为 $p_1 = 0.5$ MPa，$V_1 = 0.4\ \text{m}^3$，在压力为定值的条件下膨胀到 $V_2 = 0.8\ \text{m}^3$，求气体膨胀所做的功。

1-14　一系统发生状态变化，压力随容积的变化关系为 $pV^{1.3} =$ 常数。若系统初态压力为 600 kPa，容积为 0.3 m^3，求系统容积膨胀至 0.5 m^3 时对外所做的膨胀功。

1-15　气球直径为 0.3 m，球内充满压力为 150 kPa 的空气。由于加热，气球直径可逆地增大到 0.4 m，并且空气压力正比于气球直径而变化。试求该过程空气对外做功量。

1-16　1 kg 气体经历如图 1-16 所示的循环，A—B 为直线变化过程，B—C 为定容过程，C—A 为定压过程。试求循环的净功量。如果循环为 A—C—B—A，则净功量有何变化？

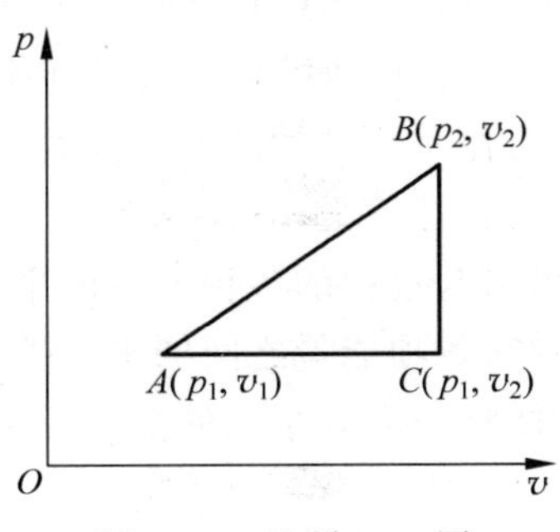

图 1-16　习题 1-16 图

第2章

热力学第一定律

CHAPTER 2

2-1 热力学第一定律的实质

能量守恒与转换定律是自然界的一个基本规律。它指出：自然界中一切物质都具有能量；能量既不可能被创造，也不可能被消灭，而只能从一种形式转变为另一种形式；在转换中，能的总量保持不变。

热力学第一定律是能量守恒与转换定律在热力学中的应用，它确定了热能与其他形式能量相互转换时在数量上的关系。

热力学第一定律可以表述为：当热能与其他形式的能量相互转换时，能的总量保持不变。

根据热力学第一定律，为了得到机械能必须耗费热能或其他能量。历史上，有些人曾幻想创造一种不耗费能量而产生动力的机器，称为第一类永动机，结果总是失败。为了明确地否定这种发明的可能性，热力学第一定律可表述为：第一类永动机是不可能制成的。

热力学第一定律是热力学的基本定律，它适用于一切工质和一切热力过程。当用于分析具体问题时，需要将它表示为数学解析式，即根据能量守恒的原则，列出参与过程的各种能量的平衡方程。

对于任何系统，各项能量之间的平衡关系可一般地表示为：

进入系统的能量－离开系统的能量＝系统储存能量的变化　　(2-1)

2-2 储存能

能量是物质运动的量度，运动有各种不同的形态，相应地就有各种不同的能量。工程热力学中，为了便于研究，把系统所储存的能量分作两部分：一部分只取决于系统本身(内部)的状态，称内部储存能(内能)；另一部分与系统整体运动以及外界重力场有关，称外部储存能。下面分别加以讨论。

2-2-1 内部储存能——内能

储存于系统内部的能量，称为热力学能(也称内能，以下统一用“内能”)。它与系统内工质的内部粒子微观运动和粒子的空间位置有关。

气体工质的内能包括下面几项：

(1) 分子的平动动能；

(2) 分子的转动动能；

(3) 分子内部原子振动动能和位能(势能)；

以上三项统称为气体分子的内动能,它是温度的函数。

(4) 分子间的位能。

气体的分子间存在着作用力,因此气体内部还具有因克服分子之间的作用力所形成的分子位能,也称气体的内位能。它是比容和温度的函数。

此外,分子的内部能量还有:与分子结构有关的化学能和原子内部的原子能等。由于我们所讨论的热力过程一般不涉及化学反应和核反应,因此假设这两部分能量保持不变。故一般热力学分析中的内能是分子内动能和内位能的总和,而它们都是和热能有关的能量,所以内能也称为**热能**。在涉及化学反应的化学热力学部分,应把化学能包括在内能之中。

通常用 U 表示质量为 m(单位为 kg)的系统的内能,单位为 J,用 u 表示单位质量工质的内能,称为比内能(简称内能),单位是 J/kg,并可写成

$$u=\frac{U}{m}$$

既然气体工质的内动能取决于工质的温度,内位能取决于工质的比容和温度,那么,气体工质的内能是其温度和比容的函数,即

$$u=f(T,v)$$

由此可见,工质内能取决于工质所处的状态,内能是状态参数。

2-2-2 外部储存能

外部储存能包括宏观动能和重力位能,它们的大小要借助在系统外的参考坐标系测得的参数来表示。

1. 宏观动能

系统作为一个整体,相对系统以外的参考坐标,因宏观运动速度而具有的能量,称为宏观动能,简称动能,用 E_k 表示。如果系统的质量为 m,速度为 c,则系统的动能为

$$E_k=\frac{1}{2}mc^2$$

2. 重力位能

系统由于重力场的作用而具有的能量称为重力位能,简称位能,用 E_p 表示。如果系统的质量为 m,系统质量中心在参考坐标系中的高度为 z,则它的重力位能为

$$E_p=mgz$$

式中,g 为重力加速度。

c 和 z 是力学参数,处于同一热力状态的物体可以有不同的 c 和 z,因此,c 和 z 是独立于热力系统内部状态的参数。系统的宏观动能和重力位能称为外部储存能,是系统本身所储存的机械能。

2-2-3 系统的总储存能

总储存能(简称总能)为内能、动能和位能之和,即

$$E = U + E_k + E_p \tag{2-2}$$

系统单位质量的总能量称为比总能量,则

$$e = u + e_k + e_p = u + \frac{c^2}{2} + gz \tag{2-3}$$

系统总能量的变化量可写成

$$dE = dU + dE_k + dE_p$$

和

$$\Delta E = \Delta U + \Delta E_k + \Delta E_p \tag{2-4}$$

在研究能量转换时,我们关心的是系统所储存能量的变化 ΔE,而不是系统所储存能量的绝对值。对于内能,重要的也是其变化量 $\Delta U = U_2 - U_1 = \int_{(1)}^{(2)} dU$,至于其绝对值,可根据使用方便而选定某一状态的内能值为基点,从而给出其他状态下内能的数值。

2-3 闭口系统的能量方程

为了定量分析系统在热力过程中的能量转换,需要根据热力学第一定律,导出参与能量转换的各项能量之间的数量关系式,这种关系式称为能量方程。

分析工质的各种热力过程时,一般来说,凡工质流动的过程,按开口系统分析比较方便;而工质不流动的过程,则按闭口系统分析。因此,对于闭口系统来说,比较常见的情况是在状态变化过程中,动能和位能的变化为零或可忽略不计。下面推导闭口系统的能量方程。

以活塞气缸间一定质量的工质为系统,按定义,这是一个闭口系统。设系统开始时处于平衡态1,过程中系统吸热 Q,对外膨胀做功 W,最后到达平衡态2。显然,在此过程中,系统的内能发生变化。

根据式(2-1),进入系统的能量为 Q,离开系统的能量为 W,系统中储存能量的变化是 ΔU,于是

$$Q - W = \Delta U$$

即

$$Q = \Delta U + W \tag{2-5}$$

式中,Q 代表在热力过程中闭口系统与外界交换的净热量,传热量 Q 是过程量;W 为闭口系统通过边界与外界交换的净功。对于没有表面效应、重力效应和电磁效应等的简单可压缩闭口系统,W 为该系统与外界交换的容积变化功。在准静态过程中,系统的容积变化所做的功为

$$W = \int_{(1)}^{(2)} p\,dV$$

式(2-5)是热力学第一定律的一个基本表达式,称为闭口系统能量方程,它对闭口系统各种过程(可逆过程或不可逆过程)、各种工质都适用。

如果在过程中,闭口系统与外界交换的功,除容积变化功外,还有其他形式的功(如电功等),则 W 应为容积变化功及其他形式功的总和。

若考虑宏观动能、位能参与能量转换时,闭口系统能量方程式(2-5)中的 ΔU 应改为前述的总储存能变化 ΔE。

式(2-5)中规定,系统对外做功时,W 为正值；反之,W 为负值。

对于微元过程,式(2-5)为

$$\delta Q = \mathrm{d}U + \delta W \tag{2-6}$$

闭口系统经历一个循环时,由于 $\oint \mathrm{d}U = 0$,所以

$$\oint \delta Q = \oint \delta W \tag{2-7}$$

式(2-7)是系统经历循环时的能量方程,由此可以看出,第一类永动机是不可能制造成功的。

2-4　开口系统的能量方程

开口系统有很大的实用意义,因为在工程上遇到的许多连续流动问题,例如工质流过汽轮机、风机、锅炉、换热器等,都可以当作开口系统来处理。

工质流进(或流出)开口系统时,必将其本身所具有的各种形式的能量(储存能)带入(或带出)开口系统。因此,开口系统除了通过做功与传热方式传递能量外,还可以借助物质的流动来转移能量。

分析开口系统时,除了能量平衡外,还必须考虑质量平衡。根据质量守恒定律,质量平衡的基本关系为：

进入系统的质量－离开系统的质量＝系统质量的变化

2-4-1　推进功

开口系统与外界交换的功除了前面已介绍过的容积变化功外,还有因工质出、入开口系统而传递的功,这种功叫推进功。推进功是为推动工质流动所必需的功,它常常是由泵、风机等所供给。

按照功的力学定义,推进功应等于推动工质流动的作用力和工质位移的乘积。如图 2-1 所示,现有质量为 $\delta m_{\rm in}$ 的工质,在压力 $p_{\rm in}$ 的作用下,产生位移 $\mathrm{d}L$ 进入系统,则推进功 $\delta W_{\rm f,in}$ 为

$$\delta W_{\rm f,in} = p_{\rm in} A_{\rm in} \mathrm{d}L$$

式中,$A_{\rm in}$ 代表截面积。显然,$A_{\rm in}\mathrm{d}L$ 即 $\delta m_{\rm in}$ 所占的容积

$$A_{\rm in}\mathrm{d}L = \mathrm{d}V_{\rm in} = v_{\rm in}\delta m_{\rm in}$$

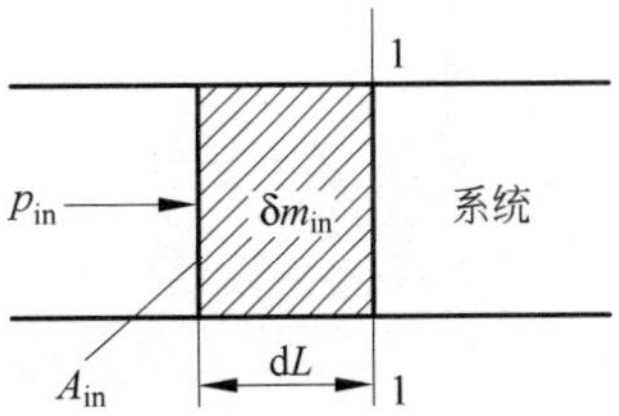

图 2-1　推进功示意图

所以,

$$\delta W_{\rm f,in} = \delta m_{\rm in} p_{\rm in} v_{\rm in}$$

如果质量为 1 kg 的工质流进开口系统,则外界所需做出的推进功为

$$w_{\rm f,in} = \frac{\delta W_{\rm f,in}}{\delta m_{\rm in}} = p_{\rm in} v_{\rm in} \tag{2-8}$$

同样,当系统出口处工质状态为($p_{\rm out}$,$v_{\rm out}$)时,1 kg 工质流出系统,系统所需要做的推进功为 $p_{\rm out}v_{\rm out}$。

可见,1 kg 工质的推进功在数值上等于其压力和比容的乘积 pv。推进功又叫流动功。它是工质在流动中向前方传递的功,并且只有在工质的流动过程中才出现。当工质不流动

时,虽然工质也具有一定的状态参数 p 和 v,但这时的乘积 pv 并不代表推进功。

2-4-2 开口系统的能量方程

推导开口系统能量方程式常采用两种方法。一种方法是选择一定的空间区域(例如热力设备)为开口系统,然后分别计算通过所选的开口系统边界与外界交换的能量及开口系统本身能量的变化,按照能量守恒的原则,列出能量平衡方程。另一种方法是将热力设备内的工质和流动工质一起取为复合的闭口系统,利用 2-3 节已导出的闭口系统能量方程式得到开口系统能量方程式。下面具体介绍第二种方法。

如图 2-2 所示,设图中虚线所围成的空间是某种热力设备,假定此热力设备内的工质在 τ 时刻的质量为 m_τ,它具有的能量为 E_τ。在 $\tau+\delta\tau$ 时刻具有的质量为 $m_{\tau+\mathrm{d}\tau}$,能量为 $E_{\tau+\mathrm{d}\tau}$。在时间间隔 $\delta\tau$ 内,有质量为 δm_{in} 的工质流进此热力设备,而有质量为 δm_{out} 的工质流出。进、出热力设备的工质状态参数分别为 p_{in}、v_{in}、e_{in} 和 p_{out}、v_{out}、e_{out}。同时,还假定在时间间隔 $\delta\tau$ 内热力设备与外界交换的净热量为 δQ,与外界交换的净功为 δW_{net}。净功应包含沿开口系统边界与外界交换的除推进功以外的所有功的总和。

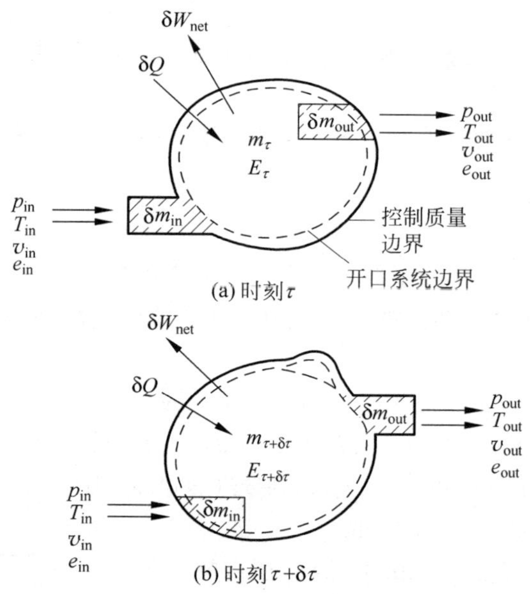

图 2-2 开口系能量方程推导示意图

现在取实线所围成的部分作为热力系统。显然,这是一个具有一定质量的闭口系统。在 τ 时刻,此闭口系统的能量为 $E_\tau+e_{\text{in}}\delta m_{\text{in}}$,在 $\tau+\delta\tau$ 时刻,它的能量为 $E_{\tau+\delta\tau}+e_{\text{out}}\delta m_{\text{out}}$。因此,在时间间隔 $\delta\tau$ 内,闭口系统能量的变化为

$$
\begin{aligned}
\mathrm{d}E &= (E_{\tau+\delta\tau}+e_{\text{out}}\delta m_{\text{out}})-(E_\tau+e_{\text{in}}\delta m_{\text{in}}) \\
&= (E_{\tau+\delta\tau}-E_\tau)+(e_{\text{out}}\delta m_{\text{out}}-e_{\text{in}}\delta m_{\text{in}}) \\
&= \mathrm{d}E_{\text{c.v}}+(e_{\text{out}}\delta m_{\text{out}}-e_{\text{in}}\delta m_{\text{in}})
\end{aligned}
$$

式中,$\mathrm{d}E_{\text{c.v}}$ 为热力设备内的储存能变化。

闭口系统与外界交换的功由以下两部分组成。

(1) 质量为 δm_{in} 与 δm_{out} 的工质在边界处与外界交换的功，也就是 δm_{in} 与 δm_{out} 的工质在进、出热力设备时的推进功。因此这一部分功等于 $(p_{out}v_{out}\delta m_{out}-p_{in}v_{in}\delta m_{in})$。

(2) 热力设备在时间间隔 $\delta\tau$ 内与外界交换的除推进功以外的净功 δW_{net}。

闭口系统在时间间隔 $\delta\tau$ 内与外界交换的功为

$$\delta W=\delta W_{net}+(p_{out}v_{out}\delta m_{out}-p_{in}v_{in}\delta m_{in})$$

根据闭口系统能量方程式，得

$$\delta Q=\mathrm{d}E_{c.v}+(e_{out}\delta m_{out}-e_{in}\delta m_{in})+(p_{out}v_{out}\delta m_{out}-p_{in}v_{in}\delta m_{in})+\delta W_{net}$$

经整理得

$$\delta Q=\mathrm{d}E_{c.v}+(e+pv)_{out}\delta m_{out}-(e+pv)_{in}\delta m_{in}+\delta W_{net} \tag{2-9}$$

考虑到在单位质量储存能 e 中包含状态参数 u，而且 pv 也是状态参数的一种乘积，为了方便起见，通常将它们两者合在一起，用符号 h 代表，即定义

$$h=u+pv \tag{2-10}$$

或

$$H=U+PV \tag{2-11}$$

式中，H 称为焓，而 h 称为比焓(以后有时也简称为焓)。显然，这样定义的焓与是否流动毫无关系，即对于流动或不流动时都适用。

利用比焓的定义，式(2-9)可写为

$$\delta Q=\mathrm{d}E_{c.v}+\left(h+\frac{c^2}{2}+gz\right)_{out}\delta m_{out}-\left(h+\frac{c^2}{2}+gz\right)_{in}\delta m_{in}+\delta W_{net} \tag{2-12}$$

式(2-9)与式(2-12)实质上是热力设备的能量方程，而热力设备本身是一种开口系统，因此这两个式子通常被称为“开口系统的能量方程”。

将式(2-12)两边除以 $\delta\tau$，得

$$\frac{\delta Q}{\delta\tau}=\frac{\mathrm{d}E_{c.v}}{\delta\tau}+\frac{\delta m_{out}}{\delta\tau}\left(h+\frac{c^2}{2}+gz\right)_{out}-\frac{\delta m_{in}}{\delta\tau}\left(h+\frac{c^2}{2}+gz\right)_{in}+\frac{\delta W_{net}}{\delta\tau}$$

令 $\dot{Q}=\lim\limits_{\delta\tau\to 0}\dfrac{\delta Q}{\delta\tau}$，$\dot{m}_{out}=\lim\limits_{\delta\tau\to 0}\dfrac{\delta m_{out}}{\delta\tau}$，$\dot{m}_{in}=\lim\limits_{\delta\tau\to 0}\dfrac{\delta m_{in}}{\delta\tau}$，以及 $\dot{W}_{net}=\lim\limits_{\delta\tau\to 0}\dfrac{\delta W_{net}}{\delta\tau}$，则得到以传热率、功率等形式表示的开口系统能量方程：

$$\dot{Q}=\frac{\mathrm{d}E_{c.v}}{\delta\tau}+\dot{m}_{out}\left(h+\frac{c^2}{2}+gz\right)_{out}-\dot{m}_{in}\left(h+\frac{c^2}{2}+gz\right)_{in}+\dot{W}_{net} \tag{2-13}$$

式中，$\dot{Q}$ 为传热率，表示单位时间内开口系统与外界交换的热量，单位为 J/s 或 kJ/s；$\dot{m}_{in}$ 与 $\dot{m}_{out}$ 分别为开口系统进、出口处的质量流率，单位为 kg/s；$\dot{W}_{net}$ 为开口系统与外界交换的净功率，单位为 W 或 kW；$\dfrac{\mathrm{d}E_{c.v}}{\delta\tau}$ 为单位时间内开口系统储存能的变化。

倘若进、出开口系统的工质有若干股，则上式可写成

$$\dot{Q}=\frac{\mathrm{d}E_{c.v}}{\delta\tau}+\sum\dot{m}_{out}\left(h+\frac{c^2}{2}+gz\right)_{out}-\sum\dot{m}_{in}\left(h+\frac{c^2}{2}+gz\right)_{in}+\dot{W}_{net} \tag{2-14}$$

式(2-9)、式(2-12)、式(2-13)及式(2-14)是开口系统能量方程的一般形式，结合具体情况常可简化成各种不同的形式。

2-4-3 焓

上面已定义了焓,从它的定义式(2-10)可以看出,由于 u、p、v 都是状态参数,故 h 也必为一种状态参数,并可写成任意两个独立参数的函数形式,例如 $h=f(T,p)$ 或 $h=f(T,v)$ 等。

在分析开口系统时,因为有工质的流动,内能 u 与推进功 pv 必然同时出现,在此特定情况下,焓可以理解为由于工质流动而携带的、取决于热力状态参数的能量,即内能与推进功的总和。

焓既然作为一种客观存在的状态参数,不仅在开口系统中出现,而且分析闭口系统时,它同样存在。但在分析闭口系统时,焓的作用相对次要些,一般使用内能参数。然而,在分析闭口系统经历定压变化时,焓却有其特殊作用。由闭口系统能量方程式(2-5)可知,当其经历定压过程时,$W=p\cdot\Delta V$,因而

$$Q_p=\Delta U+p\Delta V=\Delta(U+pV)=\Delta H$$

也就是说,焓的变化等于闭口系统定压过程中与外界交换的热量。

焓的单位为 J 或 kJ,比焓的单位为 J/kg 或 kJ/kg。

工程上,我们关心的是在热力过程中工质焓的变化,而不是工质在某状态下焓的绝对值。因此,与内能一样,焓的起点可人为规定,但如果已预先规定了内能的起点,焓的数值必须根据其定义式确定。

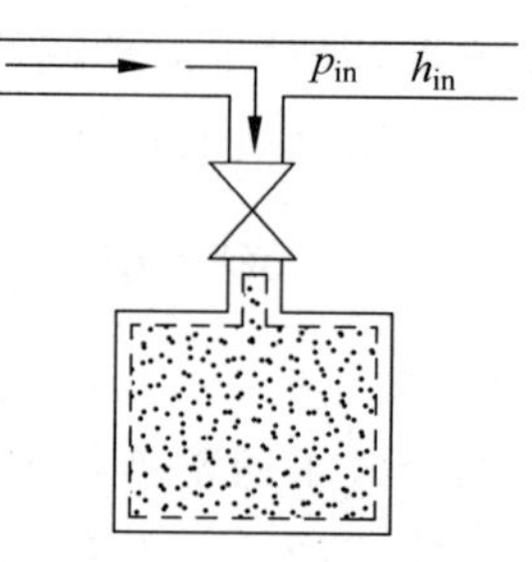

图 2-3 充气过程示意图

例题 2-1 由压缩空气总管向储气罐充气(参见图 2-3)。如果总管中气体的参数保持恒定,并且罐壁是绝热的,试导出此充气过程的能量方程。

解:开口系统的能量方程是普遍适用的,但结合具体情况可予以简化。

(1) 取储气罐作为系统。显然这是一个开口系统。设在 $\delta\tau$ 时间内充入储气罐的质量为 δm_{in}。开口系统的能量方程为

$$\delta Q=\delta m_{out}\left(h+\frac{c^2}{2}+gz\right)_{out}-\delta m_{in}\left(h+\frac{c^2}{2}+gz\right)_{in}+\delta W_{net}+dE_{c.v}$$

(2) 根据题意,对上式可作如下简化:

① 因储气罐是绝热的,故 $\delta Q=0$;

② 储气罐没有气体流出,故 $\delta m_{out}=0$;

③ 开口系统与外界没有功传递,即 $\delta W_{net}=0$;

④ 储气罐内气体无宏观运动,且忽略它的重力位能,即 $\left(\frac{c^2}{2}+gz\right)_{c.v}=0$;

⑤ 充气的动能、位能均很小,可忽略,即 $\frac{c_{in}^2}{2}+gz_{in}=0$。

(3) 将上述条件代入能量方程,得

$$h_{in}\delta m_{in}=dE_{c.v}=dU_{c.v}$$

如果在 τ 时间内进入此储气罐的质量为 m_{in},则

$$\int_0^{\tau} dU_{c.v} = \int_0^{m_{in}} h_{in} \delta m_{in}$$

因 h_{in} 恒定，可得

$$\Delta U_{c.v} = h_{in} m_{in}$$

这说明，充气过程中，储气罐内气体内能的增量等于充入气体带入的焓。

2-5　稳定流动能量方程

2-5-1　稳定流动能量方程的引出

工程上，一般热力设备除了起动、停止或加减负荷外，常处在稳定工作的情况下，即开口系统内任何一点的工质，其状态参数均不随时间改变，通常称为稳定流动过程或稳态稳流过程。反之，则为不稳定流动或瞬变流动过程。

稳定流动系统进、出口处工质的质量流率相等，即 $\dot{m}_{in} = \dot{m}_{out} = \dot{m}$，且不随时间变化，系统内工质数量保持不变，即 $\frac{\delta m_{c.v}}{d\tau} = 0$，储存的能量也保持不变，即 $\frac{dE_{c.v}}{d\tau} = 0$，为此则要求传热率 $\dot{Q}$ 和净功率 $\dot{W}_{net}$ 不变，并且单位时间内进入系统的能量和离开系统的能量相平衡。

将上述稳定流动的条件，代入开口系统能量方程的一般式(2-13)，可得出

$$\dot{Q} = \dot{m}\left[\left(h + \frac{c^2}{2} + gz\right)_{out} - \left(h + \frac{c^2}{2} + gz\right)_{in}\right] + \dot{W}_{net}$$

用 $\dot{m}$ 除上式，并令 $q = \frac{\dot{Q}}{\dot{m}}$，$w_{net} = \frac{\dot{W}_{net}}{\dot{m}}$，可得出每千克工质流经开口系统时的能量方程式，即

$$q = (h_{out} - h_{in}) + \frac{1}{2}(c_{out}^2 - c_{in}^2) + g(z_{out} - z_{in}) + w_{net}$$

或

$$q = \Delta h + \frac{1}{2}\Delta c^2 + g\Delta z + w_{net}$$

式中，q 代表单位质量工质流经开口系统时与外界交换的热量，单位为 J/kg 或 kJ/kg；w_{net} 表示与外界交换的净功量，单位为 J/kg 或 kJ/kg。此时由于无其他的边界功，所以开口系统的净功只有热力设备与外界交换的机械功。在工程上这个机械功常常通过转动的轴输入、输出，所以习惯上称之为轴功，这里用 W_s(或 w_s)表示。上式中 $w_{net} = w_s$，则

$$q = \Delta h + \frac{1}{2}\Delta c^2 + g\Delta z + w_s \tag{2-15}$$

对于微元的流动过程，则有

$$\delta q = dh + \frac{1}{2}dc^2 + g\,dz + \delta w_s \tag{2-16}$$

当流过 m(单位为 kg)工质时，稳定流动能量方程式为

$$Q = \Delta H + \frac{1}{2}m\Delta c^2 + mg\Delta z + W_s \tag{2-17}$$

其微分形式为

$$\delta Q = \mathrm{d}H + \frac{1}{2}m\,\mathrm{d}c^2 + mg\,\mathrm{d}z + \delta W_s \tag{2-18}$$

在式(2-15)和式(2-17)中,等式右边的后三项是工程技术上可利用的能量,将它们合并在一起,以符号 W_t(或 w_t)表示,称为技术功,即

$$W_t = \frac{1}{2}m\Delta c^2 + mg\Delta z + W_s$$

或

$$w_t = \frac{1}{2}\Delta c^2 + g\Delta z + w_s \tag{2-19}$$

利用技术功将稳定流动能量方程写成下列形式:

$$q = \Delta h + w_t \tag{2-20}$$

及

$$\delta q = \mathrm{d}h + \delta w_t \tag{2-21}$$

或

$$Q = \Delta H + W_t \tag{2-22}$$

$$\delta Q = \mathrm{d}H + \delta W_t \tag{2-23}$$

综上可见,在稳定流动过程中,技术功 w_t 是由 $q-\Delta h$ 转换而来的,而式(2-19)表示了技术功的实际表现形式。

式(2-15)~式(2-23)是稳定流动能量方程的不同表达式。导出这些方程时,除了应用稳定流动的条件外,别无其他限制,所以这些方程对于任何工质、任何稳定流动过程,包括可逆和不可逆的稳定流动过程,都是适用的。

对于周期性动作的热力设备,如果每个周期内,它与外界交换的热量、功量保持不变,与外界交换的质量保持不变,进、出口截面上工质参数的平均值保持不变,仍然可用稳定流动能量方程分析其能量转换关系。

2-5-2 稳定流动过程中几种功的关系

到目前为止,我们已介绍过在简单可压缩系统中容积变化功 W、推进功 W_f、技术功 W_t 和轴功 W_s,下面推导在稳定流动过程中这些功量之间的关系。

在稳定流动过程中,由于开口系统本身的状况不随时间而变,因此整个流动过程的总效果相当于一定质量的工质从进口截面穿过开口系统,在其中经历了一系列的状态变化,由进口截面处的状态 1 变化到出口截面处的状态 2,并与外界发生功量和热量的交换。这样,开口系统稳定流动能量方程也可看成是流经开口系统的一定质量的工质的能量方程。

另外,由前已知,闭口系统能量方程也是描述一定质量工质在热力过程中的能量转换关系的,所以,式(2-17)与式(2-5)应该是等效的。对比这两个方程,即

$$Q = \Delta U + \Delta(pV) + \frac{1}{2}m\Delta c^2 + mg\Delta z + W_s$$

$$Q = \Delta U + W$$

可得

$$W = \Delta(pV) + \frac{1}{2}m\Delta c^2 + mg\Delta z + W_s$$

对于单位质量工质，则为

$$w = \Delta(pv) + \frac{1}{2}\Delta c^2 + g\Delta z + w_s$$

对于由工质组成的简单可压缩系统，式中的 w 就是工质在热力过程中与外界交换的容积变化功(或称膨胀功)。因此，工质在稳定流动过程中所做的膨胀功，一部分消耗于维持工质进出开口系统时的推进功代数和，一部分用于增加工质的宏观动能和重力位能，其余部分才作为热力设备输出的轴功。

考虑到前面定义的技术功 w_t，则上式可改写为

$$w = \Delta(pv) + w_t$$

或

$$w_t = w - \Delta(pv)$$

此式表明，工质稳定流经热力设备时所做的技术功等于膨胀功与推进功差值的代数和。

2-5-3　准静态条件下的技术功 w_t

对于简单可压缩系统的准静态过程，膨胀功 $w = \int_{(1)}^{(2)} p\,\mathrm{d}v$，则

$$w_t = \int_{(1)}^{(2)} p\,\mathrm{d}v - (p_2v_2 - p_1v_1) = \int_{(1)}^{(2)} p\,\mathrm{d}v - \int_{(1)}^{(2)} \mathrm{d}(pv) = -\int_{(1)}^{(2)} v\,\mathrm{d}p \tag{2-24}$$

根据式(2-24)，准静态过程的技术功在 p-v 图上可以用过程线左面的一块面积表示，如图 2-4 所示的面积 S_{12ba1}。

由图 2-4 可见，

$$w_t = S_{12ba1} = S_{12341} + S_{14Oa1} - S_{23Ob2}$$

这同样表明，工质稳定流经热力设备时所做的技术功为膨胀功与推进功差值的代数和。

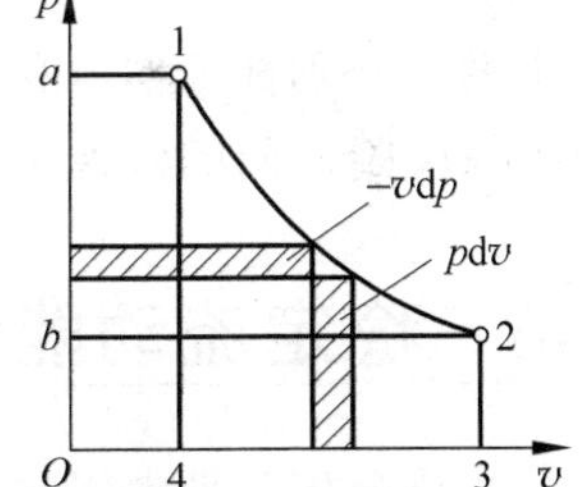

图 2-4　技术功与膨胀功关系图

式(2-24)中，比容 v 恒为正值，积分号前的负号表示技术功的正负与 $\mathrm{d}p$ 相反。若 $\mathrm{d}p<0$，也就是说过程中工质压力降低，则技术功为正，对外界做功，例如蒸汽机、汽轮机和燃气透平等；反之，若 $\mathrm{d}p>0$，即过程中工质压力升高，则技术功为负，外界对工质做功，例如风机、压气机和泵等。

2-5-4　准静态条件下热力学第一定律的两个解析式

将式(2-24)代入式(2-20)，则在准静态条件下稳定流动能量方程可写成如下形式

$$q = \Delta h - \int_{(1)}^{(2)} v\,\mathrm{d}p \tag{2-25}$$

或其微分形式

$$\delta q = \mathrm{d}h - v\,\mathrm{d}p \tag{2-26}$$

式(2-25)可利用焓的定义式改写为

$$q=\Delta u+p_2v_2-p_1v_1-\int_{(1)}^{(2)}v\mathrm{d}p=\Delta u+\int_{(1)}^{(2)}p\mathrm{d}v \tag{2-27}$$

由此可见,式(2-25)与式(2-27)这两个表达式形式上似乎不同,其实质是相同的,统称准静态条件下热力学第一定律的解析式,既适用于闭口系统准静态过程,又适用于开口系统准静态稳定流动过程。

若工质进、出热工设备的宏观动能和宏观重力位能的变化量很小,可忽略不计,则技术功等于轴功,即 $w_t=w_s$。

2-5-5 机械能守恒关系式

将式(2-24)代入式(2-19),还可得到准静态稳流过程中的机械能守恒关系式

$$\int_{(1)}^{(2)}v\mathrm{d}p+\frac{1}{2}\Delta c^2+g\Delta z+w_s=0 \tag{2-28}$$

对于有摩擦现象的准静态稳流过程,可类似得到广义的机械能守恒关系式

$$\int_{(1)}^{(2)}v\mathrm{d}p+\frac{1}{2}\Delta c^2+g\Delta z+w_s+w_F=0 \tag{2-29}$$

式中,w_F 代表克服摩擦阻力所做的功。

若工质不对外做出轴功,则式(2-28)与式(2-29)可分别改写为

$$\int v\mathrm{d}p+\frac{1}{2}\Delta c^2+g\Delta z=0 \tag{2-30}$$

与

$$\int v\mathrm{d}p+\frac{1}{2}\Delta c^2+g\Delta z+w_F=0 \tag{2-31}$$

以上两式分别称为伯努利(Bernoulli)方程与广义的伯努利方程,它反映了压力、速度、重力位能及摩阻之间的转换关系,是流体力学的基本方程之一。

2-6 稳定流动能量方程的应用

本节分析几种常用的热力设备,说明稳定流动能量方程的应用。

2-6-1 热交换器

图 2-5 为热交换器示意图。工质流经换热器时,通过管壁与另外一种流体交换热量。显然,这种情况下,$w_s=0$,$g(z_2-z_1)=0$,又由于进、出口工质速度变化不大,则$\dfrac{c_2^2-c_1^2}{2}\approx 0$。根据稳定流动能量方程,可得

$$q=h_2-h_1$$

即工质吸收的热量等于焓的增量。如果算出的 q 为负值,则说明工质向外放热。

图 2-6 为一个实际换热器的换热流程和参数点,工质 R134a(见 8-3-3 节)被水从 70℃冷却到 35℃,同时水从 15℃被加热到 25℃。

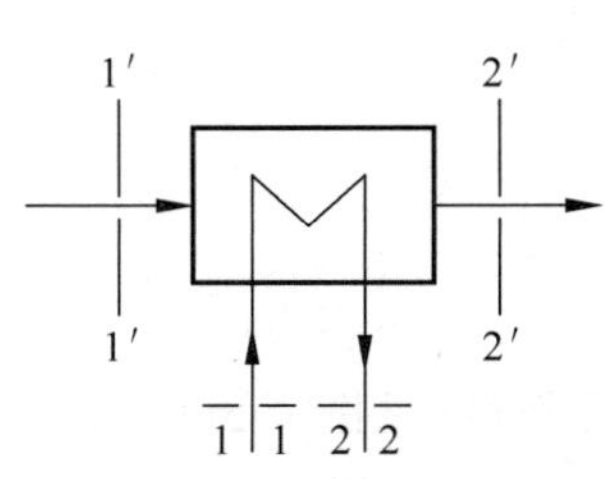

图 2-5 热交换器示意图

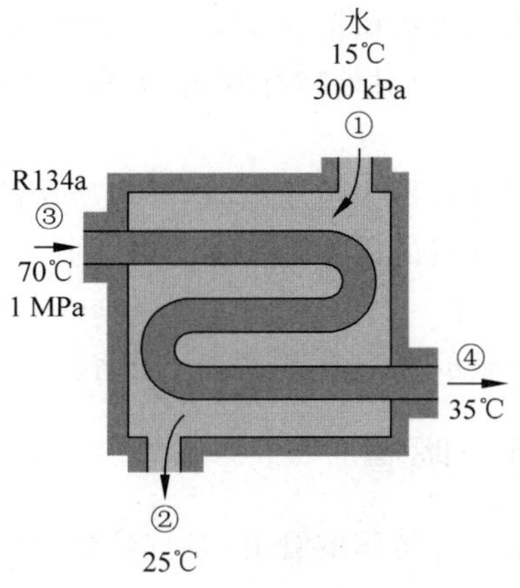

图 2-6 热交换器实例图

2-6-2 动力机械

利用工质膨胀而获得机械功的热力设备，称为动力机械，如燃气涡轮、汽轮机等，参见图 2-7。工质流经动力机械时，工质膨胀，压力降低，对外做轴功。由于工质进、出口速度相差不大，故可认为$\frac{c_2^2-c_1^2}{2}\approx 0$；进、出口高度差很小，即 $g(z_2-z_1)\approx 0$；又因工质流经动力机械所需的时间很短，其过程可近似看成绝热过程，因此，稳定流动能量方程简化为

$$w_s=h_1-h_2$$

这就是说，动力机械对外做出的轴功是依靠工质的焓降转变而来的。

图 2-8 显示了一个实际热力发电厂汽轮机各部位的参数。

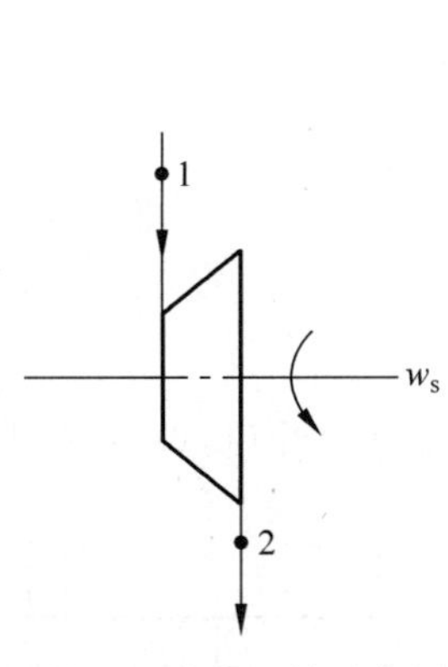

图 2-7 动力机械示意图

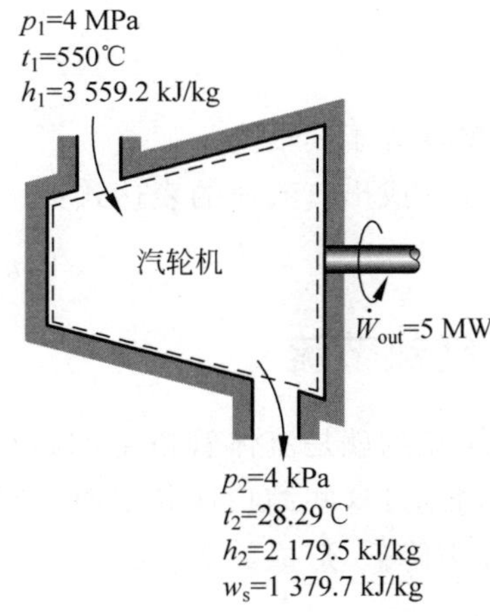

图 2-8 动力机械实例图

2-6-3 压缩机械

当工质流经泵、风机、压气机等一类压缩机械时受到压缩，压力升高，外界对工质做功，

情况与上述动力机械恰恰相反。一般情况下，进、出口工质的动能、位能差均可忽略，如无专门冷却措施，工质对外略有散热，但数值很小，可略去不计，因此，稳定流动能量方程可写成

$$-w_s = h_2 - h_1$$

即工质在压缩机械中被压缩时，外界所做的轴功等于工质焓的增加。

倘若压气机的散热量不能忽略，则

$$w_s = h_1 - h_2 + q$$

图 2-9 显示了一个实际空气压缩机各部位的参数。

2-6-4 喷管

喷管是一种特殊的管道，是汽轮机中热功转换的主要部件(见图 0-2(b))。工质流经喷管后，压力下降，速度增加，参见图 2-10。

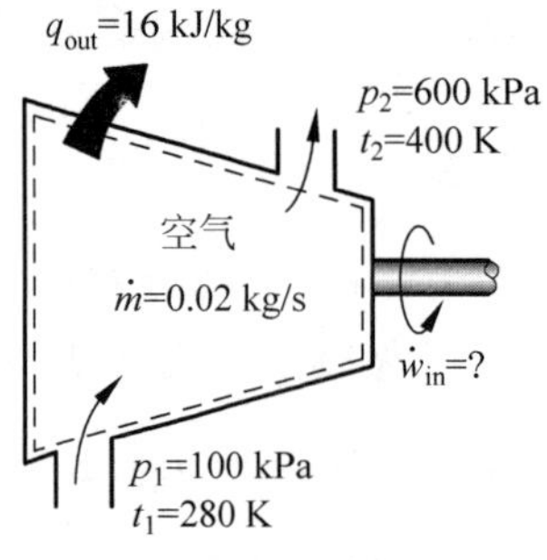

图 2-9 空气压缩机参数

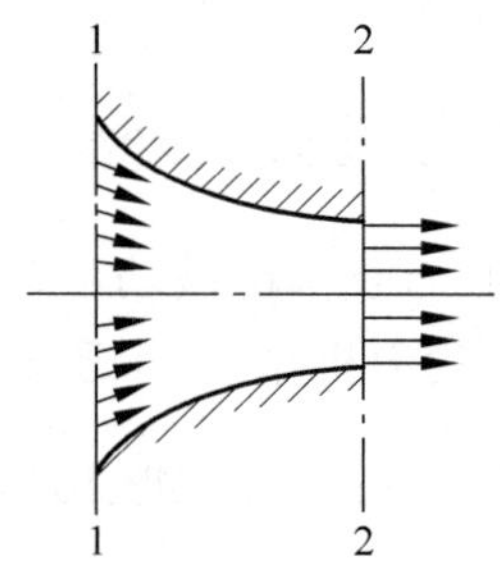

图 2-10 工质流经喷管后速度增加

通常，工质位能变化可忽略；由于管内流动，不对外做轴功，$w_s=0$；又因工质流速一般很高，其流动过程可按绝热处理，因此，稳定流动能量方程可写成

$$\frac{1}{2}(c_2^2 - c_1^2) = h_1 - h_2$$

即工质动能的增量等于其焓降。

上式还可表示成出口流速的表达式：

$$c_2 = \sqrt{2(h_1 - h_2) + c_1^2}$$

2-6-5 绝热节流

工程上最常见的就是流体管道上的各种阀门，这些阀门的开启，改变了管道的流通面积。工质在管内流过这些缩口或狭缝时，会遇到阻力，使工质的压力降低，形成旋涡，这种现象称为节流，参见图 2-11。

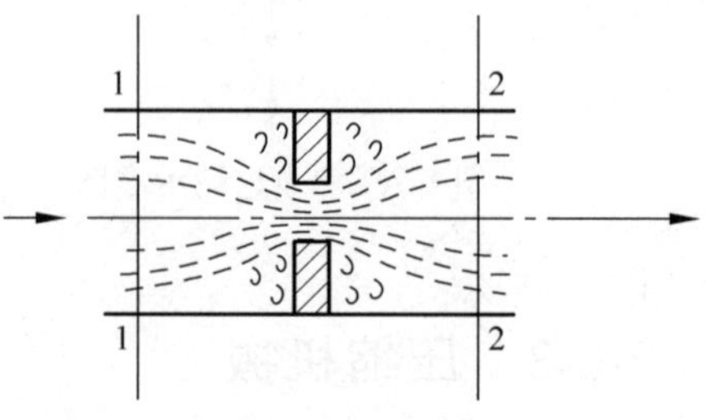

图 2-11 绝热节流

工质以速度 c_1 在管内流动，当接近缩口(例如闸板)时，由于通道面积突然缩小，流速剧增。经过缩口后，通道截面扩大，流速逐渐降低。因为流经缩口的时间极短，可看作绝热，同时对外又不做功，位能差通常可略去不计。由于在缩口处工质内部

产生强烈扰动，存在旋涡，即使同一截面上，各同名参数值也不相同，故不便分析。但在距缩口稍远的上、下游处，则呈稳定，且同一截面上各同名参数值均匀一致。这时，一般情况下，上、下游截面处的流速变化不大，动能差也常可忽略。因此，稳定流动能量方程可简化为

$$h_2 = h_1$$

即在忽略动能、位能变化的绝热节流过程中，节流前后的工质焓值相等。但需注意，由于在上、下游截面之间，特别在缩口附近，流速变化很大，焓值并不处处相等，即不能把此绝热节流过程理解为定焓过程。

例题 2-2　水泵以 50 L/s 的流量将水从湖面($p_1=1.01\times10^5$ Pa，$t_1=20$℃)打到 100 m 高处，出口处的 $p_2=1.01\times10^5$ Pa。水泵进水管径为 15 cm，出水管径为 18 cm，水泵功率为 60 kW。设水泵与管路是绝热的，且可忽略摩擦阻力，求出口处水温。已知水的比热容为 4.19 kJ/(kg·K)。

解：根据稳定流动时的质量守恒关系，

$$c_1 \cdot A_1 = c_2 \cdot A_2 = 50 \text{ L/s}$$

进口流速为

$$c_1 = \frac{c_2 \cdot A_2}{A_1} = \frac{50 \times 10^{-3}}{\pi \times (0.15)^2/4} \text{ m/s} = 2.83 \text{ m/s}$$

出口流速为

$$c_2 = \frac{c_1 \cdot A_1}{A_2} = \frac{50 \times 10^{-3}}{\pi \times (0.18)^2/4} \text{ m/s} = 1.96 \text{ m/s}$$

质量流率

$$\dot{m} = \rho_1 (c_1 \cdot A_1) = 10^3 \times 50 \times 10^{-3} \text{ kg/s} = 50 \text{ kg/s}$$

由于 $Q=0$，因此，稳定流动能量方程为

$$\dot{W} + \dot{m}\left[\left(h + \frac{1}{2}c^2 + gz\right)_2 - \left(h + \frac{1}{2}c^2 + gz\right)_1\right] = 0$$

水的焓变 $\Delta h = c \cdot \Delta T$($c$ 为比热容)，代入上式得

$$60 \text{ kW} = 50 \times \left[4.19 \times (T_2 - 293) + \frac{1.96^2 - 2.83^2}{2 \times 10^3} + \frac{9.81 \times 100}{10^3}\right] \text{ kW}$$

或

$$T_2 = \left(293 + \frac{60 + 0.104 - 49.1}{209.5}\right) \text{ K} = 293.05 \text{ K} = 20.05℃$$

此题中动能变化比位能变化小得多，完全可忽略不计，而且水温仅升高 0.05℃，水泵功率中仅 18%用于提高水的焓值，其余 82%用于位能变化。

思考题

2-1　工质膨胀时是否必须对工质加热？工质边膨胀边放热可能否？工质边被压缩边吸入热量可以否？工质吸热后内能一定增加否？对工质加热，其温度反而降低，可能否？

2-2　一绝热刚体容器，用隔板分成两部分，左边储有高压理想气体(内能是温度的单值函数)，右边为真空。抽去隔板时，气体立即充满整个容器。问工质内能、温度将如何变化？如该刚体容器为绝对导热的，则工质内能、温度又如何变化？

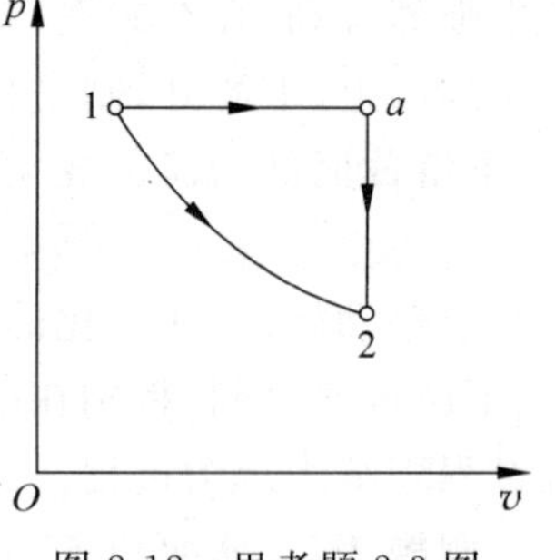

图 2-12　思考题 2-3 图

2-3　图 2-12 中，过程 1—2 与过程 1—a—2 有相同的初、终点，试比较 W_{12} 与 W_{1a2}、ΔU_{12} 与 ΔU_{1a2}、Q_{12} 与 Q_{1a2}。

2-4　推进功与过程有无关系？

2-5　你认为“任何没有体积变化的过程就一定不对外做功”的说法是否正确？

2-6　说明下述说法是否正确：

(1) 气体膨胀时一定对外做功；

(2) 气体压缩时一定消耗有用功。

2-7　下列各式是否正确：

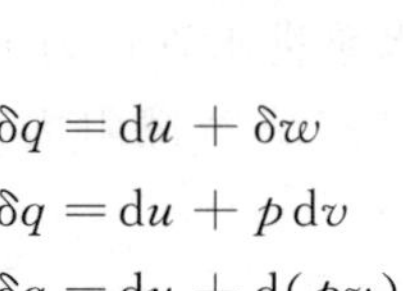

$$\delta q = \mathrm{d}u + \delta w$$

$$\delta q = \mathrm{d}u + p\,\mathrm{d}v$$

$$\delta q = \mathrm{d}u + \mathrm{d}(pv)$$

各式的使用条件是什么？

2-8　试写出下表内所列四种过程的各种功计算式(式中 const 表示常量)。

过程种类	w	$\Delta(pv)$	w_t
液体的流动过程($v \approx$ const)			
气体的定压流动过程($p=$ const)			
液体的定压流动过程($p=$ const, $v \approx$ const)			
低压气体的定温流动过程($pv=$ const)			

习题

2-1　某电厂的发电量为 25 000 kW，电厂效率为 27%。已知煤的发热量为 29 000 kJ/kg，试求：

(1) 该电厂每昼夜要消耗多少吨煤；

(2) 每发一度电要消耗多少千克煤。

2-2　水在 760 mmHg 下定压汽化，温度为 100℃，比容从 0.001 m^3/kg 增加到 1.763 m^3/kg，汽化潜热为 2 250 kJ/kg。试求工质在汽化期间：

(1) 内能的变化；

(2) 焓的变化。

2-3　定量工质，经历了一个由四个过程组成的循环，试填充下表中所缺的数据，并写出计算的依据。

过程	Q/kJ	W/kJ	ΔU/kJ
1—2		0	1 390
2—3	0	395	
3—4		0	−1 000
4—1	0		

2-4　某车间，在冬季每小时经过墙壁和玻璃窗等传给外界环境的热量为 3×10^5 kJ。已知该车间各种工作机器所消耗动力中有 50 kW 将转化为热量，室内经常亮着 50 盏 100 W 的电灯。问该车间在冬季为了维持合适的室温，还是否需要外加采暖设备？要多大的外供热量？

2-5　1 kg 空气由 $p_1=1.0$ MPa，$t_1=500$℃膨胀到 $p_2=0.1$ MPa，$t_2=500$℃，得到热量 506 kJ，做膨胀功 506 kJ。又在同一初态及终态间作第二次膨胀仅加入热量 39.1 kJ。求：

(1) 第一次膨胀中空气内能增加多少；

(2) 第二次膨胀中空气做了多少功；

(3) 第二次膨胀中空气内能增加多少。

2-6　图 2-13 所示的气缸内充以空气。气缸截面积为 100 cm^2，活塞距底面高度为 10 cm，活塞及其上负载的总质量为 195 kg，当地大气压为 771 mmHg，环境温度 $t_0=27$℃，气缸内气体恰与外界处于热力平衡。倘使把活塞上的负载取去 100 kg，活塞将突然上升，最后重新达到热力平衡。设活塞与气缸壁之间无摩擦，气体可通过气缸壁充分和外界换热，求活塞上升的距离和气体的换热量。(设空气的内能只与 T 有关。)

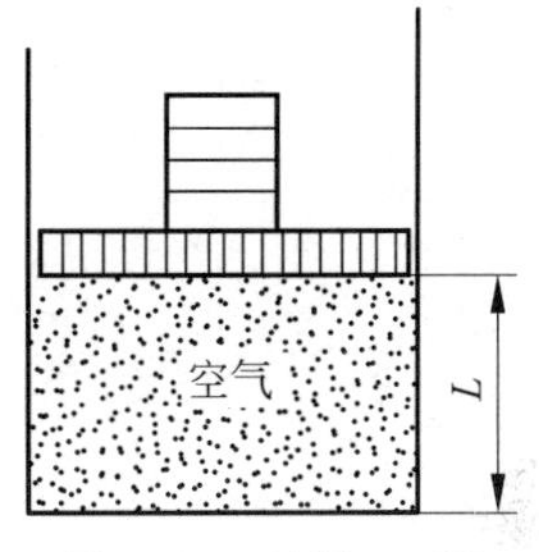

图 2-13　习题 2-6 图

2-7　题 2-6 中，若气缸壁和活塞都是绝热的，但两者之间不存在摩擦，此时活塞上升距离如何？气体的最终状态又如何？已知 $\Delta u=c_V\Delta T$，空气的 $c_V=0.71$ kJ/(kg·K)。

2-8　有一储气罐，设其内部为真空，现连接于输气管道进行充气。已知输气管内气体状态始终保持稳定，其焓为 h，若经过 τ 时间的充气后，储气罐内气体的质量为 m，而罐内气体的内能为 u'。如忽略充气过程中气体的宏观动能及重力位能的影响，而且认为管路与储气罐是绝热的，试证：$u'=h$。

2-9　若题 2-8 中的储气罐原有气体质量为 m_0，内能为 u_0。经 τ 时间充气后储气罐内气体质量为 m，内能变为 u'，则此 u' 与 h 又有什么关系？

2-10　若已知题 2-9 中输气管内的气体压力为 p，温度为 T，并且认为充气过程中它们维持不变。储气罐中原有气体压力为 p_0，温度为 T_0，经 τ 时间充气后罐内气体质量为 m 时，压力变为 p'，温度变为 T'。设气体为理想气体，其焓和内能可用 $h=c_pT$ 和 $u=c_VT$ 表示。试证：

$$T'=\frac{kT_0p'T}{T_0p'-p_0T_0+kTp_0}$$

式中，k 为比热容比，即 $k=\frac{c_p}{c_V}$。请对此结果进行分析，说明 T' 与哪些因素有关？若储气罐内原为真空，此时 T' 又如何？

2-11　若题 2-10 中储气罐改为一气球，充气前气球内气体压力 p_0，温度 T_0，与大气相平衡，质量仍为 m_0。充气后气球内质量变为 m 后关闭阀门，并与大气充分换热，求这一过程中气球内气体与大气交换的热量 Q。忽略气球的弹力，设管道阀门仍绝热。

2-12　1 m^3 容器内的空气，压力为 p_0，温度为 T_0。高压管路(p，T)与之相通，使容器内压力达到 p 时关上阀门。设高压管路、阀门与容器均绝热，但有一冷却水管通过容器。

若欲在充气过程中始终维持容器中的空气温度为 T_0，求需向冷却水放出的热量 Q。已知空气的 R，c_p 和 c_V。

2-13 一台锅炉给水泵，将冷水压力由 $p_1=6$ kPa 升高至 $p_2=2.0$ MPa，若冷凝水(水泵进口)流量为 2×10^5 kg/h，水密度 $\rho_{H_2O}=1\ 000$ kg/m^3。假定水泵效率为 0.88，问带动此水泵至少要多大功率的电机。

2-14 一燃气轮机装置如图 2-14 所示。空气由 1 进入压气机升压后至 2，然后进入回热器，吸收从燃气轮机排出的废气中的一部分热量后，经 3 进入燃烧室。在燃烧室中与油泵送来的油混合并燃烧，产生的热量使燃气温度升高，经 4 进入燃气轮机(透平)做功。排出的废气由 5 送入回热器，最后由 6 排至大气。其中压气机、油泵、发电机均由燃气轮机带动。

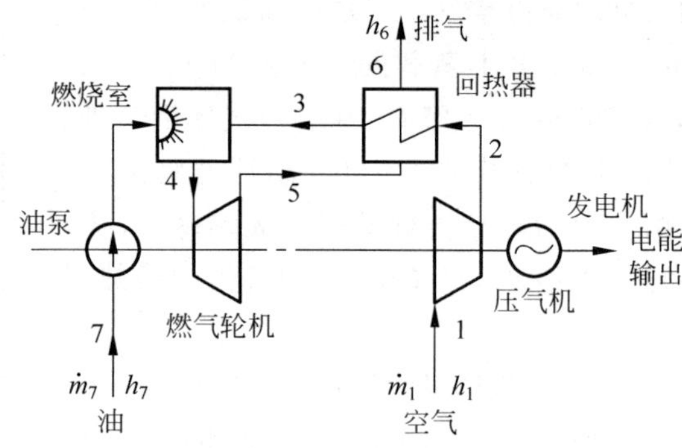

图 2-14　习题 2-14 图

(1) 试建立整个系统的能量平衡式；

(2) 若空气质量流量 $\dot{m}_1=50$ t/h，进口焓 $h_1=12$ kJ/kg，燃油流量 $\dot{m}_7=700$ kg/h，燃油进口焓 $h_7=42$ kJ/kg，油发热量 $q=41\ 800$ kJ/kg，排出废气焓 $h_6=418$ kJ/kg，求发电机发出的功率。

2-15 某电厂有一台国产 50 000 kW 汽轮发电机组，锅炉蒸汽量为 220 t/h，汽轮机进口处压力表上的读数为 10.0 MPa，温度为 540℃。汽轮机出口处真空表的读数为 715.8 mmHg。当时当地的大气压为 760 mmHg，汽轮机进、出口的蒸汽焓各为 3 483.4 kJ/kg 和 2 386.5 kJ/kg。试求：

(1) 汽轮机发出的轴功率为多少千瓦？

(2) 若考虑到汽轮机进口处蒸汽速度为 70 m/s，出口处速度为 140 m/s，则对汽轮机功率的计算有多大影响？

(3) 如已知凝汽器出口的凝结水的焓为 146.54 kJ/kg，而 1 kg 冷却水带走 41.87 kJ 的热量，则每小时需多少吨冷却水？是蒸汽量的几倍？

2-16 空气在某压气机中被压缩，压缩前空气的参数为 $p_1=0.1$ MPa，$v_1=0.845$ m^3/kg；压缩后 $p_2=0.8$ MPa，$v_2=0.175$ m^3/kg。若在压缩过程中每千克空气的内能增加 146.5 kJ，同时向外界放出热量 50 kJ；压气机每分钟生产压缩空气 10 kg。试求：

(1) 压缩过程中对 1 kg 空气所做的压缩功；

(2) 每生产 1 kg 压缩空气所需的轴功；

(3) 带动此压气机所需功率至少要多少千瓦？

2-17 空气以 260 kg/(m^2·s)的质量流率在一等截面管道内作稳定绝热流动，已知某一截面上的压力为 0.5 MPa，温度为 300℃，下游另一截面上的压力为 0.2 MPa。若定压比热容 $c_p=1.005$ kJ/(kg·K)，且空气的焓 $h=c_pT$，试求下游截面上空气的流速是多少？

2-18 某燃气轮机装置如图 2-15 所示。已知压气机进口处空气的焓 $h_1=290$ kJ/kg，经压缩后，空气升温使比焓增为 $h_2=580$ kJ/kg，在截面 2 处与燃料混合，以 $c_2=20$ m/s 的速度进入燃烧室，在定压下燃烧，使工质吸入热量 $q=670$ kJ/kg。燃烧后燃气经喷管绝热膨胀到状态 3′，$h_{3'}=800$ kJ/kg，流速增至 $c_{3'}$，燃气再进入动叶片，推动转轮回转做功。若燃气在动叶片中热力状态不变，最后离开燃气轮机速度为 $c_4=100$ m/s。忽略燃料质量对能量转换的影响。

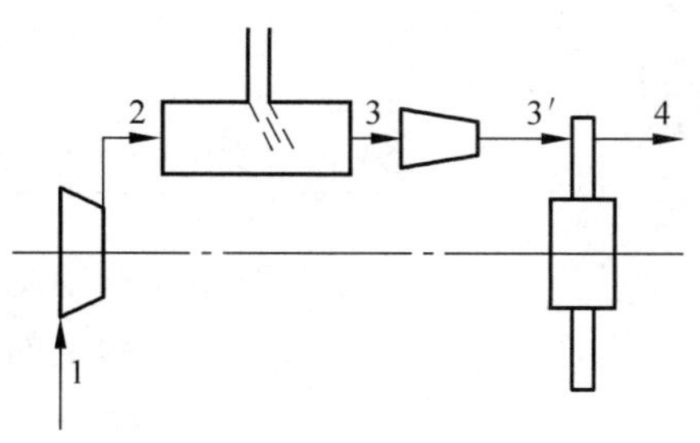

图 2-15 习题 2-18 图

(1) 若空气流量为 100 kg/s，则压气机消耗的功率为多少？

(2) 若燃料发热量 $q_f=43\ 960$ kJ/kg，则燃料耗量为多少？

(3) 燃气在喷管出口处的流速 $c_{3'}$ 是多少？

(4) 燃气透平(3′4 过程)的功率为多少？

(5) 燃气轮机装置的净功率为多少？

第3章

理想气体的性质与过程

CHAPTER 3

3-1 理想气体状态方程

凡遵循克拉珀龙(Clapeyron)状态方程的气体,称为**理想气体**。

对于不同物量的气体,克拉珀龙状态方程有下列几种形式:

$$pv=RT \quad (对\ 1\ kg\ 气体) \tag{3-1a}$$

$$pV_m=R_mT \quad (对\ 1\ kmol\ 气体) \tag{3-1b}$$

$$pV=mRT=nR_mT \quad (对\ m\,kg\ 或\ n\,kmol\ 气体) \tag{3-1c}$$

式中的 V_m 为摩尔容积。按阿伏加德罗(Ameldeo Arogadro)定律,在相同压力和温度下,任何气体的摩尔容积相等。在标准状态($T_0=273.15$ K,$p_0=1.013\ 25\times10^5$ Pa)下,各种理想气体的 V_m° 均相同,都是 22.414 m^3/kmol。

R_m 是摩尔气体常数。按照阿伏加德罗定律,由式(3-1b)可以得出,R_m 不仅与气体所处的状态无关,而且还与气体种类无关,因此又称为**通用气体常数**。R_m 值的大小可根据标准状态参数由式(3-1b)确定,即

$$R_m=\frac{1.013\ 25\times10^5\times22.414}{273.15}\ \mathrm{J/(kmol\cdot K)}=8\ 314\ \mathrm{J/(kmol\cdot K)}$$

选用不同的 p,V_m,T 的单位,R_m 的单位和数值也不相同,参见表 3-1。

R 是**气体常数**。它与所处状态无关,但随气体种类而异。

气体常数 R 与通用气体常数 R_m 的关系为

$$R_m=M\cdot R \tag{3-2}$$

式中,M 为摩尔质量。不同气体的 M 值不同,R 亦不同。例如,氧、氮和空气的 M 值分别为 32.00 kg/kmol,28.02 kg/kmol 和 28.97 kg/kmol,则氧、氮和空气的 R 值分别为 259.8 J/(kg·K),296.8 J/(kg·K)和 287.1 J/(kg·K)。

表 3-1 不同单位时通用气体常数 R_m 值

R_m	单位
8.314	kJ/(kmol·K)
8 314	J/(kmol·K)
1.986	kcal/(kmol·K)

克拉珀龙状态方程描述了同一状态下理想气体 p,V,T 三个参数之间的关系。由于它只适用于理想气体,故又称理想气体状态方程。

运用理想气体状态方程进行计算时,有三点必须注意:

(1) 必须采用绝对压力,而不能用表压力;

(2) 必须使用热力学温度,而不能用摄氏温度或华氏温度;

(3) p,V,V_m,T,M 等量的单位必须与通用气体常数 R_m 的单位协调

一致。例如,若 R_m 的单位取 J/(kmol·K),则其他参数的单位应如表 3-2 所示。

表 3-2 R_m 单位为 J/(kmol·K)时其他参数的单位

R_m	p	T	V	m	M	V_m
8 314 J/(kmol·K)	Pa	K	m^3	kg	kg/kmol	m^3/kmol

克拉珀龙状态方程只是气体性质的一种近似描述。当气体的密度很大时,各种气体的 p,V,T 之间的关系就会显著地偏离这个方程,即使在低密度条件下,两者也只是大致相符。只有当气体的压力极低,即 $p\to 0,v\to\infty$ 时,气体的性质才能完全符合这一方程。因此,理想气体可看作实际气体的压力 $p\to 0$,比容 $v\to\infty$ 时的极限状态的气体。借助于对这种极限状态下的气体所作的微观分析,可以建立理想气体的物理模型。

实际气体分子本身具有体积,分子之间存在相互作用力,这两项因素对于分子的运动状况均产生一定的影响。但是,当气体的密度比较低,即分子间的平均距离比较大时,分子本身所占的体积与气体的总容积相比,是微乎其微的,分子间的作用力也极其微弱,特别是当 $p\to 0,v\to\infty$ 时,上述两种因素的作用更趋近于零。因此可认为理想气体是一种假想的气体,它的分子是一些弹性的,不占据体积的质点,分子之间除了相互碰撞外,没有相互作用力。

那么,实际计算中,如何确定某种气体能否看作理想气体?一般来说,当温度不太低、压力不太高时(例如常温下压力不超过 7 MPa),对于空气,以及氧、氮、氢、一氧化碳等单原子或双原子气体,它们的性质很接近理想气体,误差不会超过百分之几,计算时可作为理想气体处理。因此常用工质——空气、燃气,在一般计算中都可视为理想气体。然而,对于 CO_2、H_2O 等三原子气体,则需要按照实际气体处理,除非它们在混合气体中的分压力很低时,例如大气中的水蒸气和烟气中的 CO_2,可视为理想气体处理。

3-2 比热容

应用能量方程分析热力过程时,涉及内能和焓的变化以及热量的计算。这些都要借助于比热容。

3-2-1 比热容的定义和单位

单位物量的物质温度升高 1 K (或 1℃)所需要的热量,称为**比热容**。比热容的单位取决于热量和物质量的单位。

如果物质量的单位采用 kg,则相应的热容称为**质量热容**,以 c 表示,单位为 J/(kg·K) 或 kJ/(kg·K)。其定义式表示为

$$c=\frac{\delta q}{\mathrm{d}T} \tag{3-3}$$

如果物质量的单位采用摩尔,则相应的热容称为**摩尔热容**,以 C_m 表示,单位为 J/(kmol·K) 或 kJ/(kmol·K)。

如果物质量的单位采用标准状态下的立方米(m^3),则相应的热容称为**容积热容**,以 C'

表示,单位为 $J/(m^3 \cdot K)$ 或 $kJ/(m^3 \cdot K)$。

以上三者之间的换算关系为

$$C_m = Mc = 22.414C' \tag{3-4}$$

3-2-2 定容比热容和定压比热容

热量是过程量,因此在不同的加热过程中,比热容的值是不同的,即比热容与过程的特征有关。在热工计算中常用的是定容过程和定压过程中的比热容,它们相应地称为**定容比热容**和**定压比热容**,其定义式分别为

$$c_V = \frac{\delta q_V}{\mathrm{d}T} \tag{3-5}$$

$$c_p = \frac{\delta q_p}{\mathrm{d}T} \tag{3-6}$$

根据热力学第一定律,能量方程为

$$\delta q = \mathrm{d}u + p\mathrm{d}v = \mathrm{d}h - v\mathrm{d}p$$

由于内能是状态参数,$u = f(T, v)$,则 $\mathrm{d}u$ 为全微分,可表示为

$$\mathrm{d}u = \left(\frac{\partial u}{\partial T}\right)_v \mathrm{d}T + \left(\frac{\partial u}{\partial v}\right)_T \mathrm{d}v$$

代入上述能量方程,得

$$\delta q = \left(\frac{\partial u}{\partial T}\right)_v \mathrm{d}T + \left[\left(\frac{\partial u}{\partial v}\right)_T + p\right] \mathrm{d}v$$

对于定容过程,$\mathrm{d}v = 0$,则

$$\delta q_V = \left(\frac{\partial u}{\partial T}\right)_v \mathrm{d}T$$

或

$$\frac{\delta q_V}{\mathrm{d}T} = \left(\frac{\partial u}{\partial T}\right)_v$$

代入式(3-5)得

$$c_V = \left(\frac{\partial u}{\partial T}\right)_v \tag{3-7}$$

因此,定容比热容 c_V 是在定容条件下内能对温度的偏导数。也可理解为单位物量的物质,在定容过程中,温度变化 1 K 时内能变化的数值。

同样,焓是状态参数,$h = f(T, p)$,$\mathrm{d}h$ 为全微分,可表示为

$$\mathrm{d}h = \left(\frac{\partial h}{\partial T}\right)_p \mathrm{d}T + \left(\frac{\partial h}{\partial p}\right)_T \mathrm{d}p$$

代入能量方程,得

$$\delta q = \left(\frac{\partial h}{\partial T}\right)_p \mathrm{d}T + \left[\left(\frac{\partial h}{\partial p}\right)_T - v\right] \mathrm{d}p$$

对于定压过程,$\mathrm{d}p = 0$,则

$$\delta q_p = \left(\frac{\partial h}{\partial T}\right)_p \mathrm{d}T$$

或

$$\frac{\delta q_p}{\mathrm{d}T} = \left(\frac{\partial h}{\partial T}\right)_p$$

代入式(3-6)得

$$c_p = \left(\frac{\partial h}{\partial T}\right)_p \tag{3-8}$$

因此,定压比热容 c_p 是在压力不变的条件下,焓对温度的偏导数。也可理解为单位物量的物质,在定压过程中,温度变化 1 K 时焓变化的数值。

由式(3-7)与式(3-8)可见,c_V 与 c_p 这两个量都是状态参数的偏导数,因而它们本身也是状态参数。

3-3　理想气体的内能、焓和比热容

3-3-1　理想气体内能和焓的特性

气体的内能由内动能和内位能组成,因而气体的内能是温度和比容的函数,即 $u=f(T,v)$。

对于理想气体,分子之间没有相互作用力,当然也就不存在分子之间的内位能。因此,理想气体的内能与比容无关,仅是温度的单值函数,即

$$\left.\begin{aligned} &u=f(T) \\ &\left(\frac{\partial u}{\partial v}\right)_T=0 \end{aligned}\right\} \tag{3-9}$$

此结论与实验结果一致,焦耳的绝热自由膨胀实验证实了这一点。

根据理想气体内能仅是温度单值函数的特性,凡温度相同的状态,理想气体的内能必相同。例如图 3-1 上定温线即定内能线。因此,只要过程的初温与终温分别相同,则任何过程中理想气体内能的变化量都相等。例如,图 3-1 中的 1—2,1—2′,1—2″各过程中,内能的变化量相等,即 $\Delta u_{12}=\Delta u_{12'}=\Delta u_{12''}$。

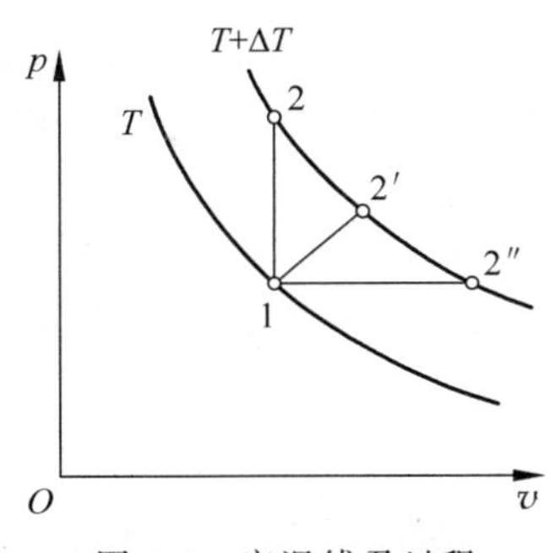

图 3-1　定温线及过程

将式(3-9)代入内能的全微分式,可得出理想气体的内能和温度的关系式,即

$$\mathrm{d}u=c_V\mathrm{d}T+\left(\frac{\partial u}{\partial v}\right)_T\mathrm{d}v=c_V\mathrm{d}T \tag{3-10}$$

需要注意的是,虽然式(3-10)中含有定容比热容 c_V,但此式不只限于定容过程,而适用于理想气体的一切过程。

根据焓的定义,理想气体的焓可表示为

$$h=u+pv=u+RT$$

式中,R 为一常数。内能又是温度的单值函数,所以,理想气体的焓也只是温度的单值函数,即

$$\left.\begin{aligned} &h=f(T) \\ &\left(\frac{\partial h}{\partial p}\right)_T=0 \end{aligned}\right\} \tag{3-11}$$

根据定压比热容的关系式(3-8),焓的全微分式可写为

$$dh = c_p dT + \left(\frac{\partial h}{\partial p}\right)_T dp$$

由于理想气体的$\left(\frac{\partial h}{\partial p}\right)_T = 0$,因此,它的焓和温度的关系式为

$$dh = c_p dT \tag{3-12}$$

此式虽含有定压比热容 c_p,但同样适用于理想气体的一切过程。

根据理想气体焓的特性,同样可以推论,在状态参数坐标图上,理想气体的定温线即定焓线。并且,只要过程初温与终温分别相同,则任何过程中理想气体焓的变化均相同。例如图 3-1 中 1—2,1—2′,1—2″各过程中焓的变化相同,即 $\Delta h_{12} = \Delta h_{12'} = \Delta h_{12''}$。

3-3-2 理想气体的比热容

1. 理想气体定容比热容与定压比热容的关系

应用焓的定义及理想气体状态方程,由式(3-12)可写出

$$c_p = \frac{dh}{dT} = \frac{d(u + pv)}{dT} = \frac{du}{dT} + \frac{d(RT)}{dT} = c_V + R$$

或

$$c_p - c_V = R \tag{3-13}$$

两边各乘以摩尔质量 M,则

$$C_{p,m} - C_{V,m} = R_m \tag{3-14}$$

式(3-13)与式(3-14)称为迈耶(Mayer)方程。

定压比热容与定容比热容的比值,称为**比热比**,用符号 k 表示,即

$$k = \frac{c_p}{c_V} = \frac{C_{p,m}}{C_{V,m}} \tag{3-15}$$

联立式(3-13)与式(3-15),解得

$$c_p = \frac{k}{k-1}R \tag{3-16}$$

$$c_V = \frac{1}{k-1}R \tag{3-17}$$

2. 理想气体比热容与温度的关系

既然理想气体的内能和焓只是温度的单值函数,根据式(3-10)与式(3-12),理想气体的定容比热容与定压比热容充其量也只是温度的单值函数,甚至可能是定值。

根据分子运动学说,只考虑分子的平动与转动,不考虑分子内部的振动时,理想气体内能与温度呈线性关系,即摩尔内能 U_m 为

$$U_m = \frac{i}{2} R_m T$$

由此可分别导出理想气体的摩尔定容热容和摩尔定压热容均为定值,即

$$C_{V,m} = \frac{dU_m}{dT} = \frac{i}{2} R_m$$

$$C_{p,\mathrm{m}}=\frac{\mathrm{d}H_{\mathrm{m}}}{\mathrm{d}T}=\frac{\mathrm{d}U_{\mathrm{m}}}{\mathrm{d}T}+R_{\mathrm{m}}=\frac{i+2}{2}R_{\mathrm{m}}$$

式中，i 为气体分子运动的自由度。单原子气体分子只有三个平动自由度，$i=3$；双原子气体分子有三个平动自由度和二个转动自由度，$i=5$；三原子或多原子气体有三个平动自由度和三个转动自由度，$i=6$。若适当考虑振动，并参照实验数据，常取多原子气体的 $C_{V,\mathrm{m}}$ 为$\frac{7}{2}R_{\mathrm{m}}$，$C_{p,\mathrm{m}}$ 为$\frac{9}{2}R_{\mathrm{m}}$。摩尔热容值已列于表 3-3 中。这样的摩尔热容称为定摩尔热容。

表 3-3　理想气体的摩尔热容和比热比

参　量	单原子气体	双原子气体	多原子气体
$C_{V,\mathrm{m}}$	$\frac{3}{2}R_{\mathrm{m}}$	$\frac{5}{2}R_{\mathrm{m}}$	$\frac{7}{2}R_{\mathrm{m}}$
$C_{p,\mathrm{m}}$	$\frac{5}{2}R_{\mathrm{m}}$	$\frac{7}{2}R_{\mathrm{m}}$	$\frac{9}{2}R_{\mathrm{m}}$
k	1.67	1.4	1.29

通常只有在温度不太高，温度范围比较窄，且计算精度要求不高的情况下，或者为了分析问题方便，才将摩尔热容近似地看作定值。实际上，分子内部还存在振动，而且分子转动与振动的能量和温度并不呈线性关系，因此理想气体热容并非定值，而是温度的单值函数，例如

$$C_{p,\mathrm{m}}=a_0+a_1T+a_2T^2+a_3T^3 \tag{3-18}$$

$$C_{V,\mathrm{m}}=a_0'+a_1T+a_2T^2+a_3T^3 \tag{3-19}$$

式中，a_0，a_0' 为常数，且 $a_0-a_0'=R_{\mathrm{m}}$；a_1，a_2，a_3 等为各阶温度系数。不同的气体各有不同的值，参见表 3-4。这种相应于每一个温度下的摩尔热容叫作真实摩尔热容。

表 3-4　理想气体定压摩尔热容 $C_{p,\mathrm{m}}$　　单位：kJ/(kmol·K)

气体	a_0	$a_1\times10^3$	$a_2\times10^6$	$a_3\times10^9$	温度范围/K	最大误差/%
H_2	29.21	−1.916	−4.004	−0.870 5	273～1 800	1.01
O_2	25.48	15.20	5.062	1.312	273～1 800	1.19
N_2	28.90	−1.570	8.081	−28.73	273～1 800	0.59
CO	28.16	1.675	5.372	−2.222	273～1 800	0.89
CO_2	22.26	59.811	−35.01	7.470	273～1 800	0.647
空气	28.15	1.967	4.801	−1.966	273～1 800	0.72
H_2O	32.24	19.24	10.56	−3.595	273～1 500	0.52

3-3-3　理想气体内能和焓的计算

如果已知比热容与温度的关系式，代入式(3-10)与式(3-12)，进行积分就可确定理想气体的 Δu 与 Δh，即

$$\Delta u=\int_{(1)}^{(2)}c_V\mathrm{d}T$$

$$\Delta h=\int_{(1)}^{(2)} c_p \mathrm{d}T$$

工程上，这两个量可以使用下列几种方法求算。具体选用哪一种方法，取决于所要求的精度。

(1) 按定比热容求算；

(2) 按真实比热容求算；

(3) 按气体热力性质表上所列的 u 和 h 计算。附录中的附表 2 是空气的热力性质表，列有不同温度时的焓和内能值。该表规定 $T=0$ K 时 $h=0, u=0$，基准点的选择是任意的，对 Δu 与 Δh 的计算无影响，但注意，只有规定 0 K 为基准时，h 和 u 才同时为零。这种方法既准确又方便，特别是已知初温和 Δh(或 Δu)，求解终温时更为明显，因为不需迭代求解。

(4) 按平均比热容求算，t_1 与 t_2 之间的平均定压比热容用 $c_p\big|_{t_1}^{t_2}$ 表示，其定义式为

$$c_p\Big|_{t_1}^{t_2}=\frac{\int_{t_1}^{t_2} c_p \mathrm{d}t}{t_2-t_1} \tag{3-20}$$

类似地，平均定容比热容用 $c_V\big|_{t_1}^{t_2}$ 表示，定义式为

$$c_V\Big|_{t_1}^{t_2}=\frac{\int_{t_1}^{t_2} c_V \mathrm{d}t}{t_2-t_1} \tag{3-21}$$

由定义式可以看出，平均比热容与初、终温都有关，如选定一个确定的起算点温度 t_0，则从 t_0 到任意终温 t 的平均比热容仅取决于终温 t，附录中的附表 3～附表 6 以 $t_0=0℃$ 为起算点，终温 t 为参变量，给出了 7 种气体的平均比热容值。若要利用附表 3 和附表 4 计算从 t_1 到 t_2 的焓差 Δh_{12} 与内能差 Δu_{12}，则应按下式进行：

$$\Delta h_{12}=\Delta h_{02}-\Delta h_{01}=c_p\Big|_0^{t_2}\cdot t_2-c_p\Big|_0^{t_1}\cdot t_1 \tag{3-22}$$

$$\Delta u_{12}=\Delta u_{02}-\Delta u_{01}=c_V\Big|_0^{t_2}\cdot t_2-c_V\Big|_0^{t_1}\cdot t_1 \tag{3-23}$$

而由 t_1 到 t_2 之间的平均比热容为

$$c_p\Big|_{t_1}^{t_2}=\frac{\Delta h_{12}}{t_2-t_1}=\frac{c_p\Big|_0^{t_2}\cdot t_2-c_p\Big|_0^{t_1}\cdot t_1}{t_2-t_1} \tag{3-24}$$

$$c_V\Big|_{t_1}^{t_2}=\frac{\Delta u_{12}}{t_2-t_1}=\frac{c_V\Big|_0^{t_2}\cdot t_2-c_V\Big|_0^{t_1}\cdot t_1}{t_2-t_1} \tag{3-25}$$

类似地，可利用附表 5 和附表 6 分别计算由 t_1 到 t_2 之间的平均定压容积热容和平均定容容积热容。

例题 3-1 空气在加热器中由 300 K 加热到 400 K，空气流量 $m=0.2$ kg/s，求空气每秒的吸热量。试分别用真实比热容、平均比热容、气体热力性质表以及定热容方法求算。

解：(1) 真实比热容法

由附表 3 和附表 4 查出 $C_{p,\mathrm{m}}=a_0+a_1T+a_2T^2+a_3T^3$ 中各系数为 $a_0=28.15, a_1=1.967\times10^{-3}, a_2=4.801\times10^{-6}, a_3=-1.966\times10^{-9}$。

由于

$$\Delta h=\int_{(1)}^{(2)} c_p \mathrm{d}T=\frac{1}{M}\int_{(1)}^{(2)} c_{p,\mathrm{m}} \mathrm{d}T$$

$$=\frac{1}{M}\left[a_0(T_2-T_1)+\frac{a_1}{2}(T_2^2-T_1^2)+\frac{a_2}{3}(T_2^3-T_1^3)+\frac{a_3}{4}(T_2^4-T_1^4)\right]$$

代入已知数据，得

$$\Delta h=\frac{1}{28.97}\times\left[28.15\times(400-300)+\frac{1}{2}\times1.967\times10^{-3}\times(400^2-300^2)+\frac{1}{3}\times4.801\times 10^{-6}\times(400^3-300^3)-\frac{1}{4}\times1.966\times10^{-9}\times(400^4-300^4)\right]\text{ kJ/kg}=101.29\text{ kJ/kg}$$

$$\dot{Q}=\dot{m}\Delta h=0.2\times101.29\text{ kJ/s}=20.26\text{ kJ/s}$$

(2) 平均比热容法

$$\Delta h=c_p|_0^{t_2}\cdot t_2-c_p|_0^{t_1}\cdot t_1$$

查附表 3，应用内插法求得

$$t_1=27℃, c_p|_0^{t_1}=1.0045\text{ kJ/(kg}\cdot℃)$$

$$t_2=127℃, c_p|_0^{t_2}=1.0076\text{ kJ/(kg}\cdot℃)$$

$$\Delta h=(1.0076\times127-1.0045\times27)\text{ kJ/kg}=100.85\text{ kJ/kg}$$

$$\dot{Q}=\dot{m}\Delta h=0.2\times100.85\text{ kJ/s}=20.17\text{ kJ/s}$$

(3) 气体热力性质表，查附表 2 得

$$T_1=300\text{ K}, h_1=300.19\text{ kJ/kg}$$

$$T_2=400\text{ K}, h_2=400.98\text{ kJ/kg}$$

$$\Delta h=(400.98-300.19)\text{ kJ/kg}=100.79\text{ kJ/kg}$$

$$\dot{Q}=\dot{m}\Delta h=0.2\times100.79\text{ kJ/s}=20.16\text{ kJ/s}$$

(4) 定热容法

对于像空气这种多种气体混合物，其

$$C_{p,\mathrm{m}}=\frac{7}{2}R_\mathrm{m}=\frac{7}{2}\times8.314\text{ kJ/(kmol}\cdot\text{K)}=29.10\text{ kJ/(kmol}\cdot\text{K)}$$

$$\Delta h=c_p\cdot(400-300)\text{ K}=\frac{C_{p,\mathrm{m}}}{M}\times100\text{ K}=\frac{29.10}{28.97}\times100\text{ kJ/kg}=100.45\text{ kJ/kg}$$

$$\dot{Q}=\dot{m}\Delta h=0.2\times100.45\text{ kJ/s}=20.09\text{ kJ/s}$$

可以看出，前三种方法计算结果极为接近，最后一种方法相差略大些。

3-4 理想气体的熵

根据熵的定义式 $\mathrm{d}s=\frac{\delta q_{\mathrm{rev}}}{T}$ 及 $\delta q=\mathrm{d}u+p\mathrm{d}v=\mathrm{d}h-v\mathrm{d}p$，得出

$$\mathrm{d}s=\frac{\mathrm{d}u+p\mathrm{d}v}{T}=\frac{\mathrm{d}u}{T}+\frac{p}{T}\mathrm{d}v$$

$$\mathrm{d}s=\frac{\mathrm{d}h-v\mathrm{d}p}{T}=\frac{\mathrm{d}h}{T}-\frac{v}{T}\mathrm{d}p$$

对于理想气体，$\mathrm{d}u=c_V\mathrm{d}T$，$\mathrm{d}h=c_p\mathrm{d}T$，$pv=RT$，因此，理想气体熵的变化的计算式为

$$\mathrm{d}s=c_V\frac{\mathrm{d}T}{T}+R\frac{\mathrm{d}v}{v} \tag{3-26a}$$

$$s_2-s_1=\int_{(1)}^{(2)}c_V\frac{\mathrm{d}T}{T}+R\ln\frac{v_2}{v_1}\quad\text{（真实比热容）} \tag{3-26b}$$

或

$$s_2-s_1=c_V\ln\frac{T_2}{T_1}+R\ln\frac{v_2}{v_1}\quad\text{（定比热容）} \tag{3-26c}$$

另外，也可用下式计算：

$$\mathrm{d}s=c_p\frac{\mathrm{d}T}{T}-R\frac{\mathrm{d}p}{p} \tag{3-27a}$$

$$s_2-s_1=\int_{(1)}^{(2)}c_p\frac{\mathrm{d}T}{T}-R\ln\frac{p_2}{p_1}\quad\text{（真实比热容）} \tag{3-27b}$$

$$s_2-s_1=c_p\ln\frac{T_2}{T_1}-R\ln\frac{p_2}{p_1}\quad\text{（定比热容）} \tag{3-27c}$$

应用 $pv=RT$ 及 $c_p=c_V+R$，对式(3-27)稍加变换可得出以(p,v)为变量的 Δs 计算式：

$$\mathrm{d}s=c_V\frac{\mathrm{d}p}{p}+c_p\frac{\mathrm{d}v}{v} \tag{3-28a}$$

$$s_2-s_1=\int_{(1)}^{(2)}c_V\frac{\mathrm{d}p}{p}+\int_{(1)}^{(2)}c_p\frac{\mathrm{d}v}{v}\quad\text{（真实比热容）} \tag{3-28b}$$

$$s_2-s_1=c_V\ln\frac{p_2}{p_1}+c_p\ln\frac{v_2}{v_1}\quad\text{（定比热容）} \tag{3-28c}$$

由上述诸式可以看出，过程中理想气体熵的变化完全取决于它的初、终态，而与过程无关，这就证明了理想气体的熵是一个状态参数。

为了简化运算，在按真实比热容计算时，可用查表来取代$\int_{(1)}^{(2)}c_p\frac{\mathrm{d}T}{T}$的积分运算。为此，选择一个基准温度 T_0，则$\int_{T_0}^{T}c_p\frac{\mathrm{d}T}{T}$只是温度 T 的函数，用符号 s_T°表示，即

$$s_T^\circ=\int_{T_0}^{T}c_p\frac{\mathrm{d}T}{T}$$

附表 2 中列有各种温度下的 s_T°值。

由式(3-27b)，理想气体熵的变化为

$$s_2-s_1=\int_{T_1}^{T_2}c_p\frac{\mathrm{d}T}{T}-R\ln\frac{p_2}{p_1}=\int_{T_0}^{T_2}c_p\frac{\mathrm{d}T}{T}-\int_{T_0}^{T_1}c_p\frac{\mathrm{d}T}{T}-R\ln\frac{p_2}{p_1}$$

$$=s_{T_2}^\circ-s_{T_1}^\circ-R\ln\frac{p_2}{p_1} \tag{3-28d}$$

因此，对于理想气体，只要分别查得 T_1，T_2 下的 $s_{T_1}^\circ$和 $s_{T_2}^\circ$值，由式(3-28d)即可方便地计算熵的变化。

3-5 研究热力过程的目的和方法

热能和机械能的相互转换是通过工质的一系列状态变化过程实现的，不同过程表征着不同外部条件。研究热力过程的目的就在于研究外部条件对热能和机械能转换的影响，具体地讲，就是力求通过有利的外部条件，合理安排热力过程，达到提高热能和机械能转换效率的目的。

研究热力过程的基本任务是，根据过程进行的条件，确定过程中工质状态参数的变化规律，并分析过程中的能量转换关系。

分析热力过程的依据是热力学第一定律的能量方程、理想气体参数关系式以及准静态过程或可逆过程的特征。

分析时，通常采用抽象、简化的方法，将复杂的实际不可逆过程简化为可逆过程处理，然后借助某些经验系数进行修正，并且将实际过程中状态参数变化的特征加以抽象，概括成具有简单规律的典型过程（如定压、定容、定温、绝热过程等）。本章仅限于研究理想气体的可逆过程，对过程中的能量转换，也只限于分析能量数量之间的平衡关系。对不可逆因素引起的能量质的变化（做功能力损失）将在下章讨论。水蒸气和湿空气的热力过程分别在第 6 章和第 9 章讨论。

热力过程的分析内容和步骤可概括为以下几点：

（1）确定过程中状态参数的变化规律，即

$$p=f(v),\quad T=f(p),\quad T=f(v)$$

状态参数的变化规律反映了过程的特征，称为**过程方程**。

（2）根据已知参数以及过程方程，确定未知参数。

（3）将过程中状态参数的变化规律表示在 p-v 图和 T-s 图上，以便利用图示方法进行定性分析。

（4）根据理想气体特点，确定过程中的 $\Delta u=c_V\Delta T$ 和 $\Delta h=c_p\Delta T$。

（5）根据准静态过程和可逆过程的特征，求出 $\delta w(\delta w=p\mathrm{d}v)$ 和 $\delta w_t(\delta w_t=-v\mathrm{d}p)$。

（6）运用热力学第一定律的能量方程或比热容的公式计算过程中的热量。

3-6 绝热过程

工质在与外界没有热量交换的条件下所进行的状态变化过程称为**绝热过程**。

严格地说，绝热过程实际上并不存在，但为了便于分析计算，当过程进行得很快，工质与外界来不及交换热量时，就可近似看作绝热过程。例如叶轮式压气机和汽轮机中的压缩和膨胀过程，气体流经喷管的过程等都可近似作为绝热过程处理。

3-6-1 绝热过程的过程方程

对于理想气体的可逆绝热过程，$\mathrm{d}s=0$，因而式(3-28a)演变成

$$\mathrm{d}s=c_V\frac{\mathrm{d}p}{p}+c_p\frac{\mathrm{d}v}{v}=0$$

或

$$\frac{\mathrm{d}p}{p}+k\frac{\mathrm{d}v}{v}=0$$

当取 k 为定值(即取定比热容)时,经积分得

$$\ln p + k\ln v = 定值$$

或

$$p \cdot v^k = 定值 \tag{3-29}$$

式(3-29)为理想气体可逆绝热过程的过程方程,式中的比热容比 k,在这种情况下又称为绝热指数。

3-6-2 过程初、终态基本状态参数间的关系

由过程方程式(3-29)可得出

$$\left(\frac{p_2}{p_1}\right)=\left(\frac{v_1}{v_2}\right)^k$$

若以状态方程 $p=\frac{RT}{v}$代入过程方程 $pv^k=$定值,则得

$$Tv^{k-1}=定值 \tag{3-30a}$$

或

$$\frac{T_2}{T_1}=\left(\frac{v_1}{v_2}\right)^{k-1} \tag{3-30b}$$

若以状态方程 $v=\frac{RT}{p}$代入过程方程 $pv^k=$定值,则得

$$\frac{T}{p^{\frac{k-1}{k}}}=定值 \tag{3-31a}$$

或

$$\frac{T_2}{T_1}=\left(\frac{p_2}{p_1}\right)^{\frac{k-1}{k}} \tag{3-31b}$$

由以上关系式可看出,当气体绝热膨胀($v_2>v_1$)时,p 与 T 均降低;当气体被绝热压缩($v_2<v_1$)时,p 与 T 均增高。绝热过程中压力与温度的变化趋势是一致的。

3-6-3 过程曲线

根据过程方程 $pv^k=$定值,在 p-v 图上,绝热过程线为一高次双曲线,而且由于$\frac{\mathrm{d}p}{\mathrm{d}v}=-k\frac{p}{v}<0$,故其斜率为负值,如图 3-2 所示。

由于可逆绝热过程为定熵过程,故在图 3-2 的 T-s 图上,绝热过程线为一垂直线,称为定熵线。图 3-2 中,1—2 代表绝热膨胀线(v 增大,T、p 均降低),1—2′代表绝热压缩线(v 减小,T、p 均增高)。

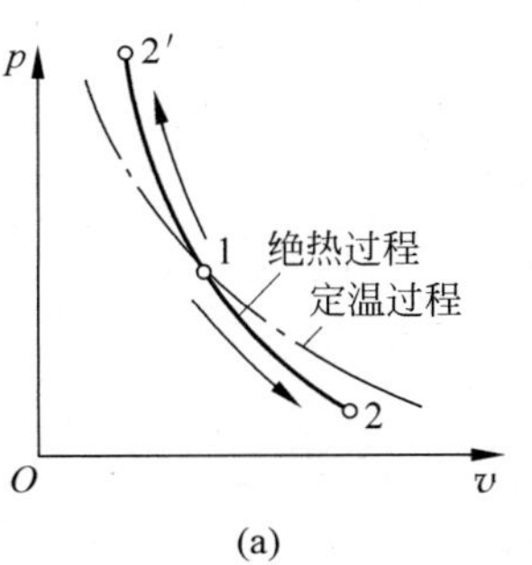

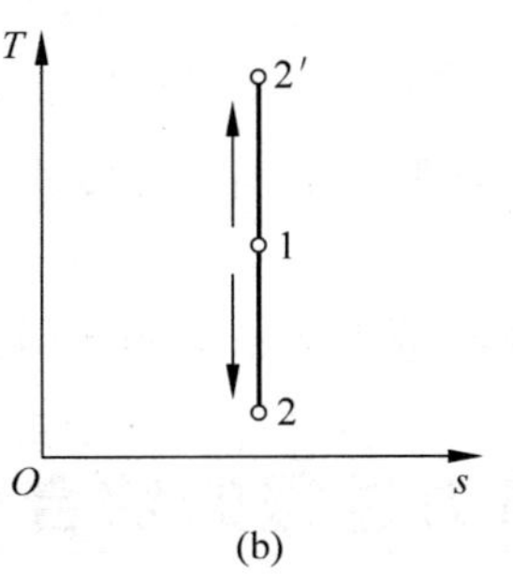

图 3-2　等熵线在 p-v 图和 T-s 图上的表示

3-6-4　绝热过程中的能量转换

（1）内能和焓的变化

$$du = c_V dT,\quad dh = c_p dT$$

（2）热量

$$q = 0$$

（3）膨胀功，由于 $q=0$，故

$$w = -\Delta u = u_1 - u_2$$

即工质经绝热过程所做的膨胀功完全是由内能的减少得到的，这一结论适用于任何工质的可逆或不可逆绝热过程。

对于定比热容的理想气体，则上式可写为

$$w = c_V(T_1 - T_2) = \frac{R}{k-1}(T_1 - T_2) = \frac{1}{k-1}(p_1 v_1 - p_2 v_2) \tag{3-32a}$$

式(3-32a)适用于定比热容理想气体的可逆或不可逆绝热过程。

若进一步运用可逆绝热过程的过程方程 $pv^k = c$，式(3-32a)还可演变为

$$w = \frac{RT_1}{k-1}\left[1 - \left(\frac{p_2}{p_1}\right)^{\frac{k-1}{k}}\right] \tag{3-32b}$$

注意，式(3-32b)只适用于定比热容理想气体的可逆绝热过程。

（4）技术功，由于 $q=0$，故

$$w_t = -\Delta h = h_1 - h_2$$

即工质经绝热过程所做的技术功等于焓的减少(简称绝热焓降)。这个结论同样适用于任何工质的可逆或不可逆绝热过程。

对于定比热容的理想气体，则上式可写为

$$w_t = c_p(T_1 - T_2) = \frac{k}{k-1}R(T_1 - T_2) = \frac{k}{k-1}(p_1 v_1 - p_2 v_2) \tag{3-33a}$$

此式适用于定比热容理想气体的可逆或不可逆绝热过程。

若进一步代入可逆绝热过程的过程方程，式(3-33a)可演变为

$$w_t=\frac{k}{k-1}RT_1\left[1-\left(\frac{p_2}{p_1}\right)^{\frac{k-1}{k}}\right] \tag{3-33b}$$

对比技术功与膨胀功的两组计算式,不难发现

$$w_t=k\cdot w \tag{3-34}$$

即绝热过程的技术功等于膨胀功的 k 倍。

3-7 基本热力过程的综合分析

3-7-1 多变过程方程

过程方程为

$$pv^n=\text{定值} \tag{3-35}$$

的过程,称为**多变过程**,其中 n 为**多变指数**。在某一多变过程中,n 为一定值。但不同的多变过程,其 n 值各不相同。n 可以是 $-\infty$ 到 $+\infty$ 之间的任何一个实数,相应的多变过程也可有无限多种。总之,多变过程是一些符合式(3-35)规律的过程的总称。

对于很复杂的实际过程,可把它分作几段不同多变指数的多变过程来描述,每一段中 n 保持不变。

当多变指数为某些特定的值时,多变过程便表现为某些典型的热力过程。例如:

$n=0$,$p=$定值,为定压过程;

$n=1$,$pv=$定值,为定温过程;

$n=k$,$pv^k=$定值,为等熵过程;

$n\to\pm\infty$,$v=$定值,为定容过程①。

因此,可把四种典型过程看作多变过程的 4 个特例。

3-7-2 多变过程的分析

1. 状态参数的变化规律

根据过程方程 $pv^n=c$ 及状态方程 $pv=RT$,可得

$$pv^n=\text{定值}\qquad \frac{p_2}{p_1}=\left(\frac{v_1}{v_2}\right)^n \tag{3-36}$$

$$Tv^{n-1}=\text{定值}\qquad \frac{T_2}{T_1}=\left(\frac{v_1}{v_2}\right)^{n-1} \tag{3-37}$$

$$\frac{T}{p^{\frac{n-1}{n}}}=\text{定值}\qquad \frac{T_2}{T_1}=\left(\frac{p_2}{p_1}\right)^{\frac{n-1}{n}} \tag{3-38}$$

Δu,Δh 和 Δs 可按理想气体的有关公式计算。

---

① 因 $pv^n=$定值,可写成 $p^{\frac{1}{n}}v=$定值,当 $n\to\pm\infty$时,$1/n\to0$,所以 $p^{\frac{1}{n}}v=p^0v$,即 $v=$定值。

2. 过程中的能量转换

（1）膨胀功

$$w=\int_{(1)}^{(2)}p\,\mathrm{d}v$$

当 $n\neq 1$ 时，代入过程方程 $p=\dfrac{p_1v_1^n}{v^n}$ 得

$$w=\frac{1}{n-1}(p_1v_1-p_2v_2)=\frac{1}{n-1}R(T_1-T_2) \tag{3-39a}$$

除定压过程外，即 $0\neq n\neq 1$ 时，上式还可进一步写成

$$w=\frac{1}{n-1}RT_1\left[1-\left(\frac{p_2}{p_1}\right)^{\frac{n-1}{n}}\right] \tag{3-39b}$$

当 $n=1$ 时，则 $pv=c$，于是得

$$w=RT\ln\frac{v_2}{v_1}=RT\ln\frac{p_1}{p_2} \tag{3-39c}$$

（2）技术功

$$w_t=-\int v\,\mathrm{d}p$$

当 $n\neq\infty$ 时，代入过程方程的微分式

$$\mathrm{d}p=-nc\,\frac{\mathrm{d}v}{v^{n+1}}=-np\,\frac{\mathrm{d}v}{v}$$

则

$$w_t=n\int p\,\mathrm{d}v=nw \tag{3-40a}$$

可见，这种情况下，技术功为膨胀功的 n 倍。

当 $n\to\infty$ 时，则

$$w_t=-v\Delta p \tag{3-40b}$$

（3）热量

当 $n=1$ 时，

$$q=w \tag{3-41a}$$

当 $n\neq 1$ 时，若取定比热容，则

$$q=c_V(T_2-T_1)+\frac{1}{n-1}R(T_1-T_2)=\left(c_V-\frac{R}{n-1}\right)(T_2-T_1)$$

由于 $c_V=\dfrac{R}{k-1}$，上式可改写为

$$q=\frac{n-k}{n-1}c_V(T_2-T_1)=c_n(T_2-T_1) \tag{3-41b}$$

式中，$c_n=\dfrac{n-k}{n-1}c_V$，称为**多变比热容**，显然，

$$n=0,\quad c_n=c_p;$$
$$n=1,\quad c_n\to\infty;$$
$$n=k,\quad c_n=0;$$
$$n\to\infty,\quad c_n=c_V。$$

为便于参考,将四种典型热力过程和多变过程公式汇总在表 3-5 中。

表 3-5　气体的各种热力过程

过程	过程方程式	初、终状态参数间的关系	功量交换/(J/kg)		热量交换[2] q/(J/kg)
			w	w_t[1]	
定容	$v=$定数	$v_2=v_1$; $\frac{T_2}{T_1}=\frac{p_2}{p_1}$	0	$v(p_1-p_2)$	$c_V(T_2-T_1)$
定压	$p=$定数	$p_2=p_1$; $\frac{T_2}{T_1}=\frac{v_2}{v_1}$	$p(v_2-v_1)$ 或 $R(T_2-T_1)$	0	$c_p(T_2-T_1)$
定温	$pv=$定数	$T_2=T_1$; $\frac{p_2}{p_1}=\frac{v_1}{v_2}$	$p_1v_1\ln\frac{v_2}{v_1}$	w	w
等熵	$pv^k=$定数	$\frac{p_2}{p_1}=\left(\frac{v_1}{v_2}\right)^k$ $\frac{T_2}{T_1}=\left(\frac{v_1}{v_2}\right)^{k-1}$ $\frac{T_2}{T_1}=\left(\frac{p_2}{p_1}\right)^{\frac{k-1}{k}}$	$\frac{p_1v_1-p_2v_2}{k-1}$ 或$\frac{R}{k-1}(T_1-T_2)$	kw	0
多变	$pv^n=$定数	$\frac{p_2}{p_1}=\left(\frac{v_1}{v_2}\right)^n$ $\frac{T_2}{T_1}=\left(\frac{v_1}{v_2}\right)^{n-1}$ $\frac{T_2}{T_1}=\left(\frac{p_2}{p_1}\right)^{\frac{n-1}{n}}$	$\frac{p_1v_1-p_2v_2}{n-1}$ 或$\frac{R}{n-1}(T_1-T_2)$	nw[3]	$c_n(T_2-T_1)$ $=\left(c_V-\frac{R}{n-1}\right)\times$ (T_2-T_1)

① 忽略流动工质的动能变化时的计算式。

② 如果需要精确地考虑比热容不是常量,可以用平均比热容代替表内 c_V 或 c_p。

③ $n\to\infty$时除外。

3-7-3　应用 p-v 图与 T-s 图分析多变过程

1. p-v 图与 T-s 图上多变过程线的分布规律

从同一个初态出发,在 p-v 图与 T-s 图上画出四种典型热力过程的过程线,其相对位置如图 3-3 所示。通过比较过程线的斜率,可以说明分布规律。

p-v 图上,多变过程线的斜率为

$$\frac{\mathrm{d}p}{\mathrm{d}v}=-n\frac{p}{v}\tag{3-42}$$

如果从同一初态出发,其 p/v 值相同,过程线的斜率随 n 值而变,则可得不同的过程线,例如:

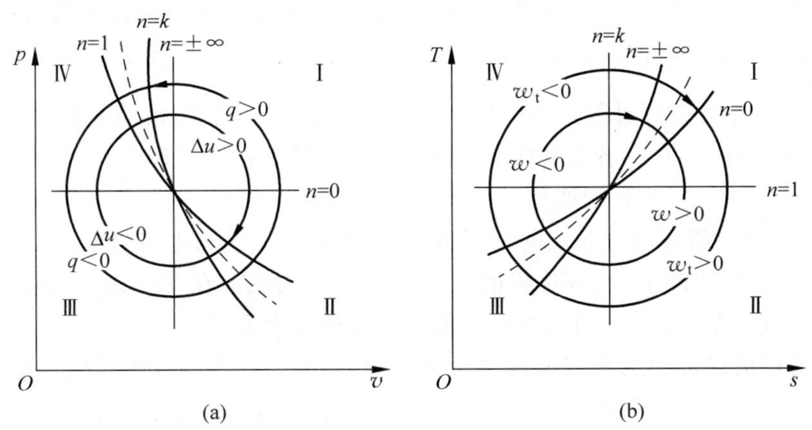

图 3-3　各过程线在 p-v 图和 T-s 图上的表示

$n=0,\dfrac{\mathrm{d}p}{\mathrm{d}v}=0$，即定压线为一水平线；

$n=1,\dfrac{\mathrm{d}p}{\mathrm{d}v}=-\dfrac{p}{v}<0$，即定温线为一斜率为负的等边双曲线；

$n=k,\dfrac{\mathrm{d}p}{\mathrm{d}v}=-k\dfrac{p}{v}<0$，即定熵线为一高次双曲线，相同状态下，定熵线斜率的绝对值大于定温线的，因而在 p-v 图上定熵线比定温线更陡；

$n\rightarrow\pm\infty,\dfrac{\mathrm{d}p}{\mathrm{d}v}\rightarrow\infty$，即定容线为一垂直线。

此外，由式(3-42)还可得出，当 $n<0$ 时，$\dfrac{\mathrm{d}p}{\mathrm{d}v}>0$，$\mathrm{d}p$ 与 $\mathrm{d}v$ 同号，过程线分布在图 3-3 所示的Ⅰ、Ⅲ象限内，n 的变化范围为 $-\infty\rightarrow0$；当 $n\geqslant0$ 时，$\dfrac{\mathrm{d}p}{\mathrm{d}v}\leqslant0$，过程线分布在Ⅱ、Ⅳ象限内，$n$ 的变化范围为 $0\rightarrow+\infty$。综合起来，p-v 图上过程线的分布规律为，从定容线出发，n 由 $-\infty\rightarrow0\rightarrow+\infty$，按顺时针方向递增。

T-s 图上，过程线的斜率可根据 $\delta q_{\mathrm{rev}}=T\mathrm{d}s=c_n\mathrm{d}T$ 得出，即

$$\frac{\mathrm{d}T}{\mathrm{d}s}=\frac{T}{c_n} \tag{3-43}$$

过程线的斜率同样随 n 而变，例如

$n=0,\dfrac{\mathrm{d}T}{\mathrm{d}s}=\dfrac{T}{c_p}>0$，即定压线为一斜率为正的对数曲线；

$n=1,\dfrac{\mathrm{d}T}{\mathrm{d}s}=0$，即定温线为一水平线；

$n=k,c_n=0,\dfrac{\mathrm{d}T}{\mathrm{d}s}\rightarrow\infty$，即定熵线为一垂直线；

$n\rightarrow\pm\infty,\dfrac{\mathrm{d}T}{\mathrm{d}s}=\dfrac{T}{c_V}>0$，即定容线为一斜率为正的对数曲线。相同温度下，由于 $c_p>c_V$，因而定容线斜率比定压线的大，在 T-s 图上定容线比定压线更陡。

在 T-s 图上，从定容线开始，过程线的多变指数 n 也是按顺时针方向递增。

2. 过程中 q，Δu 和 w 值正负的判断

膨胀功 w 的正负应以过起点的定容线为分界。在 p-v 图上，由同一起点出发的多变过程线，若位于定容线的右方，各过程的 w 为正，反之为负。在 T-s 图上，$w>0$ 的过程线位于定容线的右下方；$w<0$ 的过程线位于定容线的左上方。

技术功 w_t 的正负应以过起点的定压线为分界。在 p-v 图上，由同一起点出发的多变过程线，若位于定压线的下方，各过程的 w_t 为正，反之为负。在 T-s 图上，$w_t>0$ 的过程线位于定压线的右下方；$w_t<0$ 的过程线位于定压线的左上方。

热量 q 的正负以过起点的定熵线为分界。显然，在 T-s 图上，任意同一起点的多变过程线，若位于定熵线的右方，则 $q>0$；反之，则 $q<0$。在 p-v 图上，若位于定熵线右上方，$q>0$；反之，则 $q<0$。

$\Delta u(\Delta h, \Delta T)$ 的正负以过起点的定温线为分界。在 T-s 图上，任意同一起点的多变过程线，若位于定温线之上，$\Delta u(\Delta h, \Delta T)>0$；反之，则 $\Delta u(\Delta h, \Delta T)<0$。在 p-v 图上，$\Delta u(\Delta h, \Delta T)>0$ 的过程线位于定温线的右上方；反之，则位于定温线的左下方。

例题 3-2 空气在活塞式压气机中被压缩，初状态为 $V_1=0.052\ \text{m}^3$，$p_1=0.1\ \text{MPa}$，$t_1=40℃$，经可逆多变过程压缩到 $p_2=0.565\ \text{MPa}$，$V_2=0.013\ \text{m}^3$，然后排至储气罐，如图 3-4 所示。求多变过程的多变指数 n、压缩终温 t_2、气体压缩时与外界交换的功量和热量，以及压缩过程中气体内能、焓和熵的变化。

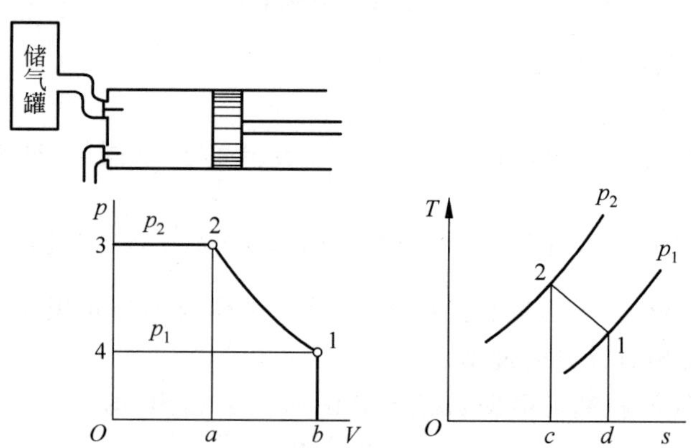

图 3-4 活塞式压缩过程在 p-V 图和 T-s 图上的表示

解：缸内定量的气体被压缩，取为闭口系，在图 3-4 中为 1—2 的可逆多变压缩过程。

压缩空气的质量为

$$m=\frac{p_1V_1}{RT_1}=\frac{0.1\times10^6\times0.052}{287.1\times313}\ \text{kg}=0.058\ \text{kg}$$

根据多变过程方程式，对定量气体可写成

$$p_1V_1^n=p_2V_2^n$$

由上式求得多变指数为

$$n=\frac{\ln(p_2/p_1)}{\ln(V_1/V_2)}=\frac{\ln(0.565/0.1)}{\ln(0.052/0.013)}=1.25$$

压缩终温

$$T_2 = T_1\left(\frac{V_1}{V_2}\right)^{n-1} = (40+273)\cdot\left(\frac{0.052}{0.013}\right)^{1.25-1}\ \mathrm{K} = 442\ \mathrm{K}$$

压缩过程中内能、焓、熵的变化量

$$\Delta U = mc_V(T_2 - T_1) = 0.058\times 0.717\times(442-313)\ \mathrm{kJ} = 5.36\ \mathrm{kJ}$$

$$\Delta H = mc_p(T_2 - T_1) = 0.058\times 1.004\times(442-313)\ \mathrm{kJ} = 7.51\ \mathrm{kJ}$$

$$\Delta S = m\left(c_V\ln\frac{T_2}{T_1} + R\ln\frac{V_2}{V_1}\right)$$

$$= 0.058\times\left(0.717\ln\frac{442}{313} + 0.287\ln\frac{0.013}{0.052}\right)\ \mathrm{kJ/K} = -0.0087\ \mathrm{kJ/K}$$

气体与外界交换的热量

$$Q = m\cdot q = m\frac{n-k}{n-1}c_V(T_2 - T_1)$$

$$= 0.058\times\frac{1.25-1.4}{1.25-1}\times 0.717\times(442-313)\ \mathrm{kJ}$$

$$= -3.21\ \mathrm{kJ}$$

式中热量为负，说明气体压缩时放出热量，其熵变化量为负。

气体与外界交换的膨胀功

$$W = \int_{(1)}^{(2)} p\,\mathrm{d}V = \frac{1}{n-1}(p_1V_1 - p_2V_2)$$

$$= \frac{1}{1.25-1}\times(0.1\times10^6\times0.052 - 0.565\times10^6\times0.013)\ \mathrm{J}$$

$$= -8\,580\ \mathrm{J} = -8.58\ \mathrm{kJ}$$

式中功量为负，说明气体压缩消耗外功。

若讨论压气机整个工作过程，则应把吸气过程 4—1，压缩过程 1—2 和排气过程 2—3 包括在内，而把压气机取作开口系。

压气机的技术功

$$W_t = -\int_{(1)}^{(2)} V\,\mathrm{d}p = n\int_{(1)}^{(2)} p\,\mathrm{d}V = 1.25\times(-8.58) = -10.7\ \mathrm{kJ}$$

式中功量为负，说明压气机消耗外功压缩气体。

3-8　变比热容的可逆绝热过程

在精度要求比较高的某些工程设计中，绝热过程应按变比热容计算，工程上主要结合气体热力性质表进行计算。

理想气体 Δs 的计算式(3-27b)为

$$\Delta s = s_2 - s_1 = \int_{(1)}^{(2)} c_p\frac{\mathrm{d}T}{T} - R\ln\frac{p_2}{p_1} = s^\circ_{T_2} - s^\circ_{T_1} - R\ln\frac{p_2}{p_1}$$

对于可逆绝热过程，$s_2 = s_1$，则

$$s^\circ_{T_2} - s^\circ_{T_1} - R\ln\frac{p_2}{p_1} = 0 \tag{3-44a}$$

式中，s_T°仅为温度 T 的单值函数。如果已知 p_1, T_1, p_2，则 T_2 可根据下式确定：

$$s_{T_2}^\circ = s_{T_1}^\circ + R\ln\frac{p_2}{p_1} \tag{3-44b}$$

如果已知 p_1, T_1, T_2，则 p_2 可按下式计算：

$$p_2 = p_1\exp\frac{s_{T_2}^\circ - s_{T_1}^\circ}{R} \tag{3-44c}$$

式(3-44b)与式(3-44c)的计算方法适用于多数气体。对于工程上最常用的空气，可在此基础上引入新的参数 p_r 和 v_r，代替 s_T°，使计算更加简便。

将式(3-44c)改写成

$$\frac{p_2}{p_1} = \exp\frac{s_{T_2}^\circ - s_{T_1}^\circ}{R} = \frac{\exp\left(\dfrac{s_{T_2}^\circ}{R}\right)}{\exp\left(\dfrac{s_{T_1}^\circ}{R}\right)}$$

由于 s_T°仅为温度单值函数，故 $\exp\left(\dfrac{s_T^\circ}{R}\right)$也只是温度的单值函数，这个量定义为**相对压力**，用 p_r 表示，即

$$p_r = \exp\left(\frac{s_T^\circ}{R}\right) \tag{3-45}$$

因此，对于理想气体定熵过程

$$\frac{p_2}{p_1} = \frac{p_{r2}(T_2)}{p_{r1}(T_1)} \tag{3-46}$$

相对压力 p_r 作为温度的函数，与 u, h, s_T°一起按温度编制在气体性质表中。式(3-46)实质上给出了变比热容定熵过程中 p_1, p_2, T_1, T_2 的关系，其作用与采用定比热容时的式(3-31b)相同。

某些情况下，例如分析活塞式内燃机的压缩与膨胀过程时，需要用定熵过程的容积比计算。如果采用相对容积 v_r，可使计算简化。根据理想气体状态方程，

$$\frac{v_2}{v_1} = \frac{p_1T_2}{p_2T_1} = \left(\frac{p_{r1}}{p_{r2}}\right)\left(\frac{T_2}{T_1}\right) = \frac{\dfrac{T_2}{p_{r2}}}{\dfrac{T_1}{p_{r1}}}$$

显然，$\dfrac{T}{p_r}$也只是温度的单值函数。若定义相对容积 v_r 为一个与$\dfrac{T}{p_r}$成正比的量，即

$$v_r \propto \frac{T}{p_r}$$

则 v_r 也是温度单值函数，且有

$$\left(\frac{v_2}{v_1}\right) = \frac{v_{r2}(T_2)}{v_{r1}(T_1)} \tag{3-47}$$

式(3-47)给出了变比热容定熵过程中 v_1, v_2, T_1, T_2 之间的关系，其作用与采用定比热容时的式(3-30b)相同。v_r 作为温度的函数，同样按温度编制在气体热力性质表中。

综上所述，s_T°, p_r, v_r 均为温度单值函数，但采用 p_r, v_r 更为方便。特别是，若已知定熵

过程中的容积比$\frac{v_2}{v_1}$，求解终态其他参数时，如用s_T°，由于式(3-44b)与式(3-44c)中不包括v_1，v_2项，求解过程必将是一个迭代过程，但若采用v_r，由T_1查气体热力性质表得v_{r1}，再由式(3-47)得$v_{r2}=v_{r1}\frac{v_2}{v_1}$，然后根据$v_{r2}$由气体热力性质表可直接查得$T_2$，大大简化了计算。

例题 3-3　某柴油机的压缩比(压缩过程开始的容积V_1与压缩终了容积V_2之比)为15，若压缩开始时空气温度$T_1=290$ K，压力$p_1=0.09$ MPa，且不计散热，计算压缩终了时空气温度、压力和压缩0.2 kg空气所需的功(用气体热力性质表求解)。

解：按$T_1=290$ K，查附录中的附表2得$v_{r1}=676.1$，$u_1=206.91$ kJ/kg，$p_{r1}=1.2311$。由式(3-47)得

$$v_{r2}=v_{r1}\cdot\frac{v_2}{v_1}=676.1\times\frac{1}{15}=45.073$$

按$v_{r2}=45.073$查附表2得

$$T_2=818.56\ \text{K},\quad p_{r2}=52.15,\quad u_2=607.42\ \text{kJ/kg}$$

由式(3-46)得

$$p_2=p_1\frac{p_{r2}}{p_{r1}}=0.09\times\frac{52.15}{1.2311}\ \text{MPa}=3.812\ \text{MPa}$$

功量

$$W=m\cdot w=m\cdot(u_1-u_2)=0.2\times(206.91-607.42)\ \text{kJ}=-80.102\ \text{kJ}$$

3-9　气体的压缩

在工程上，压缩气体的应用十分广泛，例如，各种类型的风动工具、各种炉子的通风、气体液化及化工过程等都离不开压缩气体。消耗外功使气体压缩升压的设备统称为压气机。

压气机按其产生压缩气体的压力范围，习惯上，常分为通风机(表压0.01 MPa以下)、鼓风机(表压0.01～0.3 MPa)和压缩机(表压0.3 MPa以上)。压气机以其结构不同，又可分为活塞式(图3-5(a))和叶轮式(离心式图3-5(b)或轴流式图3-5(c))两类。

活塞式(亦称往复式)压气机依靠进气阀、排气阀的开启和关闭以及活塞的往复运动在气缸中完成气体压缩过程。在活塞式压气机中，气体的压缩是间歇性、周期性地进行。但是，因其间歇时间极短，运动速度极快；又因一般压气机进、排气均有足够大的空间，可维持进、排气近乎连续而稳定，因此，活塞式压气机的压缩过程可以作为稳定流动过程处理。

叶轮式压气机则是依赖叶片之间形成的加速和扩压通道，使气体压缩升压。无论离心式还是轴流式，气体都是连续不断流进、流出压气机。

与活塞式相比较，叶轮式结构紧凑、输气量大、输气均匀且运转平稳、机械效率高。其主要缺点是增压比不大，因此，在需要高增压比的场合仍然多用活塞式压气机。

综上所述，活塞式和叶轮式压气机的结构和工作原理虽然不同，但从热力学观点看来，气体状态变化过程是相同的，都是消耗外功，使气体压缩升压的过程，而且都可以视为稳定流动过程。本章以下几节以活塞式压气机为例加以分析。

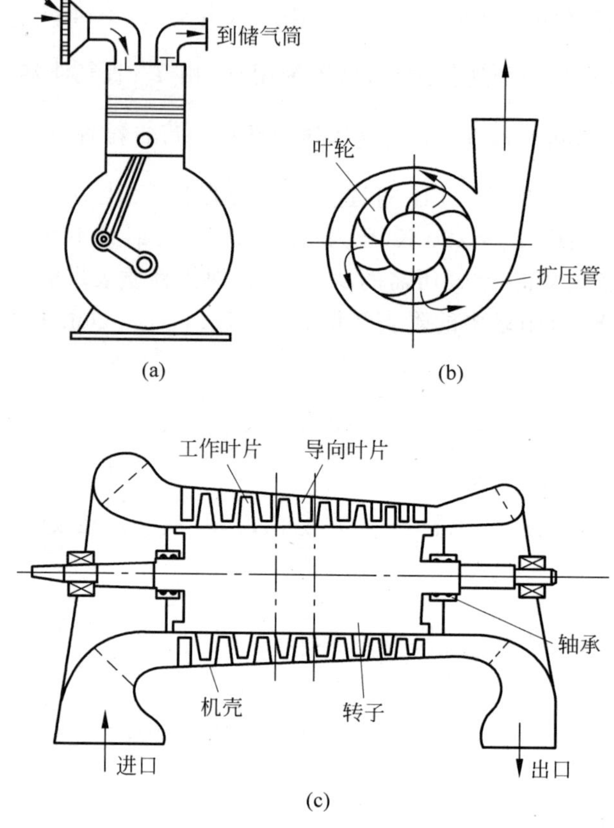

图 3-5　各种压气机结构简图

3-10　活塞式压气机的过程分析

例题 3-2 已说明活塞式压气机整个装置由进气、压缩和排气三个过程组成，其中进气与排气过程都不是热力过程，只是气体简单的移动过程，缸内气体的数量发生变化，而热力状态不变。唯有压缩过程才是热力过程。

3-10-1　压气机理论压气功

压气机在可逆过程中压送气体所消耗的技术功称为**理论压气功**，仍以 w_t 表示，它等于压缩过程的压缩功与进气、排气过程推进功的代数和。

理论压气功的大小，因压缩过程的不同而异。压缩过程可能出现三种情况：第一种是过程进行得很快，气体与外界来不及交换热量或交换热量甚微，可视为绝热压缩过程；第二种是过程进行得十分缓慢，并且散热条件良好，压缩时随即向外界传出热量，使气体温度始终保持与初温相同，可视为定温压缩过程；第三种是压气机的一般压缩过程，气体既向外散热，温度又有所提高，介于上述两种过程之间，可视为 n 介于 1 与 k 之间的多变过程。根据技术功的表达式，结合压缩过程的过程方程，可导出定温、绝热、多变三种压缩过程相应的理论压气功：

（1）定温压缩

$$w_{t,T}=RT_1\ln\frac{v_2}{v_1}=-RT_1\ln\frac{p_2}{p_1}$$

（2）绝热压缩

$$w_{t,s}=\frac{k}{k-1}(p_1v_1-p_2v_2)=\frac{k}{k-1}RT_1\left[1-\left(\frac{p_2}{p_1}\right)^{\frac{k-1}{k}}\right]$$

（3）多变压缩

$$w_{t,n}=\frac{n}{n-1}(p_1v_1-p_2v_2)=\frac{n}{n-1}RT_1\left[1-\left(\frac{p_2}{p_1}\right)^{\frac{n-1}{n}}\right]$$

式中，$\frac{p_2}{p_1}$是压缩过程中气体终压与初压之比，称为增压比。

分析图 3-6 中所示的三种压缩过程，不难看出：

$$|w_{t,s}|>|w_{t,n}|>|w_{t,T}|$$

$$T_{2_s}>T_{2_n}>T_{2_T}$$

$$V_{2_s}>V_{2_n}>V_{2_T}$$

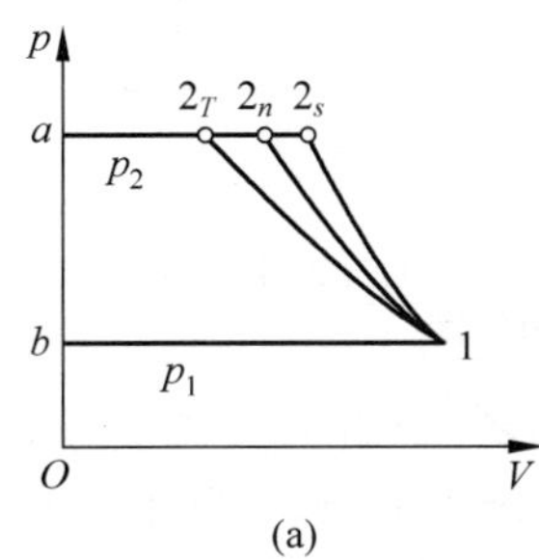

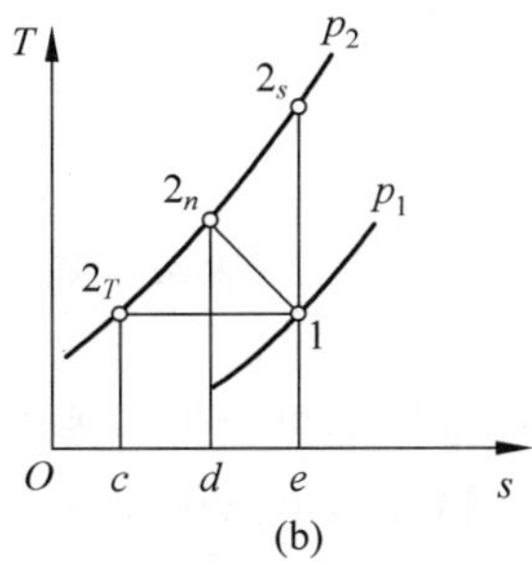

图 3-6　三种压缩过程在 p-V 图和 T-s 图上的表示

这就是说，定温压缩时，压气机的耗功量最省，压缩终了的气体温度最低；绝热压缩时，压气功最大，终温最高；多变压缩介于这两者之间。

3-10-2　分级压缩、中间冷却

如前所述，趋近定温压缩，是改善压缩过程的主要方向，而采用分级压缩、中间冷却是其中一种有效措施。图 3-7 示出了两级压缩、中间冷却的系统及其工作过程。图 3-7(b)中 7—1 为低压缸的进气过程；1—2 为低压缸的压缩过程（设为绝热压缩）；2—6 为低压缸的排气过程；6—2 为压缩气体进入中间冷却器的过程；2—3 为压缩气体在冷却器中的定压冷却过程，设充分冷却到压缩前的温度，即 $T_3=T_1$；3—6 为冷却后的压缩气体自冷却器排出过程；6—3 为冷却后的压缩气体进入高压缸的过程；3—4 为高压缸压缩过程；4—5 为高压缸排气过程。

两级压缩的压气机耗功等于每一级耗功的总和。在 p-v 图上，总耗功量相当于面积 $S_{7123457}$。如果不分级，且从相同的初压直接压缩到同一终压，耗功量相当于面积 S_{71857}，显

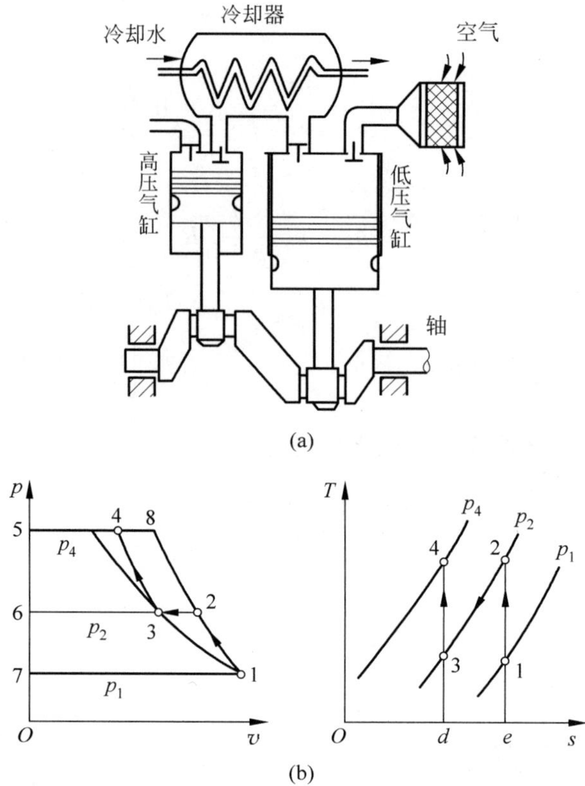

图 3-7　两级压缩、中间冷却过程的系统及工作过程

然,分级压缩的耗功量比单级的少。理论上,分级越多,节省的功越多,耗功量越少,若分为无限多级,每一级就趋近于定温压缩,但这样会使系统太复杂,实际上通常分为 2～4 级。

最有利的分级增压比应该是使总耗功量最小的增压比,这可以通过求压气机理论压气功的最小值导出。以绝热压缩为例,两级压缩的总耗功量为

$$w_{t,s}=w_{t,s}^{\mathrm{I}}+w_{t,s}^{\mathrm{II}}=\frac{k}{k-1}RT_1\left[1-\left(\frac{p_2}{p_1}\right)^{\frac{k-1}{k}}\right]+\frac{k}{k-1}RT_3\left[1-\left(\frac{p_4}{p_3}\right)^{\frac{k-1}{k}}\right]$$

若定压过程冷却充分,即 $T_3=T_1$,$p_2=p_3$,则

$$w_{t,s}=\frac{k}{k-1}RT_1\left[2-\left(\frac{p_2}{p_1}\right)^{\frac{k-1}{k}}-\left(\frac{p_4}{p_2}\right)^{\frac{k-1}{k}}\right]$$

求$\dfrac{\mathrm{d}w_{t,s}}{\mathrm{d}p_2}$,并令其为零,得

$$p_2=\sqrt{p_1p_4}$$

或

$$p_2:p_1=p_4:p_3=\sqrt{\frac{p_4}{p_1}} \tag{3-48}$$

即两级的增压比相等时,压气机耗功量达最小值。此时高、低压缸压缩过程的压气功相等,气体温升相同。经 Z 级压缩时,也可按照等增压比的原则进行分级压缩、中间冷却,即每级

压力比 β 应为

$$\beta=\sqrt[Z]{\frac{p_{Z+1}}{p_1}} \tag{3-49}$$

式中，p_{Z+1} 为压缩终了时气体的压力；p_1 为气体的初始压力。

例题 3-4 如图 3-8 所示，空气初态为 $p_1=0.1$ MPa，$t_1=20$℃，经过三级压缩，压力达到 12.5 MPa。设进入各级气缸时的温度相同，各级多变指数均为 1.25，且按最佳增压比安排。试求生产 1 kg 压缩空气的耗功量和各级的排气温度。倘若改用单级压缩，n 仍为 1.25，所耗的功和气缸排气温度各是多少？

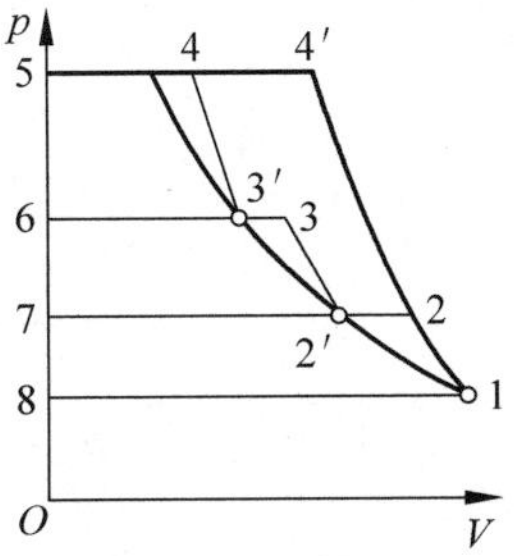

图 3-8 三级压缩、中间冷却过程

解：三级压缩时，$z=3$，由式(3-49)，各级压力比为

$$\beta=\sqrt[Z]{\frac{p_{Z+1}}{p_1}}=\sqrt[3]{\frac{12.5}{0.1}}=5$$

各级排气温度

$$T_2=T_3=T_4=T_1\left(\frac{p_2}{p_1}\right)^{\frac{n-1}{n}}=(273+20)\times\left(\frac{5}{1}\right)^{\frac{1.25-1}{1.25}}\ \text{K}=404\ \text{K}$$

三级压气机所需技术功

$$w_t=3w_{t1}=3\frac{n}{n-1}RT_1\left[1-\left(\frac{p_2}{p_1}\right)^{\frac{n-1}{n}}\right]=3\times\frac{1.25}{1.25-1}\times 287.1\times 293\times\left[1-\left(\frac{5}{1}\right)^{\frac{1.25-1}{1.25}}\right]\ \text{J/kg}$$

$$=-479\ 000\ \text{J/kg}=-497\ \text{kJ/kg}$$

单级压气机排气温度

$$T_{4'}=T_1\left(\frac{p_4}{p_1}\right)^{\frac{n-1}{n}}=293\times\left(\frac{125}{1}\right)^{\frac{1.25-1}{1.25}}\ \text{K}=769.6\ \text{K}=496.6℃$$

已超过规定值(一般规定不得超过 160～180℃)。

单级压气机消耗技术功

$$w_t=\frac{n}{n-1}RT_1\left[1-\left(\frac{p_{Z+1}}{p_1}\right)^{\frac{n-1}{n}}\right]$$

$$=\frac{1.25}{1.25-1}\times 287.1\times 293\times\left[1-\left(\frac{12.5}{0.1}\right)^{\frac{1.25-1}{1.25}}\right]\ \text{J/kg}$$

$$=-683\ 000\ \text{J/kg}=-683\ \text{kJ/kg}$$

由此表明，单级压气机不仅比多级压气机消耗更多的功，而且由于排气温度超过限定值，会引起润滑油变质影响润滑效果，严重时会引起自燃，甚至发生爆炸，所以不可能用单级压缩产生压力很高的压缩空气。

3-10-3 活塞式压气机的余隙影响

实际的活塞式压气机，为避免活塞与气缸盖的撞击以及便于安排进、排气阀等，当活塞处于上死点时，活塞顶面与缸盖之间必须留有一定的空隙，称为余隙容积。图 3-9 所示的余隙容积为 V_3，图中 (V_1-V_3) 代表活塞扫过气缸的容积，即活塞排量。(V_1-V_4) 是实际进入气缸的气体容积 V，即 $V=mv_1=V_1-V_4$。

1. 余隙容积对理论压气功的影响

由图 3-9 可见，有余隙容积时的理论压气功为

$$W_{t,n}=S_{12341}=S_{12501}-S_{43504}$$

假定 1—2 及 3—4 两过程的 n 相同，则

$$W_{t,n}=\frac{n}{n-1}p_1V_1\left[1-\left(\frac{p_2}{p_1}\right)^{\frac{n-1}{n}}\right]-\frac{n}{n-1}p_4V_4\left[1-\left(\frac{p_3}{p_4}\right)^{\frac{n-1}{n}}\right]$$

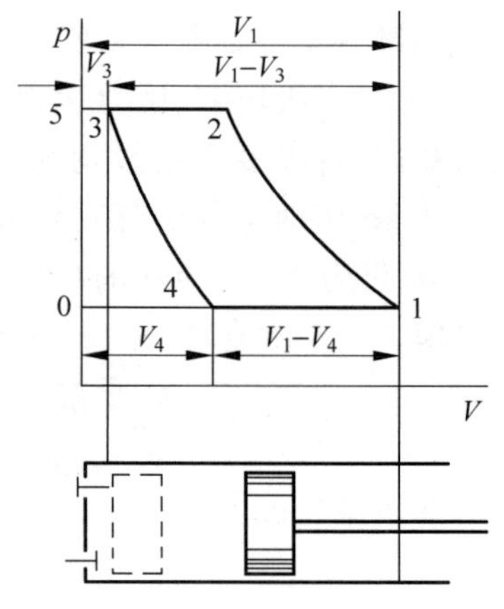

图 3-9　活塞式压缩过程的余隙容积

由于 $p_1=p_4$，$p_3=p_2$，所以

$$\begin{aligned}W_{t,n}&=\frac{n}{n-1}p_1(V_1-V_4)\left[1-\left(\frac{p_2}{p_1}\right)^{\frac{n-1}{n}}\right]\\&=\frac{n}{n-1}p_1V\left[1-\left(\frac{p_2}{p_1}\right)^{\frac{n-1}{n}}\right]\\&=\frac{n}{n-1}mRT_1\left[1-\left(\frac{p_2}{p_1}\right)^{\frac{n-1}{n}}\right]\end{aligned}$$

或

$$w_{t,n}=\frac{n}{n-1}RT_1\left[1-\left(\frac{p_2}{p_1}\right)^{\frac{n-1}{n}}\right]$$

上式表明，无论有无余隙，压缩单位质量气体所需的理论压气功相同。

倘若过程 3—4 的多变指数 n' 大于过程 1—2 的 n，残留气体膨胀到 p_1 时的终点应位于点 4 之左，则压气机的理论压气功将增大；反之，则减少。

2. 余隙容积对排气量的影响

由于余隙容积 V_3 的存在，活塞就不可能将高压气体全部排出，而有一部分残留在气缸内。因此，活塞在下一个吸气行程中，必须等待余隙容积中残留的高压气体膨胀到进气压力 p_1 时，才能从外界吸入新气。显然，有效的吸气容积小于活塞排量，即降低了活塞排量的利用率。它用两者的比值即容积效率 η_V 表示。

$$\eta_V=\frac{V_1-V_4}{V_1-V_3}=1-\frac{V_4-V_3}{V_1-V_3}=1-\frac{V_3}{V_1-V_3}\left(\frac{V_4}{V_3}-1\right)$$

由于$\dfrac{V_4}{V_3}=\left(\dfrac{p_3}{p_4}\right)^{\frac{1}{n}}=\left(\dfrac{p_2}{p_1}\right)^{\frac{1}{n}}$，故上式可写成

$$\eta_V=1-\frac{V_3}{V_1-V_3}\left[\left(\frac{p_2}{p_1}\right)^{\frac{1}{n}}-1\right] \tag{3-50}$$

式中，$\dfrac{V_3}{V_1-V_3}$是余隙与活塞排量的比值，称为余隙比，通常为 0.03～0.08。

由式(3-50)可见，在相同的余隙比时，提高增压比，将减小容积效率 η_V，因此当需要获得较高压力时，必须采用多级压缩，而当增压比一定时，余隙比加大，也将使容积效率 η_V 降低。

总之，有余隙容积时，虽然理论压气功不变，但进气量减小，气缸容积不能充分利用，当

压缩同量气体时，必须采用气缸较大的机器，而且这一有害的余隙影响还随增压比的增大而增加。所以应该尽量减小余隙容积。

例题 3-5 活塞式压气机活塞每往复一次生产 0.5 kg、压力为 0.35 MPa 的空气。空气进入压缩机时的温度为 15℃，压力为 0.1 MPa。设生产过程为可逆绝热过程，若余隙比为 0.05，求在压缩过程中气缸内的空气质量，这时的排量比相同产量无余隙的又大多少？

解：余隙比为 0.05 时，压缩终了余隙中空气参数为 $p_3=p_2=0.35\ \mathrm{MPa}$。

$$T_3=T_2=T_1\left(\frac{p_2}{p_1}\right)^{(k-1)/k}=288\times\left(\frac{0.35}{0.1}\right)^{\frac{1.4-1}{1.4}}\ \mathrm{K}=411.9\ \mathrm{K}$$

容积效率

$$\eta_V=1-0.05\times\left[\left(\frac{0.35}{0.1}\right)^{1/1.4}-1\right]=0.9277$$

它还可表示为$\dfrac{V_1-V_4}{V_1-V_3}$，而 $V_1-V_4=V=\dfrac{m_1RT_1}{p_1}=\dfrac{0.5\times287\times288}{10^5}\ \mathrm{m^3}=0.4133\ \mathrm{m^3}$，故

$$V_1-V_3=\frac{V_1-V_4}{\eta_V}=\frac{0.4133}{0.9277}\ \mathrm{m^3}=0.4455\ \mathrm{m^3}$$

由题设余隙比$\dfrac{V_3}{V_1-V_3}=0.05$，故

$$V_3=0.05\times(V_1-V_3)=0.05\times0.4455\ \mathrm{m^3}=0.0223\ \mathrm{m^3}$$

余隙中残存空气质量为

$$m_3=\frac{p_3V_3}{RT_3}=\frac{0.35\times10^6\times0.0223}{287\times411.9}\ \mathrm{kg}=0.066\ \mathrm{kg}$$

压缩过程中气缸内的空气总质量为

$$m_1+m_3=(0.5+0.066)\ \mathrm{kg}=0.566\ \mathrm{kg}$$

有余隙容积时的活塞排量

$$V_1-V_3=\frac{V_3}{0.05}=0.4455\ \mathrm{m^3}$$

无余隙容积时的活塞排量

$$V_1=\frac{m_1RT_1}{p_1}=\frac{0.5\times287\times288}{0.1\times10^6}\ \mathrm{m^3}=0.4133\ \mathrm{m^3}$$

因此，有余隙容积时活塞排量相对增加了

$$\frac{0.446-0.4133}{0.4133}=7.9\%$$

思考题

3-1 容积为 1 m³ 的容器中充满 N_2，其温度为 20℃，表压力为 1 000 mmHg，当时当地大气压为 760 mmHg。为了确定其质量，不同的人分别采用了下列几种计算式并得出了结果，请判断它们是否正确？若有错误，请改正。

(1) $m=\dfrac{p\cdot V\cdot M}{R_m\cdot T}=\dfrac{1\,000\times1.0\times28}{8.3143\times20}\ \mathrm{kg}=168.4\ \mathrm{kg}$

(2) $m=\frac{p\cdot V\cdot M}{R_{\mathrm{m}}\cdot T}=\frac{\frac{1\,000}{735.6}\times 0.980\,665\times 10^{5}\times 1.0\times 28}{8.314\,3\times 293.15}\ \mathrm{kg}=1\,531.5\ \mathrm{kg}$

(3) $m=\frac{p\cdot V\cdot M}{R_{\mathrm{m}}\cdot T}=\frac{\left(\frac{1\,000}{735.6}+1\right)\times 0.980\,665\times 10^{5}\times 1.0\times 28}{8.314\,3\times 293.15}\ \mathrm{kg}=2\,658\ \mathrm{kg}$

(4) $m=\frac{p\cdot V\cdot M}{R_{\mathrm{m}}\cdot T}=\frac{\left(\frac{1\,000}{760}+1\right)\times 1.013\times 10^{5}\times 1.0\times 28}{8.314\,3\times 293.15}\ \mathrm{kg}=2\,695\ \mathrm{kg}$

3-2 理想气体的 c_p 与 c_V 之差及 c_p 与 c_V 之比值是否在任何温度下都等于一个常数?

3-3 知道两个独立参数可确定气体的状态。例如已知压力和比容就可确定内能和焓。但理想气体的内能和焓只取决于温度,与压力、比容无关,前后是否矛盾?如何理解?

3-4 热力学第一定律的数学表达式可写成

$$q=\Delta u+w$$

或

$$q=c_V\Delta T+\int_{(1)}^{(2)}p\,\mathrm{d}v$$

两者有何不同?

3-5 如果比热容 c 是温度 t 的单调递增函数,当 $t_2>t_1$ 时,平均比热容 $c|_0^{t_1}$,$c|_0^{t_2}$,$c|_{t_1}^{t_2}$ 中,哪一个最大?哪一个最小?

3-6 如果某种工质的状态方程遵循 $pv=RT$,这种物质的比热容一定是常数吗?这种物质的比热容仅仅是温度的函数吗?

3-7 理想气体的内能和焓为零的起点是以它的压力值,还是以它的温度值,或是以它的压力和温度一起来规定的?

3-8 若已知空气的平均摩尔定压热容公式为 $C_{p,\mathrm{m}}|_0^t=6.949+0.000\,576t$,现要确定80~220℃的平均摩尔定压热容,有人认为 $C_{p,\mathrm{m}}|_{80}^{220}=6.949+0.000\,576\times(220+80)\mathrm{kJ/(kmol\cdot K)}$,也有人认为 $C_{p,\mathrm{m}}|_{80}^{220}=6.949+0.000\,576\times\left(\frac{220+80}{2}\right)\mathrm{kJ/(kmol\cdot K)}$,你认为哪个正确?

3-9 有人从熵和热量的定义式 $\mathrm{d}s=\frac{\delta q_{\mathrm{rev}}}{T}$,$\delta q_{\mathrm{rev}}=c\mathrm{d}T$,以及理想气体比热容 c 是温度的单值函数等条件出发,导得 $\mathrm{d}s=\frac{c\mathrm{d}T}{T}=f(T)$,于是他认为理想气体的熵应是温度的单值函数。他的判断是否正确?为什么?

3-10 在 u-v 图上画出定比热容理想气体的可逆定容加热过程、可逆定压加热过程、可逆定温加热过程和可逆绝热膨胀过程。

3-11 试求在定压过程中加给空气的热量有多少是用来做功的,有多少是用来改变内能的?

3-12 将满足下列要求的多变过程表示在 p-v 图和 T-s 图上(工质为空气):

(1) 工质既升压,又升温,又放热;

(2) 工质既膨胀,又降温,又放热;

（3）$n=1.6$ 的膨胀过程，判断 q，w，Δu 的正负；

（4）$n=1.3$ 的压缩过程，判断 q，w，Δu 的正负。

3-13　对于定温压缩的压气机，是否需要采用多级压缩？为什么？

3-14　在 T-s 图上，如何将理想气体任意两状态间的内能变化和焓的变化表示出来？

3-15　有人认为理想气体组成的闭口系统吸热后，温度必定增加，你的看法如何？在这种情况下，你认为哪一种状态参数必定增加？

习题

3-1　容量为 0.027 m^3 的刚性储气筒，装有 7×10^5 Pa，20℃的空气，筒上装有一排气阀，压力达到 8.75×10^5 Pa 时就开启，压力降为 8.4×10^5 Pa 时才关闭。若由于外界加热的原因造成阀门的开启，问：

（1）当阀门开启时，筒内温度为多少？

（2）因加热而失掉多少空气？设筒内空气温度在排气过程中保持不变。

3-2　压气机在大气压力为 1×10^5 Pa，温度为 20℃时，每分钟吸入空气为 3 m^3。如经此压气机压缩后的空气送入容积为 8 m^3 的储气筒，问需多长时间才能使筒内压力升高到 7.8456×10^5 Pa。设筒内空气的初温、初压与压气机的吸气状态相同，筒内空气温度在空气压入前后无变化。

3-3　一绝热刚体气缸，被一导热的无摩擦的活塞分成两部分。最初活塞被固定在某一位置，气缸的一侧储有 0.4 MPa，30℃的理想气体 0.5 kg，而另一侧储有 0.12 MPa，30℃的同样气体 0.5 kg。然后放松活塞任其自由移动，最后两侧达到平衡。设比热容为定值，试求：

（1）平衡时的温度；

（2）平衡时的压力。

3-4　发电机发出的电功率为 6 000 kW，发电机效率为 95%。试求为了维持发电机正常运行所必须的冷却空气流量。假定空气温度为 20℃，空气终温不得超过 55℃，并设空气平均定压比热容可取为 $c_p=1$ kJ/(kg·K)（设发电机损失全部变为热量，由冷却空气带走）。

3-5　被封闭在气缸中的空气在定容下被加热，温度由 360℃升高到 1 700℃，试计算每千克空气需吸收的热量。

（1）用平均比热容表数据计算；

（2）用理想气体理论定摩尔热容计算；

（3）比较(2)的结果与(1)的结果的偏差。

3-6　在空气加热器中，空气流量为 108 000 m^3/h（标准大气压和 0℃下），使空气在 $p=830$ mmHg 的压力下从 $t_1=20$℃升高到 $t_2=270$℃，试求空气在加热器出口处的容积流量和每小时需提供的热量。

（1）用平均比热容表数据计算；

（2）用理想气体理论定摩尔热容值计算。

3-7　如图 3-10 所示，为了提高进入空气预热器的冷空气温度，采用再循环管。已知冷

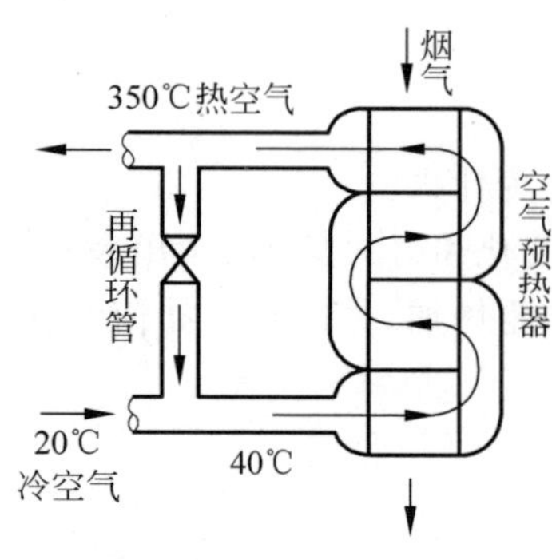

图 3-10　习题 3-7 图

空气原来的温度为 20℃，空气流量为 90 000 m^3/h(标准状态下)，从再循环管出来的热空气温度为 350℃。若将冷空气温度提高至 40℃，求引出的热空气量(标准状态下 m^3/h)。用平均比热容表数据计算，设过程进行中压力不变。

又若热空气再循环管内空气表压力为 150 mmH_2O，流速为 20 m/s，当地的大气压为 750 mmHg，求再循环管的直径。

3-8　有 5 g 氩气，经历一内能不变的过程，初态为 $p_1=6.0\times10^5$ Pa，$t_1=600$ K，膨胀终了的容积 $V_2=3V_1$，氩气可视为理想气体，且假定比热容为定值，求终温、终压及总熵变量，已知 Ar 的 $R=0.208$ kJ/(kg·K)。

3-9　3 kg 空气，$p_1=1.0$ MPa，$T_1=900$ K，绝热膨胀到 $p_2=0.1$ MPa，试按气体热力性质表计算：

(1) 终态参数 v_2 和 T_2；

(2) 膨胀功和技术功；

(3) 内能和焓的变化。

3-10　某理想气体(其 M 已知)由同一初态 p_1，T_1 经历如下两过程，一是定熵压缩到状态 2，其压力为 p_2，二是由定温压缩到状态 3，但其压力也为 p_2，且两个终态的熵差为 Δs_2，试推导 p_2 的表达式。

3-11　图 3-11 所示的两室，由活塞隔开。开始时两室的体积均为 0.1 m^3，分别储有空气和 H_2，压力各为 $0.980\,7\times10^5$ Pa，温度各为 15℃。若对空气侧壁加热，直到两室内气体压力升高到 $1.961\,4\times10^5$ Pa 为止，求空气终温及外界加入的 Q。已知 $c_{V,a}=715.94$ J/(kg·K)，$k_{H_2}=1.41$，活塞不导热，且与气缸间无摩擦。

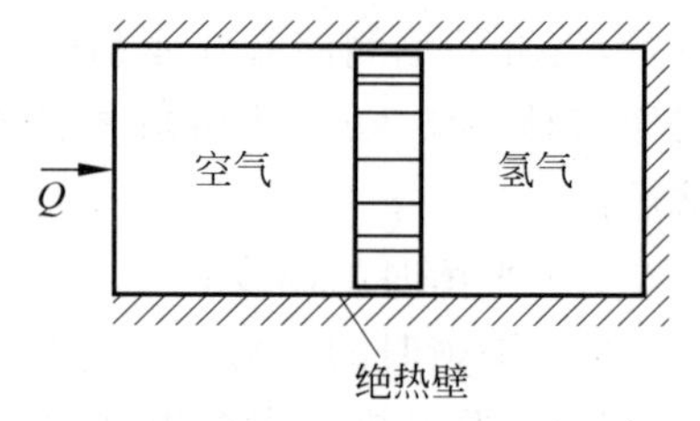

图 3-11　习题 3-11 图

3-12　6 kg 空气由初态 $p_1=0.3$ MPa、$t_1=30$℃，经下列不同过程膨胀到同一终压 $p_2=0.1$ MPa：(1)定温过程；(2)定熵过程；(3)$n=1.2$ 多变过程。试比较不同过程中空气对外做功，交换的热量和终温。

3-13　一氧气瓶容量为 0.04 m^3，内盛 $p_1=147.1\times10^5$ Pa 的氧气，其温度与室温相同，即 $t_1=t_0=20$℃。

(1) 如开启阀门，使压力迅速下降到 $p_2=73.55\times10^5$ Pa，求此时氧气的温度 T_2 和所放出的氧气的质量 Δm；

(2) 阀门关闭后，瓶内氧气经历怎样的变化过程？足够长时间后，其温度与压力为多少？

(3) 如放气极为缓慢，以致瓶内气体与外界随时处于热平衡，当压力从 147.1×10^5 Pa 降到 73.55×10^5 Pa 时，所放出的氧气应较(1)为多还是少？

3-14　2 kg 某种理想气体按可逆多变过程膨胀到原有体积的 3 倍，温度从 300℃降到 60℃，膨胀期间做膨胀功 418.68 kJ，吸热 83.736 kJ，求 c_p 和 c_V。

3-15　试导出理想气体定比热容多变过程熵差的计算式为

$$s_2 - s_1 = \frac{n-k}{n(k-1)} R \ln \frac{p_2}{p_1}$$

及

$$s_2 - s_1 = \frac{n-k}{(n-1)(k-1)} R \ln \frac{T_2}{T_1} \quad (n \neq 1)$$

3-16　试证明：理想气体在 T-s 图上任意两条定压线（或定容线）之间的水平距离相等。

3-17　空气为 $p_1 = 1\times10^5$ Pa，$t_1 = 50$℃，$V_1 = 0.032\ \text{m}^3$，进入压气机按多变过程压缩至 $p_2 = 32\times10^5$ Pa，$V_2 = 0.0021\ \text{m}^3$，试求：

(1) 多变指数 n；

(2) 所需轴功；

(3) 压缩终了空气温度；

(4) 压缩过程中传出的热量。

3-18　大气在 p_1 为 750 mmHg 和 t_1 为 10℃下进入压气机，被压缩至 $p_2 = 5.886\times10^5$ Pa。按 $n=1.3$ 的多变过程压缩时，压气机多变效率为 70%。如果带动压气机的电动机功率为 100 kW，试求该压气机在标准状态下的压气量为多少（m^3/h）？若压气机绝热压缩效率亦为 70%，结果又如何？

3-19　压气机中气体压缩后的温度不宜过高，取极限值为 150℃，吸入空气的压力和温度为 $p_1 = 0.1$ MPa，$t_1 = 20$℃。在单级压气机中压缩 250 m^3/h 空气，若压气机缸套中流过 465 kg/h 的冷却水，在气缸套中水温升高 14℃。求可能达到的最高压力，以及压气机必需的功率。

3-20　实验室需要压力为 6.0 MPa 的压缩空气，应采用一级压缩还是两级压缩？若采用两级压缩，最佳中间压力应等于多少？设大气压力为 0.1 MPa，大气温度为 20℃，$n=1.25$，采用间冷器将压缩空气冷却到初温，试计算压缩终了空气的温度。

3-21　三台压气机的余隙比均为 0.06，进气状态均为 0.1 MPa，27℃，出口压力均为 0.5 MPa，但压缩过程的多变指数分别为 $n_1 = 1.4$，$n_2 = 1.25$，$n_3 = 1$，试求各压气机的容积效率（设膨胀过程与压缩过程的多变指数相同）。

第4章 热力学第二定律与熵

CHAPTER 4

热力学第一定律揭示了这样一个自然规律：热力过程中参与转换与传递的各种能量在数量上是守恒的。但它并没有说明，满足能量守恒定律的过程是否都能实现。经验告诉我们，自然过程是有方向性的。揭示热力过程方向、条件与限度的定律是热力学第二定律。只有同时满足热力学第一定律和热力学第二定律的过程才能实现。

4-1 自然过程的方向性

下面观察并分析一些自然过程。

4-1-1 摩擦过程

钻木取火是借助摩擦使功变热的典型现象。在实验室里，我们可以观察这样一个简单的实验。如图4-1所示，在一个密闭的、绝热的刚性容器中盛有定量的某种气体，并有一重物升降装置带动的搅拌器置于容器中。重物下降做功，使搅拌器转动，通过搅拌，气体温度升高。这种过程可以自发(无条件)进行，而且过程中功可以百分之百地转变为热。但反过来，让气体降温，使搅拌器反转带动重物上升，却是不可能的。这个实验说明，功可以自发地转变为热，而热不可能自发地转变为功。

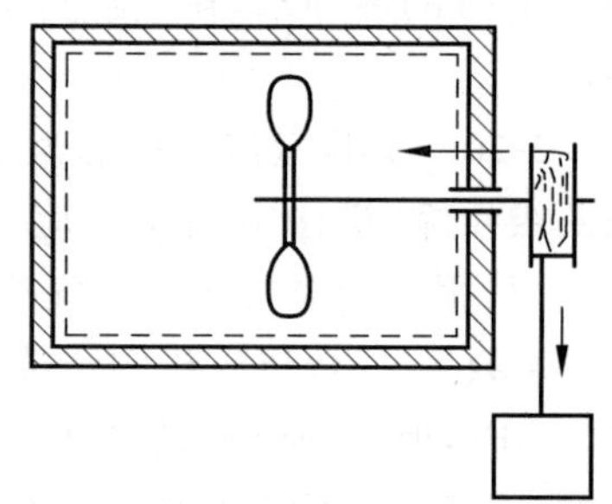

图4-1 重物下降带动搅拌器的装置

4-1-2 传热过程

日常生活及工程实践告诉我们，热可以从温度较高的物体自发地、无须付出任何代价地传给温度较低的物体。反之，要使热由低温物体传向高温物体必须付出其他的代价，例如，消耗功可以达到致冷的效果。

4-1-3 自由膨胀过程

高压气体向真空空间膨胀可以自发进行，因膨胀过程中没有阻力(真空)，过程中气体不做功，因此，此膨胀也称无阻膨胀。但相反的压缩过程却不可能自发进行。

4-1-4　混合过程

将一滴墨水滴到一杯清水中，墨水与清水很快就混为一体，或者把两种不同的气体放在一起，两种气体也就混合为混合气体。这都是常见的自发过程，不需任何其他代价，只要使两种物质接触在一起就能完成。而相反的分离过程却是不可能自发进行的，如果要将混合着的液体或气体分离必须以付出其他代价为前提，如消耗功或热量。

4-1-5　燃烧过程

燃料燃烧变成燃烧产物（烟气、渣等）只要达到燃烧条件就能自发进行，但将燃烧产物放在一起，若不花代价，就无法使其还原成燃料。

上述诸现象说明，自然的过程具有方向性，即只能**自发地**向一个方向进行，如果要逆向进行，就必须付出某种代价，或者说必须具备一定的补充条件，也就是说，自然的过程是不可逆的。

4-2　热力学第二定律的实质与表述

热力学第二定律与热力学第一定律一样，是根据无数实践经验得出的经验定律，是基本的自然定律之一。它与所有经验定律一样，不能从其他定律推导得出，唯一的依据是千百次重复的经验而无一例外这一事实。

热力学第二定律涉及的领域十分广泛，由于历史的原因，针对不同的问题或者从不同的角度，它有各种各样的表述方式。但它们反映的是同一个规律，因此不难证明，各种表述有内在的联系，是统一的，它们具有等效性。下面介绍两种比较经典的表述。

1850 年克劳修斯从热量传递方向性的角度，将热力学第二定律表述为："不可能将热量从低温物体传至高温物体而不引起其他变化。"这称为热力学第二定律的克劳修斯表述（简称克氏表述）。它说明热量从低温物体传至高温物体是一个非自发过程，要使之实现，必须花费一定的"代价"或具备一定的"条件"（或者说要引起其他变化），例如制冷机或热泵中，此代价就是消耗的功量或热量。反之，热量从高温物体传至低温物体可以自发地进行，直到两物体达到热平衡为止。因此它指出了传热过程的方向、条件及限度。

1851 年，开尔文从热功转换的角度将热力学第二定律表述为："不可能从单一热源取热，并使之完全变为有用功而不引起其他变化。"此后不久，普朗克也发表了类似的表述："不可能制造一部机器，它在循环工作中将重物升高而同时使一热库冷却。"开尔文与普朗克的表述基本相同，因此把这种表述称为开尔文-普朗克表述（简称开氏表述）。此表述的关键也仍然是"不引起其他变化"。前面讲过的理想气体等温过程，虽然可以从单一热源取热并使之完全变成了功，但它却引起了"其他变化"，即气体的体积变大。因此，不是说热不能完全变为功，而是在"不引起其他变化"的条件下，热不能完全变为功。

热力学第一定律否定了创造能量与消灭能量的可能性，我们把违反热力学第一定律的热机称为第一类永动机。那么假设有一种热机，它不引起其他变化而能使从单一热源获取的热完全转变为功，这种热机就可以利用大气、海洋作为单一热源，使大气、海洋中取之不尽的热能转变为功，成为又一类永动机。它虽然没有违反热力学第一定律，却违反了热力学第二定律，因此，称之为第二类永动机。显然，这同样是不可能的。因而，热力学第二定律又可以表述为，第二类永动机是不可能制造成功的。

幻想制造第一类永动机的人目前已经很少见到了。但是关于第二类永动机的设想却时有出现。值得注意的是，进行这种毫无价值的尝试的人自己却没有意识到违反客观规律，甚至否认这是第二类永动机。因此，深入理解热力学第二定律，正确地解释、分析、指导创造活动显得更为重要。

乍看起来，热力学第二定律的两种表述针对不同的现象，没有什么联系。但是它们反映的都是热过程的方向性的规律，实质上应该是统一的、等效的。

现在我们证明上述两种表述的等价性。采用反证法证明，即违反了克氏表述必导致违反开氏表述；反之，违反了开氏表述也必导致违反克氏表述。

[**证明一**]：违反开氏表述必然导致违反克氏表述。

如图 4-2 所示，假定在两热源 T_1，T_2（$T_1>T_2$）间工作的热机 A 是违反开氏表述的单热源热机。从 T_1 吸热 Q_1，对外做功 $W=Q_1$，带动制冷机 B，从低温热源 T_2 吸热 Q_2，向高温热源放热 Q_1'。对制冷机 B 来说，$Q_2+W=Q_1'$，即 $Q_2+Q_1=Q_1'$，那么热源 T_1 得到净热量为 $Q_1'-Q_1=Q_2$。若设想 A 与 B 联合工作，未消耗任何外功，却使热量 $Q_2=Q_1'-Q_1$ 从热源 T_2 传到了热源 T_1。以上结论显然违反克氏表述。追溯原因，制冷机 B 并没有违反自然规律，此处只有 A 违反开氏表述。所以，凡违反开氏表述必然导致违反克氏表述。

[**证明二**]：违反克氏表述必然导致违反开氏表述。

如图 4-3 所示，假设和克氏表述相反，热量 Q_2 能够从温度为 T_2 的低温热源自发地传给温度为 T_1 的高温热源，并且另有一热机 E 在热源 T_1、T_2 之间工作，从 T_1 热源吸热 Q_1，放给低温热源的热量刚好等于 Q_2。根据热力学第一定律，热机做出净功 $W=Q_1-Q_2$，那么，对于高温热源 T_1 来说，放出热量 Q_1-Q_2，而低温热源没有任何变化。整个系统的唯一效果是从热源吸热 Q_1-Q_2 全部变为功，而没有引起其他变化。显然，这是违反开氏表述的。因此证明了凡违反克氏表述的必违反开氏表述。

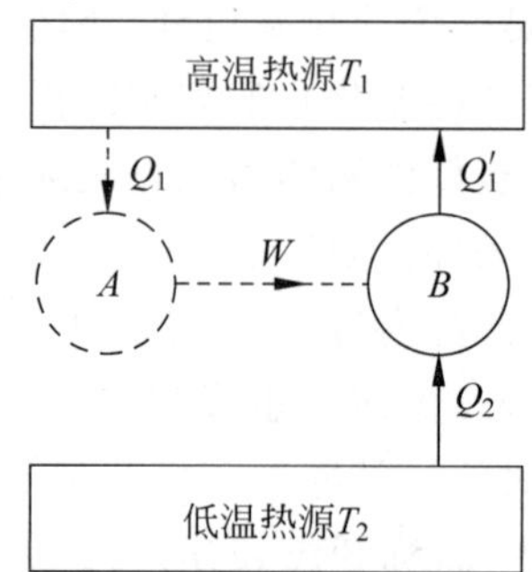

图 4-2　证明违反开氏表述必然导致违反克氏表述的模型

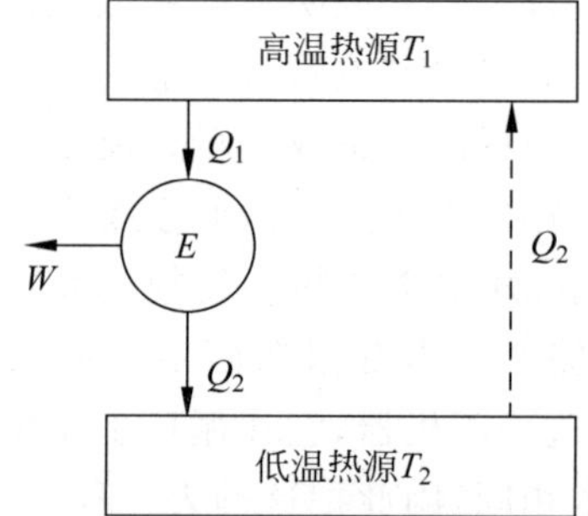

图 4-3　证明违反克氏表述必然导致违反开氏表述的模型

值得指出的是，随着科学的进步，研究领域的扩展，尤其自从 1951 年核自旋系统实验揭示了负热力学温度的存在，而且进而证明负热力学温度比正热力学温度更高的事实对热力学第二定律的表述提出了新的质疑。因此，多年来不断有人对开氏表述提出修正，至今没有统一的说法。但上述两种表述至少在正热力学温度范围及一般工程技术领域中仍然具有重要的指导意义。

自克劳修斯、开尔文等之后，不断出现从其他角度出发的热力学第二定律的表述。例如，因为热过程是有方向的，热、功转换不是完全可逆的，那么也可以说，热与功在转换时数量上可以相等，但质量上却不同。由于能量的形态不同，能量的质不同，相互转化的程度与条件也不尽相同，因此有从能量“质”的角度出发的热力学第二定律表述，还有从数学概念出发非常抽象的喀喇氏表述，也有从稳定平衡原理出发的表述等，这些都已超出本书的范围，不再赘述。

4-3 卡诺循环与卡诺定理

热力学第二定律告诉我们，第二类永动机，即热效率为100%的热机是造不成功的。自然地我们要问：热机的热效率最大能达到多少？热机的热效率又与哪些因素有关？早在1824年，卡诺在他的《论火的动力》一文中描述了一个循环，它是由两个可逆定温过程与两个可逆绝热过程组成的，我们称之为**卡诺循环**。卡诺循环每一过程都是可逆的，因此卡诺循环是一个可逆循环。

4-3-1 卡诺循环

卡诺循环以其在 p-v 图上的方向不同可有正卡诺循环与逆卡诺循环。正卡诺循环如图4-4所示，1 kg工质在1—2过程中可逆定温地从高温热源 T_1 吸收热量 q_1；在2—3过程中可逆绝热地膨胀，工质温度从 T_1 降至 T_2；在3—4过程中工质可逆定温地向低温热源 T_2 放热 q_2；工质在4—1过程中被可逆绝热压缩，温度从 T_2 升到 T_1。这就是卡诺热机循环。

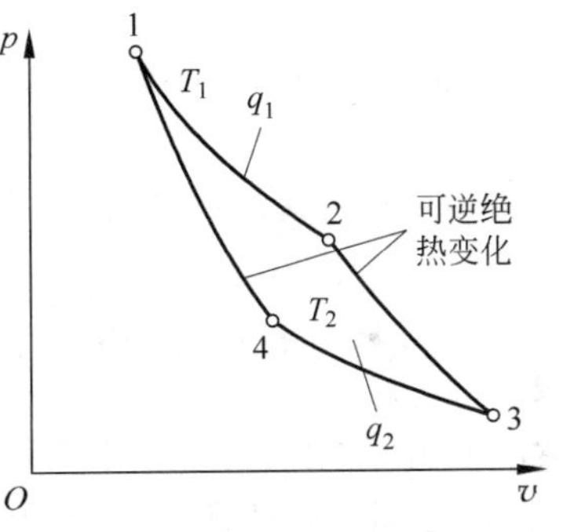

图4-4 卡诺循环在 p-v 图上的表示

任何热机循环热效率都可以表示为

$$\eta_t = \frac{\text{循环净功}}{\text{从高温热源吸收的热量}} = \frac{w_{net}}{q_1} = \frac{|q_1| - |q_2|}{q_1} = 1 - \frac{|q_2|}{q_1}$$

以后我们将证明，卡诺热机循环的热效率与工质种类无关。为方便起见，先以理想气体为例，导出卡诺热机循环热效率的表述式。

理想气体卡诺正循环中，吸热、放热过程均为可逆定温过程。

由式(3-41)，相应的热量分别为

$$q_1 = RT_1 \ln \frac{v_2}{v_1}$$

$$q_2 = RT_2 \ln \frac{v_4}{v_3} = -RT_2 \ln \frac{v_3}{v_4}$$

代入热效率公式中，得

$$\eta_{t,C} = \frac{RT_1 \ln \frac{v_2}{v_1} - RT_2 \ln \frac{v_3}{v_4}}{RT_1 \ln \frac{v_2}{v_1}} = \frac{T_1 \ln \frac{v_2}{v_1} - T_2 \ln \frac{v_3}{v_4}}{T_1 \ln \frac{v_2}{v_1}} \tag{4-1}$$

在可逆绝热膨胀过程 2—3 中

$$\frac{v_2}{v_3}=\left(\frac{T_2}{T_1}\right)^{\frac{1}{k-1}}$$

同样，可逆绝热压缩过程 4—1 中

$$\frac{v_1}{v_4}=\left(\frac{T_2}{T_1}\right)^{\frac{1}{k-1}}$$

因此，

$$\frac{v_2}{v_3}=\frac{v_1}{v_4}$$

或

$$\frac{v_2}{v_1}=\frac{v_3}{v_4}$$

代入式(4-1)中，可得

$$\eta_{t,C}=\frac{T_1-T_2}{T_1}=1-\frac{T_2}{T_1} \tag{4-2}$$

卡诺循环是可逆循环，如果使循环沿相反方向进行，就成为逆卡诺循环。由于使用目的的不同，分为制冷逆循环和供热逆循环(热泵)。对于制冷逆循环，工质从温度为 T_2 的冷库吸热，放热给温度为 T_0 的环境，不难导出逆卡诺循环的制冷系数 $\varepsilon=\frac{T_2}{T_0-T_2}$。对于热泵，则是从 T_0 温度下的冷环境吸热，供给 T_1 温度下的热用户，因此逆卡诺循环的供热系数 $\varepsilon'=\frac{T_1}{T_1-T_0}$。

4-3-2 卡诺定理

在《论火的动力》中，卡诺得出了下述结论，后来被称为**卡诺定理**：在两个不同温度的恒温热源之间工作的所有热机中，以可逆热机的效率为最高。

可逆热机效率用 $\eta_{t,R}$ 表示，其他任何热机效率用 $\eta_{t,A}$ 表示，这个定理可以简单地表示成

$$\eta_{t,A}\ngtr\eta_{t,R}$$

卡诺提出这个定理时，正值“热质说”统治着学术界的时代，卡诺深受“热质说”的影响，用错误的“热质说”原理，加上“第一类永动机是不可能造成的”的结论作了错误的证明。后来经克劳修斯作了科学的论证，才奠定了卡诺定理的科学地位。

下面采用反证法，依据热力学第二定律的开氏表述加以证明。

如图 4-5(a)所示，在两个不同的恒温热源之间($T_1>T_2$)，有一个可逆机 R 在工作，可逆机 R 的热效率为 $\eta_{t,R}=\frac{W_R}{Q_1'}$，另外有一个任意热机 A，它的热效率 $\eta_{t,A}=\frac{W_A}{Q_1}$。

若

$$\eta_{t,A}>\eta_{t,R}$$

则

$$\frac{W_A}{Q_1}>\frac{W_R}{Q_1'}$$

为了便于说明问题，令 $Q_1=Q_1'$，则 $W_A>W_R$。根据热力学第一定律 $W_A=Q_1-Q_2$，$W_R=Q_1'-Q_2'$，所以 $Q_1-Q_2>Q_1'-Q_2'$，即 $Q_2'>Q_2$。因为 R 为可逆机，如果令其逆转(见

图 4-5(b)),W_R,Q_1',Q_2'大小不变,只是改变方向而已。当 R 逆转,所需的功 W_R 由热机 A 做出的功 W_A 中一部分来提供,由 A 和 R 组成的系统运行的最终效果是:从低温热源 T_2 吸热 $Q_2'-Q_2$,对外做出 $W_A-W_R=Q_2'-Q_2$ 的功,而对高温热源无影响。显然,这是一个单热源热机,违反了热力学第二定律的开氏表述,因此,$\eta_{t,A}\not>\eta_{t,R}$。

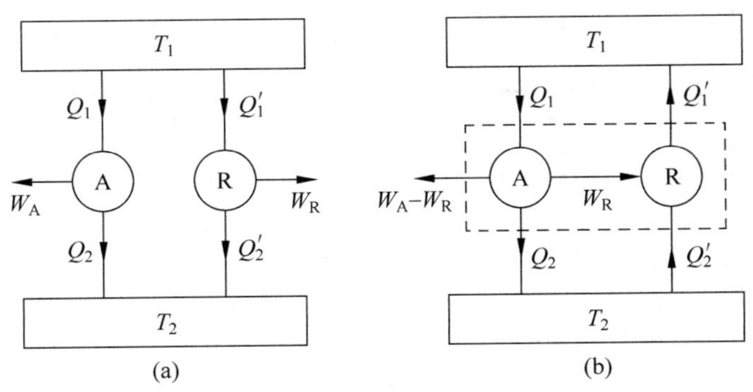

图 4-5　卡诺定理推导模型

为了便于读者对照参考,现将卡诺的错误证明介绍如下(仍然利用图 4-5):

首先假定 $\eta_{t,A}>\eta_{t,R}$,根据热效率的定义,$\eta_{t,A}=\dfrac{W_A}{Q_1}$,$\eta_{t,R}=\dfrac{W_R}{Q_1'}$,令 $Q_1=Q_1'$,则 $W_A>W_R$。当让可逆机 R 逆转,则 Q_1'、Q_2'及 W_R 大小不变,方向相反(图 4-5(b))。至此,与正确的证明毫无差别。

根据"热质说",热在传递的过程中,热质是守恒的,就像水从高处流到低处,水量不变一样。那么热机所做的功就是由于热质从高温热源流向低温热源的结果,其热量(热质的量)并不减少,就像水推动水轮机做出功的情形一样,因而,$Q_1=Q_2$,$Q_1'=Q_2'$。因为已经假定 $Q_1=Q_1'$,因此,由 A 与 R 组成的联合循环,经历一个循环后,工质状态不变,冷、热源能量各自无变化,而对外做出 W_A-W_R 大小的功。显然这是一个第一类永动机,所以 $\eta_{t,A}$ 不可能大于 $\eta_{t,R}$。

卡诺的上述论证方法,其错误在于作为证明出发点的"热质"说与作为其判断依据的"热力学第一定律"是对立的。

由卡诺定理可以得出两个推论。

推论 1:在两个不同温度的恒温热源间工作的一切可逆热机,具有相同的热效率,且与工质的性质无关。

如图 4-6 所示,设在两个不同温度的恒温热源(T_1,T_2)间工作的两个可逆热机 R_1 和 R_2,其热效率分别为 η_{t,R_1} 和 η_{t,R_2}。根据卡诺定理 $\eta_{t,R_1}\not>\eta_{t,R_2}$,而反之 $\eta_{t,R_2}\not>\eta_{t,R_1}$,那么只有一种可能,即 $\eta_{t,R_1}=\eta_{t,R_2}$。上述论证过程未涉及工质性质的影响,可见与工质的性质无关。

推论 2:在两个不同温度的恒温热源间工作的任何不可逆热机,其热效率总小于这两个热源间工作的可逆热机的热效率。

由卡诺定理可知,两个不同温度的恒温热源间工作的任何热机效率不能大于可逆热机的效率,也就是说,任意热机效率 $\eta_{t,A}$ 小于或者等于可逆热机的效率 $\eta_{t,R}$。只要否定了不可逆热机效率 $\eta_{t,IR}$ 等于 $\eta_{t,R}$ 的可能性就自然得出上述结论。下面同样采用反证法。

若在两个不同温度(T_1,T_2)的恒温热源间有不可逆热机 IR 与可逆热机 R 工作,假设两热机效率相等,即 $\eta_{t,IR}=\eta_{t,R}$,则$\dfrac{W_{IR}}{Q_1}=\dfrac{W_R}{Q_1}$。现令可逆机 R 逆转并由不可逆机带动(图 4-7)。又令 $W_{IR}=W_R$,则 $Q_1=Q_1'$,$Q_2=Q_2'$。R 和 IR 联合工作的结果是,热源 T_1,T_2 没有改变,

工质又回到原来状态，那么只有 R 和 IR 组成的联合系统为可逆的情况才有可能，这与前提 IR 是不可逆机相矛盾。因此，反证了 $\eta_{t,IR} \neq \eta_{t,R}$，于是 $\eta_{t,IR}$ 必小于 $\eta_{t,R}$。

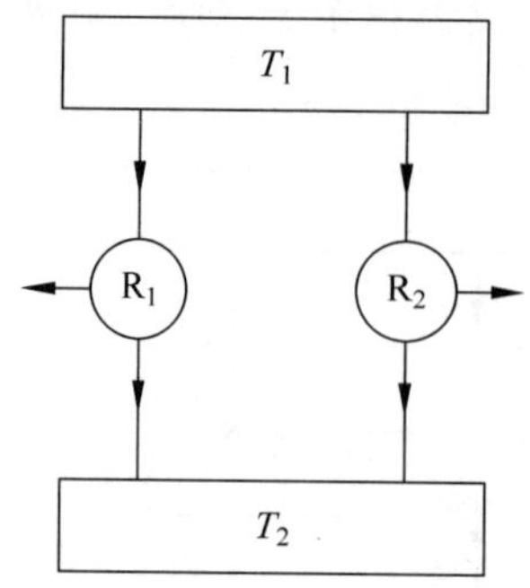

图 4-6　卡诺定理推论 1 推导模型

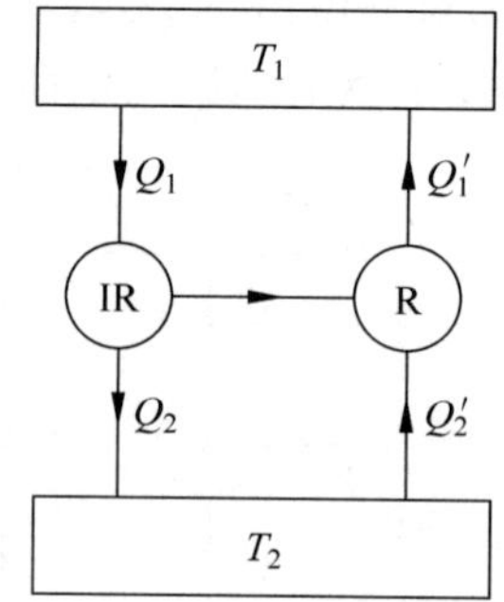

图 4-7　卡诺定理推论 2 推导模型

例题 4-1　某一循环装置在热源 $T_1 = 2\ 000$ K 下工作，能否实现做功 1 200 kJ，向 $T_2 = 300$ K 的冷源放热 800 kJ？

解：由题意，根据热力学第一定律，循环装置由热源 T_1 吸热

$$Q_1 = Q_2 + W = (800 + 1\ 200)\ \text{kJ} = 2\ 000\ \text{kJ}$$

装置热效率

$$\eta_t = \frac{W}{Q_1} = \frac{1\ 200}{2\ 000} = 0.60$$

在 T_1，T_2 温度下，卡诺循环的效率

$$\eta_{t,C} = 1 - \frac{T_2}{T_1} = 1 - \frac{300}{2\ 000} = 0.85$$

由卡诺定理可知，此循环装置是不可逆热机装置，有可能实现。

4-4　热力学温标

在热力学的理论与实践中，温度是最基本的物理量之一。热力学第零定律提供了测温的原理，各种温度计都是利用测温物质在温度变化时某种特性的变化进行测温的。这样得到的经验温标不可避免地会受到测温物质的性质影响。例如，液体温度计由于选用的测温物质不同，会测出不同的温度。水银温度计指示为 50℃的温度，用 CS_2 温度计测出的却是 49.5℃。为了提高测温精度，人们选用理想气体温度计测温并建立了理想气体温标。在理想气体温标中，根据玻义耳-马略特定律，当理想气体体积不变时，通过气体压强的变化来度量温度，或者使压强不变，通过体积的变化来度量温度。实验表明，理想气体温标与作为测温物质的理想气体的种类(如氢或氮)无关。因而理想气体温标可以作为一种标准经验温标。

但是，理想气体温标毕竟还要取决于理想气体的特性，对于低温或高压条件，就会产生较大偏差。而且随着测量精度的提高，在实验室中发现，作为理想气体温标依据的玻义耳-马略特定律因不同气体而多少有些差异，因此，人们希望找到一种不依赖测温物质特性的温标。卡诺定理提供了建立这种温标的理论根据。

卡诺定理指出，在两个不同温度的恒温热源间工作的一切可逆热机，其效率相同，与工质的性质无关，只取决于两个热源的温度。

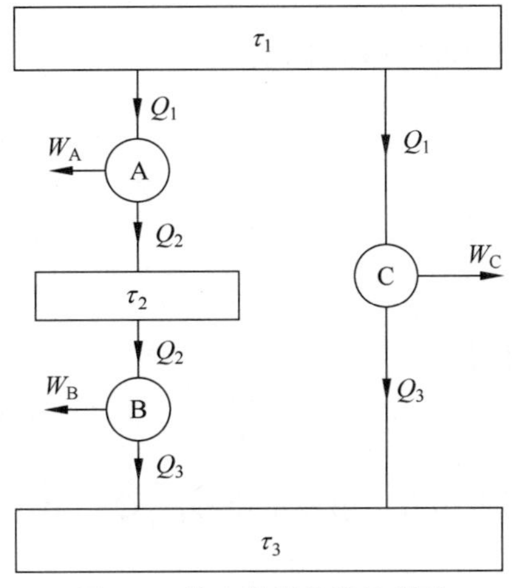

图 4-8　热力学温标推导模型

如图 4-8 所示，在未选定温标以前，我们以 τ 表示热源的温度。

在温度分别为 τ_1 和 τ_2 的高、低温热源间工作的可逆热机 A，热效率为 $\eta_A = 1 - \dfrac{Q_2}{Q_1}$，热效率只与两热源温度有关，因此有 $\dfrac{Q_1}{Q_2} = \psi(\tau_1, \tau_2)$ 的函数关系。同理，对于在温度为 τ_2 和 τ_3 的热源间工作的可逆热机 B，有 $\dfrac{Q_2}{Q_3} = \psi(\tau_2, \tau_3)$ 的关系。根据卡诺定理，A 与 B 联合工作的效果将与在温度为 τ_1 和 τ_3 的恒温热源间工作的可逆机 C 相同，即 $\dfrac{Q_1}{Q_3} = \psi(\tau_1, \tau_3)$。

由于

$$\frac{Q_1}{Q_2} = \frac{Q_1}{Q_3} \Big/ \frac{Q_2}{Q_3}$$

于是

$$\psi(\tau_1, \tau_2) = \frac{\psi(\tau_1, \tau_3)}{\psi(\tau_2, \tau_3)}$$

上述等式的左边不含有 τ_3，而右边的分子和分母都含有 τ_3，这表明，分子分母中的 τ_3 是可以互相消掉的。因此有

$$\psi(\tau_1, \tau_2) = \frac{f(\tau_1)}{f(\tau_2)}$$

$f(\tau)$是温度 τ 的一个普适函数，它与工质性质无关，但与温度 τ 的温标选择有关。温标的选择是任意的，若一经选定，$f(\tau)$的形式就完全确定了下来。开尔文作了最简单的选择，即令

$$f(\tau) = T$$

所以，得到

$$\frac{Q_1}{Q_2} = \frac{T_1}{T_2}$$

根据此式建立的温标称为**热力学温标**或**开尔文温标**，单位为开尔文，用符号 K 表示。此温标用两个不同温度的恒温热源间工作的可逆机与热源交换热量的比值来定义两个温度的比值，与工质的性质无关。

如图 4-8 所示，对于可逆热机 A，有

$$\frac{Q_1}{Q_2} = \frac{T_1}{T_2}$$

则

$$\frac{Q_1}{T_1}=\frac{Q_2}{T_2}$$

对于可逆热机 B,有

$$\frac{Q_2}{T_2}=\frac{Q_3}{T_3}$$

所以,

$$\frac{Q_1}{T_1}=\frac{Q_2}{T_2}=\frac{Q_3}{T_3}$$

可得

$$\frac{Q_1-Q_2}{T_1-T_2}=\frac{Q_2-Q_3}{T_2-T_3}$$

根据热力学第一定律 $Q_1-Q_2=W_A$,$Q_2-Q_3=W_B$,可以得到

$$\frac{W_A}{\Delta T_{12}}=\frac{W_B}{\Delta T_{23}}$$

如果使热源温度 T_1 与 T_2、T_2 与 T_3 的间隔相等,只需令可逆热机按图 4-8 的方式在其间串联工作,并使可逆热机做的功相等。以此类推,就可以得到均匀一致的温度间隔。这个温度间隔只与可逆热机输出的功量大小有关,而与工质性质无关。由此而建立的温标就是与测温物质特性毫无关系的客观的温标。温标间隔的大小是人为确定的。国际计量大会规定,水的三相点的热力学温度为 273.16 K,也就是说,1 K 是水的三相点热力学温度的 $\frac{1}{273.16}$,而温标的零点选在水的三相点以下 273.16 K 处。

选择水的三相点为基准点比选用冰点、沸点更准确、更容易复现。三相点温度的测量与压力无关,只要在没有空气的密闭容器内使水的三相平衡共存,其温度就是三相点温度。

热力学温标的建立有深远的理论意义。然而,由于不可能造成可逆热机,因而并未直接提供一种切实可行的测温方法。但是,我们将在下面看到,理想气体温标与热力学温标是一致的,那么,就可以用理想气体温度计来实现热力学温标的度量方法。

理想气体温标是一种经验温标,它是根据玻义耳-马略特定律确定的。严格说,利用的是理想气体特性 $pV=mRT^*$,这里 T^* 实际上是理想气体温标的读数。我们在 4-3 节中将理想气体特性代入卡诺循环热效率公式,得到了卡诺循环热效率 $\eta_{t,C}=1-\frac{Q_2}{Q_1}=1-\frac{T_2^*}{T_1^*}$,即 $\frac{Q_1}{Q_2}=\frac{T_1^*}{T_2^*}$。这与热力学温标的关系式完全一致。所以,只要使理想气体温标选用与热力学温标相同的基准点与分度方法,对于同一对象来说,两种温标的读数将是一致的,即 $T^*=T$。

利用理想气体温度计进行温度测量,是一件十分精细而复杂的工作,在全世界只有极少数几个标准实验室具备这种条件。因而,实际上通常采用所谓**国际实用温标**,这种温标与热力学温标十分接近。1968 年通过的国际实用温标具体规定了若干固定的、易于复现的状态以及各个温度区间选用的测温设备,并且给出了测温设备的读数与温度之间的计算公式,利用内插法可以得到任意点的温度。这方面的内容详见专门的参考书。

4-5 熵的导出

熵是在热力学第二定律基础上导出的状态参数。熵的导出可以有多种方法，下面介绍一种经典导出方法。

根据卡诺定理，若在两个不同温度的恒温热源间工作的可逆热机，从高温热源 T_1 吸热 Q_1，向低温热源 T_2 放热 Q_2，则可逆热机的热效率与相应热源间工作的卡诺热机效率相同，且

$$\eta_t = 1 - \frac{Q_2}{Q_1} = 1 - \frac{T_2}{T_1}$$

即

$$\frac{Q_1}{Q_2} = \frac{T_1}{T_2}$$

或者

$$\frac{Q_1}{T_1} = \frac{Q_2}{T_2} \tag{4-3}$$

式中，吸热量 Q_1 及放热量 Q_2 都取绝对值，按其意义，放热量 Q_2 应为负值，若改为代数值，则上式变为

$$\frac{Q_1}{T_1} + \frac{Q_2}{T_2} = 0 \tag{4-4}$$

对于任意的可逆循环，如图 4-9 所示循环 $1A2B1$，假如用一组可逆绝热线将它分割成无数个微元循环，当绝热线间隔极小时，例如绝热线 ad 与 bc 间隔极小，ab 段温度差极小，接近于定温过程，同理 cd 段也是定温过程，那么微元循环 $abcda$ 就是由两个可逆绝热过程与两个可逆定温过程组成的微小卡诺循环。

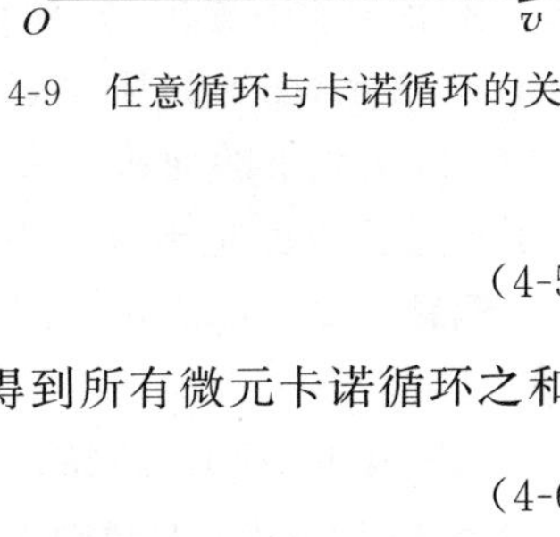

图 4-9　任意循环与卡诺循环的关系

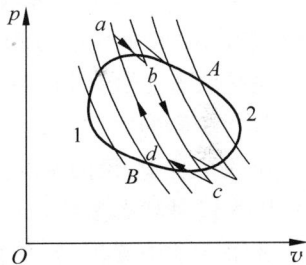

对于每一微小卡诺循环来说，如果在 T_1 温度下吸热 δQ_1，在 T_2 温度下放热 δQ_2，根据前面分析所得到的式(4-4)，每一微元卡诺循环都有

$$\frac{\delta Q_1}{T_1} + \frac{\delta Q_2}{T_2} = 0 \tag{4-5}$$

只要对式(4-5)左端的两项分别沿 $1A2$ 和 $2B1$ 积分求和，即可得到所有微元卡诺循环之和：

$$\int_{1A2} \frac{\delta Q_1}{T_1} + \int_{2B1} \frac{\delta Q_2}{T_2} = 0 \tag{4-6}$$

式(4-5)和式(4-6)等号左端两项中 δQ_1 和 δQ_2 代表的是微元卡诺循环与热源交换的热量，本身为代数值，由于含义相同，可用 δQ_{rev} 表示；T_1 和 T_2 分别为微元循环的热源温度，可用 T_r 表示，式(4-6)可以写成

$$\int_{1A2} \frac{\delta Q_{rev}}{T_r} + \int_{2B1} \frac{\delta Q_{rev}}{T_r} = 0 \tag{4-7}$$

过程 $1A2$ 与 $2B1$ 组成可逆循环 $1A2B1$，因此，得到

$$\oint_{R} \frac{\delta Q_{rev}}{T_r} = 0 \tag{4-8}$$

式(4-8)称为**克劳修斯积分等式**。它表明,工质经任意可逆循环,$\frac{\delta Q_{rev}}{T_r}$沿整个循环积分为零。

状态参数的充要条件是该参数的微分一定是全微分,而全微分的循环积分为零。因此,式(4-3)说明$\frac{\delta Q_{rev}}{T_r}$一定是某一状态参数的全微分。1865 年克劳修斯将这一状态参数定名为**熵**(entropy),以符号 S 表示,于是

$$\mathrm{d}S = \frac{\delta Q_{rev}}{T_r} = \frac{\delta Q_{rev}}{T} \tag{4-9}$$

对于 1 kg 工质,式(4-9)写成

$$\mathrm{d}s = \frac{\delta q_{rev}}{T_r} = \frac{\delta q_{rev}}{T} \tag{4-10}$$

式中,δQ_{rev} 或 δq_{rev} 表示可逆过程换热量;T_r 为热源的热力学温度,由于循环是可逆过程,它也就等于工质的热力学温度 T。

至此,我们严格地导出了状态参数熵。从式(4-9)的推导过程可见,系统经一微元过程,熵的微元变化值等于初、终态间任意一个可逆过程中与热源交换的热量和温度的比值。由于一切状态参数都只与它所处的状态有关,与到达这一状态的路径(即过程)无关。因此,式(4-9)提供了一个计算任意过程熵变量的途径。

式(4-9)也给出了熵的物理意义之一,即,熵的变化表征了可逆过程中热交换的方向与大小。系统可逆地从外界吸收热量,$\delta Q>0$,系统熵增大;系统可逆地向外界放热,$\delta Q<0$,系统熵减小;可逆绝热过程中,系统熵不变。

熵是状态参数,因而系统状态一定,就有确定的熵值。在研究有化学变化的系统时,系统中包含不同的物质及其化学变化,必须应用熵的绝对值,这将在第 12 章中讲述。在无化学反应的系统中,熵的基准点可以人为选定。

因为熵是状态参数,对于简单、可压缩系统来说,两个独立的状态参数可以确定一个状态。在第 1 章中提出的、前面章节中已经广泛使用的 T-s 图就是一个二参数状态图。如图 4-10 所示,图上的任一点都是一个平衡状态,任一条实线都表示一个可逆过程。根据式(4-9),实线下的面积代表实线所表示的可逆过程中,系统与外界交换的热量。T-s 图在分析热过程方面是十分有用的。

例题 4-2 试证明:变温热源可逆热机循环热效率小于同温限下的卡诺热机效率。

证明:方法一

如图 4-11 所示,循环 $ehgle$ 是在温度为 T_1 和 T_2 热源间的任意一个可逆热机循环,循环中吸热过程 ehg 及放热过程 gle,温度是变化的,为保证过程可逆,热源温度也应相应变化。循环 $ABCDA$ 是与循环 $ehgle$ 相同温限下的卡诺循环。

比较两循环与热源交换的热量,只要在 T-s 图上比较代表相应热量的面积即可。不难看出,循环 $ehgle$ 的吸热量 q_1 小于卡诺循环 $ABCDA$ 的吸热量;而循环 $ehgle$ 的放热量 q_2 大于卡诺循环 $ABCDA$ 的放热量。

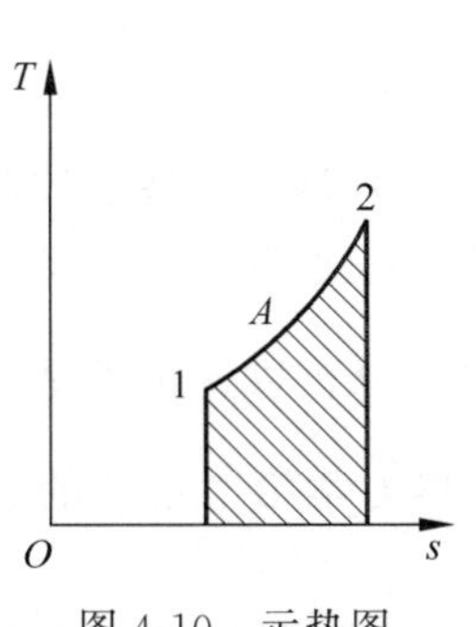

图 4-10　示热图

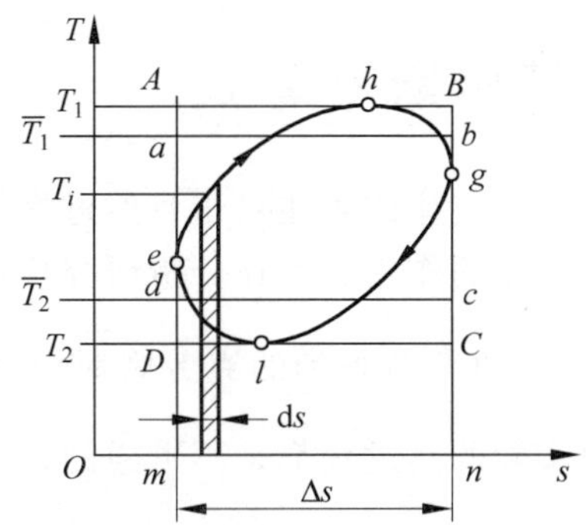

图 4-11　变温可逆循环与卡诺循环的关系

根据循环热效率公式 $\eta_t=1-\dfrac{q_2}{q_1}$,显然变温热源热机循环效率小于同温限下卡诺热机循环效率。

方法二

如图 4-11 所示,假如卡诺循环 $abcda$ 与任意循环 $ehgle$ 的吸热量、放热量分别相等,那么,两循环的热效率一定相同。在 T-s 图上,根据面积相等的原则,得到的卡诺循环 $abcda$,高温热源温度即为循环 $ehgle$ 的平均吸热温度 $\overline{T}_1$,而卡诺循环 $abcda$ 的低温热源温度即为循环 $ehgle$ 的平均放热温度 $\overline{T}_2$。

比较卡诺循环 $abcda$ 与卡诺循环 $ABCDA$,显然,由于 $\overline{T}_1<T_1,\overline{T}_2>T_2$,根据卡诺循环效率公式 $\eta_{t,C}=1-\dfrac{T_2}{T_1}$,可见,任意循环 $ehgle$ 的热效率(等于卡诺循环 $abcda$ 的热效率)小于同温限下卡诺循环 $ABCDA$ 的热效率。

方法二为我们提供了一种分析循环的方法,即用平均温度的概念分析循环热效率。在以后的学习中可以看到,使用它分析可逆循环有时十分方便。

例题 4-3　试证明:如图 4-12 所示的可逆循环 $abcda$,采用完全回热后,热效率将等于同温限下卡诺循环效率。

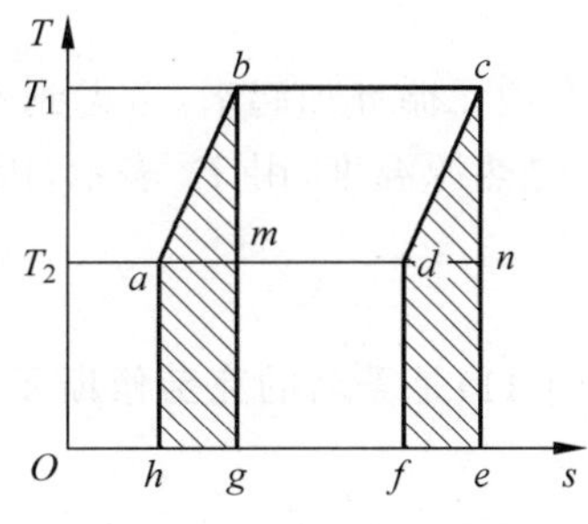

图 4-12　概括性卡诺循环

证明:如图 4-12 所示的循环 $abcda$,吸热过程由 ab 过程及定温过程 bc 组成;放热过程由 cd 过程及定温过程 da 组成。假若 ab 与 cd 过程采用同样指数的多变过程,就有可能在两过程间设置无数个温度由 T_1 到 T_2 的蓄热器,将 cd 过程放出的热量蓄积起来,然后依次从蓄热器放热给工质,使之完成 ab 过程。这种将工质在放热过程中放出的热量又加给循环中工质吸热过程的方法称为回热。如果过程是可逆的,且使 cd 段放出的热量全部被 ab 段过程所吸收,称为完全回热。

由图 4-12 可见,面积 $S_{abgh}=S_{dcef}$;$S_{amgh}=S_{dnef}$,因而,完全回热的结果,循环热效率与同温限下卡诺循环热效率相等。

热力学中将这种完全回热的可逆循环称为概括性卡诺循环。由于实际传热过程需要有温差,完全回热只是一种理想情况。但是本例题表明,利用回热方法可以提高循环热效率。实际上,现代动力循环中已广泛采用部分回热措施,以提高循环热效率。

4-6 克劳修斯不等式

热力学第二定律的表述对于自然过程的方向性给出了定性的判据。这些表述对解决实际问题起着重要的作用。但在分析研究热过程时，我们希望有与热力学第二定律的表述等效的数学判据。4-5 节得到的克劳修斯积分等式 $\oint \frac{\delta Q_{\text{rev}}}{T}=0$ 对于分析可逆过程是一个很好的判据。但实际的热过程都是不可逆的，因此寻求不可逆过程热力学第二定律的数学判据十分必要。

假如循环过程中的一部分或者全部过程是不可逆的，那么，此循环为不可逆循环。

利用 4-5 节推导克劳修斯积分等式类似的方法，将一个不可逆循环用可逆绝热线分割成无数微元循环。对于其中一个微元循环来说，从 T_1 热源吸热 δQ_1，向 T_2 热源放热 δQ_2，微元循环效率为 $\eta_{\text{t,IR}}=1-\frac{\delta Q_2}{\delta Q_1}$。因为微元循环中有部分过程不可逆，微元循环为不可逆循环，以下标 IR 代表。根据卡诺定理，在两个不同温度的恒温热源间工作的不可逆热机效率小于可逆热机效率，即

$$\eta_{\text{t,IR}}<\eta_{\text{t,R}}$$

由于可逆热机效率 $\eta_{\text{t,R}}=1-\frac{T_2}{T_1}$，于是

$$\frac{\delta Q_2}{\delta Q_1}>\frac{T_2}{T_1}$$

则

$$\frac{\delta Q_2}{T_2}>\frac{\delta Q_1}{T_1}$$

若考虑 δQ_1 与 δQ_2 为代数值，则可写成

$$\frac{\delta Q_1}{T_1}+\frac{\delta Q_2}{T_2}<0$$

所有微元循环加起来，考虑到不可逆过程，工质与热源温度有可能不等，上面的推导中 T_1，T_2 是热源温度，用 T_{r} 表示，因而得到

$$\oint_{\text{IR}} \frac{\delta Q}{T_{\text{r}}}<0 \tag{4-11}$$

式(4-11)是著名的**克劳修斯不等式**。将式(4-11)与式(4-8)写在一起，得

$$\oint \frac{\delta Q}{T_{\text{r}}} \leqslant 0 \tag{4-12}$$

式(4-12)表明，任何循环的克劳修斯积分永远不大于零，极限时等于零，而绝不可能大于零。式(4-12)是热力学第二定律的数学表达式(即数学判据)之一。可以直接用来判断循环是否可能以及是否可逆。

例题 4-4 有一个循环装置在温度为 1 000 K 和 300 K 热源间工作，已知与高温热源交换的热量为 2 000 kJ，与外界交换的功量为 1 200 kJ，请判断此装置是热机还是制冷机。

解：无论是热机还是制冷机，由已知 $|Q_1|=2\,000$ kJ，$|W|=1\,200$ kJ，根据热力学第一定律

$$|Q_1| = |Q_2| + |W|$$

所以

$$|Q_2| = |Q_1| - |W| = (2\,000 - 1\,200)\ \text{kJ} = 800\ \text{kJ}$$

假若此装置为热机，如图 4-13(a)所示，对于循环，$Q_1 = 2\,000\ \text{kJ}$，$Q_2 = -800\ \text{kJ}$，根据克劳修斯积分式

$$\oint \frac{\delta Q}{T_r} = \frac{Q_1}{T_1} + \frac{Q_2}{T_2} = \left(\frac{2\,000}{1\,000} - \frac{800}{300}\right)\ \text{kJ/K} = -0.66\ \text{kJ/K} < 0$$

所以它是不可逆热机装置。

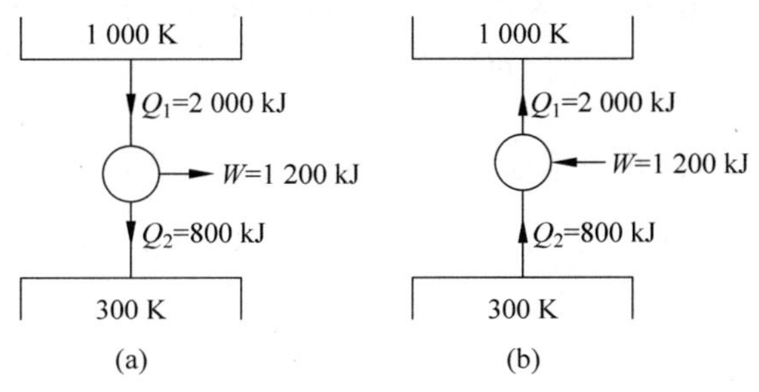

图 4-13　例题 4-4 图

假若此装置为制冷机，如图 4-13(b)所示，对于循环，$Q_1 = -2\,000\ \text{kJ}$，$Q_2 = 800\ \text{kJ}$，则克劳修斯积分

$$\oint \frac{\delta Q}{T_r} = \frac{Q_1}{T_1} + \frac{Q_2}{T_2} = \left(\frac{-2\,000}{1\,000} + \frac{800}{300}\right)\ \text{kJ/K} = 0.66\ \text{kJ/K} > 0$$

可见，它不可能是制冷装置。

由此题可见，不可逆循环在条件不变的情况下反向进行是不可能的，若想反向进行，必须改变条件。例如上述不可逆热机为了使之反转制冷，如果热源及 Q_2 不变，只要输入较大的功，就成为可能，即

$$\oint \frac{\delta Q}{T_r} = \frac{800\ \text{kJ}}{300\ \text{K}} - \frac{800\ \text{kJ} + |W|}{1\,000\ \text{K}} \leqslant 0$$

解得

$$|W| \geqslant 1\,860\ \text{kJ}$$

也就是说，为了能够实现制冷的目的，要输入大于 1 860 kJ 的功才有可能。

注意：克劳修斯积分式适用于循环，所以热量、功的方向都以循环作为对象考虑。切勿把方向搞错，以免得出相反的结论。

4-7　不可逆过程熵的变化

4-7-1　不可逆过程熵变分析

由熵的定义式(4-9)，我们可以用可逆过程交换的热量与温度求出熵的变化。如图 4-14 所示，1，2 两状态之间的熵变可以用可逆过程 1*b*2 得到，即

$$\Delta S_{12}=\int_{1b2}\frac{\delta Q_{\mathrm{rev}}}{T}$$

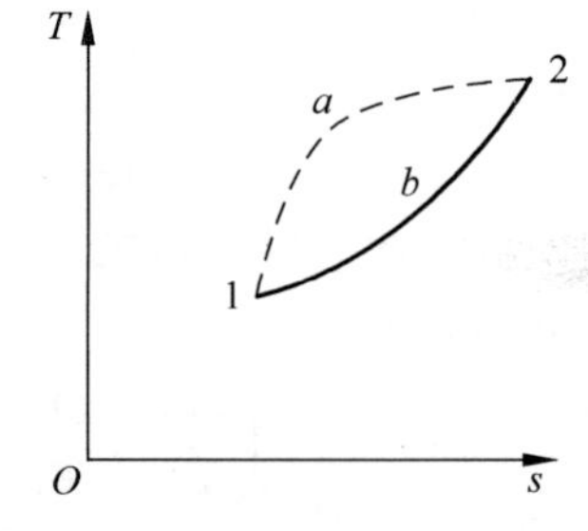

图 4-14　任意过程与可逆过程

式中，δQ_{rev} 为可逆过程 $1b2$ 的微元热量，T 为 $1b2$ 过程中热源或工质的温度，因为是可逆过程，两者相同。

在状态 1,2 之间有一不可逆过程 $1a2$，过程中 $\int_{1a2}\frac{\delta Q}{T_{\mathrm{r}}}$ 与 1,2 间的熵变有什么关系？

令不可逆过程 $1a2$ 和可逆过程 $2b1$ 组成一个循环。此循环显然是不可逆循环。克劳修斯不等式(4-11)可以写成

$$\int_{1a2}\frac{\delta Q}{T_{\mathrm{r}}}+\int_{2b1}\frac{\delta Q_{\mathrm{rev}}}{T_{\mathrm{r}}}<0 \tag{4-13}$$

因为 $2b1$ 过程是可逆的，所以热源温度 T_{r} 与工质温度 T 相同，根据式(4-9)

$$\int_{2b1}\frac{\delta Q_{\mathrm{rev}}}{T}=S_1-S_2=-(S_2-S_1) \tag{4-14}$$

代入式(4-14)中，得到

$$\int_{1a2}\frac{\delta Q}{T_{\mathrm{r}}}-(S_2-S_1)<0$$

即

$$S_2-S_1>\int_{1a2}\frac{\delta Q}{T_{\mathrm{r}}} \tag{4-15}$$

若 $1a2$ 为可逆过程，同样可得到

$$S_2-S_1=\int_{1a2}\frac{\delta Q_{\mathrm{rev}}}{T_{\mathrm{r}}} \tag{4-16}$$

将式(4-15)与式(4-16)合写成

$$S_2-S_1\geqslant\int_{12}\frac{\delta Q}{T_{\mathrm{r}}} \tag{4-17}$$

式中，大于号适用于不可逆过程，等于号适用于可逆过程。式(4-17)是热力学第二定律的又一数学表达式。它可以用以判断过程可逆与否。式(4-17)表明，任何过程熵的变化只能大于 $\int\frac{\delta Q}{T_{\mathrm{r}}}$，极限时等于 $\int\frac{\delta Q}{T_{\mathrm{r}}}$，而绝**不可能小于** $\int\frac{\delta Q}{T_{\mathrm{r}}}$。

进一步分析式(4-17)可见，在可逆过程中，熵的变化 $\Delta S=\int\frac{\delta Q_{\mathrm{rev}}}{T_{\mathrm{r}}}$；不可逆过程中熵的变化要大于 $\int\frac{\delta Q}{T_{\mathrm{r}}}$。但是，如果外界条件相同而且热交换量相同，或者说如果不可逆过程与可逆过程的 $\int\frac{\delta Q}{T_{\mathrm{r}}}$ 相同，则此时不可逆过程中的熵变将大于可逆过程的熵变，增大的那部分完全是由于不可逆因素引起的，而且它的数值总是正的。我们把由不可逆因素引起的这部分熵变称为**熵产**，用符号 ΔS_{g} 表示，微分形式为 $\mathrm{d}S_{\mathrm{g}}$。而 $\int\frac{\delta Q}{T_{\mathrm{r}}}$ 完全是由于热交换引起的，或者说是由于热流进、出系统所引起的系统熵变的部分，称为**熵流**，用 ΔS_{f} 表示，其微分形式为 $\mathrm{d}S_{\mathrm{f}}$。这样，对于任意不可逆过程熵的变化都可以用熵流与熵产的代数和表示，其微分式表

示为

$$dS = dS_f + dS_g \tag{4-18}$$

积分后得

$$\Delta S_{12} = \Delta S_f + \Delta S_g \tag{4-19}$$

式中，因 $dS_f = \frac{\delta Q}{T_r}$，相应地，$\Delta S_f = \int \frac{\delta Q}{T_r}$。由于热流方向不同，系统吸热，熵流为正；系统放热，熵流为负；绝热过程，熵流为零。熵产在可逆过程中为零；在不可逆过程中永远为正，绝不可能为负；且不可逆性越大，熵产越大。上式适用于任何不可逆因素引起的熵的变化，因此，熵产成为过程不可逆性程度的度量。

式(4-18)和式(4-19)为我们提供了一个用等式形式表示的热力学第二定律表达式，称为**闭口系统的熵方程**。它普遍地适用于闭口系统的单个过程、循环过程、可逆过程或不可逆过程，同时也适用于绝热闭口系、非绝热闭口系或孤立系等。

4-7-2　熵变的计算

原则上，由于熵是状态参数，两状态间的熵差与过程无关，所以熵变量的计算有两种途径：其一，只要初、终态确定，利用已知状态参数可直接得到熵的变化值；其二，状态参数熵的变化与过程性质(可逆、不可逆)无关，利用熵的定义式 $dS = \frac{\delta Q_{rev}}{T}$ 可以计算熵的变化。其做法是，任选一个可逆过程，用此可逆过程的热量和温度代入定义式中即可得到的结果。此可逆过程是任选的，以便于计算为佳。例如图 4-15 所示，求 ΔS_{12}。如果取过程 132，熵是广延量，具有可叠加性，$\Delta S_{12} = \Delta S_{13} + \Delta S_{32}$，因为过程 32 为可逆绝热过程，所以 $\Delta S_{32} = 0$，那么 $\Delta S_{12} = \Delta S_{13} = \frac{Q_{13}}{T_1}$。

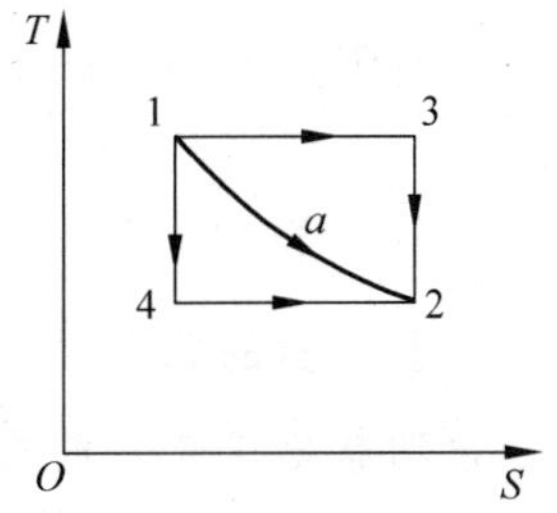

图 4-15　借助直线路径计算曲线熵变

同样，若取过程 142，则 $\Delta S_{12} = \Delta S_{42} = \frac{Q_{42}}{T_2}$。

当然可选任一可逆过程，例如过程 $1a2$，

$$\Delta S_{12} = \int_{1a2} \frac{\delta Q}{T}$$

式中，δQ 应为 $1a2$ 可逆过程中微元变化的热量；T 应为微元吸热时相应的温度。显然此过程相对于前两者要复杂一些。

为便于应用，现将几类常见情况的熵变计算汇总如下。

1. 理想气体的熵变计算

如上面所述，理想气体的两个确定状态间的熵差可在两状态间适当选取可逆过程，利用熵的定义计算得到。

由于理想气体状态方程比较简单，可以直接利用由理想气体状态方程导出的理想气体 ds 方程(式(3-26a)，式(3-27a)，式(3-28a))：

$$ds = c_V \frac{dT}{T} + R \frac{dv}{v}$$

$$ds = c_p \frac{dT}{T} - R \frac{dp}{p}$$

$$ds = c_V \frac{dp}{p} + c_p \frac{dv}{v}$$

计算熵差十分方便。

2. 固体及液体的熵变计算

根据熵的定义式

$$dS = \frac{\delta Q_{rev}}{T}$$

其中，$\delta Q_{rev} = dU + p\,dV$，因为固体、液体容积变化功 $p\,dV$ 极小，可以忽略，所以

$$\delta Q_{rev} = dU = mc\,dT$$

式中，m 为物质的质量；c 为固体或液体物质的比热容，一般情况下，$c_p = c_V = c$，则

$$dS = \frac{mc\,dT}{T}$$

在有限过程中，$\Delta S_{12} = \int_{(1)}^{(2)} \frac{mc\,dT}{T}$，若温度变化较小，比热容可视为定值时，有

$$\Delta S_{12} = mc \ln \frac{T_2}{T_1}$$

3. 蓄功器的熵变

蓄功器是这样一种物体：越过其边界的所有能量都是以功的形式进行。蓄功器可以设想为一个理想弹簧，系统对它做功时，它可以被拉伸或压缩；或者假想为可以升降的重物，根据对其做功的方向，升高或降落。

蓄功器与系统交换的能量全部是功，而功可以全部无条件地转变成任何一种形式的能。蓄功器与外界无热量交换，在蓄功器中没有功的耗散，因此熵的变化永远为零。

4. 蓄热器熵的变化

蓄热器是一个热容量很大的系统，当能量以热的形式(也仅以热的形式)越过界面时，其温度始终保持不变，我们可以把恒温的热源与冷源看作蓄热器。

蓄热器熵变的计算是根据熵的定义式 $dS = \frac{\delta Q_{rev}}{T}$ 进行的。$\delta Q_{rev} = \delta Q$ 是越过边界的热量，而 T 是蓄热器本身的温度。可以这样理解：当另一任意系统与蓄热器进行可逆热交换时，系统的温度应与蓄热器温度相同(否则传热不可逆)，毫无疑问，上式求得的是正确的。而当任一系统与蓄热器之间有温度差，即传热不可逆时，可以设想在蓄热器 A 与系统间有另一蓄热器 B，如图 4-16 所示。假设蓄热器 B 的温度与蓄热器 A 的温度相同为 T，热量 δQ 由系统传给 B，再传给 A。现在，对于蓄热器 A 来说，A 与 B 之间传热没有温差，是可逆的，而温度 T 既是 B 的温度，也是 A 的温度。用 $dS = \frac{\delta Q}{T}$ 算出的就是蓄热器的熵变 $\Delta S = \frac{Q}{T}$，在这里

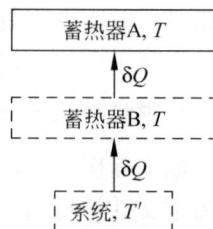

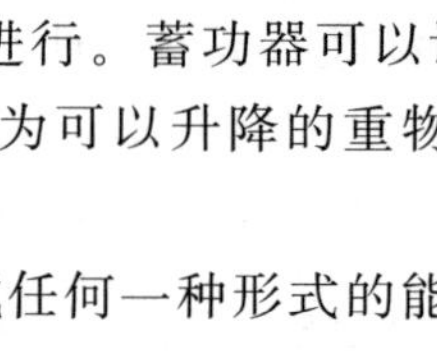

图 4-16 蓄热器熵变计算示意图

不可逆的传热哪里去了？显然，上述假想蓄热器的方法，把不可逆因素推到了蓄热器 B 与系统之间，在蓄热器 A 周围造成可逆条件，以便计算。

4-8　孤立系统熵增原理分析

4-8-1　孤立系统熵增原理

由于孤立系统与外界没有热量交换，根据式(4-18)，其熵流 $dS_f = 0$，因此有

$$dS_{iso} = dS_g \geqslant 0 \tag{4-20}$$

积分后得

$$\Delta S_{iso} \geqslant 0 \tag{4-21}$$

式中，等号适用于可逆过程，不等号适用于不可逆过程。式(4-20)表明：孤立系统的熵变化只取决于系统内不可逆程度。一切实际过程都是不可逆的，所以，孤立系统的一切实际过程都朝着系统熵增大的方向进行，极限时(可逆过程)维持系统熵不变。而任何使孤立系统熵减的过程都是不可能发生的。简单地说，即孤立系统的熵只能增大(不可逆过程)或不变(可逆过程)，绝不可能减小，此为**孤立系统熵增原理**，简称**熵增原理**。

孤立系统熵增原理同样揭示了自然过程方向性的客观规律。任何自发的过程都是使孤立系统熵增加的过程。因此，孤立系统熵增原理以及其表达式(4-20)是热力学第二定律的又一数学表达式，可以用来判断孤立系统的过程是否可能，是否可逆。

注意：熵增原理表达式(4-20)适用于孤立系统，所以计算熵的变化时，热量的方向应以构成孤立系统的有关物体为对象，它们吸热为正，放热为负，切勿搞错。

例题 4-5　用孤立系统熵增原理解例题 4-4。

解：如图 4-13(a)所示，孤立系统由热源、冷源及热机组成。熵是广延参量，具有可叠加性，因此，孤立系统熵变

$$\Delta S_{iso} = \Delta S_{T_1} + \Delta S_{T_2} + \Delta S \tag{1}$$

式中，ΔS_{T_1}，ΔS_{T_2} 分别为热源(T_1)及冷源(T_2)的熵变；ΔS 为循环的熵变，即工质的熵变。因为工质经循环恢复原来状态，所以

$$\Delta S = 0 \tag{2}$$

热源放热时

$$\Delta S_{T_1} = \frac{Q_1}{T_1} = \frac{-2\ 000\ \text{kJ}}{1\ 000\ \text{K}} = -2\ \text{kJ/K} \tag{3}$$

冷源吸热时

$$\Delta S_{T_2} = \frac{Q_2}{T_2} = \frac{800\ \text{kJ}}{300\ \text{K}} = 2.66\ \text{kJ/K} \tag{4}$$

将式(2)、式(3)、式(4)代入式(1)，得

$$\Delta S_{iso} = (-2 + 2.66 + 0)\ \text{kJ/K} = 0.66\ \text{kJ/K} > 0$$

所以此循环为不可逆热机循环。用同样方法，可判断在条件不变时，它不可能是制冷循环。

例题 4-6　用孤立系统熵增原理证明热量从高温物体传向低温物体的过程是不可逆过程。

证明：如图 4-17 所示，热量 Q 自高温(T_1)的恒温物体传向低温(T_2)的恒温物体。孤立系统由上述两物体组成，则

$$\Delta S_{\text{iso}}=\Delta S_{T_1}+\Delta S_{T_2}=\frac{-|Q|}{T_1}+\frac{|Q|}{T_2}=|Q|\left(\frac{1}{T_2}-\frac{1}{T_1}\right)$$

因为 $T_1>T_2$，所以 $\left(\frac{1}{T_2}-\frac{1}{T_1}\right)>0$，那么 $\Delta S_{\text{iso}}>0$。热量自高温物体传给低温物体的过程是不可逆过程。

如果将温度为 T_1、T_2 的两物体分别作为热源，令卡诺机在热源与环境(作为冷源)之间工作，如图 4-18 所示。图 4-18(a)中，在 T_1 温度下卡诺机做功

$$W_{T_1}=Q\left(1-\frac{T_0}{T_1}\right)$$

图 4-18(b)中，在 T_2 温度下卡诺机做功

$$W_{T_2}=Q\left(1-\frac{T_0}{T_2}\right)$$

显然

$$W_{T_2}<W_{T_1}$$

上述结果表明，热量 Q 在从高温 T_1 降至低温 T_2 时，数量上没有改变，但由于不可逆过程导致熵的增大，使 Q 的做功能力减小。温降越大，做功能力下降越严重。能量的数量不变，而做功能力下降的现象称为**能量贬值**或**功的耗散**。孤立系统熵增的大小标志着能量贬值或功耗散的程度。

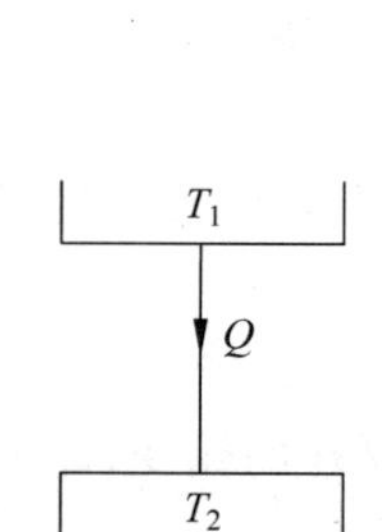

图 4-17　两热源传热过程

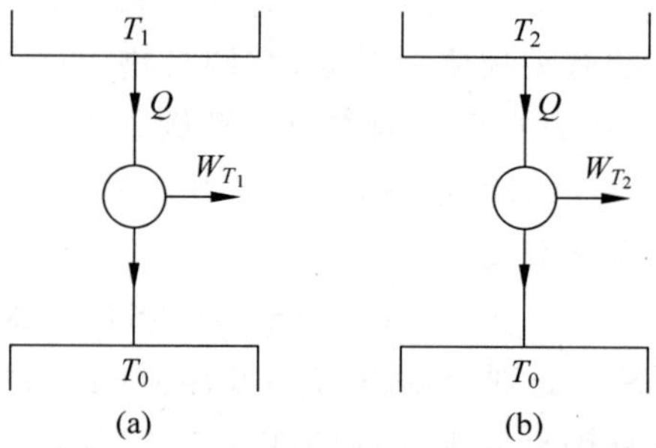

图 4-18　工作在热源与环境间的卡诺热机

例题 4-7　有人声称已设计成功一种热工设备，不消耗外功，可将 65℃的热水中的 20%提高到 95℃，而其余 80%的热水则降到环境温度 15℃，分析是否可能？若能实现，则 65℃热水变成 95℃水的极限比率为多少？已知水的比热容为 4.186 8 kJ/(kg·K)。

解：该题目是典型的需要用热力学第二定律解决的可行性和极限问题。但一般先根据热力学第一定律获得热平衡关系。为方便计算，假定热水是 1 kg，则有 0.2 kg 从 65℃提高到 95℃，吸热量为

$$Q_1=cm(T_{12}-T_{11})=4.186\,8\times0.2\times(95-65)\ \text{kJ}=25.12\ \text{kJ}$$

0.8 kg 从 65℃降到 15℃，放热量为

$$Q_2=cm\ (T_{22}-T_{21})=4.186\,8\times0.2\times(15-65)\ \text{kJ}=-176.47\ \text{kJ}$$

可以看出，0.2 kg 水升温需要的吸热量小于 0.8 kg 降温的放热量，从能量守恒角度，确实不

需要外来供应能量，从热力学第一定律的角度本设备是可行的。多余的热量排向环境，则环境得到的热量是上述吸放热的差值 $Q_{环境}=142.35\ \text{kJ}$。

现根据孤立系统熵增原理取孤立系，该孤立系需要计算各部分的熵变，包含 0.2 kg 水从 65℃提高到 95℃的熵变、0.8 kg 水从 65℃降到 15℃的熵变和环境吸热的熵变。虽然可能该系统包含使水升温的逆循环和给逆循环提供动力的动力循环，但由于循环的熵变为零，所以实际进行孤立系熵变计算时，只需要计算孤立系中各工质的熵变和环境熵变，不需要关心如何实现这些熵变，这就是所谓的“黑箱方法”。

取孤立系，孤立系熵变

$$\begin{aligned}\Delta S_{iso}&=\Delta S_{0.2\,kg}+\Delta S_{0.8\,kg}+\Delta S_{环境}=cm_1\ln\frac{T_{12}}{T_{11}}+cm_2\ln\frac{T_{22}}{T_{21}}+\frac{Q_{环境}}{T_{环境}}\\&=\left(4.1868\times0.2\ln\frac{95+273.15}{65+273.15}+4.1868\times0.8\ln\frac{15+273.15}{65+273.15}+\frac{142.35}{15+273.15}\right)\text{kJ/K}\\&=0.02925\ \text{kJ/K}>0\end{aligned}$$

所以，可能发生。

求 65℃水变成 95℃水的极限比率实际上就是求过程可逆时的状态。

假设有质量为 m 的 65℃热水变成 95℃，则有质量为$(1-m)$的 65℃热水变成 15℃，则有

$$Q_{环境}=cm(95-65)℃+c(1-m)(15-65)℃$$

取孤立系，则孤立系熵变为

$$\Delta S_{iso}=\Delta S_{m\,kg}+\Delta S_{(1-m)\,kg}+\Delta S_{环境}=0$$

$$cm_1\ln\frac{T_{12}}{T_{11}}+cm_2\ln\frac{T_{22}}{T_{21}}+\frac{-Q_{环境}}{T_{环境}}=0$$

解得：$m=0.414$，也就是极限情况下有 41.4%的 65℃热水可以变成 95℃。

此处注意，由于 $Q_{环境}$ 是从系统计算出的，而环境和系统的热量方向刚好相反，所以，在计算环境熵变时，需要加负号。

4-8-2 做功能力损失

所谓系统的做功能力，是指在给定的环境条件下，系统可能做出的最大有用功，它意味着过程终了时，系统应与环境达到热力平衡，因而通常取环境温度 T_0 作为计量做功能力的基准。

下面推导做功能力损失的表达式。

设一台可逆热机 R 和一台不可逆热机 IR 同时在温度为 T 的热源及温度为 T_0 的环境之间工作，如图 4-19 所示。根据卡诺定理 $\eta_R>\eta_{IR}$，由效率的定义式，得到

$$\frac{W_R}{Q_1}>\frac{W_{IR}}{Q'_1}$$

令两热机从热源吸热相同，即

$$Q_1=Q'_1$$

则 $W_R>W_{IR}$。于是，不可逆引起的功损失为

$$\Pi=W_R-W_{IR}>0$$

根据热力学第一定律，

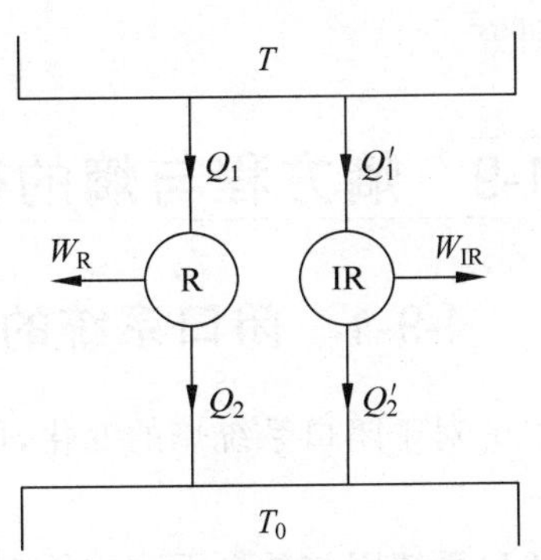

图 4-19 工作在热源与环境间的卡诺热机和不可逆热机

$$W_{R}=Q_{1}-Q_{2}$$

$$W_{IR}=Q'_{1}-Q'_{2}$$

则,做功能力损失

$$\Pi=W_{R}-W_{IR}=(Q_{1}-Q_{2})-(Q'_{1}-Q'_{2})=Q'_{2}-Q_{2} \tag{4-22}$$

若把热源、冷源及 R+IR 热机取作孤立系统,则

$$\Delta S_{iso}=\Delta S_{T_{0}}+\Delta S_{T}+\Delta S$$

循环中,工质熵变 $\Delta S=0$,所以

$$\Delta S_{iso}=\frac{-(Q_{1}+Q'_{1})}{T}+\frac{Q_{2}+Q'_{2}}{T_{0}}=-\frac{Q_{1}}{T}-\frac{Q'_{1}}{T}+\frac{Q_{2}}{T_{0}}+\frac{Q'_{2}}{T_{0}}$$

根据卡诺定理,对于可逆机有$\frac{Q_{1}}{T}=\frac{Q_{2}}{T_{0}}$,又 $Q_{1}=Q'_{1}$,所以

$$\Delta S_{iso}=\frac{Q'_{2}}{T_{0}}-\frac{Q'_{1}}{T}=\frac{Q'_{2}}{T_{0}}-\frac{Q_{1}}{T}=\frac{Q'_{2}}{T_{0}}-\frac{Q_{2}}{T_{0}}=\frac{1}{T_{0}}(Q'_{2}-Q_{2}) \tag{4-23}$$

将式(4-23)代入式(4-22)中,得到

$$\Pi=T_{0}\Delta S_{iso} \tag{4-24}$$

式(4-24)给出了做功能力损失的表达式。它表明,系统经不可逆过程的做功能力损失永远等于环境热力学温度与孤立系统熵增的乘积。以上推导过程并未假定不可逆是由什么因素引起的,所以对任何不可逆系统都适用。

4-8-3 热力学第二定律的局限性

热不断地由高温降至低温,功不断地变为热,能量不断地在贬值。克劳修斯由此推论出:总有一天宇宙将失去运动的能量而趋于停息,宇宙进入静止的热死亡状态。这就是所谓的“热死说”或“热寂说”。克劳修斯在发展热力学第二定律的工作中作出了不可磨灭的贡献,但他的“热寂说”却是错误的。这是因为热力学第二定律揭示的是有限空间中客观现象的规律,不应任意推广到无限空间的宇宙中去。近年来发现的宇宙中存在着蕴藏有极大能量的黑洞现象正好否定了“热寂说”的可能性。

热力学第二定律不但不能推广应用于广袤无垠的宇宙,同样也不能推广应用于物质内部微观领域。因此,热力学第二定律的应用是有局限性的,其他领域的规律有待于进一步研究。

4-9 熵方程与熵的微观意义

4-9-1 闭口系统的熵方程

对于闭口系统熵的变化,可以用式(4-18)表示,即

$$dS=dS_{f}+dS_{g}$$

闭口系统因与外界无物质的交换,因此,不存在因物质进、出系统而引起的熵的变化。那么,系统熵的变化只有两部分组成:一部分为系统与外界之间传热引起的熵流 $dS_{f}=\frac{\delta Q}{T}$,另一

部分是由不可逆引起的熵的增加，即熵产 $\mathrm{d}S_g$。

4-9-2　开口系统的熵方程

完全可以依照第 2 章推导开口系统能量方程的办法，导出开口系统的熵方程。下面只作一般说明。

开口系统（控制体）如图 4-20 所示，因有物质进、出系统，熵是状态参数，随着物质进、出开口系统，必然将熵带进、带出系统。因此，整个开口系统熵的变化应包括工质进、出系统带入、带出的熵的代数和。当系统在某一微小时间间隔 $\delta\tau$ 内，进、出口状态处于平衡态且不随时间改变时，则开口系统的熵变化为

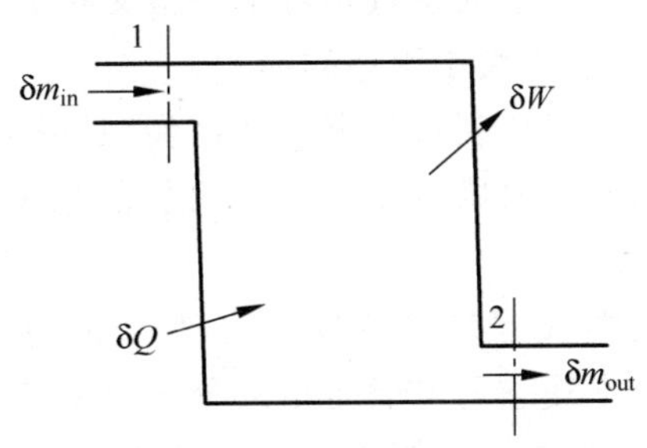

图 4-20　开口系统熵方程推导模型

$$\mathrm{d}S_{c.v}=\mathrm{d}S_f+\mathrm{d}S_g+s_{in}\delta m_{in}-s_{out}\delta m_{out} \tag{4-25}$$

式中，$\mathrm{d}S_f=\dfrac{\delta Q}{T_r}$为开口系统与外界传热引起的熵流，以热量的方向而可正、可负、可零；$\mathrm{d}S_g$ 为熵产，可逆时为零，不可逆时永远为正；δm_{in} 与 δm_{out} 分别为进、出系统的质量；s_{in}，s_{out} 分别表示进、出系统的工质比熵。

当开口系统与多个不同温度的热源交换热量，又有多股工质进、出系统时，式(4-25)可写成

$$\mathrm{d}S_{c.v}=\sum\frac{\delta Q}{T_{r.i}}+\sum_{in}s\delta m-\sum_{out}s\delta m+\mathrm{d}S_g \tag{4-26}$$

式(4-25)和式(4-26)是开口系统的熵方程。

当开口系统处于稳定状态、稳定流动时，系统的熵变 $\mathrm{d}S_{c.v}=0$，$\delta m_{in}=\delta m_{out}=\delta m$，而系统与外界交换的热量 δQ 与 δm 质量的工质自进口 1 流至出口 2 时与外界交换的热量相同，因此式(4-26)可改写为

$$0=\frac{\delta Q}{T_r}+\delta m(s_1-s_2)+\mathrm{d}S_g$$

若以 $\Delta\tau$ 时间内 m(kg)流动工质为对象，则

$$0=\int\frac{\delta Q}{T_r}+m(s_1-s_2)+\Delta S_g$$

或

$$S_2-S_1=\int\frac{\delta Q}{T_r}+\Delta S_g \tag{4-27}$$

对于绝热的稳态、稳流过程，式(4-27)成为

$$S_2-S_1=\Delta S_g\geqslant 0 \tag{4-28}$$

对于可逆绝热过程，$S_2-S_1=0$，对于不可逆绝热过程，$S_2-S_1>0$。

4-9-3　熵的微观意义

熵在热力学第二定律的分析中是非常重要的参数，但式(4-9)的宏观定义及其物理意义，对理解熵还不够充分，为了进一步了解和理解熵，我们从微观角度来理解熵的意义。

熵可以看作分子无序性或分子随机性的量度。当系统变得更加无序时,分子的位置变得难以预测,熵就增加。我们可以用物质的相态为例来说明分子无序性与熵的关系。对于同一种物质,当其处于固态时,分子之间位置相对固定,下一时刻分子的位置是确定的,分子无序性小,其熵也小。当物质变为液态,分子的自由度增加,下一时刻分子的位置相对于固态有更多的不确定性,其熵就大。当物质变成气态,分子无规则热运动,其自由度更大,下一时刻分子的位置相对于液态又有更多的不确定性,所以,同样的物质,其气态的熵大于液态的熵,更大于固态的熵。

奥地利科学家玻耳兹曼(Ludwig Boltzmann,1844—1906)首先提出,系统在特定宏观状态下的熵 S 与该系统可能的相关微观状态的总数 W 有关,即

$$S = k\ln W \tag{4-29}$$

式中,k 是玻耳兹曼常数,其数值为 $1.380\,649\times10^{-23}\ \mathrm{J\cdot K^{-1}}$;$W$ 是热力学概率(对应于给定宏观态的可能的相关分子微观态的数目)。从微观来看,当系统的无序性或随机性增加时,即热力学概率增加时,系统的熵增加。

我们用分子无序性来理解热能和功这两种能量形式。假如一个容器里有气体,气体分子和它们所拥有的能量是无序的。当把一个轮子放入这个容器中,无论气体温度多高,也就是气体分子的动能多大,也无法推动轮子转动,这是因为某个分子试图推动轮子向一个方向转动,一定有另一个分子向相反方向推,因为分子的能量是无序的。我们无法直接从无序的能量(热能)中提取有序的能量(功),这也是单热源热机不能实现的原因。

对于功这种能量来说,无论是提升重物、叶轮转动的机械功,还是电子移动的电能等,都是有序的能量,理论上说,功之间的传递不会出现表示无序性的熵,可以100%互相转换。

当功耗散为热,如充满气体的容器中有一个叶轮,转动叶轮将功输入容器转化为气体的内能,气体温度会升高,随之系统的无序性会增加,熵增加。即使再通过一个热机在气体和环境之间工作,使气体恢复到原状态,该热机能做出的功也一定比原来输入气体的功少,因为在这个过程中,无序性增加带来的熵产使做功能力损失了,能量的品质也就下降了。

对一个孤立系统来说,自发过程总是朝着熵增加的方向,即系统无序性增加的方向进行,或者说是能量品质下降(能量贬值)的方向进行,这也是孤立系统熵增原理的微观解释。

4-9-4 关于熵的小结

(1) 熵是一种广延性的状态参数。

(2) 熵的定义式 $\mathrm{d}S=\dfrac{\delta Q_{\mathrm{rev}}}{T}$,即熵的变化等于可逆过程热量与热力学温度的比值。

(3) 热力学第二定律的数学表达式可归纳为下列几种(用积分式表达):

$$\oint\frac{\delta Q}{T_{\mathrm{r}}}\leqslant 0 \tag{4-12}$$

$$\Delta S\geqslant\int\frac{\delta Q}{T_{\mathrm{r}}} \tag{4-17}$$

$$\Delta S=\Delta S_{\mathrm{f}}+\Delta S_{\mathrm{g}} \tag{4-19}$$

$$\Delta S_{\mathrm{iso}}\geqslant 0 \tag{4-21}$$

上述式(4-12)、式(4-17)及式(4-21)中等号适用于可逆过程,不等号适用于不可逆过程。

各式中 T 都理解为热源温度较为方便，故写成 T_r。显然，对于可逆情况，T_r 等于工质温度。

上述四式都是热力学第二定律的数学表达式，因此，它们是等效的。但因其形式不同，适用的对象不尽相同。例如式(4-17)和式(4-19)适用于任何闭口系统。式(4-21)只适用于孤立系统或者封闭绝热系。式(4-12)适用于循环过程。

四式之间的联系是显而易见的。例如式(4-19)是式(4-17)的等式形式，两式都普遍用于分析各种闭口系统的问题。当式(4-17)用于孤立系统时，$\delta Q=0$，得到式(4-21)；对于循环过程 $\oint dS_{工质}=0$，则式(4-17)变成式(4-12)的形式。

(4) 熵的物理意义。

① 熵的定义式(4-9)表明，可逆过程中，系统的熵变表征了与外界热交换的方向与大小。

② 孤立系统熵增原理表明，孤立系统熵的变化(或者说任何系统的熵产)表征过程不可逆的程度。孤立系统熵增越大，表明系统不可逆程度越甚。

③ 自然界的过程总是朝着孤立系统熵增加的方向进行，所以熵可以作为判断过程方向性的一种判据。

④ 熵的微观意义，可以看作系统分子无序性或分子随机性的量度。系统的无序性越大，熵也就越大。

4-10 㶲及其计算

随着节能理念在能源利用过程中越来越重要，“㶲”的概念在热力学和能源科学的领域里应用日益广泛。国内也有人把㶲称为可用能、有效能或可用度。㶲作为一种评价能量价值的参数，从“量”与“质”的结合上规定了能量的“价值”，解决了热力学和能源科学中长期以来还没有任何一个参数可单独评价能量价值的问题，改变了人们对能的性质、能的损失和能的转换效率等传统的看法，提供了热工分析的科学基础。它还深刻地揭示了能量在转换过程中变质退化的本质，为合理用能指明了方向。

4-10-1 㶲与能

长期以来，人们习惯于从能量的数量来度量能的价值，却不管所消耗的是什么样的能量。其实，各种不同形态的能量，其动力利用的价值并不相同。例如我们周围的空气，虽然具有无限的热能(从数量上看)，但却不能转换成有用的功，否则将违反热力学第二定律，因为其“质”为零。即使同一形态的能量，在不同条件下，也具有不同的做功能力。例如同样是10 000 kJ 的热量，在100℃下的做功能力大约只是800℃下的1/3。可见能量有质的区别，不能只从数量的多少来评价能量的价值。“焓”与“内能”虽具有“能”的含义和量纲，但它们并不能反映出能的质量。而“熵”与能的“质”有密切关系，但却不能反映能的“量”，也没有直接规定能的“质”。为了合理利用能，就需要用一个既能反映数量又能反映各种能量之间“质”的差异的统一尺度。“㶲”正是一个可以科学地评价能量价值的热力学物理量。

1. 三类不同“质”的能量

能量的“质量”高低是在能量转换过程中表现出来的。机械能和电能可无限度地、完全转换成内能和热量,但内能和热量并不能无限度地、连续地转换为机械能。按照热力学第二定律,若以能量的转换程度作为一种尺度,则可划分为下列三类不同质的能量。

(1) 可无限转换的能量。这是理论上可百分之百地转换为其他能量形式的能量,如机械能、电能、水能、风能等,它们是技术上和经济上更为宝贵的“高级能量”。高级能量从本质上说是完全有序的能量。因此,各种高级能量之间理论上能够彼此完全转化,它们的“质”与“量”完全统一。

(2) 可有限转换的能量,如热能、焓、化学能等,其转换为机械能、电能的能力受热力学第二定律的限制。即使在极限情况下,也只有一部分转换为可利用的机械能。由于这类能量从本质上讲只有部分是有序的,因而只有有序的部分才能转换为其他能量形式,这类能量称为“低级能量”。

(3) 不可转换的能量,如环境介质的内能,虽然可以具有相当的“数量”,但根据热力学第二定律,在给定的环境条件下,它们却无法用来转换成可利用的机械能,因而其“质”为零。

2. 㶲和𬀩

各种形态的能量,转换为“高级能量”的能力并不相同。如果以这种转换能力为尺度,就能评价各种形态能量的优劣。但是转换能力的大小与环境条件有关,还与转换过程的不可逆程度有关。因此,实际上采用在给定的环境条件下,理论上最大可能的转换能力作为度量能量品位高低的尺度,这种尺度称为㶲(exergy)。它的定义如下:

当系统由一任意状态可逆地变化到与给定环境相平衡的状态时,理论上可以无限转换为任何其他能量形式的那部分能量,称为**㶲**。

因为只有可逆过程才有可能进行最完全的转换,所以可以认为㶲是在给定的环境条件下,在可逆过程中,理论上所能做出的最大有用功或消耗的最小有用功。

与此相应,一切不能转换为㶲的能量,称为𬀩(anergy)。

任何能量 E 均由㶲(E_x)和𬀩(A_n)组成,即

$$E = E_x + A_n \tag{4-30}$$

可无限转换的能量,例如电能的𬀩为零;而不可转换的能量,例如环境介质的㶲为零。

3. 能量的转换规律

从㶲和𬀩的观点看,能量的转换规律可归纳如下:

(1) 㶲与𬀩的总量保持守恒,此即能量守恒原理。

(2) 𬀩再也不能转换为㶲,否则将违反热力学第二定律。

(3) 可逆过程不出现能的贬值变质,所以㶲的总量保持守恒。

(4) 在一切实际不可逆过程中,不可避免地发生能的贬值,㶲将部分地“退化”为𬀩,称为**㶲损失**。因为这种退化是无法补偿的,所以㶲损失才是能量转换中的真正损失。

(5) 孤立系统的㶲值不会增加,只能减少,至多维持不变。这称为**孤立系统㶲减原理**。所以㶲与熵一样,可用作自然过程方向性的判据。

4. 㶲平衡与㶲效率

通常的能量平衡和能量转换效率不能反映出㶲的利用程度,因而引入㶲效率的概念。

㶲效率与能量转换效率有类似的定义，所不同的是收益㶲与支付㶲的比值。㶲效率为

$$\eta_{ex}=\frac{\text{收益㶲}}{\text{支付㶲}} \tag{4-31}$$

对于稳态、稳流过程，所谓㶲平衡，指的是进入该系统的各种㶲之总和应该等于离开系统的各种㶲与该系统内产生的各种㶲损失的总和，即

$$\sum E_{ex,in}=\sum E_{ex,out}+\sum \Pi_i \tag{4-32}$$

式中，$\sum \Pi_i$ 代表系统内各种㶲损失之和。㶲损失也就是前面所说的做功能力损失。当一个过程是可逆过程时，其㶲效率为 100%，而当过程的不可逆程度越大时，其㶲损失越大，其㶲效率也越低，因而，㶲效率也可以用来表达过程的不可逆程度。通过分析一个系统中不同过程的㶲效率的大小，可以判断㶲（做功能力）损失较大的部位，从而为改进系统提供指导。

4-10-2　物理㶲的计算

1. 热量㶲

若某系统的温度高于环境温度，当系统由任意状态可逆地变化到与环境状态相平衡的状态（又称“死态”）时，放出热量 Q，与此同时对外界做出最大有用功。这种最大有用功称为**热量㶲** $E_{x,Q}$。下面来分析它的计算方法。

现设有一个温度为 T 的系统，当其可逆变化到与环境状态相平衡的状态时，放出热量 Q。我们以此系统作为热源，以环境介质（温度为 T_0）作为冷源。在此热源与冷源之间设想有无穷多个微卡诺热机进行工作，以保证热源在放出 Q 时，可逆地变化到与环境相平衡的状态。每个微卡诺热机如图 4-21 所示，它们分别从热源吸热 δQ_1，对外做出最大有用功 δW_{max}。根据卡诺热机效率公式，δW_{max} 应为

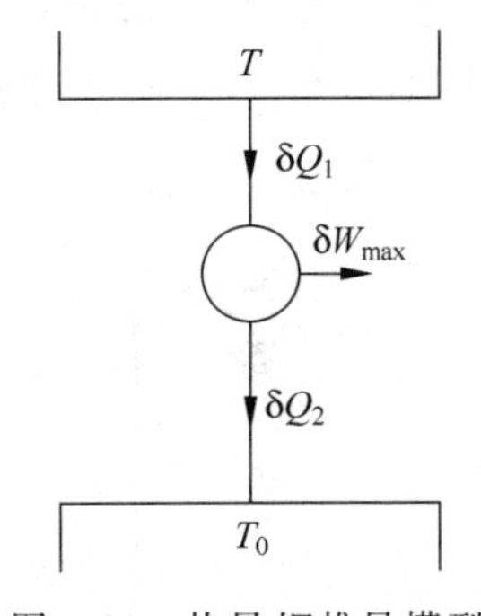

图 4-21　热量㶲推导模型

$$\delta W_{max}=\left(1-\frac{T_0}{T}\right)\delta Q_1$$

当系统由初态变到与环境平衡的状态时，放出总热量 Q，则无穷多个卡诺热机做出总的最大有用功为

$$W_{max}=\int\left(1-\frac{T_0}{T}\right)\delta Q$$

按照定义，此 W_{max} 为系统放出的热量 Q 的热量㶲，故

$$E_{x,Q}\equiv W_{max}=\int\left(1-\frac{T_0}{T}\right)\delta Q \tag{4-33}$$

因可逆时

$$\int\frac{\delta Q}{T}=\int dS$$

所以

$$E_{x,Q}=\int\delta Q-T_0\int\frac{\delta Q}{T}=Q-T_0\int dS \tag{4-34}$$

根据式(4-30),**热量烷**为

$$A_{n,Q}=Q-E_{x,Q}=Q-\left(Q-T_0\int dS\right)$$

故

$$A_{n,Q}=T_0\int dS \tag{4-35}$$

热量㶲和热量烷可用图4-22的T-S图表示。

热量㶲和热量烷具有下列性质：

(1) 热量㶲是系统放出的热量中所能转换的最大有用功。

(2) 热量㶲的大小不仅与Q的大小有关,而且还与系统的温度T和环境温度T_0有关。

(3) 相同数量的Q,不同温度T下具有不同的热量㶲,当环境温度确定以后,T越高,㶲越大。

(4) 热量烷$A_{n,Q}$除了与环境温度T_0有关外,还取决于熵变的大小。所以,在T_0一定情况下,熵变是热量烷的一种量度。

(5) 热量㶲与热量一样是过程量,不是状态量。

2. 冷量㶲

如果系统温度T低于环境温度T_0,要使此系统可逆地变化到与环境相平衡的"死态",需要有无穷多个卡诺热机在环境与此系统之间工作。系统接收这些微卡诺热机放出的热量而逐渐升温,最后达到"死态"。这时每个微卡诺热机的工作参见图4-23,在T_0下自环境吸热δQ,在T下向系统放热δQ_0。同时每个微卡诺机做出最大有用功

$$\delta W_{max}=\left(1-\frac{T}{T_0}\right)\delta Q$$

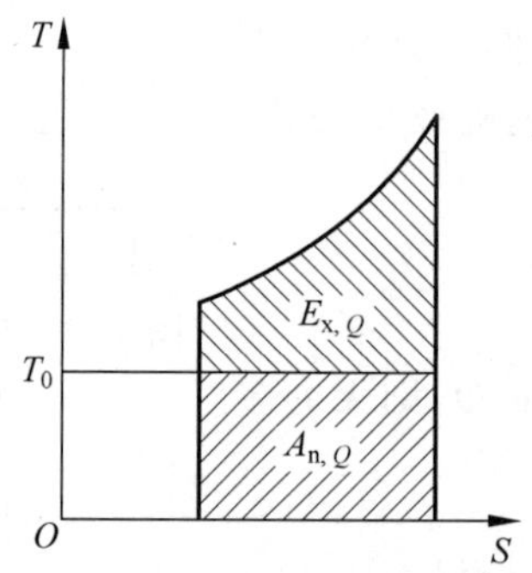

图4-22 热量㶲在T-S图上的分布

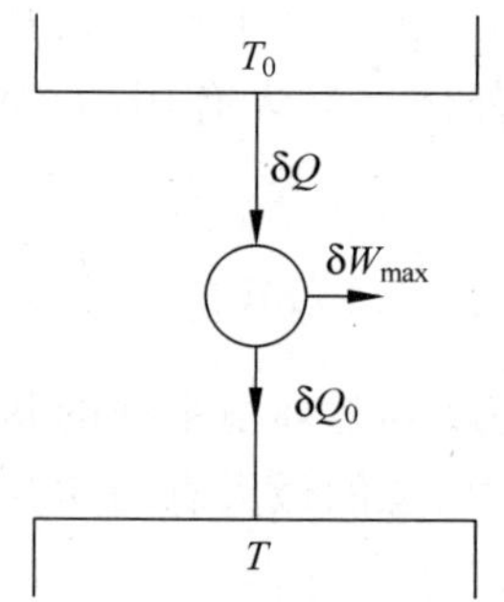

图4-23 冷量㶲推导模型

按能量守恒,$\delta Q=\delta W_{max}+\delta Q_0$ 故

$$\delta W_{max}=\left(1-\frac{T}{T_0}\right)(\delta W_{max}+\delta Q_0)$$

整理后,可得

$$\delta W_{max}=\left(\frac{T_0}{T}-1\right)\delta Q_0$$

当系统变化到"死态"时,所吸收的热量为Q_0,与此同时,外界得到了最大有用功

$$W_{\max}=\int\left(\frac{T_0}{T}-1\right)\delta Q_0$$

按照㶲的定义,这种最大有用功称为**冷量㶲** E_{x,Q_0},即

$$E_{x,Q_0}=W_{\max}=\int\left(\frac{T_0}{T}-1\right)\delta Q_0=T_0\Delta S-Q_0 \tag{4-36}$$

值得注意的是,冷量㶲 E_{x,Q_0} 是系统吸热 Q_0 时外界得到的最大有用功;而热量㶲 $E_{x,Q}$ 是系统放热 Q 时,做出的最大有用功。两种情况下,热量的方向不同,热量㶲方向与 Q 相同,而冷量㶲的方向与 Q_0 相反。

3. 稳定流动工质的焓㶲

图 4-24 表示一个稳定流动的开口系统。设 1 kg 工质以任意状态进入开口系统,而离开系统时处于与环境状态相平衡的死态,即压力为 p_0,温度为 T_0 的状态,并位于海平面高度($z_0=0$)上,而且相对于环境,工质的宏观流动速度为 $c_0=0$。为了使开口系统与环境之间进行可逆换热,设有一系列微卡诺热机工作(图中只示出了其中的一个)。

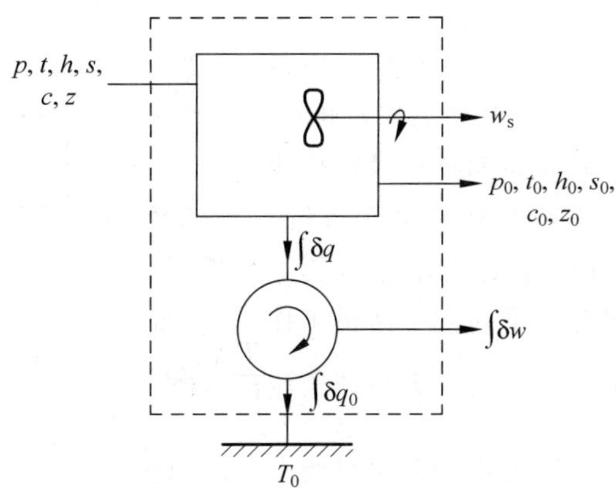

图 4-24　焓㶲推导模型

若以开口系统与一系列微卡诺热机作为研究对象(如图中虚线所示),据热力学第一定律有

$$\int\delta q_0=(h_0-h)+w_s+\int\delta w+\frac{1}{2}(c_0^2-c^2)+g(z_0-z) \tag{4-37}$$

这里 $c_0=0$,$z_0=0$,由于所取的综合系统向环境放热,故 $\int\delta q_0$ 为负值。

根据热力学第二定律,由开口系统、卡诺热机和环境所组成的总的绝热系统,经历的是可逆过程,因而总熵变为零,即

$$(s_0-s)+\Delta s^{\circ}=0 \tag{4-38}$$

由式(4-38),环境熵变 $\Delta s^{\circ}=(s-s_0)$,环境得到的热量可表示为

$$-\int\delta q_0=T_0\Delta s^{\circ}=T_0(s-s_0) \tag{4-39}$$

将式(4-38)及式(4-39)代入式(4-37),整理得到开口系统对外做出的最大有用功为

$$w_s+\int\delta w=(h-h_0)-T_0(s-s_0)+\frac{1}{2}c^2+gz$$

按照㶲的定义，这就是 1 kg 稳定流动工质的㶲，即

$$e_x=(h-h_0)-T_0(s-s_0)+\frac{1}{2}c^2+gz \tag{4-40}$$

在许多情况下，动能、位能可以忽略不计，因此 1 kg 稳定流动工质的焓㶲为

$$e_x=(h-h_0)-T_0(s-s_0) \tag{4-41}$$

焓𬉼为

$$a_n=T_0(s-s_0) \tag{4-42}$$

焓㶲具有下列性质：

(1) 它是状态参数，取决于工质流动状态及环境状态。当环境状态一定时，焓㶲只取决于工质流动状态。

(2) 初、终状态之间的焓㶲差，就是这两个状态间所能做出的最大有用功。

$$e_{x1}-e_{x2}=(h_1-h_2)-T_0(s_1-s_2) \tag{4-43}$$

当环境状态一定时，㶲差只取决于初、终态，而与路径和方法无关。

4. 内能㶲

设有 m(kg)工质组成的系统，如图 4-25 所示，当其从温度 T，压力 p，内能 U，熵 S，容积 V 的任意状态经可逆变化到与环境相平衡的死态时，必定与外界进行热功交换。

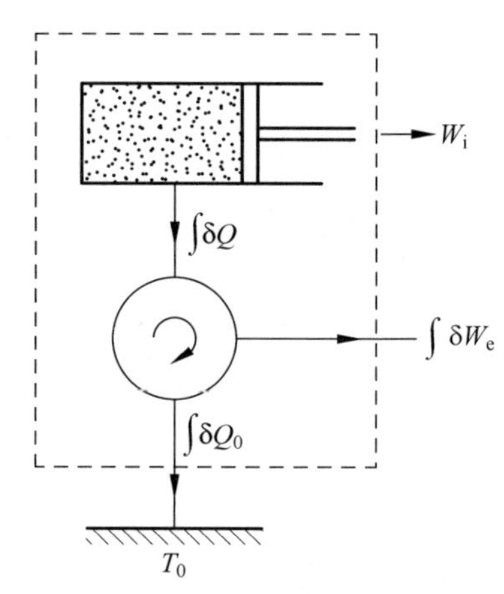

图 4-25　内能㶲推导模型

设传热过程只在闭口系统与环境之间进行。由于系统与环境温度不同，为保证热量交换在可逆条件下进行，设想闭口系统与环境之间有一系列微卡诺机工作，该系统在吸热 $\int\delta Q$、对外做可逆功 W_i 后，变为与环境相同状态。这一系列微卡诺机从闭口系统吸收的总热量为 $-\int\delta Q$，做出可逆功 $\int\delta W_e$，向环境放热 $-\int\delta Q_0$。

为分析方便，以闭口系统与一系列微卡诺机作为对象(如图中虚线所示)。

根据热力学第一定律有

$$\int\delta Q_0=(U_0-U)+\left(W_i+\int\delta W_e\right) \tag{4-44}$$

式中，U 与 U_0 分别为闭口系统任意状态和与环境相平衡的死态的内能；$\int\delta Q_0$ 为组合系统从环境吸收的热量；微卡诺机内的工质经历循环，参数无变化。

取闭口系统、微卡诺机及环境为一孤立系统，根据热力学第二定律，经可逆过程，孤立系统总熵不变，即

$$\Delta S+\Delta S^{\circ}=(S_0-S)+\Delta S^{\circ}=0 \tag{4-45}$$

式中，ΔS 为闭口系统的熵变；ΔS°代表环境熵变，它等于环境吸热$-\int\delta Q_0$ 与其热力学温度 T_0 之比，即

$$\Delta S^{\circ} = -\int \frac{\delta Q_0}{T_0} \tag{4-46}$$

综合式(4-44)～式(4-46)得到

$$W_i + \int \delta W_e = (U - U_0) - T_0(S - S_0) \tag{4-47}$$

由于闭口系统的压力与环境压力不同,因此,在与外界交换的功量中,必定包括了反抗环境压力所做的膨胀功 $p_0(V_0 - V)$,这是无法利用的。所以,整个系统所能提供的最大有用功,即闭口系统内能㶲应从式(4-47)的总功中扣除 $p_0(V_0 - V)$,即

$$E_{x,U} = U - U_0 - T_0(S - S_0) - p_0(V_0 - V)$$

或

$$E_{x,U} = U - U_0 + p_0(V - V_0) - T_0(S - S_0) \tag{4-48}$$

1 kg 工质的内能㶲为

$$e_{x,U} = u - u_0 + p_0(v - v_0) - T_0(s - s_0) \tag{4-49}$$

内能㶲是状态函数,它与系统的状态和环境状态有关。当环境状态给定后,内能㶲仅取决于系统本身的状态,而与经历的过程无关。

闭口系统由一个状态变化到另一个状态过程中能提供的最大有用功显然就等于这两个状态内能㶲之差,即

$$W_{max} = E_{x,U_1} - E_{x,U_2} \tag{4-50}$$

对于例题 4-7,以下是采用㶲的方法进行分析计算的思路和过程。

从㶲的角度看这个问题,0.2 kg 热水从 65℃提高到 95℃,这 0.2 kg 热水需要㶲,0.8 kg 热水从 65℃降到 15℃,这 0.8 kg 热水会释放㶲。从整个系统来看,只要 0.8 kg 热水释放出的㶲大于 0.2 kg 热水需要的㶲,这个过程就可以发生。下面分别计算。

0.2 kg 热水从 65℃提高到 95℃,需要热量㶲,计算式为

$$\begin{aligned}E_{x_1} &= Q_1 - T_0\Delta S_1 = cm_1(T_{12} - T_{11}) - T_0 cm_1 \ln\frac{T_{12}}{T_{11}}\\ &= \left[4.186\,8 \times 0.2(95 - 65) - (15 + 273.15) \times 4.186\,8 \times 0.2\ln\frac{95 + 273.15}{65 + 273.15}\right]\ \text{kJ}\\ &= 4.61\ \text{kJ}\end{aligned}$$

0.8 kg 热水从 65℃降到 15℃可以释放出的㶲仍为热量㶲,计算式为

$$\begin{aligned}E_{x_2} &= Q_2 - T_0\Delta S_2 = cm_2(T_{22} - T_{21}) - T_0 cm_2 \ln\frac{T_{22}}{T_{21}}\\ &= \left[4.186\,8 \times 0.8(15 - 65) - (15 + 273.15) \times 4.186\,8 \times 0.8\ln\frac{15 + 273.15}{65 + 273.15}\right]\ \text{kJ}\\ &= -13.04\ \text{kJ}\end{aligned}$$

从结果可以看出,0.2 kg 热水从 65℃提高到 95℃需要㶲 4.61 kJ,而 0.8 kg 热水从 65℃降到 15℃可以释放出 13.04 kJ 的㶲,过程是可行的。

对于求解 65℃热水变成 95℃水的极限比率,只需要假定当 m(kg)65℃热水变成 95℃需要的㶲与$(1-m)$(kg)65℃的热水降到 15℃所释放的㶲相等,即可计算出 m 的数值。

通过上述算例可以看出,自发过程方向性的问题,通过孤立系统熵增原理的方法和㶲分析都可以解决。两者计算难易程度相当,㶲分析方法的物理意义更清晰和直接。

思考题

4-1 若将热力学第二定律表述为“机械能可以全部变为热能，而热能不可能全部变为机械能”，有何不妥？

4-2 “循环功越大，则热效率越高”“可逆循环热效率都相等”“不可逆循环效率一定小于可逆循环效率”，这些结论是否正确？为什么？

4-3 循环热效率公式 $\eta_t=\dfrac{q_1-q_2}{q_1}=1-\dfrac{q_2}{q_1}$和 $\eta_t=\dfrac{T_1-T_2}{T_1}=1-\dfrac{T_2}{T_1}$有何区别？各适用什么场合？

4-4 理想气体定温膨胀过程中吸收的热量可以全部转换为功，这是否违反热力学第二定律？为什么？

4-5 下述说法是否正确，为什么？

(1) 熵增大的过程为不可逆过程；

(2) 不可逆过程 ΔS 无法计算；

(3) 若从某一初态经可逆与不可逆两条途径到达同一终态，则不可逆途径的 ΔS 必大于可逆途径的 ΔS；

(4) 工质经不可逆循环，$\Delta S>0$；

(5) 工质经不可逆循环，由于$\oint\dfrac{\delta Q}{T_r}<0$，所以$\oint \mathrm{d}S<0$；

(6) 可逆绝热过程为定熵过程，定熵过程就是可逆绝热过程；

(7) 自然界的过程都朝着熵增大的方向进行，因此熵减过程不可能实现；

(8) 加热过程，熵一定增大；放热过程，熵一定减小。

4-6 若工质从同一初态经历可逆过程和不可逆过程，若热源条件相同且两过程中吸热量相同，工质终态熵是否相同？

4-7 若工质从同一初态出发，分别经可逆绝热过程与不可逆绝热过程到达相同的终压，两过程终态熵如何？

4-8 闭口系统经历一个不可逆过程，做功 15 kJ，放热 5 kJ，系统熵变为正、为负或不能确定？

习题

4-1 试用热力学第二定律证明：在 p-v 图上，两条可逆绝热线不可能相交。

4-2 (1) 可逆机从热源 T_1 吸热 Q_1，在热源 T_1 与环境(温度为 T_0)之间工作，能做出多少功？

(2) 根据卡诺定理，降低冷源温度可以提高热效率，有人设想用一可逆制冷机造成一个冷源 $T_2(T_2<T_0)$，令可逆热机在 T_1 与 T_2 间工作，你认为此法是否有效？为什么？

4-3 温度为 T_1，T_2 的两个热源间有两个卡诺机 A 与 B 串联工作(即中间热源接受 A 机的放热同时向 B 机供给等量热)。试证这种串联工作的卡诺热机总效率与工作于同一

T_1，T_2 热源间的单个卡诺机效率相同。

4-4　如图 4-26 所示的循环，试判断下列情况哪些是可逆的？哪些是不可逆的？哪些是不可能的？

（1）$Q_L = 1\,000$ kJ，$W = 250$ kJ；

（2）$Q_L = 2\,000$ kJ，$Q_H = 2\,400$ kJ；

（3）$Q_H = 3\,000$ kJ，$W = 250$ kJ。

4-5　试判断如图 4-27 所示的可逆循环中 Q_3 的大小与方向、Q_2 的方向及循环净功 W 的大小与方向。

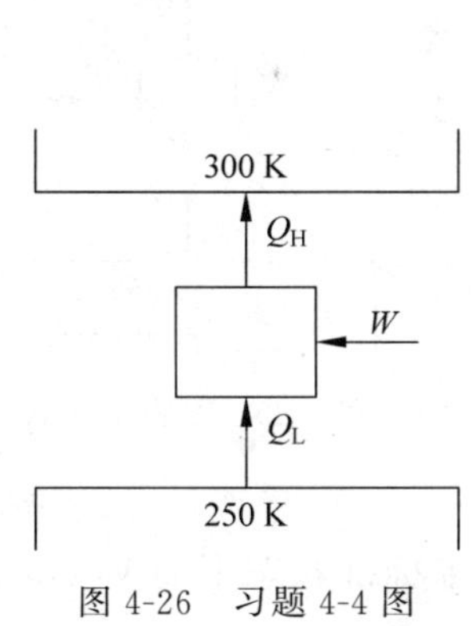

图 4-26　习题 4-4 图

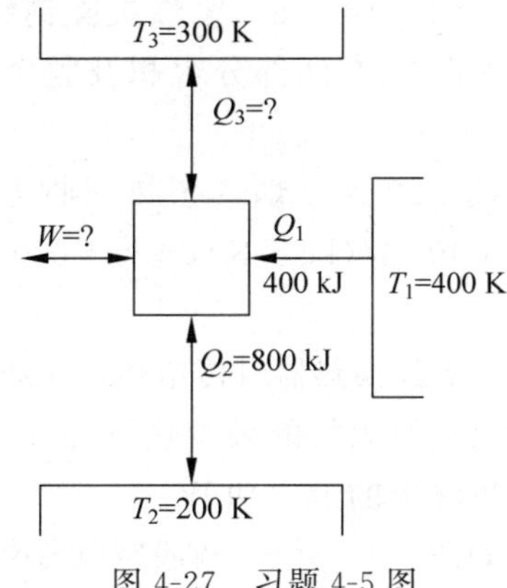

图 4-27　习题 4-5 图

4-6　若闭口系统经历一过程，熵增为 25 kJ/K，从 300 K 的恒温热源吸热 8 000 kJ，此过程可逆？不可逆？还是不可能？

4-7　设有一个能同时生产冷空气和热空气的装置，参数如图 4-28 所示。判断此装置是否可能？为什么？

如果不可能，在维持各处原摩尔数、环境温度 $t_0 =$ 0℃不变的情况下，你认为改变哪一个参数就能使之成为可能？但必须保证同时生产冷、热空气。

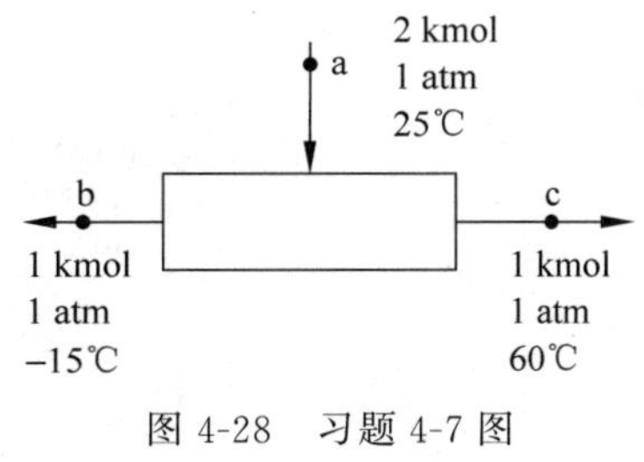

图 4-28　习题 4-7 图

4-8　空气在轴流压气机中被绝热压缩，增压比为 4.2，初、终态温度分别为 20℃和 200℃，求空气在压缩过程中熵的变化。

4-9　从 553 K 的热源直接向 278 K 的环境传热，如果传热量为 100 kJ，此过程中总熵变化是多少？做功能力损失又是多少？

4-10　将 5 kg 0℃的冰投入盛有 25 kg 温度为 50℃水的绝热容器中，求冰完全融化且与水的温度均匀一致时系统的熵的变化。已知冰的融解热为 333 kJ/kg。

4-11　在有活塞的气缸装置中，将 1 kmol 理想气体在 400 K 下从 100 kPa 缓慢地定温压缩到 1 000 kPa，计算下列三种情况下，此过程的气体熵变、热源熵变及总熵变：

（1）若过程中无摩擦损耗，而热源的温度也为 400 K；

（2）过程中无摩擦损耗，热源温度为 300 K；

（3）过程中有摩擦损耗，比可逆压缩多消耗 20%的功，热源温度为 300 K。

4-12 两个质量相等、比热容相同(都为常数)的物体,A 物体的初温为 T_A,B 物体的初温为 T_B,用它们作热源和冷源,使可逆机在其间工作,直至两个物体温度相等时为止。

(1) 试求平衡时温度 T_m;

(2) 求可逆机总功量;

(3) 如果两物体直接进行热交换,求温度相等时的平衡温度 T'_m 及两物体的总熵变。

4-13 一个绝热容器被一导热的活塞分隔成两部分。初始时活塞被销钉固定在容器的中部,左、右两部分容积均为 $V_1=V_2=0.001\ \mathrm{m^3}$,空气温度均为 300 K,左边压力为 $p_1=2\times10^5$ Pa,右边压力为 $p_2=1\times10^5$ Pa。突然拔除销钉,最后达到新的平衡,试求左、右两部分容积及整个容器内空气的熵变。

4-14 图 4-29 为一烟气余热回收方案。设烟气比热容 $c_p=1\ 400$ J/(kg·K),$c_V=1\ 000$ J/(kg·K)。试求:

(1) 烟气流经换热器时传给热机工质的热量 Q_1;

(2) 热机放给大气的最少热量 Q_2;

(3) 热机输出的最大功 W。

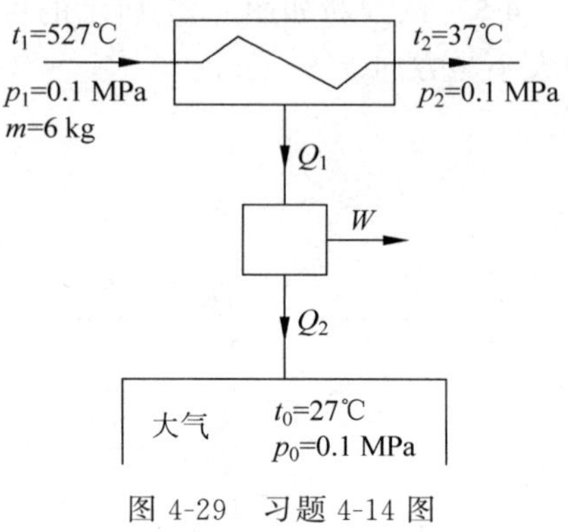

图 4-29 习题 4-14 图

4-15 如图 4-30 所示,两股空气在绝热流动中混合,求标准状态下的 V_3 ($\mathrm{m^3/min}$),t_3 及最大可能达到的压力 p_3 (MPa)。

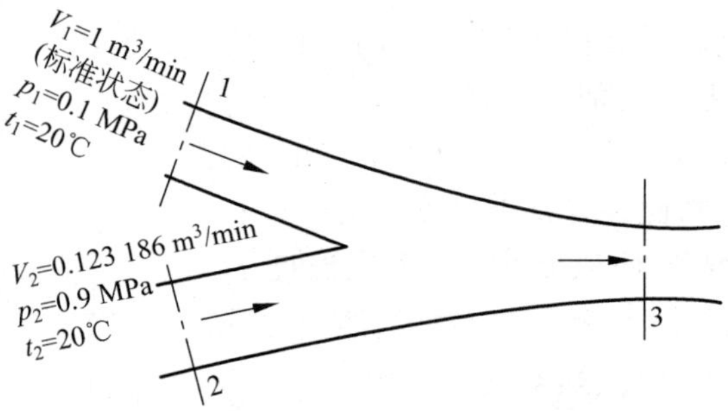

图 4-30 习题 4-15 图

4-16 5 kg 的水起初与温度为 295 K 的大气处于热平衡状态。用一制冷机在这 5 kg 水与大气之间工作,使水定压冷却到 280 K,求所需的最小功是多少?

4-17 质量为 m,比热容为定值 c 的两个相同的物体处于同一温度 T_1。将这两个物体作为制冷机的冷、热源,使热从一个物体移至另一个物体,其结果为一个物体温度连续下降,而另一个物体温度连续上升。求当被冷却的物体温度降为 T_2 ($T_2<T_1$)时所需的最小功 W_{min}。

4-18 用家用电冰箱将 1 kg 25℃的水制成 0℃的冰,试问需要的最少电费应是多少?已知水的 $\bar{c}=75.57$ J/(mol·K),冰 0℃时的熔解热为 6 013.5 J/mol,电费为 0.16 元/(kW·h),室温为 25℃。

4-19 刚性绝热容器内储有 2.3 kg,98 kPa,60℃的空气,并且容器内装有一搅拌器。

搅拌器由容器外的电动机带动，对空气进行搅拌，直至空气升温到 170℃为止。求此不可逆过程中做功能力的损失。已知环境温度为 18℃。

4-20　压气机空气进口温度为 17℃，压力为 1.0×10^5 Pa，经历不可逆绝热压缩后其温度为 207℃，压力为 4.0×10^5 Pa，若室内温度为 17℃，大气压力为 1×10^5 Pa，求：

(1) 此压气机实际消耗的轴功；

(2) 进、出口空气的焓烟；

(3) 消耗的最小有用功；

(4) 烟损失；

(5) 压气机烟效率。

4-21　在一个可逆热机循环中，工质氦定压下吸热，温度从 300℃升高到 850℃，其定压比热容 $c_p=5.193$ kJ/(kg·K)，已知环境温度为 298 K。求循环的最大烟效率和最大热效率。

第5章 气体动力循环

CHAPTER 5

气体动力循环是以远离液态区的气体为工质的热力循环，包括活塞式内燃机动力循环、叶轮式燃气轮机装置动力循环、喷气推进机循环以及外燃式[①]的斯特林循环等。活塞式内燃机具有结构紧凑、体积小、重量轻、效率高等特点，但功率一般不大。而叶轮式燃气轮机装置则具有结构简单、体积小、重量轻、功率大、起动快等特点，应用非常广泛。根据它们各自的特点，人们把它们应用于各种相应的场合。本章主要讨论各种气体动力循环的理想循环，进行热力学分析计算，并探讨提高循环热效率的途径。

5-1 活塞式内燃机动力循环

5-1-1 活塞式内燃机实际循环的抽象与概括

活塞式内燃机按所使用的燃料分为天然气机、煤气机、汽油机和柴油机；按点火方式分为点燃式和压燃式两大类；按完成一个循环所需要的冲程又分为四冲程的内燃机和二冲程的内燃机。点燃式内燃机吸气时吸入的气体是燃料和空气的混合物，经压缩后，由电火花点火燃烧；而压燃式内燃机吸入的气体则仅仅是空气，经压缩后使空气温度上升到燃料自燃的温度，而后喷入燃料燃烧。天然气机、煤气机、汽油机一般是点燃式四冲程内燃机，而柴油机则是压燃式四冲程的内燃机。

下面讨论如何将实际循环抽象概括为理想循环，以四冲程的柴油机为例。通过示功器可以测得该机的实际循环，如图5-1所示，0—1是活塞右行的吸气过程，由于进气阀的节流作用，气缸内气体的压力低于大气压5～10 kPa。活塞右行到下死点1，进气阀关闭，活塞左行，实现1—2的压缩过程，由于缸壁夹层中有水冷却，压缩过程是一个多变过程。在活塞左行到上死点之前的点2′，柴油经高压油泵喷入气缸，此时被压缩的空气压力可达3～5 MPa，温度也达到600～800℃，超过了柴油的自燃温度。但被喷入的柴油不会马上燃烧，需有一个滞燃期，加上现今柴油机的转速较高，因此要到接近上死点

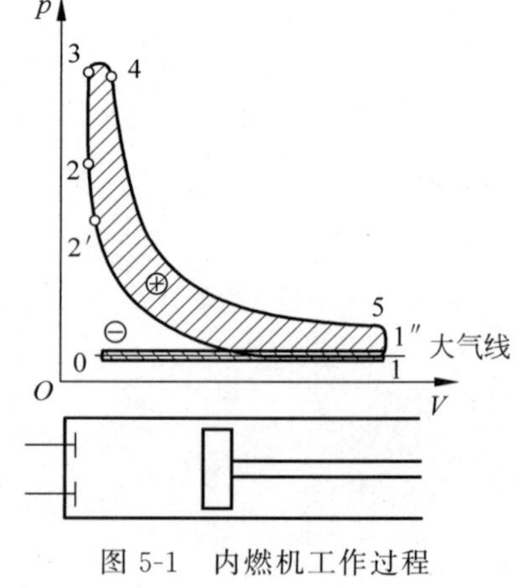

图5-1 内燃机工作过程

① 外燃式指燃料在工质外部燃烧的热机。

2 才燃烧起来。从 2′到 2 点之间不断有柴油喷入，气缸中会有相当数量的柴油，一旦燃烧起来就十分迅猛，压力迅速上升到 5～9 MPa，而活塞移动并不显著，此时气体的加热过程接近于定容过程，如图 5-1 中的 2—3 过程。活塞到达上死点 3 后开始右行，喷油泵继续喷油，燃烧也继续进行，气缸内气体压力变化很少，这一段气体的加热过程接近于定压过程，如图 5-1 中的 3—4 过程。到点 4 时喷油停止，此时气体温度可达 1 700～1 800℃。活塞继续右行，气缸中高温高压气体实现膨胀做功过程 4—5，同时向冷却水放热，所以这个过程也是一个多变过程。到点 5 时气体的压力一般降为 0.3～0.5 MPa，温度约为 500℃。这时排气阀突然打开，部分废气排入大气，气缸中压力突降，接近于定容降压过程，如图 5-1 中的 5—1″过程。压力降至略高于大气压力，随着活塞左行实现排气过程 1″—0，这样完成了一个循环。

上述循环是开式的不可逆循环。为了便于从理论上分析，必须忽略一些次要因素，对实际的循环加以合理的抽象和概括，具体内容如下：

(1) 认为工质是理想气体的空气，且比热容为常量。

(2) 忽略实际过程的摩擦阻力以及进、排气阀的节流损失。认为进、排气的压力都是大气压，进气所得的推进功与排气所耗的推进功互相抵消，即图 5-1 中的 0—1 和 1″—0 与大气压力线重合。1″点的废气与 1 点的新鲜空气状态相同，这样开式循环就理想化为闭式循环。

(3) 将燃料燃烧加热工质的过程 2—3—4 看作工质从高温热源可逆吸热过程，认为排气放热过程是工质在定容下可逆地向低温热源放热的过程。

(4) 在膨胀和压缩过程中，忽略工质与气缸壁之间交换的热量，认为它们是绝热膨胀过程和绝热压缩过程。加上忽略摩擦阻力，则可进一步认为它们是定熵膨胀过程和定熵压缩过程。

经过上述抽象和概括，柴油机的实际循环被理想化为**混合加热循环**，又称萨巴德循环，如图 5-2 所示，1—2 是定熵压缩过程，2—3 是定容加热过程，3—4 是定压加热过程，4—5 是定熵膨胀过程，5—1 是定容放热过程。

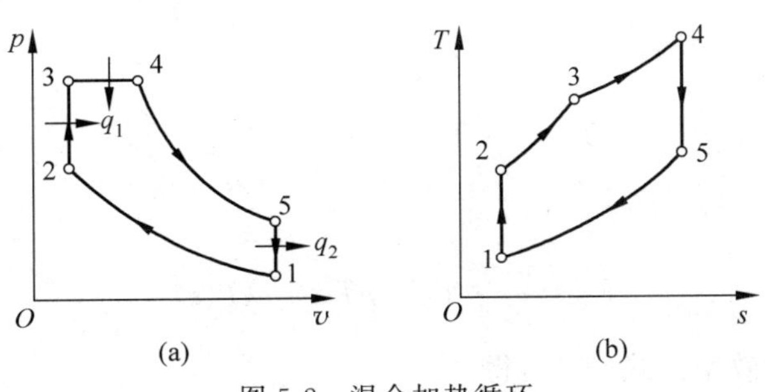

图 5-2　混合加热循环

这种抽象和概括的方法同样适用于其他型式的活塞式内燃机。我们将主要研究理想化的循环。

5-1-2　活塞式内燃机的理想循环

1. 混合加热循环

混合加热理想循环如图 5-2 所示。现行的柴油机都是在这种循环基础上设计制造的。下面对混合加热循环进行热力学分析。

循环从高温热源吸收的热量 q_1 为

$$q_1 = c_V(T_3 - T_2) + c_p(T_4 - T_3)$$

向低温热源放出的热量 q_2(绝对值)为

$$q_2 = c_V(T_5 - T_1)$$

按照循环热效率公式有

$$\eta_t = 1 - \frac{q_2}{q_1} = 1 - \frac{c_V(T_5 - T_1)}{c_V(T_3 - T_2) + c_p(T_4 - T_3)}$$

$$= 1 - \frac{T_5 - T_1}{(T_3 - T_2) + k(T_4 - T_3)} \tag{5-1}$$

通常把气体动力循环热效率表示为一些循环特性参数的函数。混合加热循环的特性参数有**压缩比** $\varepsilon = \frac{v_1}{v_2}$,**定容增压比** $\lambda = \frac{p_3}{p_2}$ 和**预胀比** $\rho = \frac{v_4}{v_3}$。

因为1—2与4—5是定熵过程,故有

$$p_1 v_1^k = p_2 v_2^k, \quad p_4 v_4^k = p_5 v_5^k$$

注意到 $p_4 = p_3, v_1 = v_5, v_2 = v_3$,将以上两式相除得

$$\frac{p_5}{p_1} = \frac{p_4}{p_2}\left(\frac{v_4}{v_2}\right)^k = \frac{p_3}{p_2}\left(\frac{v_4}{v_3}\right)^k = \lambda\rho^k$$

由于5—1是定容过程,故有

$$T_5 = p_5 \frac{T_1}{p_1} = \lambda\rho^k T_1$$

1—2是定熵过程,有

$$T_2 = T_1\left(\frac{v_1}{v_2}\right)^{k-1} = T_1 \varepsilon^{k-1}$$

2—3是定容过程,有

$$T_3 = \frac{p_3}{p_2} T_2 = \lambda T_2 = \lambda T_1 \varepsilon^{k-1}$$

3—4是定压过程,有

$$T_4 = \frac{v_4}{v_3} \cdot T_3 = \rho T_3 = \rho\lambda T_1 \varepsilon^{k-1}$$

把以上各温度代入热效率公式(5-1),得

$$\eta_t = 1 - \frac{T_1(\lambda\rho^k - 1)}{T_1 \varepsilon^{k-1}[(\lambda - 1) + k\lambda(\rho - 1)]}$$

$$= 1 - \frac{\lambda\rho^k - 1}{\varepsilon^{k-1}[(\lambda - 1) + k\lambda(\rho - 1)]} \tag{5-2}$$

对上式进行分析可知:混合加热循环热效率随压缩比 ε、定容增压比 λ 的增大而提高,随预胀比 ρ 的增大而降低。预胀比增大之所以导致循环热效率的降低,是因为越在定压加热后期加入热量,在膨胀过程中能够转换为功量的部分越少。

2. 定压加热循环

定压加热循环,又称狄塞尔(Diesel)循环。早期低速柴油机是以定压加热循环为基础

设计生产的。它需要附带压气机，提供高压空气把柴油喷入气缸并形成雾状。这种喷油方式雾化好，加上柴油机转速低，活塞移动较慢，因此不必由于柴油的滞燃期而提前喷油，只需在活塞左行压缩空气至上死点后开始喷油，实现定压燃烧加热过程。这种柴油机的实际循环，经理想化后即是定压加热循环，如图 5-3 所示，1—2 是定熵压缩过程，2—3 是定压加热过程，3—4 是定熵膨胀过程，4—1 是定容放热过程。

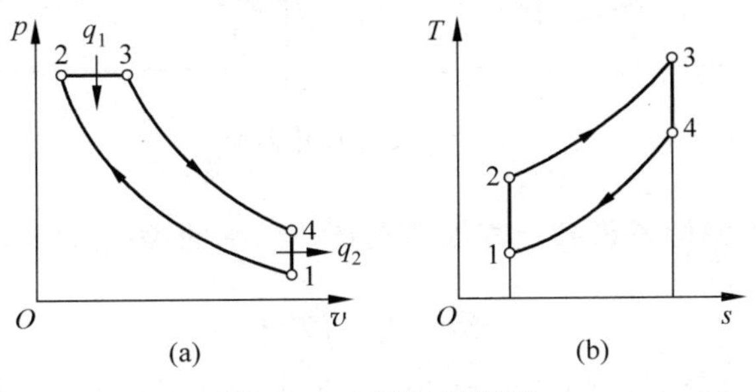

图 5-3 定压加热循环

定压加热循环的热效率可用混合加热循环的分析方法得出，可以从式(5-2)导得，因为没有定容加热过程的混合加热循环就是定压加热循环。所以只要把 $\lambda=1$ 代入式(5-2)即可得到定压加热循环的热效率

$$\eta_t=1-\frac{\rho^k-1}{\varepsilon^{k-1}k(\rho-1)} \tag{5-3}$$

上式表明，循环热效率随压缩比 ε 的增大而提高，随预胀比的增大而降低。图 5-4 表示在 $k=1.35$ 时，各种 ε 值和 ρ 值与热效率的关系。当压缩比 ε 不变时，预胀比 ρ 越小，即定压加热量 q_1 越小，热效率越高；反之热效率越低。ρ 不变时压缩比 ε 越大，热效率越高。

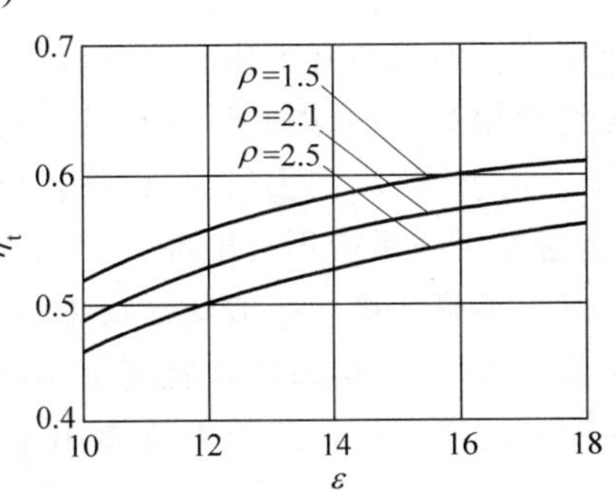

图 5-4 η_t 与 ρ 及 ε 的关系($k=1.35$)

实际的柴油机在重负荷时(即 q_1 增大时)循环热效率却要降低，除 ρ 的影响外，还有绝热指数 k 的影响。当温度升高时，k 相应地变小，η_t 也会降低。

这种柴油机由于必须附带压气机，设备庞大笨重，故已被淘汰。

3. 定容加热循环

定容加热循环，又称奥托(Otto)循环。基于这种循环而制造的煤气机和汽油机是最早的活塞式内燃机，后来才出现柴油机。定容加热循环可以视为没有定压加热过程的混合加热循环。这是由于汽油机、煤气机与柴油机不同，此时吸入气缸的是燃料和空气的混合物，经压缩后，靠电火花点燃，形成活塞几乎未作移动而工质燃烧急剧升温升压的定容燃烧过程，紧接着就是工质膨胀做功过程，不再有边喷油边燃烧的定压燃烧过程。其理想循环如图 5-5 所示，1—2 是定熵压缩过程，2—3 是定容加热过程，3—4 是定熵膨胀过程，4—1 是定容放热过程。

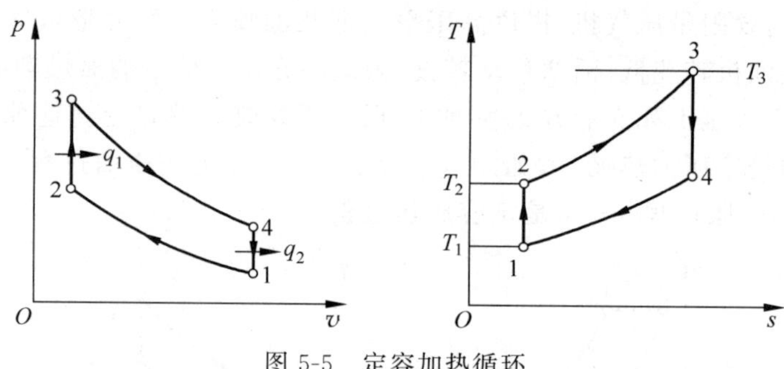

图 5-5　定容加热循环

将 $\rho=1$ 代入式(5-2)即可得到定容加热循环热效率的表达式

$$\eta_t=1-\frac{1}{\varepsilon^{k-1}} \tag{5-4}$$

上式表明,定容加热循环热效率随着压缩比 ε 增大而提高,随着负荷增加(即 q_1 增加)循环热效率并不变化,因为 q_1 增加不会使压缩比发生变化。但实际的汽油机,随着压缩比的增大,q_1 的增加,都会使加热过程终了时工质的温度上升,造成 k 值有所减小,这个因素将使热效率有所下降。

前已说到,汽油机在吸气过程中吸入气缸的是空气-燃料混合物,被压缩至活塞上死点附近状态,由电火花点火,实现接近于定容燃烧加热过程。由于被压缩的气体是空气-燃料混合物,要受混合气体自燃温度的限制,不能采用较大的压缩比,否则混合气体就会“爆燃”,使发动机不能正常工作。实际汽油机压缩比在 5～10 的范围,参见表 5-1,这类内燃机由于压缩比相对较小,因此循环热效率较低。

为此促进人们去研究,设法把燃料与空气分开,使吸气过程及压缩过程的工质都只是空气,这样压缩后就不会出现自燃问题,从而提高压缩比,达到提高循环热效率的目的。这样就诞生了柴油机。一般柴油机的压缩比都比较高,见表 5-1。但压缩比高的柴油机比汽油机显得大而重,机械效率就要下降,因此提高压缩比要综合考虑热效率和机械效率,以确定最有利的压缩比。柴油机主要用于装备重型机械如载重汽车、挖掘机、推土机和船舶动力等,汽油机主要应用于轻型设备如小客车、螺旋桨直升机、摩托车、割草机和农场的小型机械等。

表 5-1　活塞式内燃机的有效效率*

发动机形式	有效效率 η_t	压缩比
按定容加热循环工作的发动机		
气体燃料式	25%～30%	5～8
化油器式	25%～32%	7～10
按混合加热循环工作的发动机		
低速的	38%～43%	14～20
中速的	36%～39%	14～20
高速的	34%～37%	14～20

* 有效效率是发动机曲轴输出的有效功与燃料燃烧所发出的全部热能的比值。

例题 5-1　一台按定容加热循环工作的四缸四冲程发动机，压缩比 $\varepsilon=8.6$，活塞排量 $V'_h=1\,000\ \mathrm{cm}^3$，压缩过程的初始状态为 $p_1=100\ \mathrm{kPa}$，$t_1=18℃$，每缸向工质提供热量 135 J。求循环热效率以及加热过程终了的温度和压力。

解：因为是理想循环，工质可视为理想气体的空气，故 $k=1.4$，$c_V=0.717\ \mathrm{kJ/(kg\cdot K)}$。

画出循环的 p-V 图，如图 5-6 所示。

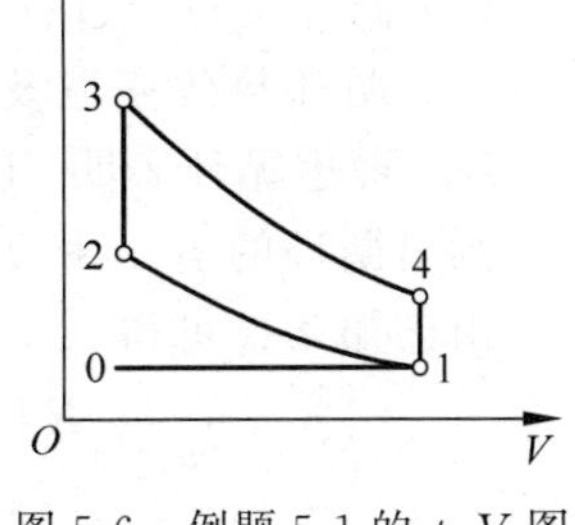

图 5-6　例题 5-1 的 p-V 图

由式(5-4)有

$$\eta_t=1-\frac{1}{\varepsilon^{k-1}}=1-\frac{1}{8.6^{1.4-1}}=0.577=57.7\%$$

1—2 是定熵过程，有

$$T_1V_1^{k-1}=T_2V_2^{k-1}$$

$$p_1V_1^k=p_2V_2^k$$

从上面两式可得

$$T_2=T_1\left(\frac{V_1}{V_2}\right)^{k-1}=(18+273.15)\times(8.6)^{1.4-1}\ \mathrm{K}=688.5\ \mathrm{K}$$

$$p_2=p_1\left(\frac{V_1}{V_2}\right)^{k}=100\times(8.6)^{1.4}\ \mathrm{kPa}=2\,030\ \mathrm{kPa}$$

另外

$$V_1=\text{余隙容积}+\text{每缸的活塞排量}$$

这里 V_2 即为余隙容积，且有 $V_2=\dfrac{V_1}{\varepsilon}$。气缸活塞排量 V_h 为

$$V_h=\frac{V'_h}{4}=\frac{1\,000\ \mathrm{cm}^3}{4}=250\ \mathrm{cm}^3=250\times10^{-6}\ \mathrm{m}^3$$

那么

$$V_1=\frac{V_1}{\varepsilon}+V_h$$

或

$$V_1=\left(\frac{1}{1-\dfrac{1}{\varepsilon}}\right)V_h=\left(\frac{1}{1-\dfrac{1}{8.6}}\right)\times250\times10^{-6}\ \mathrm{m}^3=0.283\times10^{-3}\ \mathrm{m}^3$$

每缸内工质的质量

$$m=\frac{p_1V_1}{RT_1}=\frac{100\times10^3\times0.283\times10^{-3}}{287\times291.15}\ \mathrm{kg}=0.339\times10^{-3}\ \mathrm{kg}$$

2—3 过程工质的吸热量为

$$Q_{2-3}=mc_V(T_3-T_2)$$

从上式可得

$$\begin{aligned}T_3&=T_2+\frac{Q_{2-3}}{mc_V}\\&=\left(688.5+\frac{135}{0.339\times10^{-3}\times0.717\times10^3}\right)\ \mathrm{K}\\&=1\,243.9\ \mathrm{K}\end{aligned}$$

从 2—3 的定容过程可得

$$p_3 = p_2\left(\frac{T_3}{T_2}\right) = 2\,030 \times \left(\frac{1\,243.9}{688.5}\right)\ \text{kPa} = 3\,670\ \text{kPa}$$

例题 5-2 定压加热循环的压缩比 $\varepsilon = 20$,做功冲程的 4%作为定压加热过程。压缩冲程的初始状态为 $p_1 = 100\ \text{kPa}, t_1 = 20℃$。求:

(1) 循环中每个过程的初始压力和温度;

(2) 循环热效率以及**平均有效压力**(循环做功量 w_{net} 与活塞排量 v_{h} 之比值)。

解:理想循环表明,工质是理想气体的空气,$k = 1.4, c_p = 1.003\,1\ \text{kJ/(kg·K)}$。

画出循环的 p-v 和 T-s 图,如图 5-3 所示。

由已知条件可得

$$v_1 = \frac{RT_1}{p_1} = \frac{287 \times (20 + 273.15)}{100 \times 10^3}\ \text{m}^3/\text{kg} = 0.841\ \text{m}^3/\text{kg}$$

$$v_2 = \frac{v_1}{\varepsilon} = \frac{0.841}{20}\ \text{m}^3/\text{kg} = 0.042\ \text{m}^3/\text{kg}$$

1—2 是定熵压缩过程,有

$$T_2 = T_1\left(\frac{v_1}{v_2}\right)^{k-1} = 293.15 \times (20)^{1.4-1}\ \text{K} = 971.63\ \text{K}$$

$$p_2 = p_1\left(\frac{v_1}{v_2}\right)^{k} = 100 \times (20)^{1.4}\ \text{kPa} = 6\,628.9\ \text{kPa}$$

已知定压加热过程是做功冲程的 4%,即有

$$\frac{v_3 - v_2}{v_1 - v_2} = 0.04$$

从上式可得

$$v_3 = v_2 + 0.04 v_2\left(\frac{v_1}{v_2} - 1\right) = v_2\,[1 + 0.04(\varepsilon - 1)]$$

$$= v_2[1 + 0.04 \times (20 - 1)] = 1.76 v_2$$

注意 $\frac{v_3}{v_2} = \rho$,即预胀比 $\rho = 1.76$。2—3 是定压过程,有

$$\frac{T_3}{T_2} = \frac{v_3}{v_2}$$

从上式可得

$$T_3 = T_2\left(\frac{v_3}{v_2}\right) = T_2\rho = 971.63 \times 1.76\ \text{K} = 1\,710\ \text{K}$$

$$p_3 = p_2 = 6\,628.9\ \text{kPa}$$

3—4 是定熵膨胀过程,有

$$T_4 = T_3\left(\frac{v_3}{v_4}\right)^{k-1} = T_3\left(\frac{\dfrac{v_3}{v_2}}{\dfrac{v_4}{v_2}}\right)^{k-1} = T_3\left(\frac{\rho}{\varepsilon}\right)^{k-1}$$

$$= 1\,710 \times \left(\frac{1.76}{20}\right)^{1.4-1}\ \text{K} = 646.8\ \text{K}$$

$$p_4 = p_3\left(\frac{v_3}{v_4}\right)^k = p_3\left(\frac{\rho}{\varepsilon}\right)^k$$

$$= 6\ 628.9 \times \left(\frac{1.76}{20}\right)^{1.4}\ \text{kPa} = 220.6\ \text{kPa}$$

式中应用了 $v_1 = v_4$ 的关系。

依据式(5-3)可得循环热效率，即

$$\eta_t = 1 - \frac{\rho^k - 1}{\varepsilon^{k-1}k(\rho - 1)} = 1 - \frac{(1.76)^{1.4} - 1}{20^{1.4-1} \times 1.4 \times (1.76 - 1)}$$

$$= 0.658$$

平均有效压力为

$$p_m = \frac{w_{net}}{v_h} = \frac{\eta_t q_1}{v_1 - v_2} = \frac{\eta_t \cdot c_p(T_3 - T_2)}{v_1 - v_2}$$

$$= \frac{0.658 \times 1.003\ 1 \times (1\ 710 - 971.63)}{0.841 - 0.042}\ \text{kPa}$$

$$= 610\ \text{kPa}$$

5-2　活塞式内燃机各种理想循环的比较

各种理想循环的热工性能(如热效率等)取决于循环的条件，因此在进行各种理想循环比较时，必须给定比较的条件。一般在压缩比、吸热量、最高压力和最高温度中选用两个作为比较条件。当然各种理想循环的初始状态都是相同的，都是来自大气的空气状态。在进行分析比较时，应用温熵图是最直观而简便的。

5-2-1　具有相同的压缩比和吸热量的比较

图 5-7 表示在压缩比和吸热量相同的条件下三种理想循环的对比。循环 1—2—3—4—1 是定容加热循环，循环 1—2—3′—4′—1 是定压加热循环，循环 1—2—3″—4″—5″—1 是混合加热循环。由于初始状态 1 相同，压缩比相同，所以三种循环的定熵压缩过程线 1—2 相同，同时定容放热过程都在过状态点 1 的同一条定容线上。

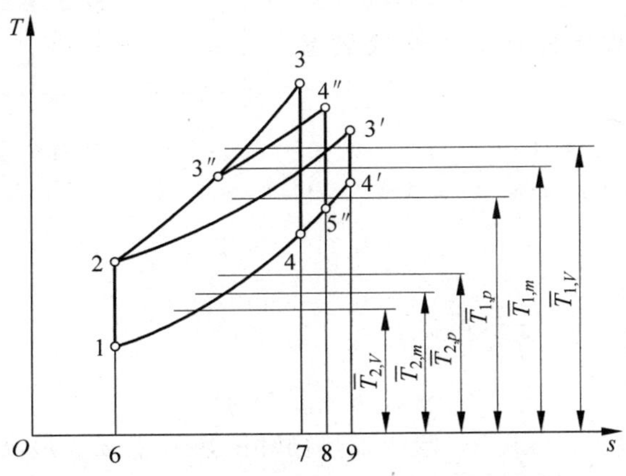

图 5-7　压缩比和吸热量相同时的三种循环

已知吸热量 q_1 相同,即

$$\text{面积}\ S_{62376}=S_{623''4''86}$$
$$=S_{623'96}$$

从图 5-7 可见,三种循环的放热量不同,且有

$$\text{面积}\ S_{61476}<S_{615''86}$$
$$<S_{614'96}$$

即

$$q_{2,V}<q_{2,m}<q_{2,p}$$

即定容加热循环的放热量 $q_{2,V}$ 最小,定压加热循环的放热量 $q_{2,p}$ 最大,而混合加热循环的放热量 $q_{2,m}$ 居中。

按照循环热效率的公式 $\eta_t=1-\dfrac{q_2}{q_1}$,则可得

$$\eta_{t,V}>\eta_{t,m}>\eta_{t,p}$$

即定容加热循环的热效率 $\eta_{t,V}$ 最高,混合加热循环的 $\eta_{t,m}$ 其次,定压加热循环的 $\eta_{t,p}$ 最低。

也可以用循环平均吸热温度 $\overline{T}_1$ 和平均放热温度 $\overline{T}_2$ 进行比较,参见图 5-7,可以得出同样的结论。此结论与表 5-1 所示的数据相反。其原因是在上述分析中人为设定了相同的压缩比,而实际应用中三种循环的压缩比各不相同。

5-2-2　具有相同的最高压力和最高温度的比较

最高压力和最高温度的相同实际上是热力强度和机械强度的相同。图 5-8 表示在此条件下三个循环的对比,1—2—3—4—1 是定容加热循环,1—2′—3—4—1 是定压加热循环,1—2″—3″—3—4—1 是混合加热循环。由于各理想循环初始状态 1 相同,所以定熵压缩过程和定容放热过程分别在过点 1 的同一条定熵线上和同一条定容线上,加上最高压力 $p_{\max}$ 和最高温度 $T_{\max}$ 确定的点 3 对各个循环也是相同的,因此 3—4 定熵膨胀过程线也是相同的。由此从图 5-8 可见,三个理想循环的平均放热温度 $\overline{T}_2$ 是相同的,即

$$\overline{T}_{2,V}=\overline{T}_{2,m}=\overline{T}_{2,p}$$

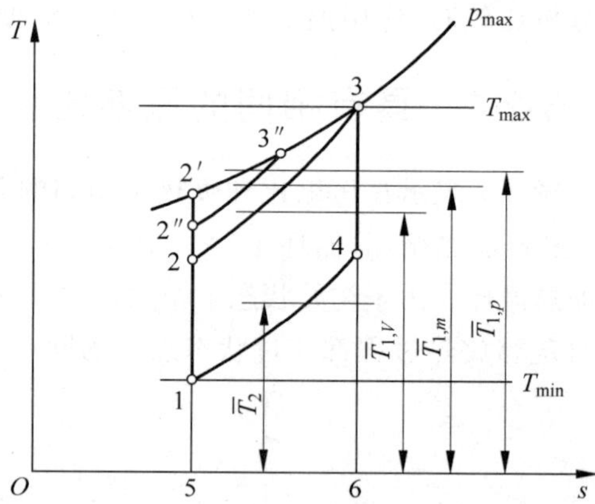

图 5-8　$p_{\max}$ 与 $T_{\max}$ 相同下的三种循环

而平均吸热温度 $\overline{T}_1$ 则有如下关系

$$\overline{T}_{1,p}>\overline{T}_{1,m}>\overline{T}_{1,V}$$

依据循环热效率 $\eta_t=1-\dfrac{\overline{T}_2}{\overline{T}_1}$,可得

$$\eta_{t,p}>\eta_{t,m}>\eta_{t,V}$$

即在相同的机械强度和热力强度下,定压加热循环的热效率 $\eta_{t,p}$ 最高,定容加热循环的 $\eta_{t,V}$ 最低,混合加热循环的 $\eta_{t,m}$ 居中。这里可以看到压缩比最高的定压加热循环的热效率 $\eta_{t,p}$

最高。实际应用中很难控制循环的最高温度，但必须控制循环的最高压力。因此控制最高压力和热负荷(q_1)情况下的比较更加接近实际。

5-2-3　最高压力和热负荷 q_1 相同的比较

如图 5-9 所示，1—2—3—4—1 是定容加热循环，1—2′—3′—4′—1 是定压加热循环，1—2″—3″—4″—5″—1 是混合加热循环。如同上述，过状态点 1 的各个循环的定熵压缩过程和定容放热过程都相应地在同一条定熵线上和同一条定容线上。

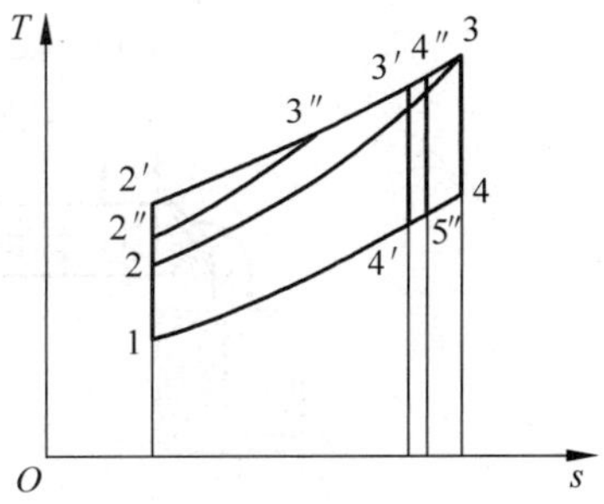

从图 5-9 不难看到，三种循环放热量之间存在如下关系：

$$q_{2,p} < q_{2,m} < q_{2,V}$$

考虑到它们的吸热量是相同的，即

$$q_{1,p} = q_{1,m} = q_{1,V}$$

依据循环热效率 $\eta_t = 1 - \dfrac{q_2}{q_1}$，显然可得

$$\eta_{t,p} > \eta_{t,m} > \eta_{t,V}$$

图 5-9　p_{max} 和 q_1 相同下的三种循环

上式表明，此时定压加热循环效率最高。

前已提及，实际应用中定压加热循环的内燃机要求良好的柴油雾化，通常需附带压气机，造成设备庞大笨重，已被淘汰。实用的是混合加热循环的高速柴油机。

5-3　斯特林循环

斯特林(stirling)循环是活塞式发动机的理想循环。它是一种外部加热的闭式循环，或称为活塞式外燃机循环。早在 1816 年斯特林就提出了这种理想的工作循环，但由于当时工业不发达，技术水平较低，未能被采纳应用于工程实际。近几十年来由于世界范围的能源问题和环境污染问题，斯特林发动机又重新引起人们的重视。

斯特林循环按正循环工作时可以作为热机循环，对外做功量；按逆向循环工作时，可以作为热泵循环。

斯特林循环由两个活塞气缸、一个加热器、一个冷却器和一个回热器组成，如图 5-10 所示。两个活塞连在同一轴上，通过特殊的曲轴机构使它们的移动规律符合一定的要求。气缸内充有一定量的工质(例如氢气、氦气、氮气等)，由于两个活塞按特定的规律移动，使工质在热气室和冷气室之间来回流动。循环由四个过程组成：

(1) 定温压缩过程。如图 5-10(a)所示，活塞 A 处于上死点位置不动，活塞 B 由下死点上行，压缩冷气室里的低温工质，冷却器起低温热源作用，吸收工质放出热量 q_2，维持工质温度 T_L 不变，如图 5-11 中的 1—2 过程。

(2) 定容吸热过程。如图 5-10(b)所示，活塞 B 和活塞 A 以同样速度分别上升和下降。实现定容情况下将冷气室中的工质推入热气室。低温工质流经回热器时吸热，使压力由 p_2 升至 p_3，温度由 T_L 升至 T_H，如图 5-11 中的 2—3 过程。

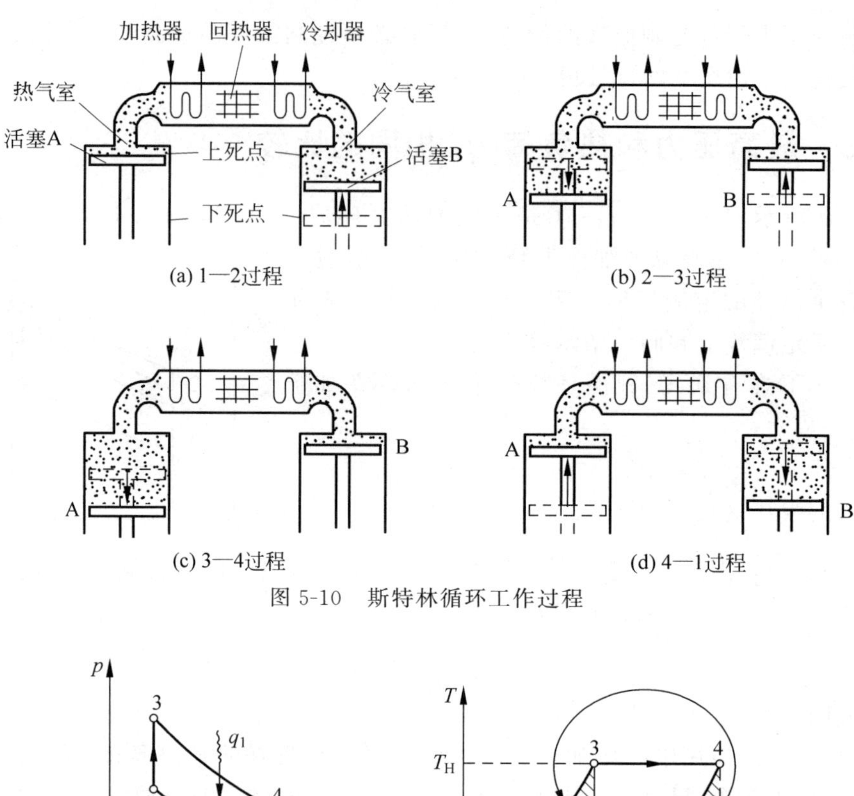

(a) 1—2过程　(b) 2—3过程　(c) 3—4过程　(d) 4—1过程

图 5-10　斯特林循环工作过程

(a)　(b)

图 5-11　斯特林循环

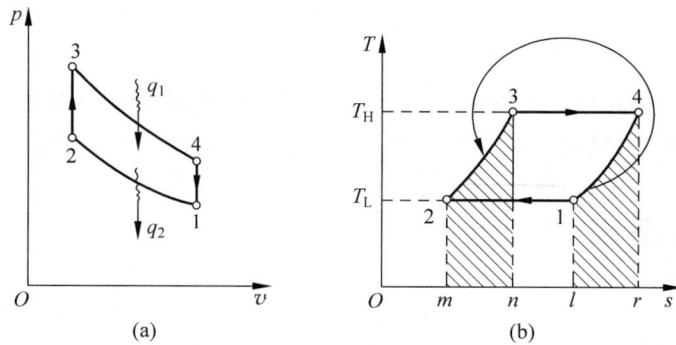

（3）定温膨胀过程。如图 5-10(c)所示，活塞 B 处于上死点不动，活塞 A 继续下行至下死点，通过起高温热源作用的加热器，给工质提供热量 q_1，维持工质温度 T_H 不变。如图 5-11 中的 3—4 过程。

（4）定容放热过程。如图 5-10(d)所示，活塞 B 和活塞 A 以同样速度分别下行和上行整个冲程，各自达到下死点和上死点；在定容情况下将工质从热气室推回到冷气室；经过回热器时，工质放出热量给回热器，使温度由 T_H 降为 T_L。如图 5-11 中的 4—1 过程。这样工质恢复到初始状态而完成一次闭合循环。

对于理想的循环，在定容吸热过程 2—3 中工质从回热器吸收的热量正好等于定容放热过程 4—1 放给回热器的热量，即经过一个循环回热器恢复到原始状态。因此斯特林循环是概括性卡诺循环，其热效率为同温限卡诺循环的热效率，即

$$\eta_t = 1 - \frac{T_L}{T_H} \tag{5-5}$$

这正是斯特林循环的优越之处。另外，斯特林循环不是通过在气缸内燃烧取得热量 q_1，而是通过气缸外高温热源取得热量。这样可采用价廉易得的燃料，也可用太阳能及原子能作

为热源，这对于节约能源、减少污染无疑是一种很好的途径。

实际的斯特林循环发动机，由于存在种种不可逆因素，回热器的回热效率也不可能达到百分之百，再加上循环的最高温度受金属材料耐高温性能的限制，所以实际的热力发动机热效率不可能达到很高，而且也必然低于同温限卡诺循环的热效率。但现在已有热效率超过50%的实际斯特林循环发动机。

5-4　勃雷登循环

5-4-1　燃气轮机装置的理想循环

燃气轮机动力装置主要由压气机、燃烧室和燃气轮机三个基本部分组成，如图 5-12 所示。

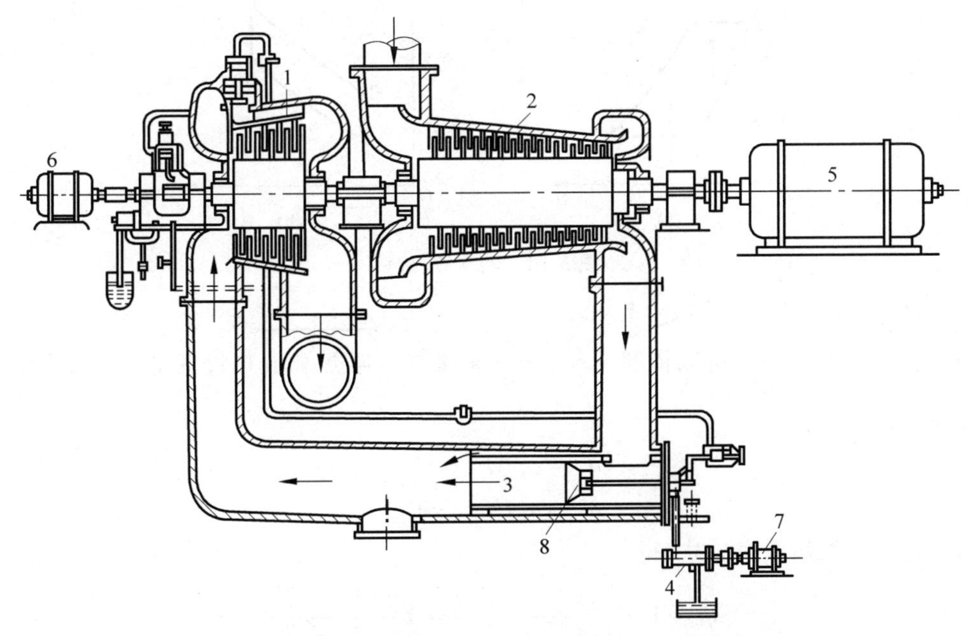

1—燃气轮机；2—轴流式压气机；3—燃烧室；4—燃油泵；
5—发电机；6—启动电动机；7—带动燃油泵的电动机；8—射油器。

图 5-12　燃气轮机装置

空气首先被吸入压气机 2，先经固定在转子上的动叶片组成的通道，由于动叶片高速旋转，使空气得到加速，而后进入静止叶片组成的扩压管把动能转化为工质的焓增，使压力上升，这是一级压缩的过程，可以经多级压缩达到所要求的压力上升。接着，被升高压力的空气进入燃烧室 3，和燃油混合燃烧，通常温度可达 1 800～2 300 K，这时与二次冷却空气混合，以适当降低混合气体的温度再进入燃气轮机 1。燃气轮机也是一种叶轮式热力发动机，在燃气轮机中温度和压力都还相当高的燃气-空气混合物，先在静叶片组成的喷管中把热能部分地转换为动能，即作部分膨胀、降温、降压而速度大为提高，形成高速气流；然后冲入固定在转子上的动叶片组成的通道，形成推力去推动动叶片使转子转动而输出机械功。这是一级推动做功的情况,可以通过多级推动加大输出的机械功。燃气轮机做出的功量除用以带动压气机外,剩余部分(净功量)对外输出。从燃气轮机出来的废气排入大气环境,放热后恢复到大气状态而完成了一个循环。

这里也要对实际的循环进行理想化:①把工质视为理想气体的空气,且比热容为定值,喷入的燃料质量忽略不计。②工质经历的都是可逆过程。工质在压气机和燃气轮机中的过程都忽略其对外界的散热量,而视为可逆的绝热过程。在燃烧室中的燃烧过程,忽略流动引起的压力降低,视为可逆定压加热过程。从燃气轮机排出废气到压气机吸入空气之间认为是定压放热过程。这样就形成了封闭的燃气轮机装置的理想循环——**勃雷登(Brayton)循环**。

如图 5-13 所示,勃雷登循环是由定熵压缩过程 1—2,定压吸热过程 2—3,定熵膨胀过程 3—4 和定压放热过程 4—1 而构成的一个封闭的循环。

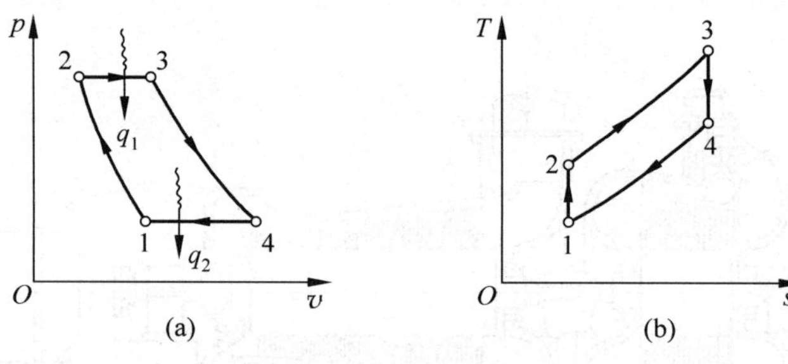

图 5-13　勃雷登循环

勃雷登循环的热效率可以依照 $\eta_t=1-\dfrac{q_2}{q_1}$ 来推导。吸热和放热过程都是理想气体的定压过程,故有

$$q_1=c_p(T_3-T_2)$$

$$q_2=c_p(T_4-T_1)$$

将 q_1,q_2 的值代入热效率公式,得

$$\eta_t=1-\frac{c_p(T_4-T_1)}{c_p(T_3-T_2)}=1-\frac{T_4-T_1}{T_3-T_2} \tag{5-6}$$

1—2 和 3—4 都是定熵过程,有

$$\frac{T_4}{T_3}=\left(\frac{p_4}{p_3}\right)^{\frac{k-1}{k}} \tag{5-7}$$

$$\frac{T_1}{T_2}=\left(\frac{p_1}{p_2}\right)^{\frac{k-1}{k}} \tag{5-8}$$

注意到 $p_1=p_4,p_2=p_3$,所以

$$\frac{T_4}{T_3}=\frac{T_1}{T_2} \tag{5-9}$$

从上式可得

$$\frac{T_4-T_1}{T_3-T_2}=\frac{T_1}{T_2} \tag{5-10}$$

将上式结果代入式(5-6)，得

$$\eta_t = 1 - \frac{T_1}{T_2} \tag{5-11}$$

引入反映循环特性的参数——**循环增压比** $\pi = \frac{p_2}{p_1}$，结合式(5-8)可得

$$\eta_t = 1 - \frac{1}{\pi^{\frac{k-1}{k}}} \tag{5-12}$$

上式表明，勃雷登循环的热效率取决于循环增压比 π，并随 π 的增大而提高。

循环增压比不仅影响效率，也影响循环净功。如图 5-14 所示，在 T_1 和 T_3 相同的条件下，三个循环Ⅰ，Ⅱ和Ⅲ的增压比依次增加。将循环Ⅰ的增压比增大到循环Ⅱ时，净功(循环包围的面积)增大，但再增大增压比到循环Ⅲ，循环包围的面积减小，即净功又变小了。由此可见，存在一个最佳的增压比，使循环的净功 w_{net} 为最大。以下推导最佳增压比。

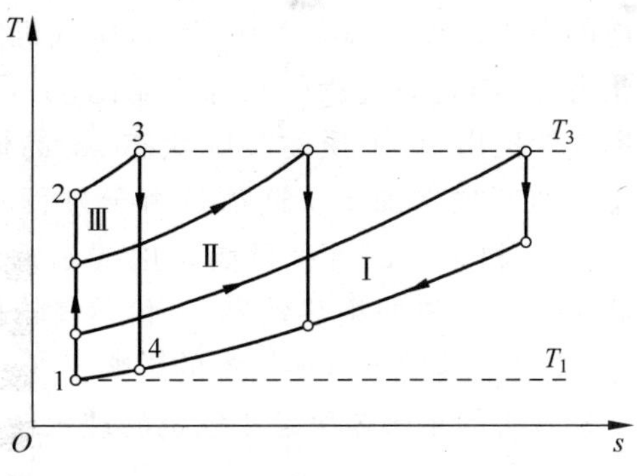

图 5-14　循环增压比对净功的影响

首先，循环净功可以表示为

$$\begin{aligned} w_{net} &= (h_3 - h_4) - (h_2 - h_1) \\ &= c_p T_1 \left(\frac{T_3}{T_1} - \frac{T_4}{T_1} - \frac{T_2}{T_1} + 1 \right) \\ &= c_p T_1 \left(\frac{T_3}{T_1} - \frac{T_4}{T_3}\frac{T_3}{T_1} - \frac{T_2}{T_1} + 1 \right) \end{aligned}$$

引入另一个循环特性参数——**循环增温比** $\tau = \frac{T_3}{T_1}$，同时利用式(5-7)及式(5-8)的关系，得

$$w_{net} = c_p T_1 (\tau - \tau \pi^{\frac{1-k}{k}} - \pi^{\frac{k-1}{k}} + 1) \tag{5-13}$$

上式表明，当 T_1，T_3 确定后，循环净功 w_{net} 只是增压比 π 的函数。将循环净功对增压比求偏导并令导数为零，即

$$\frac{\mathrm{d}w_{net}}{\mathrm{d}\pi} = 0$$

则可求得最佳增压比为

$$\pi_{opt} = \tau^{\frac{k}{2(k-1)}} = \left(\frac{T_3}{T_1} \right)^{\frac{k}{2(k-1)}} \tag{5-14}$$

将上式关系代入式(5-13)可以得到最大的循环净功为

$$w_{net,max} = c_p T_1 (\sqrt{\tau} - 1)^2$$

对于工作在 300～1 200 K 温限之间的空气勃雷登循环($k=1.4$)，它的最佳增压比为 11.3。由式(5-14)可见，最佳增压比取决于 T_1 和 T_3。T_3 受到材料耐热性能的限制，通过采用高温合金、热障涂层、高温涡轮叶片冷却等举措可提高 T_3，如 F 级燃气轮机可达 1 300℃，而最新型燃气轮机最高可达 1 600℃。而 T_1 受大气温度限制，故 π_{opt} 有一定的限制。

5-4-2 燃气轮机装置的实际循环

燃气轮机实际循环的各个过程都存在着不可逆因素带来的损失。以下主要考虑损失较大的压缩过程和膨胀过程。流经叶轮式压气机和燃气轮机的工质通常在很高的流速下实现能量之间的转换,此时流体之间、流体和流道之间的摩擦损失较大。尽管此时对外界的散热量可忽略不计,但压气机中的压缩过程和燃气轮机中的膨胀过程都已属于不可逆的绝热过程。如图 5-15 所示,压气机实际出口处工质状态 $2a$ 与理想过程的状态 2 相比,工质的熵增加了;在燃气轮机出口,工质的实际状态 $4a$ 的熵比理想过程状态 4 的熵也增加了。这都是由于过程不可逆性带来的,1—$2a$ 和 3—$4a$ 过程只能用虚线示意在图 5-15 上。为此引入压气机的绝热效率 η_c 和燃气轮机的相对内效率 η_{oi} 来度量这些不可逆因素的影响。

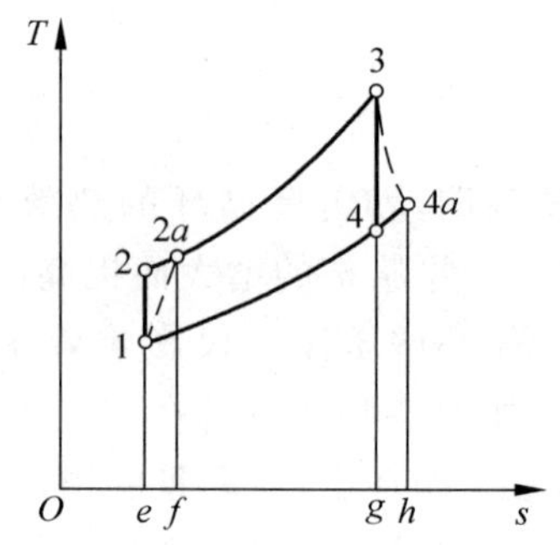

图 5-15 考虑摩擦的燃气动力循环

压气机的**绝热效率**是压气机的理想耗功量 h_2-h_1 与实际耗功量 $h_{2a}-h_1$ 之比,即

$$\eta_c=\frac{h_2-h_1}{h_{2a}-h_1} \tag{5-15}$$

而燃气轮机的**相对内效率**是燃气轮机实际做功量 h_3-h_{4a} 与理想做功量 h_3-h_4 之比,即

$$\eta_{oi}=\frac{h_3-h_{4a}}{h_3-h_4} \tag{5-16}$$

由式(5-15)和式(5-16)可以得到 h_{2a} 和 h_{4a} 的计算式,即

$$h_{2a}=h_1+\frac{h_2-h_1}{\eta_c} \tag{5-17}$$

$$h_{4a}=h_3-\eta_{oi}(h_3-h_4) \tag{5-18}$$

而实际循环的吸热量 q_1' 为

$$q_1'=h_3-h_{2a}=h_3-h_1-\frac{h_2-h_1}{\eta_c}$$

实际循环做出的净功量 w_{net}' 为

$$w_{net}'=(h_3-h_{4a})-(h_{2a}-h_1)=\eta_{oi}(h_3-h_4)-\frac{h_2-h_1}{\eta_c}$$

所以,实际循环的热效率为

$$\eta_t'=\frac{w_{net}'}{q_1'}=\frac{\eta_{oi}(h_3-h_4)-\dfrac{h_2-h_1}{\eta_c}}{h_3-h_1-\dfrac{h_2-h_1}{\eta_c}} \tag{5-19}$$

如果取 c_p 为定值,上式可写作

$$\eta_t'=\frac{\eta_{oi}(T_3-T_4)-\dfrac{T_2-T_1}{\eta_c}}{T_3-T_1-\dfrac{T_2-T_1}{\eta_c}} \tag{5-20}$$

因为

$$\frac{T_2}{T_1}=\frac{T_3}{T_4}=\pi^{\frac{k-1}{k}},\quad \tau=\frac{T_3}{T_1}$$

所以

$$\frac{T_3-T_4}{T_2-T_1}=\frac{T_4\left(\dfrac{T_3}{T_4}-1\right)}{T_1\left(\dfrac{T_2}{T_1}-1\right)}=\frac{T_4}{T_1}=\frac{T_3}{T_2}=\frac{T_3}{T_1}\frac{T_1}{T_2}=\frac{\tau}{\pi^{\frac{k-1}{k}}}$$

$$\frac{T_3-T_1}{T_2-T_1}=\frac{T_1\left(\dfrac{T_3}{T_1}-1\right)}{T_1\left(\dfrac{T_2}{T_1}-1\right)}=\frac{\tau-1}{\pi^{\frac{k-1}{k}}-1}$$

把上述关系代入实际热效率公式(5-20),得

$$\eta_t'=\frac{\dfrac{\tau}{\pi^{\frac{k-1}{k}}}\eta_{oi}-\dfrac{1}{\eta_c}}{\dfrac{\tau-1}{\pi^{\frac{k-1}{k}}-1}-\dfrac{1}{\eta_c}} \tag{5-21}$$

分析式(5-21)可以得出如下结论:压气机中压缩过程和燃气轮机中的膨胀过程不可逆损失越小,即 η_{oi} 和 η_c 越大,实际循环热效率越高;循环增温比 τ 越大,实际循环热效率也越高;而增压比增大对实际循环热效率的影响(当增温比一定时)则表现为,热效率先是提高,到达某一最高热效率后又开始下降,参见图 5-16。

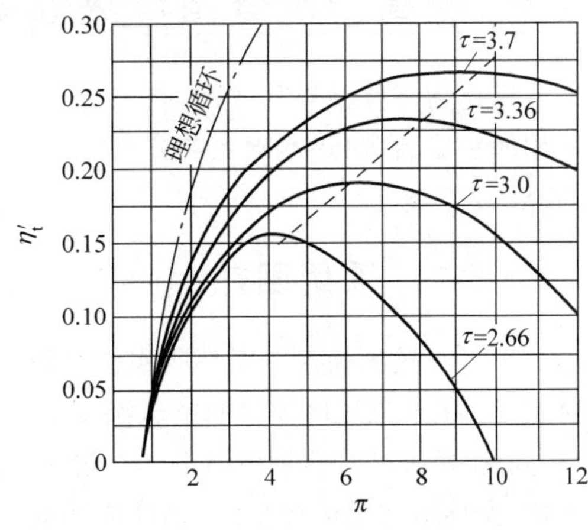

图 5-16　燃气动力循环实际热效率的影响因素

η_c 和 η_{oi} 主要取决于压气机和燃气轮机的扩压管、喷嘴以及动叶片之间气流通道的设计完善程度和加工工艺精度,也和气动热力学的发展密切相关。目前水平为 $\eta_c=0.85\sim0.90$,$\eta_{oi}=0.85\sim0.92$。而增温比的加大,意味着要提高 T_3,因为 T_1 受大气温度限制,无法选择。提高 T_3 受金属材料耐热性能的限制,它与冶金工业和材料科学的发展密切相关。从循环特性参数方面说,这是提高循环热效率的主要方向。

例题 5-3　一燃气轮机装置实际循环,压气机压缩空气从 100 kPa、22℃到 600 kPa,燃气轮机入口温度为 800℃,压气机绝热效率 $\eta_c=0.90$,燃气轮机相对内效率为 $\eta_{oi}=0.85$。工质可视为理想气体的空气,$k=1.4$,$c_p=1.03$ kJ/(kg·K)且为常量。求循环热效率。

解:首先画出 T-s 图,如图 5-15 所示。1—2,3—4 是定熵过程,故可由 T_1,T_3 求得 T_2 和 T_4,即

$$T_2=T_1\left(\frac{p_2}{p_1}\right)^{\frac{k-1}{k}}=295.15\times6^{\frac{1.4-1}{1.4}}\ \text{K}=492.46\ \text{K}$$

$$T_4 = T_3\left(\frac{p_1}{p_2}\right)^{\frac{k-1}{k}} = 1\,073.15 \times \left(\frac{1}{6}\right)^{\frac{1.4-1}{1.4}}\ \text{K}$$
$$= 643.18\ \text{K}$$

因为工质是理想气体且定热容量,故由式(5-17)及式(5-18)可得

$$T_{2a} = T_1 + \frac{T_2 - T_1}{\eta_c} = \left(295.15 + \frac{492.46 - 295.15}{0.9}\right)\ \text{K}$$
$$= 514.38\ \text{K}$$
$$T_{4a} = T_3 - \eta_{oi}(T_3 - T_4)$$
$$= [1\,073.15 - 0.85 \times (1\,073.15 - 643.18)]\ \text{K}$$
$$= 707.68\ \text{K}$$

循环热效率为

$$\eta_t' = \frac{c_p(T_3 - T_{4a}) - c_p(T_{2a} - T_1)}{c_p(T_3 - T_{2a})}$$
$$= \frac{(1\,073.15 - 707.68) - (514.38 - 295.15)}{1\,073.15 - 514.38}$$
$$= 0.262 = 26.2\%$$

5-5 提高勃雷登循环热效率的其他途径

提高勃雷登循环热效率,除上述讨论的通过改变循环特性参数的方法之外,还可以通过采用回热器、在回热基础上的分级压缩中间冷却,以及在回热基础上的分级膨胀中间再加热的方法。

5-5-1 采用回热

采用回热的勃雷登循环叫作燃气轮机回热循环。由图 5-17 可见,只要燃气轮机的排气温度 T_4 高于压气机出口的空气温度 T_2,理论上就可以采用回热,$T_{2_R} = T_4$,$T_{4_R} = T_2$,这时 $4—4_R$ 过程放出的热量传给 $2—2_R$ 过程需要吸收的热量。与未采用回热的简单勃雷登循环相比,循环所包围的面积(即循环净功 w_{net})没有变化,而采用回热后,只有 2_R-3 过程从高温热源吸收热量,即 q_1 小了,所以循环热效率提高了。当然从平均吸热温度 $\overline{T}_1$ 上升和平均放热温度 $\overline{T}_2$ 降低也可以得到循环热效率提高的结论。

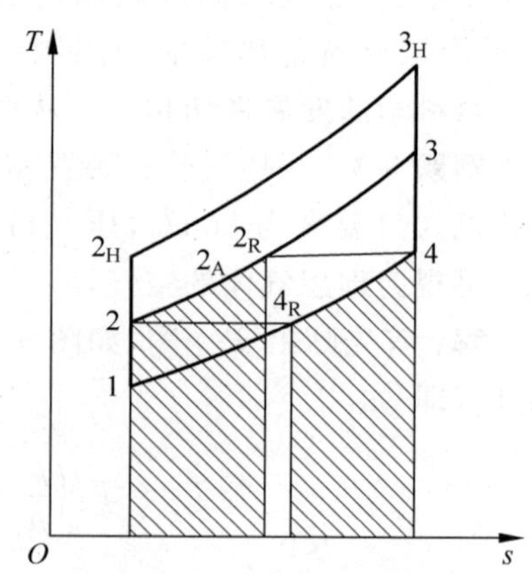

图 5-17 燃气轮机回热循环

如果提高增压比,使得 $T_{2_H} = T_4$,参见图 5-17,则循环 $1—2_H—3_H—4—1$ 不可能采用回热循环。

上述为理想的回热循环。实际的回热循环需要有一定的温差以实现热量的传递,所以从压气机出来的空气在回热过程中被回热到的温度 T_{2_A} 要低于 $T_{2_R}(=T_4)$,参见图 5-17。为此引入回热器**回热度** σ,它是空气实际的回热量与理想回热量之比,即

$$\sigma=\frac{h_{2_A}-h_2}{h_{2_R}-h_2}$$

如果理想气体工质的比热容为定值，则有

$$\sigma=\frac{T_{2_A}-T_2}{T_{2_R}-T_2}=\frac{T_{2_A}-T_2}{T_4-T_2}$$

5-5-2　回热基础上的分级压缩中间冷却

理想情况下，在图 5-18 中，最初的燃气轮机回热循环是 $1—2—2_R—3—4—4_R—1$。现在将其中的压缩过程改为两级压缩中间冷却，循环变为 $1—1_i—5—2_i—3—4—1$。图 5-19 是其设备示意图，这时压气机出口的空气温度降低为 T_{2_i}，且有 $T_{2_i}=T_{4_i}$，与燃气轮机回热循环相比，循环输出净功 w_{net}（相当于面积 $S_{1_i52_i21_i}$）增大了，而从高温热源吸收的热量 q_1（$2_R—3$ 过程）没有变化，因此循环热效率得到提高。

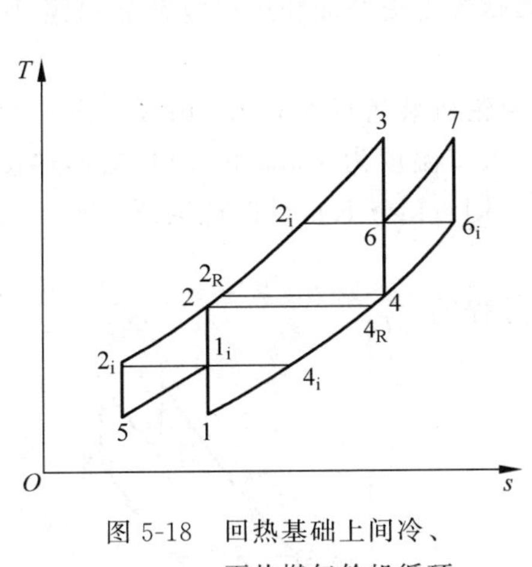

图 5-18　回热基础上间冷、再热燃气轮机循环

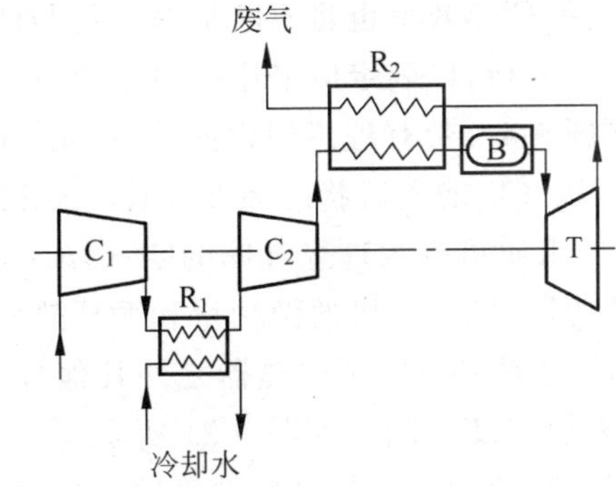

C_1，C_2—低压压气机和高压压气机；
R_1，R_2—中间冷却器和回热器；B—燃烧室；T—燃气轮机。

图 5-19　回热基础上分级压缩中间冷却燃气轮机装置示意图

值得指出的是，如果不采用回热而只采用分级压缩中间冷却的措施，其循环热效率将降低。读者可自行论证。

5-5-3　回热基础上的分级膨胀中间再热

在图 5-18 中表示的循环 $1—2—3—6—7—6_i—1$ 是在回热基础上二级膨胀中间再热的燃气轮机循环，图 5-20 是其设备示意图，这时从压气机出来的空气可以回热到 T_{3_i}（高于燃气轮机回热循环的回热温度 T_{2_R}）且 $T_{3_i}=T_{6_i}$。该循环与燃气轮机回热循环 $1—2—2_R—3—4—4_R—1$ 相比，循环输出净功 w_{net}（相当于图 5-18 中的面积 S_{4676_i4}）增加了，而循环放给低温热源的热量 q_2（4_R-1 过程）维持不变，由下式

$$\eta_t=\frac{w_{net}}{w_{net}+q_2}=\frac{1}{1+q_2/w_{net}}$$

可见循环热效率提高了。

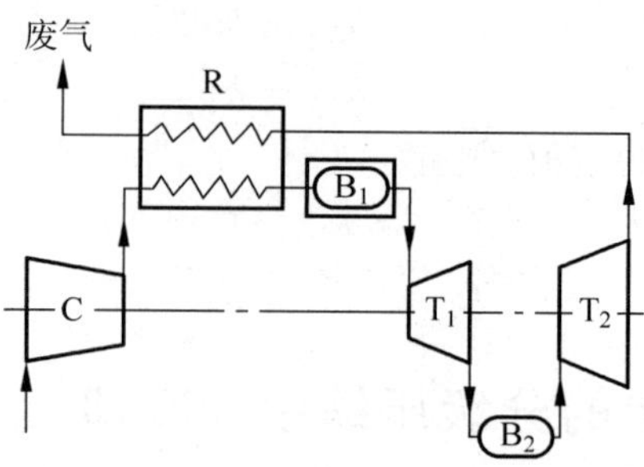

C—压气机；R—回热器；B_1，B_2—高压燃烧室和低压燃烧室；T_1，T_2—高压燃气轮机和低压燃气轮机。

图 5-20 回热基础上分级膨胀中间再热燃气轮机装置示意图

若为理想中间冷却，则 $T_5=T_1$；若为理想中间再热，则 $T_7=T_3$。

同样，没有回热而只采用分级膨胀中间再热措施，将使热效率降低。

上述在回热基础上的分级压缩中间冷却以及分级膨胀中间再热的措施，随着采用级数的增多，循环热效率也将不断提高。但与此同时将带来设备投资增加和运行复杂等问题，所以要综合分析，以确定应采用的级数数目。

例题 5-4 带有理想的中间冷却和再热的两级燃气轮机装置回热循环，每级增压比均为 3.5，压气机的入口状态为 300 K，100 kPa，燃气轮机入口温度为 1 300 K，回热器回热度为 0.7。工质可视为理想气体的空气，$k=1.4$，$c_p=1.03$ kJ/(kg·K)，且保持定值。求压气机的耗功量，燃气轮机的做功量和循环热效率。

解：这是一个除了回热器之外其他过程都是可逆过程的循环，表示在 T-s 图上如图 5-21 所示。

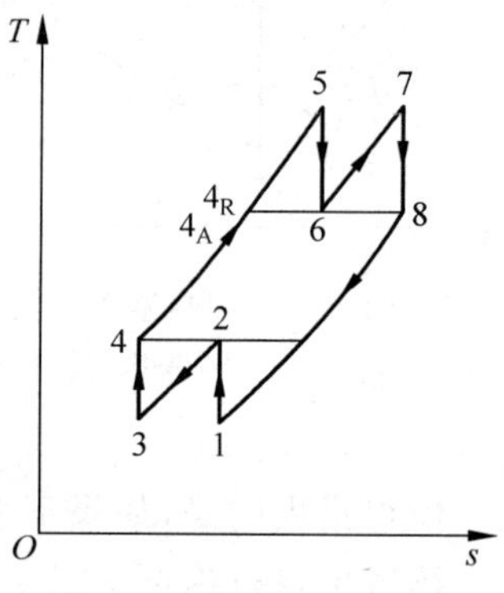

图 5-21 例题 5-4T-s 图

因中间冷却和再热过程都是理想的，故有

$$T_1=T_3=300\ \text{K}$$

$$T_5=T_7=1\ 300\ \text{K}$$

$$\pi=\frac{p_2}{p_1}=\frac{p_4}{p_3}=3.5$$

欲求压气机的耗功量需要知道 T_2，T_4，利用 1—2，3—4，5—6，7—8 定熵过程特性以及增压比相等，可得

$$T_4=T_2=T_1\pi^{\frac{k-1}{k}}=300\times(3.5)^{\frac{1.4-1}{1.4}}\ \text{K}=429.11\ \text{K}$$

$$T_6=T_8=T_5\pi^{\frac{-(k-1)}{k}}=1\ 300\times(3.5)^{\frac{-(1.4-1)}{1.4}}\ \text{K}=908.85\ \text{K}$$

那么压气机的耗功量为

$$\begin{aligned}w_c&=c_p[(T_4-T_3)+(T_2-T_1)]=2c_p(T_2-T_1)\\&=2\times1.03\times(429.11-300)\ \text{kJ/kg}=265.97\ \text{kJ/kg}\end{aligned}$$

燃气轮机的做功量

$$\begin{aligned}w_T&=c_p[(T_5-T_6)+(T_7-T_8)]=2c_p(T_5-T_6)\\&=2\times1.03\times(1300-908.85)\ \text{kJ/kg}=805.77\ \text{kJ/kg}\end{aligned}$$

由于回热器回热度为 0.7，即

$$0.7=\frac{T_{4_A}-T_4}{T_{4_R}-T_4}$$

式中，T_{4_R} 为理想回热可达到的温度，即 $T_{4_R}=T_8$，T_{4_A} 为实际的回热温度。由上式得

$$T_{4_A}=[0.7\times(908.85-429.11)+429.11]\ \text{K}=764.93\ \text{K}$$

此时循环的吸热量为

$$\begin{aligned}q_1&=(h_5-h_{4_A})+(h_7-h_6)=c_p[(T_5-T_{4_A})+(T_7-T_6)]\\&=1.03\times[(1\,300-764.93)+(1\,300-908.85)]\ \text{kJ/kg}\\&=954\ \text{kJ/kg}\end{aligned}$$

那么循环热效率为

$$\eta_t=\frac{w_T-w_c}{q_1}=\frac{(805.77-265.97)\ \text{kJ/kg}}{954\ \text{kJ/kg}}=0.566=56.6\%$$

5-6 喷气式发动机简介

这里简单介绍压气机-燃气轮机喷气式发动机，如图 5-22 所示。这种喷气式发动机主要由入口扩压管 1，叶轮式压气机 2，燃烧室 3，燃气轮机 4 和尾喷管 5 组成。这种发动机主要用于飞机、火箭等飞行设备。

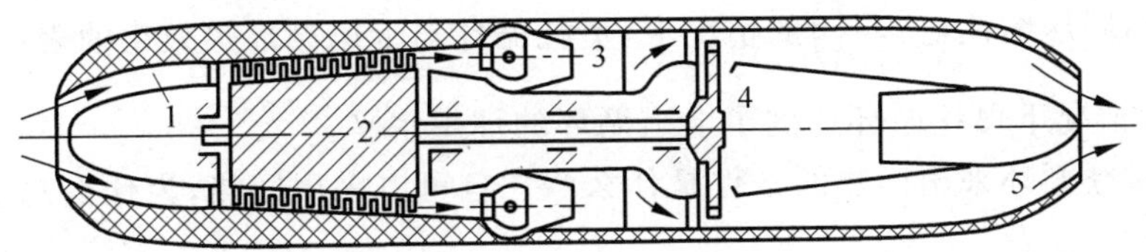

图 5-22 喷气式发动机

为了便于分析，可以认为发动机静止不动，而空气以飞行器的相对速度进入发动机，首先流经扩压管，空气的速度不断降低而压力不断增加，为达到一定的增压比，空气接着进入压气机继续被压缩升压，升压后的空气进入燃烧室与燃料混合燃烧，进行定压升温过程，然后进入燃气轮机进行部分膨胀做功以带动压气机运转，最后到达尾喷管继续膨胀，把热能转换成动能，形成高速的燃气流从发动机尾部喷射出去而产生巨大的反推力，推动发动机向前。飞机采用了喷气发动机，飞行速度得以迅速提高，现代喷气式飞机最高时速已超过 3 000 km。

上述喷气式发动机的理想循环与勃雷登循环类同，如图 5-23 所示，只是压缩过程分为两段，即工质在扩压管中的定熵压缩过程 $1—a$ 和在压气机中的定熵压缩过程 $a—2$；膨胀过程也分为两段，即工质在燃气轮机中膨胀做功过程 $3—b$ 和在尾喷管中膨胀加速过程 $b—4$，以增加工质的动能；2—3 为定压燃烧加热过程；4—1 为向低温热源定压放热过程。压气机所消耗的功量（图中面积 S_{a2cea}）应等于燃气轮机发出的功量（图中面积 S_{3bdc3}）。

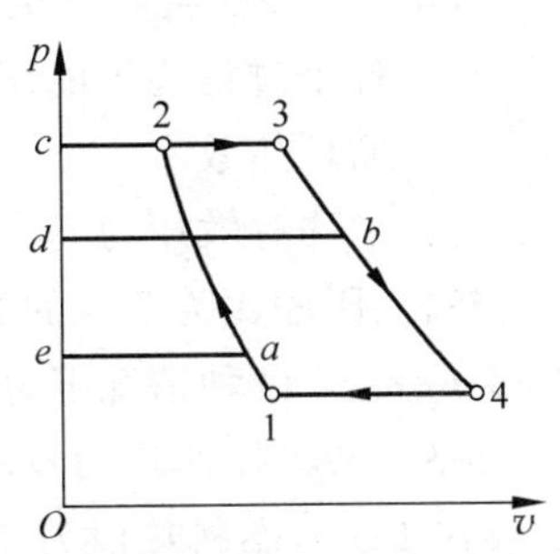

图 5-23 喷气式发动机理想循环

喷气式发动机的特点是结构简单、重量轻、体积小、功率大。尤其是在高速飞行时,喷气式发动机的功率能随飞行速度的增加而增大(进气量增大,可燃烧更多的燃料),适合高速飞行时克服阻力所需功率急剧增加的需要。

思考题

5-1 活塞式内燃机的平均吸热温度都相当高,为什么循环热效率还不是很高?是否因平均放热温度太高所致?

5-2 如图 5-24 所示,若把 3—4 绝热膨胀过程持续到 $p_5=p_1$,然后实现定压放热过程,这样在奥托循环基础上作了改善之后的新循环,是否可以通过降低平均放热温度而提高循环热效率?若可以,为何实际上没有这种发动机?

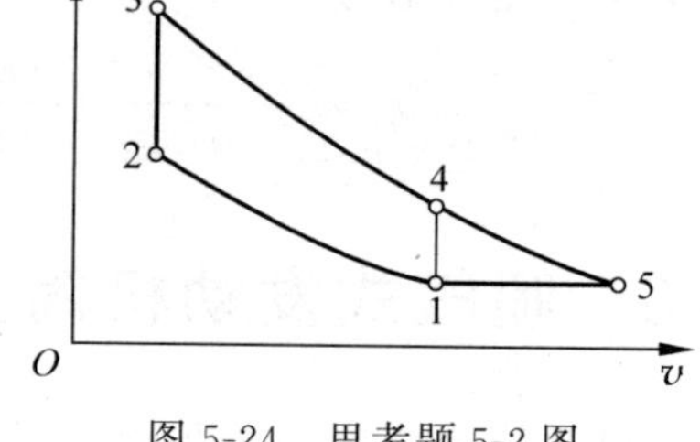

图 5-24 思考题 5-2 图

5-3 为什么内燃机一般具有体积小、单位质量功率大的特点?

5-4 既然压缩过程需要消耗功,为什么内燃机或燃气轮机装置在燃烧过程前要有压缩过程?

5-5 在相同压缩比$\left(\varepsilon=\dfrac{v_1}{v_2}\right)$的情况下,奥托循环与卡诺循环热效率的表达式相同,这是否意味着这种情况下奥托循环达到了卡诺循环的理想水平。

5-6 勃雷登循环采用回热的条件是什么?一旦可以采用回热,为什么总会带来循环热效率的提高?

5-7 气体的压缩过程,定温压缩比绝热压缩耗功少。但在勃雷登循环中,如果不采用回热,气体压缩过程越趋近于定温压缩反而越使循环热效率降低。这是为什么?

5-8 为什么说从能源问题和环境污染问题出发,斯特林发动机又重新引起人们的重视?

习题

5-1 压缩比为 8.5 的奥托循环,工质可视为空气,$k=1.4$,压缩冲程的初始状态为 100 kPa,27℃,吸热量为 920 kJ/kg,活塞排量为 4 300 cm^3。试求:

(1) 各个过程终了的压力和温度;

(2) 循环热效率;

(3) 平均有效压力。

5-2 压缩比为 7.5 的奥托循环,吸气状态为 98 kPa 和 285 K,试分别计算在(1)$k=1.3$ 和(2)$k=1.4$ 两种情况下,压缩冲程终了的压力和温度以及循环热效率。

5-3 某奥托循环的发动机,余隙容积比为 8.7%,空气与燃料的质量比是 28,空气流量为 0.20 kg/s,燃料热值为 42 000 kJ/kg,吸气状态为 100 kPa 和 20℃,试求:

(1) 各过程终了状态的温度和压力;

（2）循环做出的功率；

（3）循环热效率；

（4）平均有效压力。

5-4　一个压缩比为 6 的奥托循环，吸气时的压力和温度分别为 100 kPa 和 300 K，在定容过程吸热 540 kJ/kg，空气流率是 100 kg/h，$k=1.4$，$c_V=0.71$ kJ/(kg・K)。试求：

（1）输出功率；

（2）平均有效压力；

（3）循环热效率。

5-5　某狄塞尔循环，压缩冲程的初始状态为 90 kPa，10℃，压缩比为 18，循环最高温度是 2 100℃。试求循环热效率以及绝热膨胀过程的初、终状态。

5-6　压缩比为 16 的狄塞尔循环，压缩冲程的初始温度为 288 K，膨胀冲程终温是 940 K，工质可视为空气，$k=1.4$。试计算循环热效率。

5-7　混合加热理想循环，吸热量是 1 000 kJ/kg，定容过程和定压过程的吸热量各占一半。压缩比是 14，压缩过程的初始状态为 100 kPa，27℃。试计算：

（1）输出净功；

（2）循环热效率。

5-8　混合加热循环（如图 5-2 所示）中，$t_1=90$℃，$t_2=400$℃，$t_3=590$℃，$t_5=300$℃。工质可视为空气，比热容为定值。求循环热效率及同温限卡诺循环热效率。

5-9　在勃雷登循环中，压气机入口空气状态为 100 kPa，20℃，空气以流率 4 kg/s 经压气机被压缩至 500 kPa。燃气轮机入口燃气温度为 900℃。试计算压气机耗功量、燃气轮机的做功量以及循环热效率。假定空气 $k=1.4$。

5-10　某勃雷登循环，最大允许温度是 500℃，压气机入口温度是 5℃。在什么增压比下燃气轮机做出的功量正好等于压气机的耗功量？如果把增压比降低到 50%，试问循环输出净功为多少？

5-11　用氦气作工质的勃雷登实际循环，压气机入口状态是 400 kPa，44℃，增压比为 3，燃气轮机入口温度是 710℃。压气机的 $\eta_c=85\%$，燃气轮机的 $\eta_{oi}=90\%$。当输出功率为 59 kW 时，氦气的质量流率为多少(kg/s)？氦气 $k=1.667$。

5-12　如题 5-11，若想取得最大的循环输出净功，试确定最佳的循环增压比 π_{opt} 并计算此时氦气的质量流率。实际勃雷登循环的最佳增压比 $\pi_{opt}=(\eta_{oi}\cdot\eta_c\cdot\tau)^{\frac{k}{2(k-1)}}$。

5-13　在题 5-9 的勃雷登循环中，如果采用理想回热，其循环热效率为多少？

5-14　某燃气轮机装置动力循环，压气机的绝热效率为 80%，燃气轮机的相对内效率为 85%，循环的最高温度是 1 300 K，压气机入口状态 105 kPa，18℃。试计算 1 kg 工质最大循环做功量及发出 3 000 kW 功率时的工质流率。

5-15　如果在题 5-14 中采用回热度为 92% 的回热设备，问提供给循环的热量可以节省多少？

5-16　一个具有两级压缩、两级膨胀的燃气轮机装置循环，工质可视为理想气体的空气，每级的增压比皆为 2.7。理想的级间冷却，压气机的入口工质参数为 100 kPa，20℃，燃气轮机的入口工质温度皆为 800℃，试计算压气机的耗功量、循环净功量以及循环热效率。

5-17 如题5-16,假如采用了理想回热装置,则循环的热效率为多少?

5-18 一个燃气轮机装置理想动力循环,具有二级压缩中间冷却、二级膨胀中间再热以及回热(见图5-25),离开第二级压气机的空气温度为623 K,进入低压燃烧室的空气温度是740 K,各级增压比都是6,试计算循环输出净功量。

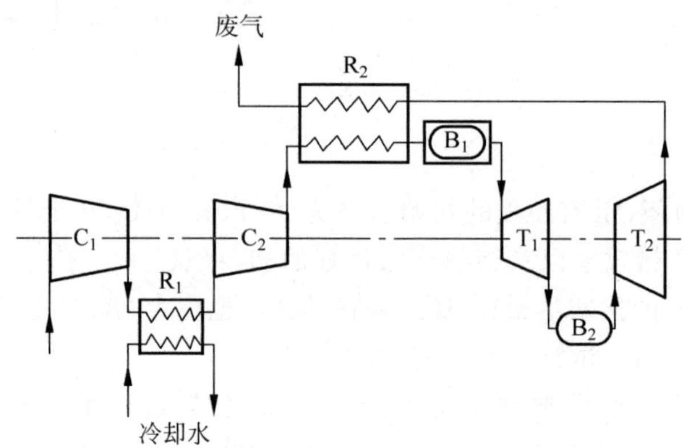

C_1,C_2—低压压气机和高压压气机;R_1,R_2—中间冷却器和回热器;
B_1,B_2—高压燃烧室和低压燃烧室;T_1,T_2—高压燃气轮机和低压燃气轮机。

图5-25 习题5-18图

5-19 一个具有二级压缩中间冷却、二级膨胀中间再热以及回热的燃气轮机装置循环,参见图5-25。循环的入口空气参数为100 kPa,15℃,低压级的增压比是3,高压级是4,燃气轮机高压级、低压级的增压比与压气机的相同。中间冷却使空气的温降为低压级压气机温升的80%,回热器的回热度是78%,二级燃气轮机的入口温度皆是1 100℃,压气机和燃气轮机的绝热效率和相对内效率均是86%,试确定做出6 000 kW功率时工质的质量流率。

第6章 水蒸气的性质与过程

CHAPTER 6

水及水蒸气具有分布广，易于获得，价格低廉，无毒无臭，不污染环境等特点，同时具有较好的热力学特性。因此，它是人类在热力工程中最早使用的工质。自从18世纪以蒸汽机的发明为特征的工业大革命以来，水蒸气成为大型动力装置中最广泛使用的工质。

当水蒸气分压力较低或温度较高时，可以按理想气体处理，不会有太大的偏差，例如，燃气轮机及内燃机燃气中的水蒸气，空气中的水蒸气等。但是在大多数情况下，水蒸气离液态不远，分子间的吸引力和分子本身的体积不可忽略，不能把它当作理想气体处理。

水及水蒸气的热力性质比理想气体复杂得多，计算所采用的状态方程以长期实验研究所获得的实验数据为基础进行拟合。目前使用的水的状态方程是1995年国际水与蒸汽性质协会(IAPWS)所采纳的公式，简称为IAPWS-95。公式以亥姆霍兹自由能显式形式呈现，涵盖了从熔点线到1 273 K的温度范围以及1 000 MPa之内的压力范围。在整个有效范围内，IAPWS-95对实验数据的再现偏差在测量不确定度之内。

本章的任务是在掌握水蒸气热力性质特点的基础上，详细讨论水及水蒸气热力性质的计算方法。

工程上还经常用到其他工质的蒸气，例如，二氧化碳、氨、氢氟烃、氢氟烯烃等蒸气，其特性及物态变化规律与水蒸气的基本相同，掌握了水蒸气的性质，便可以举一反三。

6-1 纯物质的热力学面及相图

纯净的水通常以三种聚集态，即冰、液体水及水蒸气(即固相、液相、气相)状态存在。如图6-1所示，以压力 p，温度 T 及比容 v 的三维坐标系表示的水的各种状态的曲面，称为水的 p-v-T 热力学面。

图中标明气、液、固的区域内，分别呈现单一的气相、液相、固相，为单相区。在各单相区之间，存在着相的转变区，或称两相共存区，相转变区中两相平衡共存，图中标有“液-气”(L-V)、“固-气”(S-V)、“固-液”(S-L)的区域，分别表示液与气、固与气、固与液平衡共存的区域。

单相区与两相共存区的分界线称为**饱和线**。液相区与液-气共存区或固-液共存区的分界线称为饱和液体线；气相区与液-气共存区或固-气共存区的分界线称为饱和气体线；固相区与固-液共存区或固-气共存区的分界线称为饱和固体线。

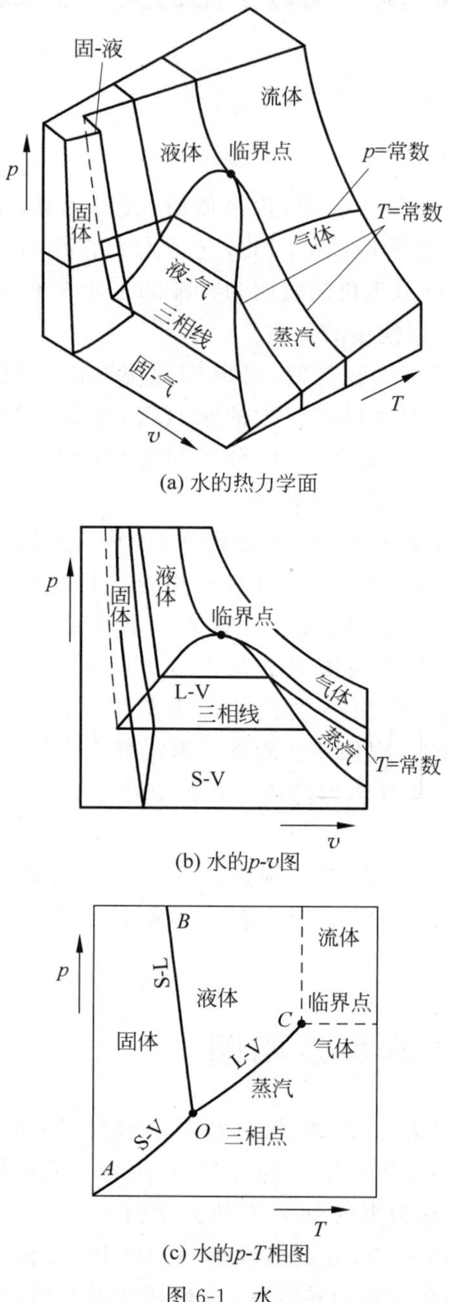

(a) 水的热力学面

(b) 水的p-v图

(c) 水的p-T相图

图 6-1　水

饱和液体线与饱和气体线相交的点称为**临界点**(临界状态)。它表征液相和气相已经没有任何差别。临界状态的压力和温度是液相与气相能够平衡共存时的最高值。

另外,图 6-1 中还有一条表征固、液、气三相共存状态的**三相线**。三相线上的点具有相同的压力与温度,比容 v 以其中含固、液及气相物质量的多少而不同。

图 6-1(a)和图 6-2(a)分别为水以及一般纯物质的热力学面图,与一般纯物质不同,水在凝固时体积膨胀,比容增大,因此,图 6-1(a)的固-液两相区与图 6-2(a)的有所不同。

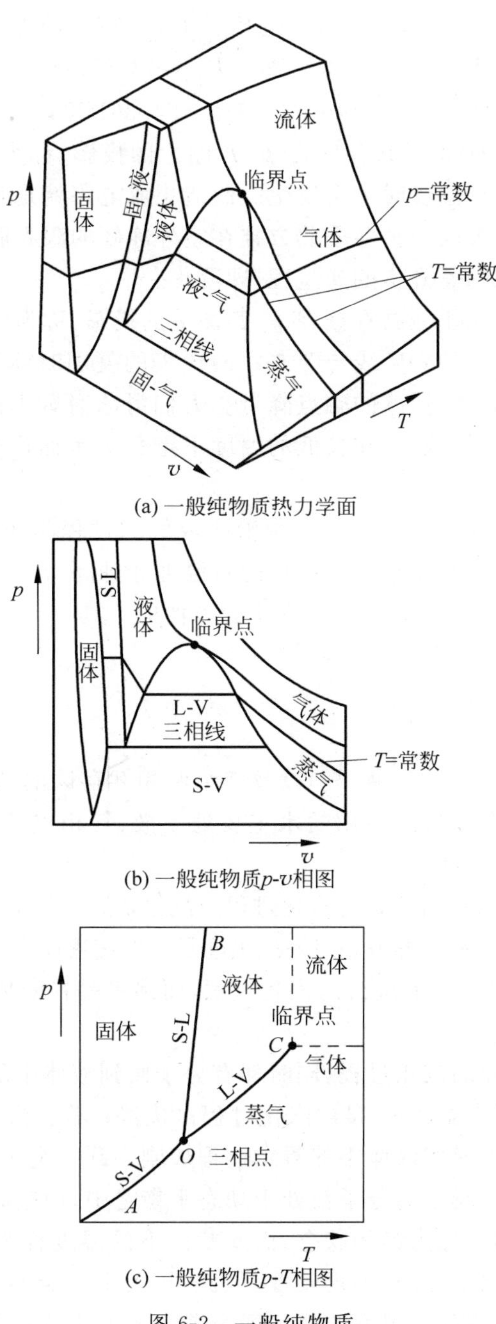

(a) 一般纯物质热力学面

(b) 一般纯物质p-v相图

(c) 一般纯物质p-T相图

图 6-2　一般纯物质

热力学面在 p-v 平面和 p-T 平面上的投影，分别称为 p-v 图和 p-T 图，如图 6-1(b)、图 6-1(c)和图 6-2(b)、图 6-2(c)所示。

图 6-1(c)和图 6-2(c)中的三条线 OA，OB，OC 分别代表固-气、固-液、液-气三个两相共存区。三条线将三个单相区分隔开来，因此 p-T 图又称 p-T 相图。

图 6-1(c)及图 6-2(c)中的 O 点是热力学面上三相线在 p-T 图上的投影，称为**三相点**。任何一种纯物质三相点的压力和温度都是唯一确定的。不同物质三相点的参数不同。例如：

水 $p_{tp}=611.655\ \text{Pa}$ $T_{tp}=273.16\ \text{K}$

H_2 $p_{tp}=7\ 358\ \text{Pa}$ $T_{tp}=13.957\ \text{K}$

O_2 $p_{tp}=146\ \text{Pa}$ $T_{tp}=54.361\ \text{K}$

OA 线是热力学面上的固-气共存区在 p-T 图上的投影，称为**升华线**。由图 6-2 可见，升华过程只有在低于三相点温度时才会发生。制造集成电路就是利用低温下升华的原理将金属蒸气沉积在其他固体表面上。冬季北方挂在室外冻硬的湿衣服可以晾干就是由于冰升华为水蒸气的缘故。霜冻则是升华的逆过程，即凝华。

OB 线是热力学面上的固-液共存区在 p-T 图上的投影，称为**熔解线**或**凝固线**。水凝固时体积膨胀，因此，图 6-1(c)的 *OB* 线与图 6-2(c)代表的凝固时体积收缩的物质不同，水的凝固线斜率为负，即压力升高时，冰的融点降低。人们滑冰时鞋上的冰刀，会对冰面产生很大的压力，而根据冰的上述特性，冰在较低的温度下融化为水而产生润滑作用，因此穿上冰刀鞋可以在冰上自由滑动。

OC 线为汽化线，它的端点为临界点。由液变成气的过程叫作汽化；反之，由气变成液的过程叫作凝结。汽化线斜率为正，随压力升高，温度亦升高。

p-T 图在分析有相变的问题时，是一个十分方便的工具。

6-2 汽化与饱和

6-1 节介绍了纯水的三相(固、液、气)以及三个两相共存区的特性。热力循环需要保证工质的流动性，以热功转换为目的使用的水主要处于液、气相以及液-气共存区域。因此下面主要分析水及水蒸气的特性。

物质由液态转变为气态的过程称为汽化过程。汽化是液体分子脱离液面的现象。汽化过程若发生在气液自由表面上称为蒸发；如果汽化过程发生在液体中及气液分界面上的称为沸腾。所以可以说，蒸发是在表面上进行的汽化过程，而沸腾是在液体整个体相中发生的汽化过程。

实际上，分子脱离表面的汽化过程，同时伴有分子回到液体中的凝结过程。在一个密闭的盛有水的容器中，在一定温度下，起初汽化过程占优势；随着汽化的分子增多，空间中水蒸气浓度的增加，会使分子返回液体中的凝结过程加剧。到一定程度时，虽然汽化和凝结都在进行，但汽化的分子数与凝结的分子数处于动态平衡之中，而空间中蒸汽的分子数目不再增加，这种动态平衡的状态，称为**饱和状态**，而此状态下的温度称为**饱和温度**。由于处于饱和状态的蒸汽分子动能和分子总数不再改变，因此，压力也确定不变，称为**饱和压力**。饱和温度与饱和压力是一一对应的。温度的升高标志着分子的平均动能变大，蒸汽的分子总数也将增大，动态平衡将在新的状态下建立。与高温对应的饱和压力也大。处于饱和状态下的液态水称为**饱和水**，处于饱和状态下的蒸汽称为**干饱和蒸汽**，简称**饱和蒸汽**。

6-3 水蒸气的定压发生过程

工程上所用的水蒸气是在锅炉和蒸汽发生器等设备内产生的，其中工质的压力变化很小，可视为定压加热过程。为便于分析，让水在气缸中定压加热，其结果是一样的。

设将 1 kg 的水置于气缸内，活塞上总压力为 p，水的温度低于对应压力 p 的饱和温度，处于未饱和状态。现观察水在定压加热下变为水蒸气的过程及某些状态参数的变化特点。该过程可以分为三个阶段。

6-3-1　水的定压预热过程

图 6-3 中 a 点表示处于未饱和状态(又称过冷状态)的水，称为未饱和水或过冷水。饱和温度与过冷水温度之差，即 t_s-t，称为**过冷度**。被定压加热，由状态 a 变成状态 b，比容 v 稍有增大，熵 s 增大，焓 h 增大。继续加热直至压力 p 下的饱和水状态，参数分别为 v'、s'、h'及 t_s、p，可见，未饱和水的状态参数 $t<t_s$、$v<v'$、$s<s'$、$h<h'$。

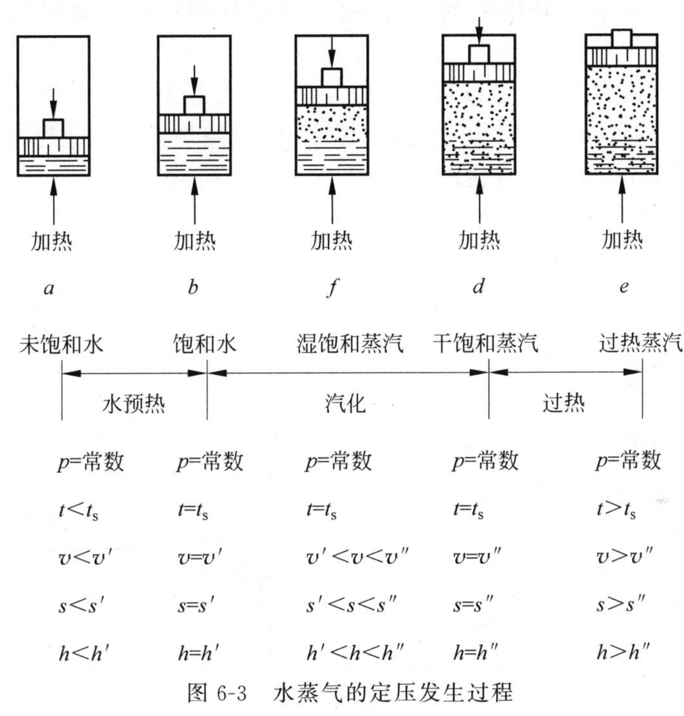

图 6-3　水蒸气的定压发生过程

6-3-2　饱和水定压汽化过程

在定压下，饱和水继续加热，水开始汽化并逐渐变为蒸汽，气缸中气水共存，处于饱和状态，压力为 p，温度为对应于 p 的饱和温度 t_s。倘若继续加热直至最后一滴水变为蒸汽，这时气缸中的蒸汽称为**干饱和蒸汽**或**干蒸汽**，如点 d 所示的状态，它的状态参数分别用 v''、s''、h''及 p 和 t_s 表示。bd 过程中的状态 f 处于气水共存状态，称为**湿饱和蒸汽**或**湿蒸汽**。显然，湿饱和蒸汽由于所含水和气的比例不同，而有不同数值的广延性参数和相应的比参数，但它们一定介于饱和水与饱和蒸汽的同名参数值之间，例如 $s'<s<s''$，$h'<h<h''$，$v'<v<v''$等。

6-3-3 干饱和蒸汽的定压过热过程

在定压下对干饱和蒸汽继续加热，蒸汽温度将上升，$t>t_s$。我们把温度高于饱和温度 t_s 的蒸汽称为**过热蒸汽**。过热蒸汽温度与饱和温度之差，即 $t-t_s$ 称为**过热度**。蒸汽过热过程中，比容将继续增大，焓、熵也将继续增大，即 $v>v''$、$h>h''$、$s>s''$。

上述三个过程包含了未饱和水到过热蒸汽的定压加热全过程。过程中水及水蒸气经历了五种状态，即未饱和水 a、饱和水 b、湿饱和蒸汽 f、干饱和蒸汽 d 和过热蒸汽 e。对于水而言，其后三态又标为湿饱和蒸汽(或湿蒸汽)、干饱和蒸汽和过热蒸汽。各状态的参数特征表示在图 6-3 中，借以作为判断状态的依据。

为进一步分析过程与循环的需要，下面将上述过程中状态变化描绘在 p-v 图及 T-s 图上。

如图 6-4 所示，水的定压汽化过程 $abfde$ 在 p-v 图上为一条水平线。定压汽化过程 $abfde$ 表示在 T-s 图上，ab 为定压预热过程，温度升高，熵增大，ab 过程为向右上方倾斜的线，b 为饱和水状态；bd 为定压汽化过程，处于气水共存的饱和状态下，温度与压力相对应，压力不变，温度也不变，熵 s 增大，T-s 图上为一水平线；de 过程为定压过热过程，温度升高，熵增大，也是一条向右上方倾斜的线。

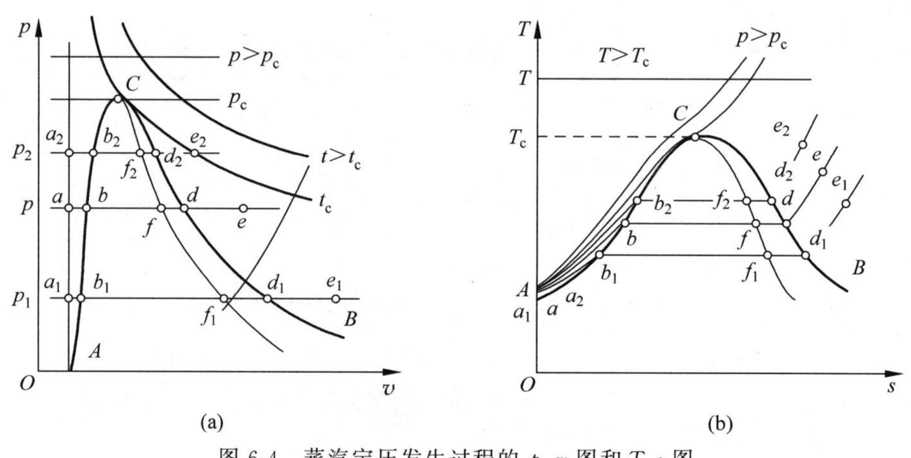

图 6-4 蒸汽定压发生过程的 p-v 图和 T-s 图

如果改变压力 p，则在 p-v 图、T-s 图上会得到另外一条定压过程线 $a_1b_1f_1d_1e_1$。若压力减小，过程线 $a_1b_1f_1d_1e_1$ 位于过程线 $abfde$ 下方。若压力增大，过程线 $a_2b_2f_2d_2e_2$ 位于 $abfde$ 的上方。如此，可以得到一簇等压线。

实验表明，随着压力的升高，汽化过程缩短。压力越高，饱和水与干饱和蒸汽参数越接近，差别也越小，当到达某一特定压力时，它们的区别完全消失，这一状态便是 6-1 节介绍过的临界状态 C。水蒸气的临界状态参数 $p_C=22.064$ MPa，$t_C=373.946$℃，$v_C=0.003\,106$ m³/kg，$h_C=2\,084.26$ kJ/kg，$s_C=4.407$ kJ/(kg·k)。可见，临界状态是压力、温度最高的饱和状态。

在 p-v 图和 T-s 图上，将饱和水的点 b、b_1、b_2……相连，得到曲线 CA，称为**饱和水线**或**下界线**。将干饱和蒸汽的点 d、d_1、d_2……相连，得到曲线 CB，称为**干饱和气线**或**上界线**，下界线与上界线的交点是临界点。值得注意的是，p-v 图中下界线较陡。这是因为水的可压缩性较小，压力的升高所引起的比容变化较小。

为了便于记忆，我们把水蒸气的 p-v 图、T-s 图归结为一点、二线、三区、五态。一点为临界点；二线为饱和水线（或下界线）与干饱和气线（或上界线）；三区为未饱和水区（或过冷水区）、湿蒸汽区（饱和水线与干饱和气线之间的区域）及过热蒸汽区（干饱和气线的右方）；五态为未饱和水（过冷水）状态、饱和水状态、湿饱和蒸汽状态、干饱和蒸汽状态、过热蒸汽状态。

6-4　水及水蒸气状态参数的确定及其热力性质图表

6-4-1　水及水蒸气状态参数的确定原则

我们已经知道，对于简单可压缩纯工质，只要有两个独立的状态参数，就可确定出此状态下所有其他参数。常用的状态参数有压力 p，温度 t，比容 v，熵 s，焓 h。内能 u 不太常用，如果需要可用 $u=h-pv$ 计算得到。

6-3 节我们已经总结出水及水蒸气的五态。下面分别讨论确定这五态参数的原则。

1. 未饱和水及过热蒸汽

未饱和水是液相，过热蒸汽是气相，两者有一个共同的特点，即都是单相物质。所以 p，t，v，s，h 等参数中，只要有任意两个参数给定，其他参数就能确定。

2. 饱和水及干饱和蒸汽

饱和水是单相的水，干饱和蒸汽是单相的气，但它们又都处于饱和状态下，压力和温度不是互相独立的参数，而是一一对应的。因此，对于饱和水或干饱和蒸汽来说，只要压力或者温度确定，其他参数，例如饱和水的 v'，s'，h'及干饱和蒸汽的 v''，s''，h'等都能确定。

3. 湿饱和蒸汽

湿饱和蒸汽是干饱和蒸汽与饱和水共存的状态，它们的强度参数压力和温度一一对应。而广延参数 V，S，H 及相应的比参数 v，s，h 却与湿蒸汽中水和气的成分比例密切相关。我们把单位质量湿蒸汽中所含干饱和蒸汽的质量叫作湿饱和蒸汽的**干度**，用 x 表示，则

$$x=\frac{m_{\mathrm{v}}}{m_{\mathrm{l}}+m_{\mathrm{v}}} \tag{6-1}$$

式中，m_{v} 和 m_{l} 分别表示湿饱和蒸汽中所含干饱和蒸汽和饱和水的质量。显然，湿饱和蒸汽量为 $m_{\mathrm{v}}+m_{\mathrm{l}}$，即 x 是气、水混合物中干饱和蒸汽的质量百分数。当 $x=1$ 时，全部为干饱和蒸汽；$x=0$ 时，全部为饱和水。在 p-v 图和 T-s 图上，下界线即 $x=0$ 线；上界线为 $x=1$ 线。干度 x 只在湿蒸汽区才有意义，且 $0\leqslant x\leqslant 1$。

干度为 x，意味着 1 kg 质量的湿蒸汽中应有 x(kg)的干饱和蒸汽和 $1-x$(kg)的饱和水，故湿蒸汽的任一比参数 y 有下列关系：

$$y=xy''+(1-x)y' \tag{6-2}$$

式中，y'、y''分别代表该压力(或温度)下的饱和水和干饱和蒸汽的同名参数。对于 v,s,h，则可以写成

$$v = xv'' + (1-x)v' \tag{6-3}$$

$$s = xs'' + (1-x)s' \tag{6-4}$$

$$h = xh'' + (1-x)h' \tag{6-5}$$

利用上述关系，当已知湿蒸汽的压力(或温度)及某一比参数 y 时，便可确定其干度：

$$x = \frac{y - y'}{y'' - y'} \tag{6-6}$$

根据干度 x 及饱和水及干饱和蒸汽的参数，就可以将湿蒸汽的所有状态参数确定下来。

前已述及，由于水蒸气的特性复杂，以前工程上大多是借助于编制好的图表计算水蒸气的参数，而近年来则主要是使用软件进行计算。

6-4-2 水及水蒸气热力性质表

下面介绍的水及水蒸气热力性质表是根据 IAPWS-95 公式计算得到的。尽管直接使用计算机软件计算非常方便，但热力性质图表直观反映过程特点，更有助于理解水及水蒸气所处的状态。下面着重介绍图表的构成。

1. 零点的规定

在一般的工程计算中，常常需要算出水及水蒸气 h,s,u 的变化量，不必求其绝对值，故选择的基准点不影响结果。选定水三相点的液相水作为基准点，规定在该点状态下的液相水的内能和熵为零。

即三相点液相水的参数为

$$p = 0.000\ 611\ 655\ \text{MPa}$$

$$v = 0.001\ 000\ 21\ \text{m}^3/\text{kg}$$

$$T = 273.16\ \text{K}(0.01℃)$$

$$u = 0\ \text{kJ/kg}$$

$$s = 0\ \text{kJ/(kg}\cdot\text{K)}$$

根据焓的定义

$$h = u + pv = 0.000\ 611\ 872\ \text{kJ/kg} \approx 0\ \text{kJ/kg}$$

所以，工程上认为三相点液相水的焓取零已足够准确。

2. 水蒸气热力性质表

前面已经分析了水及水蒸气五种状态的确定原则，其中，饱和水、干饱和蒸汽在给定压力(或温度)下是完全确定的。当零点规定之后，它们的参数值很容易列表表示；湿饱和蒸汽只要利用干度 x 和饱和水及干饱和蒸汽的参数就可以用式(6-2)～式(6-6)将其状态参数完全确定。因此，水及水蒸气的热力性质表中列有以温度为序和以压力为序的两种饱和水及干饱和蒸汽表，示例见表 6-1(一)和(二)。

表 6-1　(一)饱和水与干饱和蒸汽表(按温度排列)(节录示例)

t/℃	T/K	p/MPa	v'/(m³/kg)	v''/(m³/kg)	h'/(kJ/kg)	h''/(kJ/kg)	r/(kJ/kg)	s'/(kJ/(kg·K))	s''/(kJ/(kg·K))
0.01	273.16	0.000 612	0.001 000 21	205.99	0.000 611 78	2 500.9	2 500.9	0.000 00	9.155 5
100	373.15	0.101 42	0.001 043 5	1.671 8	419.17	2 675.6	2 256.43	1.307 2	7.354 1
200	473.15	1.554 9	0.001 156 5	0.127 21	852.27	2 792.0	1 939.73	2.330 5	6.430 2
300	573.15	8.587 9	0.001 404 2	0.021 660	1 345.0	2 749.6	1 404.6	3.255 2	5.705 9

(二)饱和水与干饱和蒸汽表(按压力排列)(节录示例)

p/MPa	T/K	v'/(m³/kg)	v''/(m³/kg)	h'/(kJ/kg)	h''/(kJ/kg)	r/(kJ/kg)	s'/(kJ/(kg·K))	s''/(kJ/(kg·K))
0.001	280.12	0.001 000 1	129.18	29.299	2 513.7	2 484.40	0.105 91	8.974 9
0.1	372.76	0.001 043 2	1.693 9	417.50	2 674.9	2 257.40	1.302 8	7.358 8
1.0	453.03	0.001 127 2	0.194 36	762.52	2 777.1	2 014.58	2.138 1	6.585 0
10.0	584.15	0.001 452 6	0.018 03	1 408.1	2 725.5	1 317.4	3.360 6	5.616 0

饱和水和干饱和蒸汽表不但将饱和水和干饱和蒸汽的状态参数完全确定，而且通过此表数据及图 6-3 中所分析的参数范围，很容易判断给定的状态是五态中的哪一种，以便为查表作准备。

例题 6-1　确定下列各点的状态：

(1) $p=5$ kPa，$t=40$℃；

(2) $t=120$℃，$v=0.892\ 02\ \mathrm{m^3/kg}$；

(3) $p=5$ kPa，$s=6.504\ 2$ kJ/(kg·K)；

(4) $t=120$℃，$h=501.3$ kJ/kg。

解：(1) 由 $p=5$ kPa 查饱和蒸汽表，得对应于该压力的饱和温度 $t_s=32.90$℃，而 $t=40℃>t_s$，所以此状态为过热蒸汽状态。

(2) 由 $t=120$℃查饱和蒸汽表，得到 $v''=v=0.892\ 02\ \mathrm{m^2/kg}$，所以它为干饱和蒸汽状态。

(3) 由 $p=5$ kPa 查饱和蒸汽表，得到 $s'=0.476\ 2$ kJ/(kg·K)；$s''=8.395\ 2$ kJ/(kg·K)，因为 $s'<s<s''$，所以，此状态为湿饱和蒸汽状态。

(4) 由 $t=120$℃查饱和蒸汽表，得到 $h'=503.7$ kJ/kg，$h<h'$，此状态为未饱和水状态。

例题 6-2　已知 $p=0.004$ MPa，$s=6.585\ 1$ kJ/(kg·K)，试确定其状态及其 v,t,h 的值。

解：由 $p=0.004$ MPa 查饱和蒸汽表，得：$t_s=28.981$℃；$s'=0.422\ 4$ kJ/(kg·K)，$s''=8.474\ 7$ kJ/(kg·K)；$v'=0.001\ 004\ 0\ \mathrm{m^3/kg}$，$v''=34.803\ \mathrm{m^3/kg}$；$h'=121.41$ kJ/kg，$h''=2\ 554.1$ kJ/kg。

因为 $s'<s<s''$，所以该状态为湿饱和蒸汽状态，所以 $t=t_s=28.981$℃。

而

$$x=\frac{s-s'}{s''-s'}=\frac{6.585\ 1-0.422\ 4}{8.474\ 7-0.422\ 4}=0.765$$

所以

$$h = xh'' + (1-x)h' = [0.765 \times 2554.1 + (1-0.765) \times 121.41]\ \text{kJ/kg}$$
$$= 1\,982.4\ \text{kJ/kg}$$
$$v = xv'' + (1-x)v' = [0.765 \times 34.803 + (1-0.765) \times 0.001\,004\,0]\ \text{m}^3/\text{kg}$$
$$= 26.625\ \text{m}^3/\text{kg}$$

五态中其余两态：过冷水(未饱和水)与过热蒸汽，只要已知任何两个状态参数，其他状态参数就都可以确定。因此，水及水蒸气热力性质表中列有未饱和水及过热蒸汽表。表 6-2 是其节录形式，作为示例列出。

表 6-2 未饱和水与过热蒸汽表(节录示例)

p	0.01 MPa			0.02 MPa		
饱和参数	$t_s = 318.96$ K $v' = 0.001\,010\,3$ $v'' = 14.67$ $h' = 191.81$ $h'' = 2\,583.9$ $s' = 0.649\,2$ $s'' = 8.148\,8$			$t_s = 333.21$ K $v' = 0.001\,017\,2$ $v'' = 7.648$ $h' = 251.42$ $h'' = 2\,608.9$ $s' = 0.832\,02$ $s'' = 7.907\,2$		
T/K	**v/(m³/kg)**	**h/(kJ/kg)**	**s/(kJ/(kg·K))**	**v/(m³/kg)**	**h/(kJ/kg)**	**s/(kJ/(kg·K))**
283.15	0.001 000 3	42.03	0.151 09	0.001 000 3	42.04	0.151 08
293.15	0.001 001 8	83.921	0.296 48	0.001 001 8	83.931	0.296 48
303.15	0.001 004 4	125.74	0.436 75	0.001 004 4	125.75	0.436 75
313.15	0.001 007 9	167.54	0.572 4	0.001 007 9	167.54	0.572 4
323.15	14.867	2 592	8.174 1	0.001 012 1	209.35	0.703 81
333.15	15.335	2 611.2	8.232 6	0.001 017 1	251.18	0.831 29
343.15	15.801	2 630.3	8.289 1	7.882 6	2 628.3	7.964 6
353.15	16.267	2 649.3	8.343 9	8.117 6	2 647.7	8.020 2
363.15	16.732	2 668.4	8.397 1	8.351 8	2 667	8.074 1
373.15	17.196	2 687.5	8.448 9	8.585 5	2 686.2	8.126 3

表 6-2 中粗黑线以上部分为未饱和水参数，粗黑线以下为过热蒸汽参数。特别要指出的是，此表中所列参数间隔中的数据与其他表的使用一样，可以通过直线内插法求得。但是，因为未饱和水及过热蒸汽表中粗黑线隐含着坐标图(见图 6-4)上的一个湿蒸汽区，因此，粗黑线上下的数据不能内插。如果需要，应该分别与饱和水和干饱和蒸汽的参数内插。该表上部还列出了对应压力下的饱和温度、饱和水和干饱和蒸汽的参数，以方便使用。

6-4-3 水蒸气焓熵图

由于水蒸气表是不连续的，在求间隔中的状态参数时，需内插，不便使用。特别是在分析过程时，表不如图一目了然，因此工程上分析水的热力过程时，常用水蒸气的焓熵图。水蒸气焓熵图是根据水及水蒸气表的数据绘制而成的。

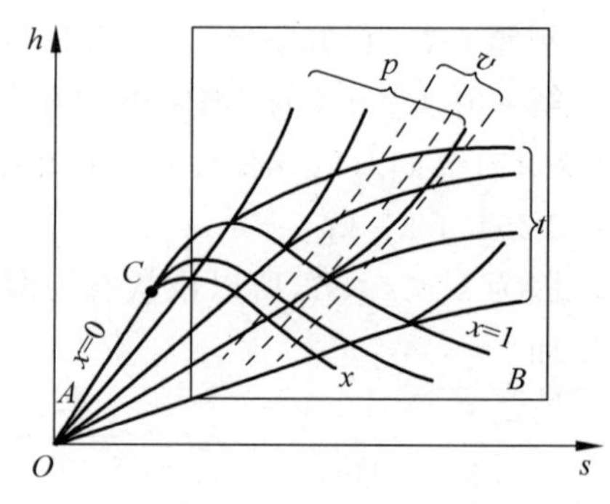

图 6-5 水蒸气 h-s 图

图 6-5 是水蒸气焓熵图(h-s 图)结构的示意图。图中，C 为临界点，粗黑线 CA 为 $x=0$ 的下界线，CB 为 $x=1$ 的上界线。图中绘有下列线群：

1. 定压线群

在 h-s 图上，定压线是一簇呈发散状的线群。为了说明它的特点，我们先由热力学第一定律导出热力学关系式。

热力学第一定律可表示为 $\delta q = \mathrm{d}h + \delta w_t$，当过程可逆时，$\delta q = T\mathrm{d}s$，$\delta w_t = -v\mathrm{d}p$，于是 $T\mathrm{d}s = \mathrm{d}h - v\mathrm{d}p$，这就是热力学一般关系式。当压力不变，$\mathrm{d}p = 0$ 时，则

$$\left(\frac{\partial h}{\partial s}\right)_p = T$$

它就是 h-s 图上等压线的斜率。在湿饱和蒸汽区，定压时温度也一定，故定压线在湿蒸汽区是斜率为常数的直线。在过热区，定压线斜率随温度升高而增大，故定压线为一向右上方翘起的曲线。

2. 定温线群

在湿蒸汽区，温度与压力一一对应，因此，定温线与定压线重合。在过热蒸汽区较定压线平坦。当温度越高，压力越低时，水蒸气越接近于理想气体，而理想气体的焓是温度的单值函数，因此，远离饱和态的过热区中定温线接近于定焓线，趋于水平。

3. 定容线

定容线的斜率大于定压线的斜率，因此，定容线都比定压线陡。在常用的 h-s 图上，定容线用红线表示。

4. 定干度线

定干度线是一簇 x = 常数的曲线，干度只在湿蒸汽区才有意义。因此，只有在饱和区内才有定干度线。它是定压线上由 $x=0$（下界线）至 $x=1$（上界线）的等分点连接而成的。

h-s 图中，水及低干度蒸汽区域里曲线密集，查图所得数值误差较大，而工程上使用较多的是高干度湿蒸汽及过热蒸汽，因此工程上实用的 h-s 图只是整个 h-s 图中的一部分，如图 6-5 中的框内部分。

总之，水及水蒸气状态参数值的确定，常常通过查水及水蒸气图、表来进行。首先利用饱和水蒸气表判断所求状态点处于哪个区（或者属五态中的哪一态）。若处于湿蒸汽区，则利用饱和水蒸气表或 h-s 图求得；若处于过热蒸汽区，则查未饱和水及过热蒸汽表或查 h-s 图；若是未饱和水，则只能查未饱和水及过热蒸汽表确定。当然，由于近年有了软件，可使上述过程变得简单些。

6-5　水蒸气的热力过程

对水蒸气热力过程的分析计算，其目的与理想气体的相同，即确定过程中工质状态变化的规律以及过程中能量转换的情况。但是，理想气体的状态参数可以通过简单计算得到。例如 $\Delta u = c_v \Delta T$，$\Delta h = c_p \Delta T$，$\Delta s = c_p \ln \dfrac{T_2}{T_1} - R \ln \dfrac{p_2}{p_1}$ 等。而水蒸气的状态参数却要用查图、表或软件的方法得到。过程中的能量转换关系，同样依据热力学第一定律进行计算确定。

分析水蒸气热力过程的步骤如下：

(1) 由已知条件查图、表,确定过程初、终态参数值;

(2) 将过程及状态点表示在状态图上;

(3) 计算热力过程中工质与外界交换的热量和功量。

下面就工程上常见的几个过程举例讨论。

6-5-1 定压过程

定压过程是十分常见的过程。特别是在工程上,许多设备在正常运行状态下,工质经历的是稳定流动定压过程。例如,水在锅炉中加热汽化过程;水蒸气在过热器中被加热过程;水在给水预热器中加热升温过程;水蒸气在冷凝器中凝结成水的过程以及水或水蒸气在各种换热器中的过程等。若忽略摩阻等不可逆因素,就成为可逆定压过程。开口系统中的可逆定压稳定流动过程,工质与外界只有热量交换,没有技术功的交换。

分析步骤如下:

(1) 根据已知初态1的两个独立参数查水及水蒸气表及图,确定其他状态参数值;由已知条件确定终态2的参数值。

(2) 在状态图上将定压过程表示出来,如图6-6所示。

(3) 计算工质与外界交换的功量和热量。

这类可逆定压的稳定流动过程中,工质与外界无技术功的交换,即 $w_t=0$,根据热力学第一定律,$q_p=\Delta h+w_t$,则

$$q_p=\Delta h=h_2-h_1$$

即可逆定压稳定流动过程中,工质与外界交换的热量等于终态与初态的焓差。而在闭口系统定压过程中,$q=\Delta u+w=\Delta u+p\Delta v=\Delta u+p(v_2-v_1)$,亦即 $q=h_2-h_1$。所以,可以说在上述定压过程中,1 kg 工质与外界交换的热量等于终、初态的焓差,即 $q_p=h_2-h_1$。

如图6-6所示,冷水由1状态定压加热到过热气2状态。总的加热量为 $q=h_2-h_1$,可细分为三部分:

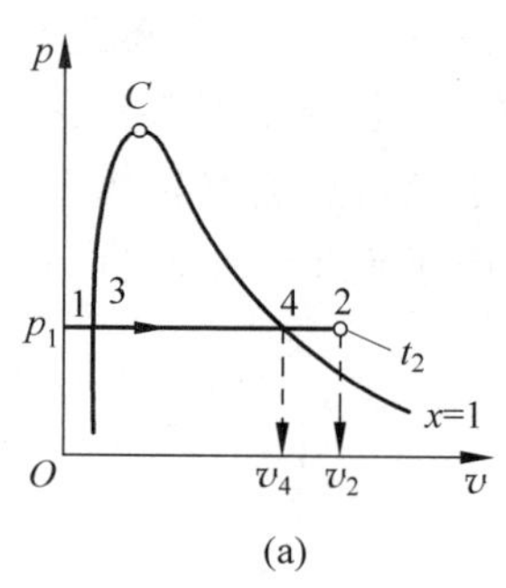

(a)

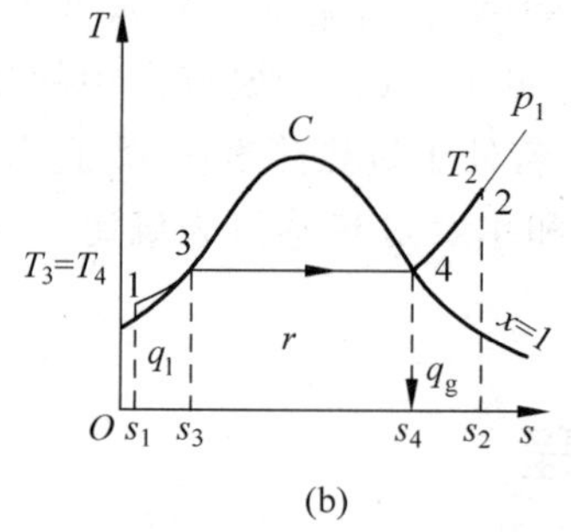

(b)

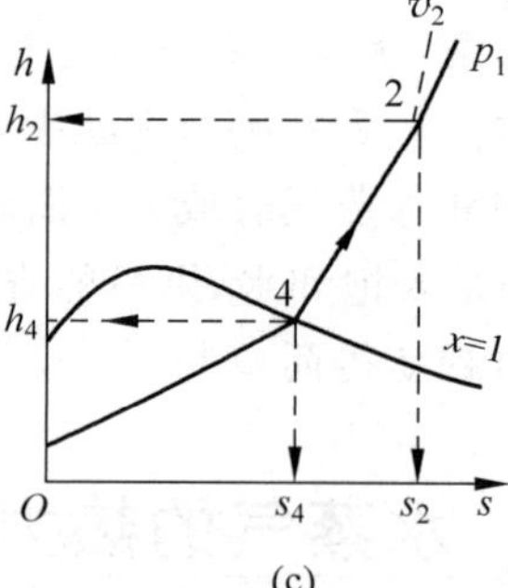

(c)

图6-6 水和水蒸气的定压过程

1—3段,为未饱和水预热到饱和温度,3点为饱和水状态,焓为 h'。预热的热量(或称为液体热)为 $q_1=h'-h_1$。

3—4段,为饱和水汽化成干饱和蒸汽,4点焓为 h'',该过程中吸收的热量是汽化潜热 $r=h''-h'$。

4—2 段，为过热段，吸收的热量称过热热 $q_g=h_2-h''$。

液体热、汽化潜热和过热热在 T-s 图上分别由曲线 1342 下的三块面积表示，在 h-s 图上可由纵坐标上的三个线段表示。

例题 6-3 将 1 kg 水从 4 MPa，30℃定压加热到 380℃，试求所需要的总热量及液体热、汽化潜热和过热热量。

解：由 4 MPa 查饱和蒸汽表，得到对应的饱和温度 $t_s=250.33$℃，所以初态 1(4 MPa、30℃)的水为未饱和水；而终态 2(4 MPa、380℃)为过热蒸汽。

再查未饱和水与过热蒸汽表，得到 4 MPa 下，30℃和 380℃时

$$h_1=129.3\ \text{kJ/kg};\quad h_2=3\ 166.9\ \text{kJ/kg}$$

而 4 MPa 的饱和水及干饱和蒸汽参数：$h'=1\ 087.5\ \text{kJ/kg}$，$h''=2\ 799.4\ \text{kJ/kg}$。

所以，加热所需总热量为

$$q=h_2-h_1=(3\ 166.9-129.3)\ \text{kJ/kg}=3\ 037.6\ \text{kJ/kg}$$

其中，液体热为

$$q_1=h'-h_1=(1\ 087.5-129.3)\ \text{kJ/kg}=958.2\ \text{kJ/kg}$$

汽化潜热量为

$$r=h''-h'=(2\ 799.4-1\ 087.5)\ \text{kJ/kg}=1\ 711.9\ \text{kJ/kg}$$

过热热量为

$$q_g=h_2-h''=(3\ 166.9-2\ 799.4)\ \text{kJ/kg}=367.5\ \text{kJ/kg}$$

6-5-2 绝热过程

水蒸气在汽轮机(或称蒸汽透平)中的膨胀过程以及水在水泵中被压缩的过程，由于流速较大，来不及散热，工质的散热量与工质本身的能量变化相比极小，可以忽略不计，这些设备中工质经历的过程可看作绝热过程。若再忽略摩擦，即视为可逆，则为定熵过程。

对绝热过程的分析步骤与上节定压过程的分析类似：

(1) 先由给定条件确定初、终状态；

(2) 将过程表示在状态图上；

(3) 计算过程中工质与外界交换的功量及热量。

根据热力学第一定律 $q=\Delta h+w_t$，对于绝热过程，$q=0$，则

$$w_t=-\Delta h=h_1-h_2$$

即绝热过程中工质与外界交换的技术功等于初、终状态的焓差。

工程上，实际的绝热膨胀与压缩过程都不可避免地存在着摩擦等不可逆因素，因此，实际过程为不可逆绝热过程。根据热力学第二定律，不可逆过程 $ds>\frac{\delta q}{T_r}$，因过程绝热 $\delta q=0$，则 $ds>0$，因此，不可逆绝热过程熵增大，即 $s_2>s_1$。如图 6-7 所示，不可逆绝热过程在 p-v 图、T-s 图、h-s 图上用虚线 $1-2'$ 大致地示意出过程的方向。对于不可逆绝热过程，技术功 w_t' 仍然是初态(1 点)与终态(2 点)的焓差，即不可逆绝热过程实际技术功为

$$w_t'=h_1-h_{2'}$$

而相应的可逆绝热过程技术功为

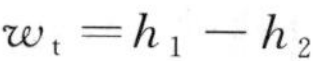

$$w_t = h_1 - h_2$$

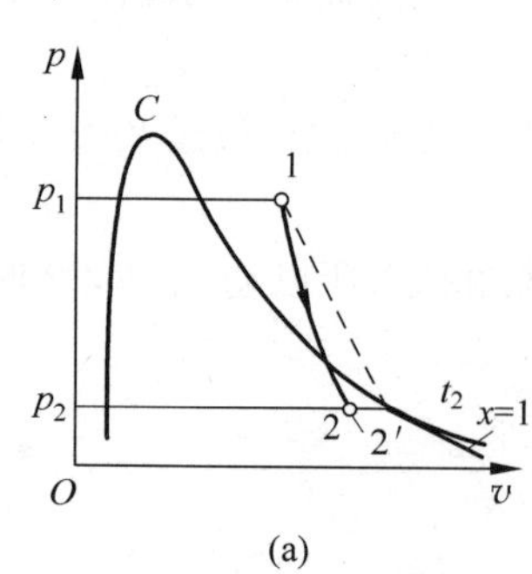

(a)

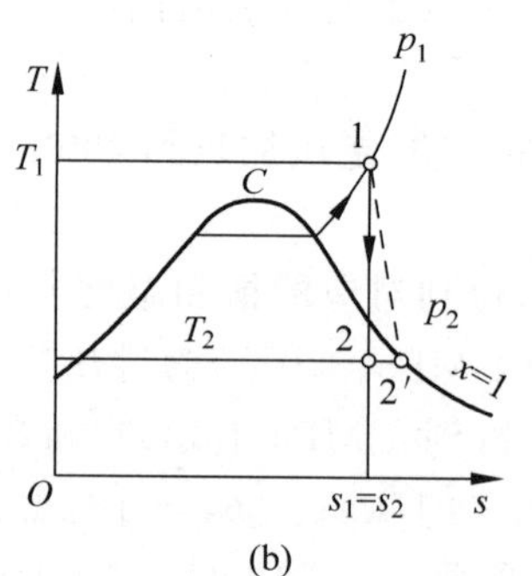

(b)

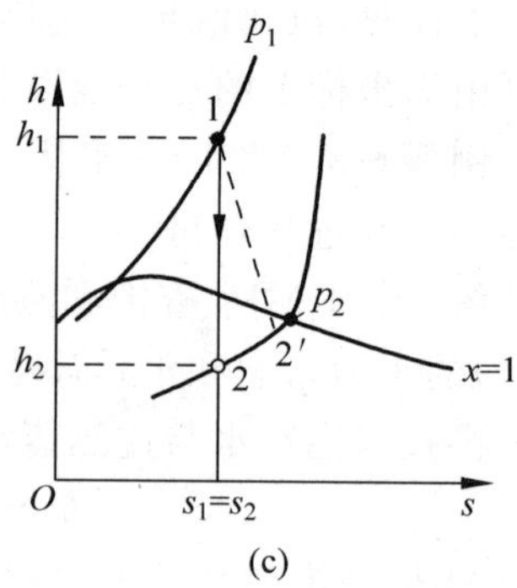

(c)

图 6-7　水和水蒸气的绝热过程

从图 6-7 的 h-s 图上可明显看到，绝热膨胀过程中，在相同终压条件下，可逆过程的焓降 $h_1 - h_2$ 大于不可逆过程的焓降 $h_1 - h_{2'}$，即可逆膨胀过程做出的技术功大于不可逆膨胀过程做出的技术功。

为了反映实际绝热过程的不可逆程度，与燃气轮机类似，工程上定义了汽轮机**相对内效率**

$$\eta_{oi} = \frac{w'_t}{w_t} = \frac{h_1 - h_{2'}}{h_1 - h_2} \tag{6-7}$$

工程上用式(6-7)可以进行两类计算：

(1) 设计计算：给定汽轮机进口状态(一般为 p_1, t_1)，汽轮机出口压力 p_2 以及汽轮机相对内效率 η_{oi}。由 p_1, t_1 查图或表得到 h_1, s_1，由 $s_1 = s_2$ 及 p_2 求出 h_2，再根据式(6-7)算出汽轮机的出口参数 $h_{2'}$ 及 $x_{2'}, v_{2'}$ 等，完成设计计算。

(2) 校核计算：由汽轮机运行试验测得进口 p_1, t_1 及实际出口 $p_{2'}, x_{2'}$(或其他参数)，查图、表得到 h_1、s_1、$h_{2'}$；由 $s_1 = s_2, p_2 = p_{2'}$，求出 h_2；根据式(6-7)算出汽轮机相对内效率 η_{oi}。

例题 6-4　汽轮机进口 $p_1 = 2.6$ MPa，$t_1 = 380$℃；汽轮机出口压力(背压)$p_2 = 0.007$ MPa；汽轮机相对内效率 $\eta_{oi} = 0.8$，求 1 kg 工质所做的功。

解：由 $p_1 = 2.6$ MPa，$t_1 = 380$℃查 h-s 图，得 $h_1 = 3\,182$ kJ/kg，沿定熵线向下与 $p_2 = 0.007$ MPa 交点焓，即 $h_2 = 2\,158$ kJ/kg。

工质经汽轮机应做出可逆技术功为

$$w_t = h_1 - h_2 = (3\,182 - 2\,158)\ \text{kJ/kg} = 1\,024\ \text{kJ/kg}$$

由汽轮机相对内效率式(6-7)，得工质所做实际功为

$$w_{t'} = w_t \eta_{oi} = 1\,024 \times 0.8\ \text{kJ/kg} = 819.2\ \text{kJ/kg}$$

6-5-3　定温过程

计算的根据和步骤与前述两过程类似，将过程表示在 p-v 图，T-s 图，h-s 图上，如图 6-8 所示。

前面已经介绍过，T-s 图上定温线为一水平线。h-s 图上的定温线，在湿蒸汽区与定压线重合为一向右上斜的直线；在过热区中为向右越来越趋于平坦的曲线，远离上界线处呈

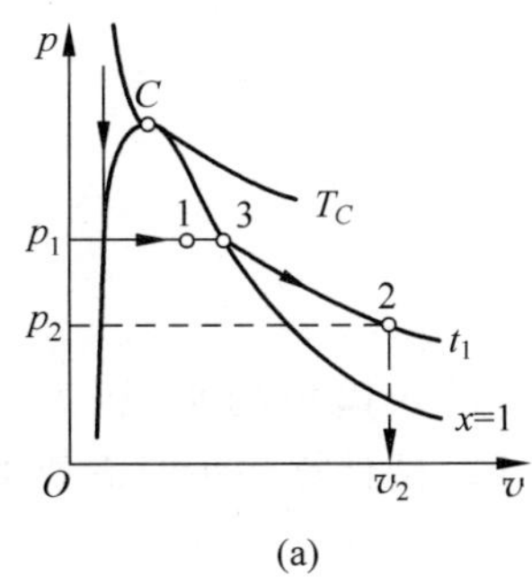

(a)

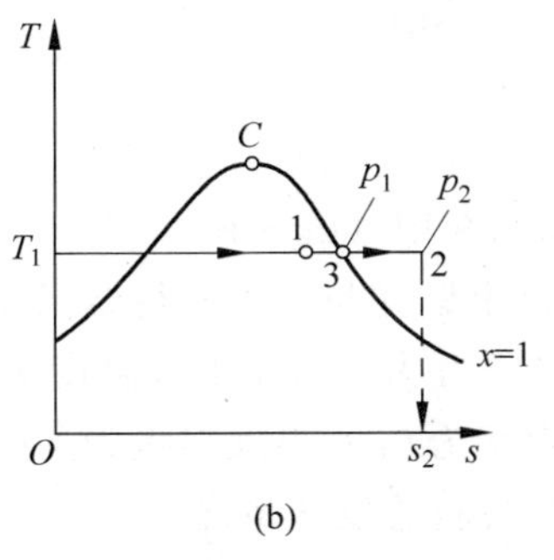

(b)

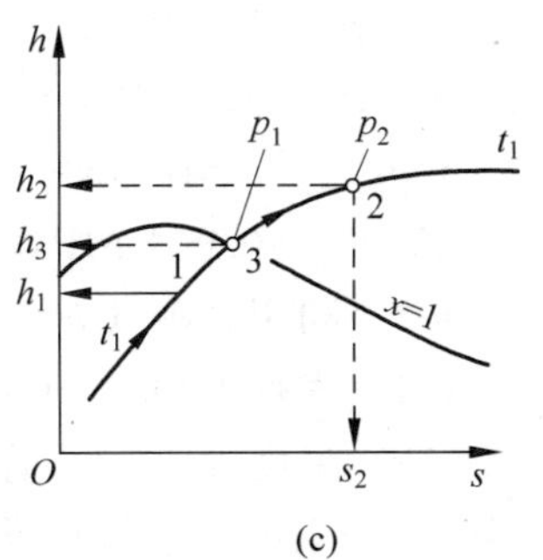

(c)

图 6-8　水和水蒸气的定温过程

水平线(趋近于理想气体特性)。

在 p-v 图上，未饱和区及过热区，因水和水蒸气都是随压力下降比容增大的物质，因此，定温线的斜率是负的。由于水随压力下降的膨胀性较气的小得多，因此，未饱和区的定温线较过热区定温线陡得多。湿蒸汽的饱和区内，压力与温度一一对应，定温线与定压线重合为水平线。定温线在临界点上具有拐点。远离饱和区的定温线趋于双曲线，接近于理想气体的定温线。

定容过程的分析，读者可依上述方法自行分析，这里不再赘述。

总之，经上述分析，我们可以通过图、表将水及水蒸气状态参数一一确定，根据过程特点，由热力学第一、第二定律的分析得出过程中工质与外界交换的能量，为进一步分析循环打下基础。

本章以水和水蒸气为例，对其进行了详细的介绍与分析，其他工质如氨、氟利昂等的性质及过程分析方法与水和水蒸气完全类似。

思考题

6-1　有没有 500℃的水？有没有 0℃或低于 0℃的蒸汽？有没有 $v>0.004\ \mathrm{m^3/kg}$ 的水？为什么？

6-2　25 MPa 的水汽化过程是否存在？为什么？

6-3　在 h-s 图上，已知湿饱和蒸汽压力，如何查出该蒸汽的温度？

6-4　在 p-v 图、T-s 图、h-s 图上，分别绘出临界点、下界线、上界线和定压线及定温线。

6-5　画出水的相图，即 p-T 图。

6-6　前已学过 $\Delta h=c_p\Delta T$ 适用于一切工质定压过程(比热容为常数)，水蒸气定压汽化过程中 $\Delta T=0$，由此得出结论：水蒸气汽化时焓变量 $\Delta h=c_p\Delta T=0$。此结论是否正确？为什么？

习题

6-1　利用水蒸气表判定下列各点状态，并确定 h，s 及 x 的值：

(1) $p_1=20\ \mathrm{MPa}$，$t_1=250℃$；

(2) $p_2=9$ MPa, $v_2=0.017\ \mathrm{m^3/kg}$;

(3) $p_3=4.5$ MPa, $t_3=450$℃;

(4) $p_4=1$ MPa, $x=0.9$;

(5) $p_5=0.004$ MPa, $s=7.0909$ kJ/(kg·K)。

6-2 利用水蒸气 h-s 图,重做上题并与查表所得结果比较。

6-3 锅炉产汽 20 t/h,它的压力为 4.5 MPa,温度为 480℃,进入锅炉的水,压力为 4.5 MPa,温度为 30℃。若锅炉效率为 0.8,煤发热量为 30 000 kJ/kg,试计算一小时需要多少煤(锅炉效率为蒸汽总吸热量与燃料总发热量之比)?

6-4 在水泵中,将压力为 4 kPa 的饱和水定熵压缩到压力为 4 MPa。

(1) 查表计算水泵压缩 1 kg 水所消耗的功;

(2) 因水是不可压缩流体,比容变化不大,可利用式 $w_p=-\int v\mathrm{d}p=-v\Delta p$ 计算耗功量,将此结果与(1)的计算结果加以比较。

6-5 汽轮机中,蒸汽初参数:$p_1=2.9$ MPa, $t_1=350$℃。若可逆绝热膨胀至 $p_2=0.006$ MPa,蒸汽流量为 3.4 kg/s,求汽轮机的理想功率。

6-6 汽轮机进口参数:$p_1=4.0$ MPa, $t_1=450$℃,出口压力 $p_2=5$ kPa,蒸汽干度 $x_2=0.9$,计算汽轮机相对内效率。

6-7 汽轮机的乏汽在真空度为 0.094 MPa, $x=0.90$ 的状态下进入冷凝器,定压冷却凝结成饱和水。试计算乏汽凝结成水时体积缩小的比例,并求 1 kg 乏汽在冷凝器中所放出的热量。已知大气压力为 0.1 MPa。

6-8 一刚性封闭容器,充满 0.1 MPa,20℃的水 20 kg。如由于意外的加热,使其温度上升到 40℃。

(1) 求产生这一温升所加入的热量;

(2) 为了对付这种意外情况,容器应能承受多大压力才安全?

6-9 1 kg 水蒸气压力 $p_1=3$ MPa,温度 $t_1=300$℃,定温压缩到原来体积的 1/3。试确定其终状态、压缩所消耗的功及放出的热量。

6-10 一台 10 m^3 的汽包,盛有 2 MPa 的汽水混合物,开始时,水占总容积的一半。如由底部阀门放走 300 kg 水,为了使汽包内汽水混合物的温度保持不变,需要加入多少热量?如果从顶部阀门放汽 300 kg,条件如前,那又要加入多少热量?

蒸汽动力循环

第7章

CHAPTER 7

7-1 概述

蒸汽动力循环,系指采用蒸气作工质的动力循环。蒸气工质以水蒸气使用得最早、最广泛。近年来由于低品位热能,例如,太阳能、地热能以及工业余热能等开发利用技术的发展,其他一些蒸气,例如氨、氟利昂等作工质的动力设备相继出现。无论以水蒸气为工质的,还是以其他蒸气为工质的动力装置,它们在原理上是完全相同的。因此,本章将以水蒸气动力循环(即蒸汽动力循环)为对象,分析循环的构成及特点,寻求改进循环热工性能的途径。采用的分析方法同样适用于以其他蒸气为工质的动力循环。

由于水及水蒸气均不能参与燃烧过程,它在循环中吸收的热量只能通过换热装置从外界传入,相对于汽油机、柴油机、燃气轮机等内燃动力装置,蒸汽动力循环装置又称为外燃式动力装置。由于工质与燃料不掺混,因此便于使用任何形态的燃料,例如各种油类、天然气、煤及核燃料等都能使用。对燃料的质量也不挑剔,适应性较广。

蒸汽动力装置所用的原动机是蒸汽轮机或蒸汽机。由于蒸汽轮机装置具有效率高、功率大和运转可靠等优点,目前世界上固定式发电设备主要采用蒸汽轮机装置。

本章主要结合水蒸气热力性质分析蒸汽动力循环的构成及热工性能;寻求改进与提高蒸汽动力循环热工性能的途径,着眼点在循环本身。而对整个动力装置的经济效益及社会效益进行全面的评估以及具体装置的设计等不在本课程的范畴。

7-2 朗肯循环

蒸汽动力循环由水泵、锅炉、汽轮机和冷凝器四个主要装置组成,图 7-1 为其示意图。水在水泵中被压缩升压,然后进入锅炉被加热汽化,直至成为过热蒸汽后,进入汽轮机膨胀做功,做功后的低压蒸汽(乏汽)进入冷凝器被冷却凝结成水,再回到水泵中,完成一个循环。

为了突出主要矛盾,分析主要参数对循环的影响,首先对实际的循环进行简化和理想化。

3—4 过程:在水泵中水被压缩升压,过程中流经水泵的流量较大,水泵向周围的散热量折合到单位质量工质,可以忽略,因此 3—4 过程简化为可逆绝热压缩过程,即**定熵压缩**过程。

4—1 过程：水在锅炉中被加热的过程本来是在外部火焰与工质之间有较大温差的条件下进行的，而且工质会有压力损失，是一个不可逆加热过程。我们把它理想化为不计工质压力变化，并将过程想象为无数个与工质温度相同的热源与工质可逆传热，也就是把传热不可逆因素放在系统之外，只着眼于工质一侧。这样，将加热过程理想化为**可逆定压吸热**过程。

1—2 过程：蒸汽在汽轮机中膨胀过程也因其流量大、散热量相对较小，当不考虑摩擦等不可逆因素时，简化为可逆绝热膨胀过程，即**定熵膨胀**过程。

图 7-1 蒸汽动力循环示意图

2—3 过程：蒸汽在冷凝器中被冷却成饱和水，同样将不可逆温差传热因素放于系统之外来考虑，简化为**可逆定压冷却**过程。因过程在饱和区内进行，此过程也是定温过程，3 点是饱和水状态。

上述四个可逆过程组成的循环即为**朗肯循环**，将其表示在 p-v 图、T-s 图、h-s 图上，如图 7-2 所示。

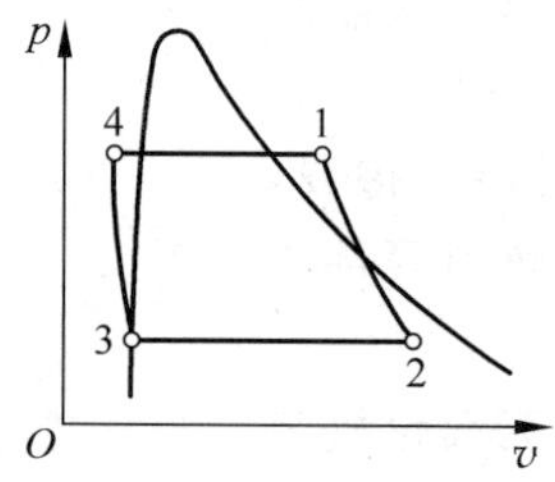

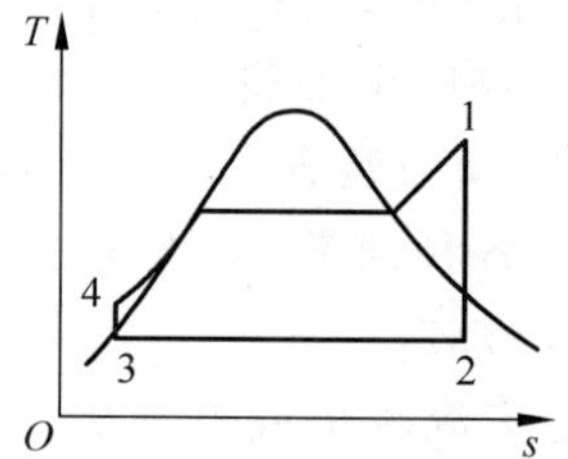

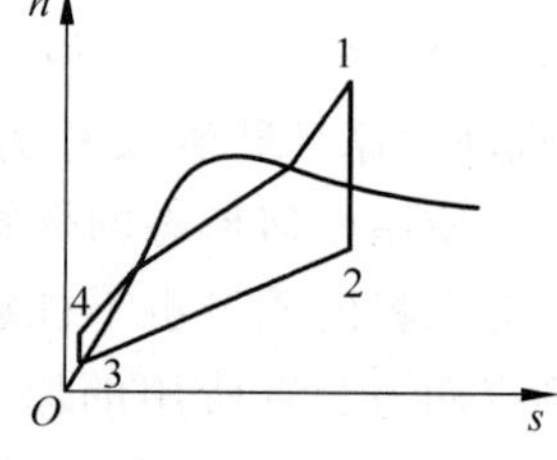

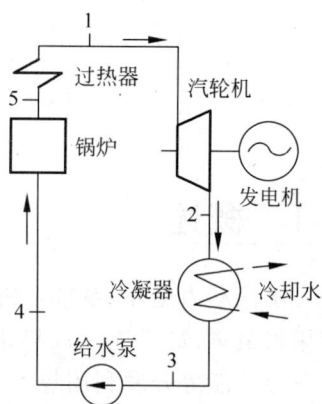

图 7-2 朗肯循环

7-2-1 朗肯循环定量计算方法

各点状态参数由已知条件查水及水蒸气热力性质图或表以及软件得到。我们的任务是讨论循环的热工性能，因此要计算循环中吸收、放出的热量及对外做出的功和从外界得到的功，进而计算出循环热效率及汽耗率。

蒸汽动力装置除起动、停机及发生事故等外，正常工作时，工质处于稳定流动过程。

在锅炉内，工质吸收的热量是由定压加热过程 4—1 完成的，由 6-4 节的分析有

$$q_1 = h_1 - h_4$$

汽轮机中，工质经绝热膨胀过程 1—2，对外做出的功为

$$w_T = h_1 - h_2$$

在冷凝器中，工质经定压放热过程 2—3，放出热量为

$$q_2 = h_2 - h_3$$

在水泵中水被绝热压缩，接受外功量为

$$w_P = h_4 - h_3$$

另外，由于水是压缩性极小的物质，压缩过程中，容积变化可以忽略，水泵中的升压 $\Delta p = p_4 - p_3 = p_1 - p_2$，因此，也可以用下式近似地算出耗功量：

$$w_P = v\Delta p$$

上述分析中，q_1，q_2，w_T，w_P，Δp 均取绝对值。

那么，循环热效率为

$$\eta_{t,R} = \frac{w_{net}}{q_1} = \frac{w_T - w_P}{q_1} = \frac{(h_1 - h_2) - (h_4 - h_3)}{h_1 - h_4} \tag{7-1}$$

式中，w_{net} 为 1 kg 工质的循环净功，也称为**循环比功**。

由于水极易升压，水泵耗功相对于汽轮机做出的功极小，在近似计算中常常忽略，则

$$\eta_{t,R} \approx \frac{h_1 - h_2}{h_1 - h_3} \tag{7-2}$$

蒸汽动力装置输出 1 kW・h，即 3 600 kJ 功量所消耗的蒸汽量，称为**汽耗率** d：

$$d = \frac{3\,600}{w_{net}}\ \text{kg/(kW·h)} \tag{7-3}$$

在功率一定的条件下，汽耗率的大小反映了设备尺寸的大小。同样的功率下，若汽耗率大，则机组尺寸要大些，设备投资就要高些，因此，汽耗率是动力装置的经济性指标之一。

例题 7-1　在朗肯循环中，蒸汽进入汽轮机的初压力 p_1 为 13.5 MPa，初温度 t_1 为 550℃，乏汽压力为 0.004 MPa，求循环净功、加热量、热效率、汽耗率及汽轮机出口乏汽干度。

解：首先将循环表示在 T-s 图上（如图 7-3 所示）。

由已知条件查水及水蒸气热力性质图、表或软件，得到各状态点参数：

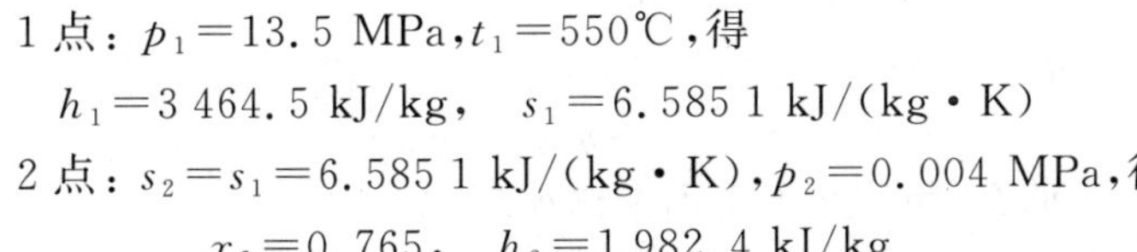

1 点：$p_1 = 13.5$ MPa，$t_1 = 550$℃，得

$h_1 = 3\,464.5$ kJ/kg，　$s_1 = 6.585\,1$ kJ/(kg・K)

2 点：$s_2 = s_1 = 6.585\,1$ kJ/(kg・K)，$p_2 = 0.004$ MPa，得

$x_2 = 0.765$，　$h_2 = 1\,982.4$ kJ/kg

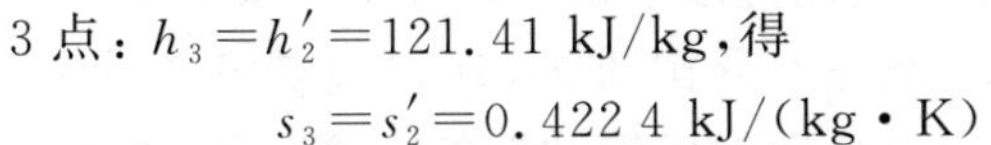

3 点：$h_3 = h_2' = 121.41$ kJ/kg，得

$s_3 = s_2' = 0.422\,4$ kJ/(kg・K)

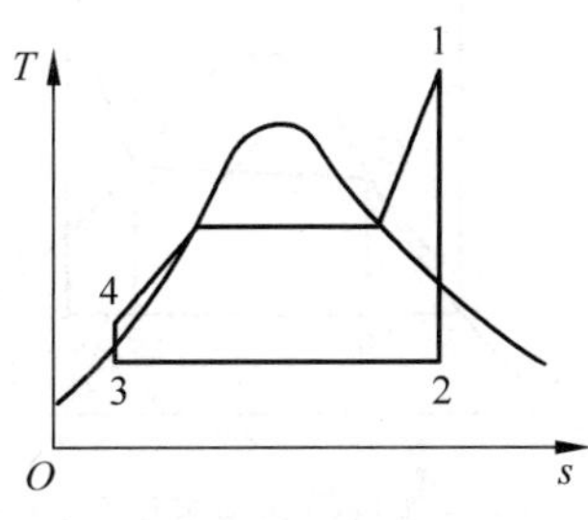

图 7-3　例题 7-1 的 T-s 图

4 点：$s_4 = s_3 = 0.422\,4$ kJ/(kg・K)，$p_4 = p_1 = 13.5$ MPa，得

$$h_4 = 134.93\ \text{kJ/kg}$$

汽轮机做功

$$w_T = h_1 - h_2 = (3\,464.5 - 1\,982.4)\ \text{kJ/kg} = 1\,482.1\ \text{kJ/kg}$$

水泵消耗的功

$$w_P = h_4 - h_3 = (134.93 - 121.41)\ \text{kJ/kg} = 13.52\ \text{kJ/kg}$$

或者

$$w_P = v\Delta p = 0.001\,004 \times (13.5 - 0.004) \times 10^3\ \text{kJ/kg} = 13.55\ \text{kJ/kg}$$

两种方法算出的功相差极小，用 $w_P = v\Delta p$ 计算免去了求 4 点焓 h_4 的麻烦，结果也足够精确。

从 w_T 与 w_P 的计算结果可以看出，水泵耗功只占汽轮机做功的 0.9%，在一般计算中可以忽略。

当忽略泵功时，循环净功就等于汽轮机做功。

$$w_{net} = w_T = 1\,482.1\ \text{kJ/kg}$$

工质吸热量

$$q_1 = h_1 - h_4 \approx h_1 - h_3 = h_1 - h_2'$$
$$= (3\,464.5 - 121.41)\ \mathrm{kJ/kg} = 3\,343.09\ \mathrm{kJ/kg}$$

朗肯循环热效率

$$\eta_{t,R} = \frac{w_T}{q_1} = \frac{1\,482.1}{3\,343.09} = 0.443$$

汽耗率

$$d = \frac{3\,600}{w_T} = 2.429\ \mathrm{kg/(kW \cdot h)}$$

汽轮机出口乏汽干度

$$x_2 = 0.765$$

7-2-2 朗肯循环定性分析

根据例题 4-2,朗肯循环加热段是变温热源加热过程,它的热效率一定小于同温限(这里是 T_1,T_2)下卡诺循环的热效率。如图 7-4 所示,在 T-s 图上,朗肯循环 1234561 与同温限下卡诺循环 1231′1 相比,两循环放热量 q_2 相同,朗肯循环吸热量 $q_{1,R}$ 小于卡诺循环的吸热量 $q_{1,C}$。根据热效率的表达式 $\eta_t = 1 - \frac{q_2}{q_1}$,显然

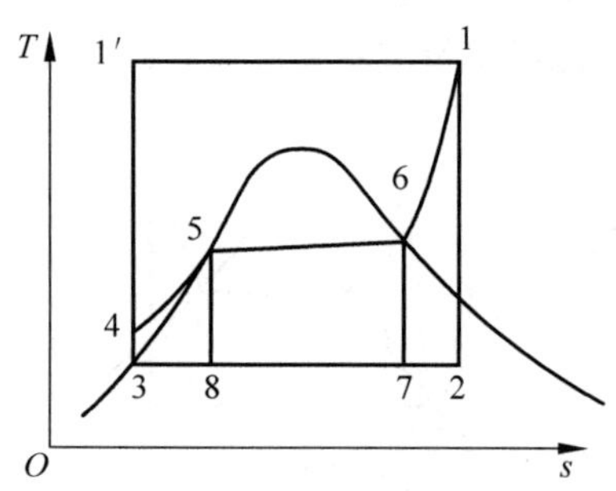

图 7-4 朗肯循环与卡诺循环 T-s 图

$$\eta_{t,R} < \eta_{t,C}$$

那么,为什么不采用卡诺循环呢?

朗肯循环的同温限卡诺循环 1231′1,其吸热过程将在气态下进行,事实证明气态物质实现定温过程是十分困难的,所以过热蒸汽卡诺循环 1231′1 至今未被采用。那么,能否利用饱和区定温特性形成饱和区的卡诺循环,如图 7-4 中的循环 56785?从原理上看,应该是可能的,但实施起来,有两个关键问题。其一,汽轮机出口(7 点)位于饱和区干度不高处,干度不够大将导致高速运转的汽轮机不能安全运行,同时不可逆损失增大,因此,实际使用的汽轮机出口干度一般限制在不小于 0.85~0.88。其二,其压缩过程(8—5)将在湿蒸汽区进行,气液混合工质的压缩会给泵的设计与制造带来难以克服的困难。因此,迄今蒸汽动力循环未采用卡诺循环。

正如例题 4-2 提到的,比较循环热效率高低的方法,除了上面采用的根据热效率定义式,由热量的大小来分析外,还常常采用平均温度的概念进行分析。

如图 7-5 所示,在 T-s 图上,根据表示吸热量或放热量面积相等的原则,可以将朗肯循环折合成与之热效率相等的卡诺循环来表示。

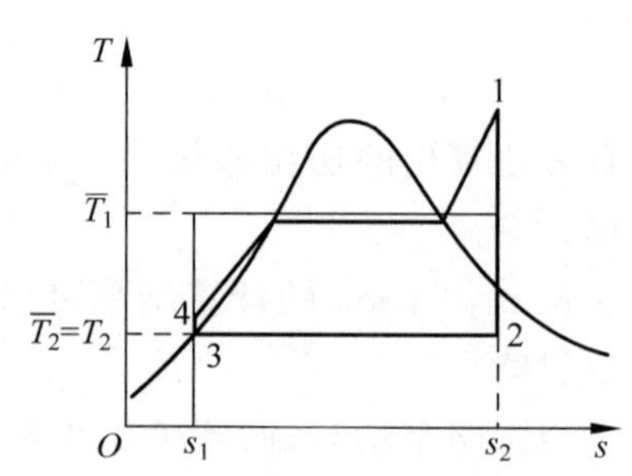

图 7-5 朗肯循环及平均吸放热温度

平均吸热温度

$$\overline{T}_1 = \frac{q_1}{s_1 - s_2}$$

平均放热温度 $\overline{T}_2$ 在这里等于 T_2，那么，循环热效率表示为

$$\eta_{t,R}=1-\frac{\overline{T}_2}{\overline{T}_1}$$

可见，提高循环热效率的途径是提高平均吸热温度与降低平均放热温度 $\overline{T}_2$。

7-2-3 蒸汽参数对热效率的影响

下面分析蒸汽参数对朗肯循环热效率的影响，寻求提高热效率的途径。在研究循环参数对热效率的影响时，利用 T-s 图及平均温度的方法比较方便。

在工程上，汽轮机进口蒸汽称为**新汽**，其参数被称为**初参数**，例如初温、初压；汽轮机出口蒸汽被称为**乏汽**，其参数称为**终参数**。

1. 蒸汽初压力的影响

如图 7-6 所示，当维持蒸汽初温 T_1 不变，终压 p_2 不变（t_2 亦不变），将 p_1 提高到 $p_{1'}$，构成新朗肯循环 1′2′34′1′，将其与朗肯循环 12341 进行比较，从 T-s 图上可见，这两个循环的平均放热温度 $\overline{T}_2$ 相同，而循环 1′2′34′1′的平均吸热温度 $\overline{T}_{1'}$ 高于循环 12341 的平均吸热温度 $\overline{T}_1$，因此

$$\eta'_{t,R}=1-\frac{\overline{T}_2}{\overline{T}_{1'}}>\eta_{t,R}=1-\frac{\overline{T}_2}{\overline{T}_1}$$

即初压较高的循环 1′2′34′1′的热效率 $\eta'_{t,R}$ 必大于循环 12341 的热效率 $\eta_{t,R}$。

不同初参数的循环计算结果示于图 7-7 中。从图中可见，在初温、终压不变的情况下，随着 p_1 的提高，循环热效率亦提高，但热效率提高的速率将逐渐减慢，图中温度不变的曲线随 p_1 增大而趋于平坦。

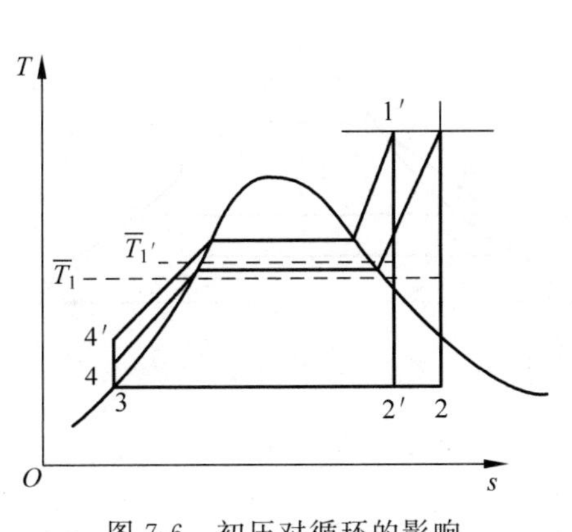

图 7-6 初压对循环的影响

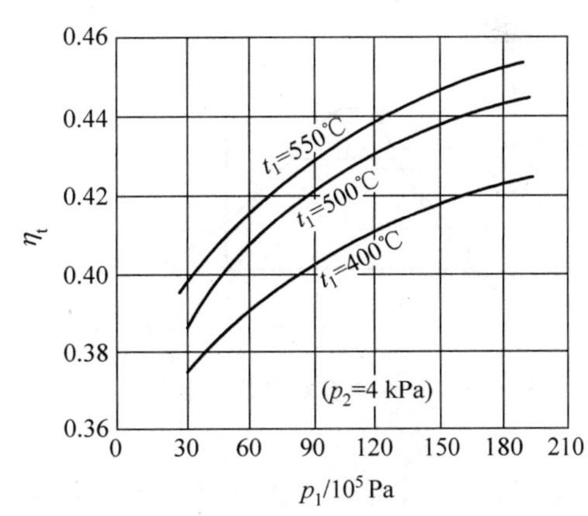

图 7-7 初压对热效率的影响

提高初压使热效率提高的同时，会带来其他一些问题。如图 7-6 所示，例如，初压力高时，汽轮机出口干度 $x_{2'}$ 要小于初压低时的出口干度 x_2。这种干度的下降，意味着乏汽中含水增多，当超过某一限度时，将侵蚀汽轮机最后几级叶片，引起汽轮机的震动，危及汽轮机的安全运行，同时也会降低汽轮机后部的工作效果。工程上要求，乏汽干度应不低于 85%～88%。

由此可见，适当提高蒸汽初压可以提高循环热效率，而且由于汽轮机出口乏汽的比容变小(如图 7-6 所示，2′与 2 点比较)，减小了设备的尺寸，具有较好的经济性。但同时因为乏汽干度下降，不利于运行。因此，提高初压力的同时，还需要采取其他一些措施，以改进循环特性，达到既经济又安全的目的。

2. 蒸汽初温度的影响

用上述类似的方法分析。如图 7-8 所示，在 T-s 图上，当维持初压力 p_1 不变，乏汽压力 p_2 不变(t_2 亦不变)，而将初温度由 T_1 提高到 $T_{1'}$，则平均吸热温度提高，而平均放热温度不变，因此可提高循环热效率。从图 7-7 中亦可明显看出，提高初温可使循环热效率增大。

如图 7-8 所示，提高蒸汽初温还可以使循环功量增大，因此，汽耗率降低，对整个循环装置经济性明显有利；同时乏汽干度增大，对汽轮机的安全工作也有利。

同时，也应看到，由于初温的提高，汽轮机出口乏汽的比容变大，则设备尺寸要变大。另外因锅炉过热器及汽轮机的高压端要使用较昂贵的耐高温金属材料，故设备费用将增加，因此，提高初温度也是有限制的。目前由于金属材料耐热性能的限制，一般初温取在 600℃以下。

3. 蒸汽终参数的影响

维持蒸汽初参数 p_1，T_1 不变，降低乏汽压力 p_2(亦即降低 T_2)，如图 7-9 所示，平均吸热温度略有降低，而平均放热温度明显下降，因此，热效率将提高。但是，终压力 p_2 取决于作为冷凝器冷源(环境)的温度。目前我国大型蒸汽动力装置的设计中采用 p_2 为 0.003～0.004 MPa，其对应的饱和温度在 28℃左右。它比冷凝器中冷却水温度略高，因此，降低 p_2 已经没有多少潜力。但由上述分析可以看到，蒸汽动力装置由于环境温度的影响，冬季的热效率将比夏季高，北方的机组热效率比南方的高。

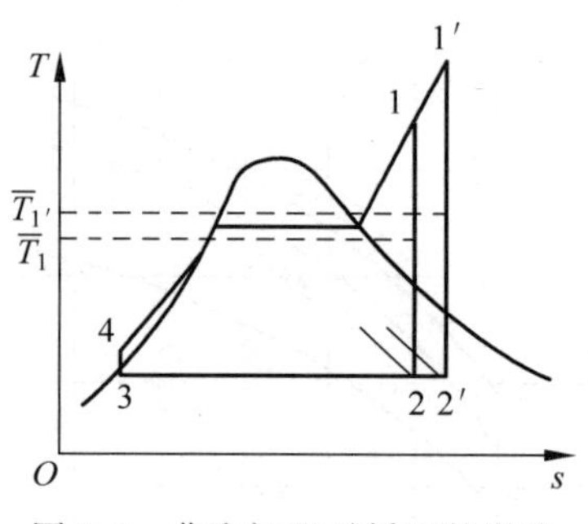

图 7-8　蒸汽初温对循环的影响

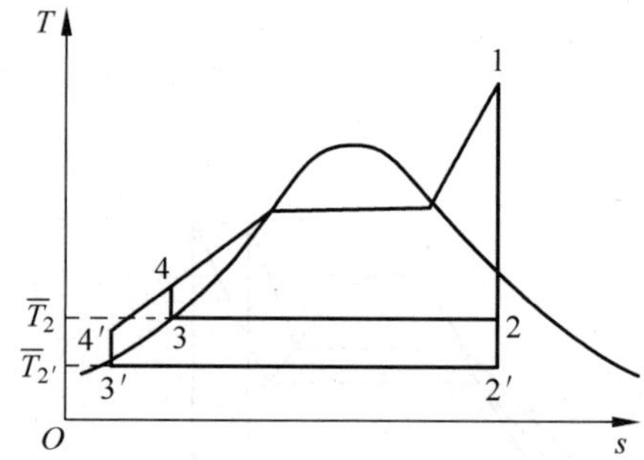

图 7-9　蒸汽终参数对循环的影响

综上所述，将蒸汽参数对循环的影响归纳如下：

(1) 提高蒸汽初参数 p_1 或 t_1，可以提高循环热效率，因此，现代蒸汽动力循环朝着高参数方向发展。表 7-1 为我国目前采用的配套机组蒸汽初参数概况。

同时应注意到提高初参数的机组，需要采用耐高温、耐高压的金属材料，因此，提高初参数也受到一定的限制。

(2) 降低乏汽压力可以提高循环热效率，但乏汽压力是受环境温度制约的，目前火力发电厂一般在 0.004～0.006 MPa 的乏汽压力下运行。

表 7-1　国产蒸汽动力发电机组初参数概况

	低参数	中参数	高参数	超高参数	亚临界参数
初压/MPa	1.3	3.5	9.0	13.5	16.5
初温/℃	340	435	535	550 535	550 535
发电功率/MW	1.5～3	6～25	50～100	125 200	200 300 600

7-3　实际蒸汽动力循环分析

上节讨论的朗肯循环未考虑各种实际损失，是理想化了的循环。实际的动力装置不可避免地存在着能量的损失及不可逆因素。对于实际循环的分析，有两类方法：一类是以能量平衡为依据的热力学第一定律的分析方法，称为热效率法。这种方法是传统的方法，是各动力循环最主要的分析方法。另一类是基于热力学第二定律的分析方法，有熵分析法及㶲分析法。㶲分析法将能的质与量统一起来，不仅分析能量损失的多少，而且找出能量损失的分布与大小，进一步分析装置的完善程度，以便改进。下面将分别介绍热效率法和㶲分析法。

7-3-1　热效率法

实际的蒸汽动力循环流程如图 7-10(a)所示。由于高温高压的蒸汽经过管道不可避免地要向周围环境散热，同时蒸汽在管道中流动会产生摩阻损失，因此，实际的动力循环分析必须考虑管道损失，这里将管道损失集中表示在 1″—1′段内，1′的压力和温度将低于 1″的压力和温度，偏离程度视摩擦阻力及散热情况而定。蒸汽经主蒸汽阀门的 1′—1 过程是绝热节流过程(不可逆过程)，节流后压力降低，焓不变。蒸汽在汽轮机中经历不可逆绝热膨胀过程 1—2′，水在水泵中经历不可逆绝热压缩过程 3—4′，因此必须考虑汽轮机及水泵的相对内效率。表示在 T-s 图上，如图 7-10(b)所示。

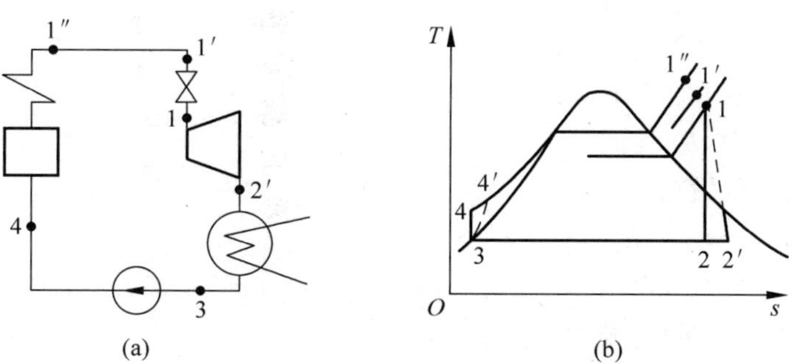

图 7-10　实际蒸汽动力循环

若从整个动力装置来说，评价整个动力装置的指标是**动力装置效率**，它是指装置输出的净功与燃料放出的热量的比值，即

$$\eta=\frac{w_{\mathrm{net}}}{q_{\mathrm{f}}} \tag{7-4}$$

式中，q_f 为 1 kg 蒸汽燃料放出的热量，即

$$q_f = \frac{Q_f}{G}$$

式中，Q_f 为燃料放出的总热量；G 为蒸汽量。

为了按式(7-4)计算装置效率，必须考虑锅炉的能量损失。锅炉能量损失主要是由于燃料燃烧产物(烟、渣等)排出炉外带走的能量及散热损失的能量等。这项损失用锅炉效率表示为

$$\eta_B = \frac{\text{被工质吸收的热量}}{\text{燃料放出的热量}} = \frac{q'_1}{q_4} \tag{7-5}$$

下面举例分析。

例题 7-2 某蒸汽动力装置，锅炉出口蒸汽压力为 $p_{1''}=14$ MPa，温度 $t_{1''}=560$℃；汽轮机进口压力 $p_1=13.5$ MPa，$t_1=550$℃；汽轮机出口乏汽压力 $p_{2'}=0.004$ MPa；已知锅炉效率 0.90，汽轮机相对内效率 0.85，忽略泵功，试求循环热效率、装置效率；各部分能量损失大小及百分率；绘出能流图。

解：此循环如图 7-10 所示。

由已知条件查水及水蒸气表，确定各状态点参数值。

1″点：由 $p_{1''}=14$ MPa 和 $t_{1''}=560$℃，得

$$h_{1''}=3\,485.8 \text{ kJ/kg}$$

1 点：由 $p_1=13.5$ MPa，$t_1=550$℃，得

$$h_1=3\,464.5 \text{ kJ/kg}, s_1=6.585\,1 \text{ kJ/(kg·K)}$$

2 点：由 $s_2=s_1=6.585\,1$ kJ/(kg·K)，$p_2=0.004$ MPa，得

$$x_2=0.765, h_2=1\,982.4 \text{ kJ/(kg·K)}$$

2′点：因为 $\eta_{oi}=\dfrac{h_1-h_{2'}}{h_1-h_2}$，所以

$$\begin{aligned} h_{2'} &= h_1-\eta_{oi}(h_1-h_2) \\ &= [3\,464.5-0.85\times(3\,464.5-1\,982.4)] \text{ kJ/kg} \\ &= 2\,204.7 \text{ kJ/kg} \end{aligned}$$

3 点：$p_3=p_2=0.004$ MPa，$h_3=h'_2\approx 121.41$ kJ/kg

4′点：忽略泵功时，$h_{4'}\approx h_3$

实际循环，汽轮机做功

$$\begin{aligned} w'_T &= h_1-h_{2'}=\eta_{oi}(h_1-h_2) \\ &= 0.85\times(3\,464.5-1\,982.4) \text{ kJ/kg} = 1\,259.8 \text{ kJ/kg} \end{aligned}$$

实际循环工质吸热量(忽略泵功)为

$$\begin{aligned} q'_1 &= h_{1''}-h_{4'}=h_{1''}-h'_2=(3\,485.8-121.41) \text{ kJ/kg} \\ &= 3\,364.39 \text{ kJ/kg} \end{aligned}$$

实际循环热效率

$$\eta'_t=\frac{w'_T}{q'_1}=\frac{1\,259.8}{3\,364.39}=0.374\,5$$

锅炉中消耗燃料放出的热量

$$q_f=\frac{q_1'}{\eta_B}=\frac{3\ 364.39}{0.90}\ \text{kJ/kg}=3\ 738.2\ \text{kJ/kg}$$

动力装置效率

$$\eta=\frac{w_T'}{q_f}=\frac{1\ 259.8}{3\ 738.2}=0.337$$

若管道及主蒸汽阀门损失用管道效率表示为

$$\eta_{tu}=\frac{h_1-h_{4'}}{h_{1''}-h_{4'}}\approx\frac{h_1-h_2'}{h_{1''}-h_2'}=\frac{q_1}{q_1'}=\frac{3\ 464.5-121.41}{3\ 364.39}=0.994$$

式中，q_1 为无管道损失时的理论加热量。

由锅炉效率 $\eta_B=\frac{q_1'}{q_f}$，汽轮机相对内效率 $\eta_{oi}=\frac{w_T'}{w_T}$，管道效率 $\eta_{tu}=\frac{q_1}{q_1'}$ 及可逆循环热效率 $\eta_t=\frac{w_T}{q_1}$，不难得出动力装置效率为

$$\eta=\eta_t\eta_B\eta_{oi}\eta_{tu}$$

循环中能量平衡情况列于表 7-2 及图 7-11 所示的能流图，以 1 kg 蒸汽的燃料放热量 q_f 为基准（100%）绘制。

表 7-2　能量平衡表

设　　备	损失的能量/(kJ/kg)	损失占 q_f 的份额
锅炉	$q_B=q_f-q_1'=3\ 738.2-3\ 364.39$ $=373.8$	$\frac{q_B}{q_f}=\frac{373.8}{3\ 738.2}=10\%$
管道及主蒸汽阀	$q_{tu}=h_{1''}-h_1=3\ 485.8-3\ 464.5$ $=21.3$	$\frac{q_{tu}}{q_f}=\frac{21.3}{3\ 738.2}=0.6\%$
冷凝器	$q_2=h_{2'}-h_3=h_{2'}-h_2'$ $=2\ 204.7-121.41$ $=2\ 083.29$	$\frac{q_2}{q_f}=\frac{2\ 083.29}{3\ 738.2}=55.7\%$
装置做出的功	$w_T'=h_1-h_{2'}=1\ 259.8$	$\frac{w_T'}{q_f}=\frac{1\ 259.8}{3\ 738.2}=33.7\%$

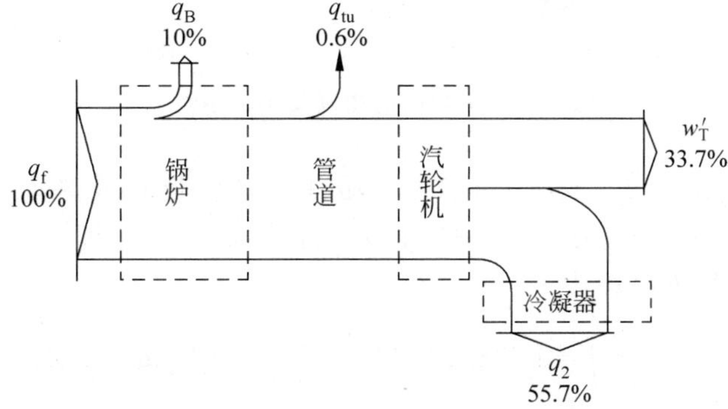

图 7-11　实际蒸汽动力循环的能流图

7-3-2 㶲分析法

㶲分析法是在热力学第二定律分析的基础上,计算各状态点的㶲值,进而计算出循环各部分㶲损失。式(4-17)已经给出稳定流动过程中㶲的平衡关系:进入设备的㶲总和等于离开设备的㶲总和加上㶲损失,即

$$\sum E_{x,in} = \sum E_{x,out} + \sum \pi_i$$

上式是计算㶲损失的基础。下面对例题 7-2 给出的蒸汽动力循环装置进行㶲分析。

例题 7-3 对如例题 7-2 所示的蒸汽动力循环装置进行㶲分析。计算中取环境参数为 $p_0 = 0.1\ \text{MPa}$, $t_0 = 10℃$。

解:根据例题 7-2 的计算,进而算出各状态点焓㶲,循环中各点参数列于表 7-3 中。

表 7-3 工质各状态点参数

状 态 点	p/MPa	t/℃	T/K	h/(kJ/kg)	s/(kJ/(kg·K))	e_x/(kJ/kg)
0(环境)	0.1	10	283	42.1	0.151 0	0
1″	14	560	833	3 485.8	6.595 1	1 619.4
1	13.5	550	823	3 464.5	6.585 1	1 600.9
2	0.004	29	302	1 982.4	6.585 1	118.8
2′	0.004	29	302	2 204.7	7.318 2	133.6
3(4′)	0.004	29	302	121.41	0.422 4	1.87

(1) 锅炉内能量关系大体如图 7-12(a)所示,工质侧由状态 4′被等压加热到状态 1″,而炉内燃料与空气混合燃烧产生的热量除被工质吸收以外,其余部分将随排烟及渣等排出炉外,同时还有部分散热传给环境。为便于分析,将锅炉㶲流情况简化成图 7-12(b)。

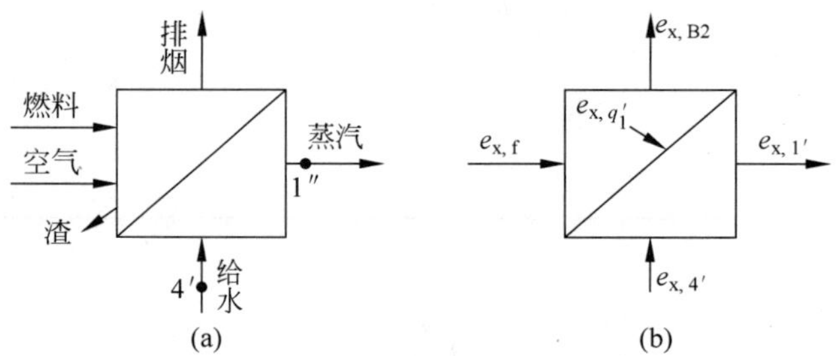

图 7-12 锅炉内的物流及㶲流示意图

本例中燃烧平均温度 $\overline{T}_g$ 取 2 000 K。1 kg 工质所需燃料放热量为 q_f,例 7-2 已算出 $q_f = 3\ 738.2\ \text{kJ/kg}$。在这里,为方便比较,把 q_f 当作燃料㶲 $e_{x,f}$,即 $e_{x,f} = q_f$。烟气吸收燃料燃烧放出的热量 q_f,其热量㶲为

$$e_{x,q_f} = q_f\left(1 - \frac{T_0}{\overline{T}_g}\right) = 3\ 738.2 \times \left(1 - \frac{283}{2\ 000}\right)\ \text{kJ/kg} = 3\ 209.2\ \text{kJ/kg}$$

由于烟气吸收的热量中只有 η_B 的份额传给了工质,因此,烟气传给工质的热量㶲为

$$e_{x,q_1'} = e_{x,q_f} \cdot \eta_B = 3\ 209.2 \times 0.9\ \text{kJ/kg} = 2\ 888\ \text{kJ/kg}$$

则燃料㶲损失为

$$\pi_{B1}=e_{x,f}-e_{x,q_f}=(3\ 738.2-3\ 209.2)\ \mathrm{kJ/kg}=529\ \mathrm{kJ/kg}$$

排烟、散热等㶲损失

$$\pi_{B2}=e_{x,q_f}-e_{x,q'_1}=(3\ 209.2-2\ 888)\ \mathrm{kJ/kg}=321.2\ \mathrm{kJ/kg}$$

由温差传热造成的㶲损失

$$\pi_{B3}=e_{x,4'}+e_{x,q'_1}-e_{x,1''}=(1.87+2\ 888-1\ 619.4)\ \mathrm{kJ/kg}=1\ 270.9\ \mathrm{kJ/kg}$$

锅炉总㶲损失

$$\pi_B=\pi_{B1}+\pi_{B2}+\pi_{B3}=(529+321.2+1\ 270.9)\ \mathrm{kJ/kg}=2\ 121.1\ \mathrm{kJ/kg}$$

（2）蒸汽管道及主蒸汽阀门的㶲损失

$$\pi_{tu}=e_{x,1''}-e_{x,1}=(1\ 619.4-1\ 600.9)\ \mathrm{kJ/kg}=18.5\ \mathrm{kJ/kg}$$

（3）汽轮机㶲损失（见图 7-13）

$$\pi_T=e_{x,1}-e_{x,2'}-w'_T=(1\ 600.9-133.6-1\ 259.8)\ \mathrm{kJ/kg}=207.5\ \mathrm{kJ/kg}$$

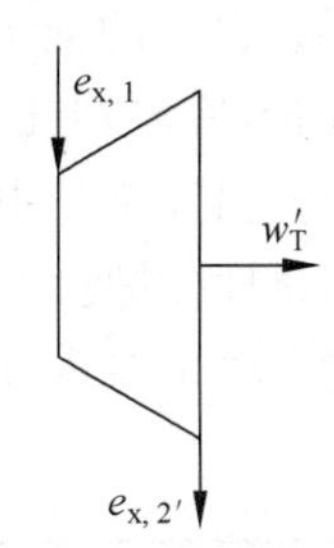

图 7-13　汽轮机㶲损失

（4）冷凝器㶲损失（包括散热损失及冷却水带走的㶲）

$$\pi_c=e_{x,2'}-e_{x,3}=(133.6-1.87)\ \mathrm{kJ/kg}=131.73\ \mathrm{kJ/kg}$$

上述各部分㶲损失占燃料㶲 $e_{x,f}$ 的份额分别为

锅炉 $\dfrac{\pi_B}{e_{x,f}}=\dfrac{2\ 121.1}{3\ 738.2}=56.7\%$

其中燃烧 $\dfrac{\pi_{B1}}{e_{x,f}}=\dfrac{529}{3\ 738.2}=14.1\%$

排烟、散热 $\dfrac{\pi_{B2}}{e_{x,f}}=\dfrac{321.2}{3\ 738.2}=8.6\%$

传热 $\dfrac{\pi_{B3}}{e_{x,f}}=\dfrac{1\ 270.9}{3\ 738.2}=34\%$

管道及主蒸汽阀 $\dfrac{\pi_{tu}}{e_{x,f}}=\dfrac{18.5}{3\ 738.2}=0.5\%$

汽轮机 $\dfrac{\pi_T}{e_{x,f}}=\dfrac{207.5}{3\ 738.2}=5.6\%$

冷凝器 $\dfrac{\pi_c}{e_{x,f}}=\dfrac{131.73}{3\ 738.2}=3.5\%$

循环做出的净功占投入㶲的份额，即循环㶲效率

$$\eta_{e,x}=\frac{w'_T}{e_{x,f}}=\frac{1\ 259.8}{3\ 738.2}=33.7\%$$

图 7-14 为该装置的㶲流图。

7-3-3　两种方法比较

将例题 7-2 和例题 7-3 的结果列于表 7-4 中。比较两种方法所得结果，可以看出各环节损失的份额不尽相同，这是由于两种方法中“损失”的含义有原则的区别。例如热效率法中，从量的角度看，冷凝器中损失的能量最多；而㶲分析法，从量与质统一的角度来看，冷凝器

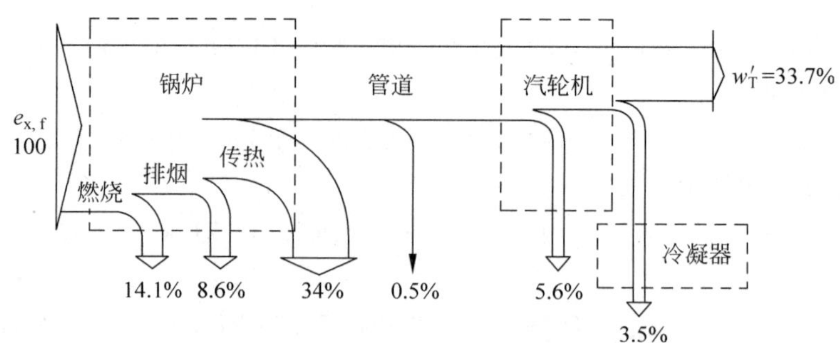

图 7-14　实际蒸汽动力循环㶲图

中尽管损失的能量很多,但因其与环境温度接近,转换为功的潜力很小,因此,从热变功的角度分析,冷凝器几乎没有改进的余地。而㶲损失最大的部位在锅炉,而且明确显示㶲损失主要是由于锅炉中燃烧和传热不可逆造成的,为了提高㶲的利用率,应该尽可能改善燃烧及传热条件,以便减少不可逆损失。㶲分析法为合理利用能源,提供了可靠的依据。但是这种分析方法是在热力学第一定律分析的基础上进行的,所以㶲分析法和热效率法一般同时使用。

表 7-4　实际蒸汽动力循环两种分析结果汇总表

输出功		占供入的份额	
		热效率法	㶲分析法
		33.7%	**33.7%**
损失	锅炉	10%	56.7%(其中,燃烧 14.1% 排烟、散热 8.6% 传热 34%)
	管道	0.6%	0.5%
	汽轮机	0	5.6%
	冷凝器	55.7%	3.5%
	总计	66.3%	66.3%

7-4　蒸汽再热循环

如 7-2 节所述,为了提高循环热效率,可以提高蒸汽初温和初压。但是提高蒸汽初压将导致乏汽干度下降,而提高初温又要受到金属材料的限制,为了解决这些矛盾,常常采用蒸汽中间再热的方法。蒸汽中间再热循环示意图参见图 7-15(a)。

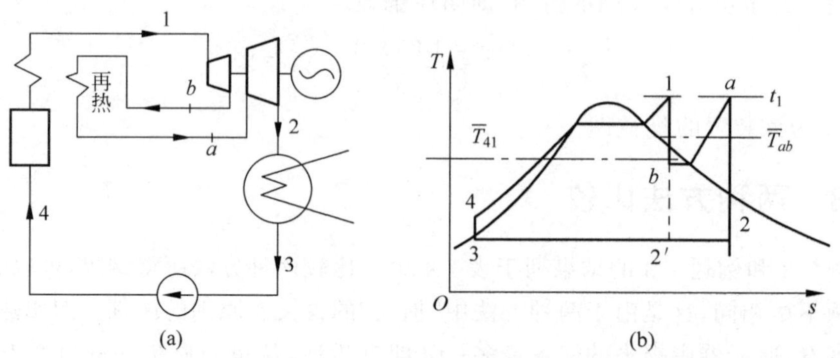

图 7-15　蒸汽再热循环

所谓蒸汽中间再热，就是蒸汽在汽轮机(高压部)中膨胀到某一中间压力(p_b)时全部引出，引入锅炉再热器中再次加热，然后全部回到汽轮机(低压部)内继续膨胀做功。再热循环的 T-s 图如图 7-15(b)所示。由该图可见，经中间再热的蒸汽其乏汽干度明显地提高了。下面分析再热循环的功及热效率(忽略泵功)。

再热循环所做的功为

$$w_{\mathrm{RH}}=(h_1-h_b)+(h_a-h_2) \tag{7-6}$$

循环加热量

$$q_{1,\mathrm{RH}}=(h_1-h_4)+(h_a-h_b) \tag{7-7}$$

再热循环的热效率

$$\eta_{\mathrm{t,RH}}=\frac{w_{\mathrm{RH}}}{q_{1,\mathrm{RH}}}=\frac{(h_1-h_b)+(h_a-h_2)}{(h_1-h_4)+(h_a-h_b)} \tag{7-8}$$

由式(7-8)难以直接分析比较再热循环与朗肯循环热效率的相对大小。我们仍然利用 T-s 图及平均温度法对再热循环进行定性分析。

在图 7-15(b)的 T-s 图上，当循环最高温度相同时，再热循环 $1ba2341$ 与朗肯循环 $12'341$ 比较，平均放热温度 $\overline{T}_2$ 是相同的；朗肯循环的平均吸热温度为 $\overline{T}_{41}$，而再热循环的平均吸热温度是 $\overline{T}_{41}$ 与中间再热过程 ab 段的平均吸热温度 $\overline{T}_{ab}$ 的加权叠加。因此，由于中间再热压力(p_b)的不同，会有 $\overline{T}_{ab}$ 大于、等于或小于 $\overline{T}_{41}$ 三种可能，而使再热循环的平均吸热温度高于、等于或低于朗肯循环平均吸热温度，进而导致再热循环热效率大于、等于或小于朗肯循环热效率。

其实，再热的目的除了本身可能提高热效率外，更重要的目的在于通过再热可提高乏汽干度，从而为提高初压，即进一步提高热效率创造了可能性。为了既提高乏汽干度，又能尽可能达到提高循环热效率的目的，必须选择最佳的中间再热压力。中间再热最佳压力数值需根据给定循环条件进行全面的经济技术分析来确定，一般为蒸汽初压的 20%～30%。通常一次再热可使循环效率提高 2%～3.5%。目前大型动力循环装置向着高压方向发展，再热循环已经成为保证乏汽干度，提高热效率的必要措施。现代大型机组大多采用一次再热。若再热次数增多，固然可以增加热效率，但增加了设备费，而且给运行带来不便，因此，实际循环很少采用二次以上再热措施。

例题 7-4　蒸汽参数与例题 7-1 相同，即 $p_1=13.5$ MPa，$t_1=550$℃，$p_2=0.004$ MPa。当蒸汽在汽轮机中膨胀至 3 MPa 时再热到 t_1，形成一次再热循环。忽略泵功，求该循环的比功、吸热量、热效率、汽耗率及汽轮机出口干度。

解：将一次再热循环表示在 T-s 图上，如图 7-16 所示，由已知条件查表，得到各点状态参数值：

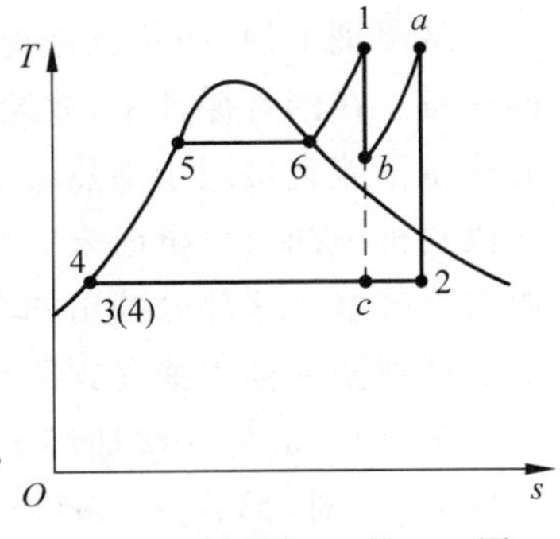

图 7-16　例题 7-4 的 T-s 图

1 点：$p_1=13.5$ MPa，$t_1=550$℃，$h_1=3\,464.5$ kJ/kg，
　　$s_1=6.585\,1$ kJ/(kg·K)

b 点：$p_b=3$ MPa，$s_b=s_1=6.585\,1$ kJ/(kg·K)，
　　$h_b=3\,027.6$ kJ/kg

a 点：$p_a=p_b=3$ MPa，$t_a=t_1=550$℃，$h_a=3\,568.5$ kJ/kg，
　　$s_a=7.375\,2$ kJ/(kg·K)

2 点：$p_2=0.004$ MPa，$s_2=s_a=7.375\,2$ kJ/(kg·K)，

$$x_2 = 0.8635, \quad h_2 = 2\,222.0\ \text{kJ/kg}$$

3(4)点：$h_3 \approx h_2' = 121.41\ \text{kJ/kg}$

循环比功(忽略泵功)为

$$\begin{aligned} w_{\text{RH}} &= (h_1 - h_b) + (h_a - h_2) \\ &= [(3\,464.5 - 3\,027.6) + (3\,568.5 - 2\,222.0)]\ \text{kJ/kg} \\ &= 1\,783.4\ \text{kJ/kg} \end{aligned}$$

循环吸热量为

$$\begin{aligned} q_{1,\text{RH}} &= h_1 - h_3 + h_a - h_b \\ &= (3\,464.5 - 121.41 + 3\,568.5 - 3\,027.6)\ \text{kJ/kg} \\ &= 3\,883.99\ \text{kJ/kg} \end{aligned}$$

循环热效率

$$\eta_{\text{t,RH}} = \frac{w_{\text{RH}}}{q_{1,\text{RH}}} = \frac{1\,783.4}{3\,883.99} = 0.459$$

汽耗率

$$d = \frac{3\,600}{w_{\text{RH}}} = 2.019\ \text{kg/(kW} \cdot \text{h)}$$

汽轮机出口干度

$$x = 0.8635$$

将本例的计算结果与例 7-1 的朗肯循环比较。可见，采用再热循环，当再热参数合适时，使汽轮机出口干度提高到容许范围内，同时，提高了热效率，降低了汽耗率，因而提高了整个装置的经济性。

7-5　回热循环

7-5-1　回热循环概念

回热循环是蒸汽动力循环中普遍采用的循环，它能提高动力循环的热效率。

在例题 4-3 中，分析了一个变温热源的热机循环经完全回热后(概括性卡诺循环)，其热效率达到同温限下卡诺热机循环效率。完全回热循环实际上是不能实现的，然而利用回热办法可以提高循环热效率却是肯定的。

从原理上说，回热就是把本来要放给冷源的热量用于加热工质，以减少工质从外界吸收的热量。在朗肯循环中，放给冷源的热量是由膨胀终了的乏汽在冷凝器中完成的，显然这部分热量不能直接用于加热将要回到锅炉的冷凝水。目前采用的一种切实可行的回热方案是从汽轮机中抽出少量尚未完全膨胀的、压力仍不太低(因而温度亦不太低)的蒸汽，去加热低温的冷凝水。这部分抽出的蒸汽的潜热没有放给冷源，而是用于加热工质，达到了回热的目的。这种循环称为**抽汽式回热循环**。

图 7-17(a)为一次抽汽蒸汽动力循环系统示意图。1 kg 新蒸汽进入汽轮机，膨胀到某一压力 p_a 时，部分蒸汽 α(kg)被抽出并送入回热加热器，其余$(1-\alpha)$(kg)蒸汽继续膨胀做功到乏汽压力，进入冷凝器，被冷却凝结成冷凝水，经凝结水泵进入回热加热器，被 α(kg)的

抽汽加热成饱和水，然后经水泵加压再进入锅炉加热、汽化、过热成新蒸汽，完成循环。

其中回热加热器有两种，一种是表面式回热器，抽汽与冷凝水不直接接触，通过换热器壁面交换热量；另一种是混合式回热器，α(kg)抽汽与$(1-\alpha)$(kg)冷凝水混合在一起，成为呈饱和状态的 1 kg 饱和水进入水泵。下面以混合式回热器为例进行分析。

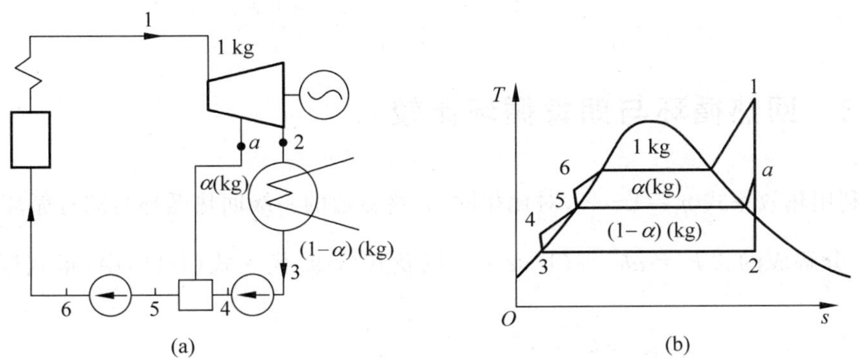

图 7-17 抽汽式回热循环

将回热循环表示在 T-s 图上，如图 7-17(b)所示。应该指出的是，在回热循环中，由于工质经历不同过程时有质量的变化，因此，T-s 图上的面积不能直接代表功与热量，它只表征状态和过程的特点。尽管如此，只要注意到各过程中质量流量的不同，T-s 图对分析回热循环仍是十分有用的工具。

7-5-2 回热循环计算

回热循环的计算，首先要确定抽汽量 α。令进入泵的水处于饱和状态，即图 7-17 中 3 和 5 两状态点分别为乏汽压力和抽汽压力下的饱和水状态。抽汽量 α 是根据质量守恒及能量守恒的原则确定的。

图 7-18 是混合式回热加热器的示意图。在混合式回热加热器中，工质经历稳定流动过程，其质量守恒关系为

$$\alpha+(1-\alpha)=1\ \text{kg}$$

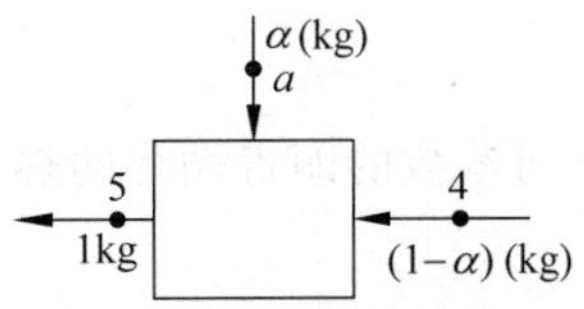

α(kg)
a
5
4
1kg
(1−α) (kg)

图 7-18 混合式回热加热器的示意图

根据热力学第一定律，其能量平衡式为

$$\alpha h_a+(1-\alpha)h_4=h_5$$

或者

$$\alpha(h_a-h_5)=(1-\alpha)(h_5-h_4)$$

如果忽略泵功，则 $h_4\approx h_3=h'_2$，又 $h_5=h'_a$（抽汽压力 p_a 下饱和水焓），上式可写成

$$\alpha h_a+(1-\alpha)h'_2=h'_a \tag{7-9}$$

则抽气量

$$\alpha=\frac{h'_a-h'_2}{h_a-h'_2} \tag{7-10}$$

循环吸热量（忽略泵功）

$$q_{1,\text{RG}}=h_1-h_5=h_1-h'_a \tag{7-11}$$

循环所做的功

$$
\begin{aligned}
w_{RG} &= \alpha(h_1 - h_a) + (1-\alpha)(h_1 - h_2) \\
&= (h_1 - h_a) + (1-\alpha)(h_a - h_2)
\end{aligned}
\tag{7-12}
$$

则循环热效率

$$
\eta_{t,RG} = \frac{w_{RG}}{q_{1,RG}} = \frac{(h_1 - h_a) + (1-\alpha)(h_a - h_2)}{h_1 - h'_a}
\tag{7-13}
$$

7-5-3 回热循环与朗肯循环比较

本节利用热效率式 $\eta_t = 1 - \dfrac{q_2}{q_1}$,对比相同初、终参数的一级回热循环与朗肯循环的热效率。

将 h_1 分解成的式 $h_1 = \alpha h_1 + (1-\alpha)h_1$ 以及式(7-9)代入式(7-11)中,得到回热循环的吸热量

$$
\begin{aligned}
q_{1,RG} &= h_1 - h'_a \\
&= \alpha h_1 + (1-\alpha)h_1 - \alpha h_a - (1-\alpha)h'_2 \\
&= \alpha(h_1 - h_a) + (1-\alpha)(h_1 - h'_2)
\end{aligned}
\tag{7-14}
$$

从图 7-17(b)可见,回热循环的放热量

$$
\begin{aligned}
q_{2,RG} &= (1-\alpha)(h_2 - h_3) \\
&= (1-\alpha)(h_2 - h'_2)
\end{aligned}
\tag{7-15}
$$

则回热循环的热效率

$$
\begin{aligned}
\eta_{t,RG} &= 1 - \frac{q_{2,RG}}{q_{1,RG}} \\
&= 1 - \frac{(1-\alpha)(h_2 - h'_2)}{\alpha(h_1 - h_a) + (1-\alpha)(h_1 - h'_2)} \\
&= 1 - \frac{h_2 - h'_2}{(h_1 - h'_2) + \dfrac{\alpha}{1-\alpha}(h_1 - h_a)}
\end{aligned}
\tag{7-16}
$$

对于同参数的朗肯循环的热效率

$$
\eta_{t,R} = 1 - \frac{h_2 - h'_2}{h_1 - h'_2}
\tag{7-17}
$$

对比式(7-16)与式(7-17),因为式(7-16)中的$\dfrac{\alpha}{1-\alpha}(h_1 - h_a)$永远大于零,所以回热循环效率大于同参数的朗肯循环效率。

值得指出的是,由于 α(kg)蒸汽从中间压力抽出,使回热循环的比功小于朗肯循环,导致回热循环汽耗率增大。

7-5-4 多级回热循环

蒸汽动力循环采用回热,由于增加了回热加热器、管道、阀门及水泵等装置,必然增大设备投资,系统也较朗肯循环复杂。但是,回热循环不但使热效率得到提高,同时,还有下列优点:

(1) 由于吸热量减少,从而减少了锅炉的总负荷,同时减少了高温受热面,节省了部分

耐高温金属材料的使用。

(2) 汽耗率的增大使汽轮机高压端的蒸汽流量增加，而低压端因抽汽而流量减小，这样可使汽轮机的结构更协调合理。

(3) 进入冷凝器的乏汽流量减少，故减少了冷凝器换热面积，可以节省铜材。

综合分析表明，采用回热循环利大于弊，经济上有利，设备上更趋合理，因此，现代大、中型蒸汽动力装置中毫无例外地采用回热循环。抽汽的级数由二三级到七八级，参数越高容量越大的机组，回热级数越多。

前述的一级抽汽回热循环计算，原则上同样适用于多级回热循环。各级抽汽量可依照上述办法在各级回热加热器能量平衡基础上确定。

例题 7-5　二级抽汽回热蒸汽动力循环，采用混合式回热加热器。蒸汽参数与例题 7-1 相同，即蒸汽初参数 $p_1=13.5\ \text{MPa}$，$t_1=550℃$，乏汽压力 $p_2=0.004\ \text{MPa}$；抽汽压力分别为 3 MPa 和 0.3 MPa，忽略泵功。求该循环的比功、吸热量、热效率及汽耗率。

解：图 7-19 示出该循环的 T-s 图。

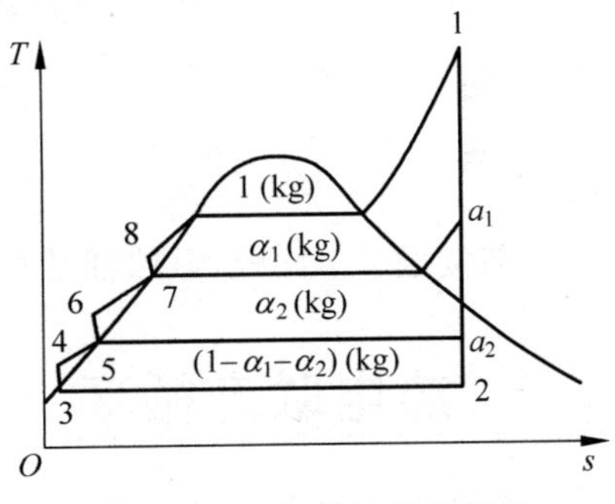

图 7-19　二级抽汽回热循环

由已知条件查表，得到各状态点参数：

1 点：$p_1=13.5\ \text{MPa}$，$t_1=550℃$，得

$h_1=3\,464.5\ \text{kJ/kg}$，　$s_1=6.585\,1\ \text{kJ/(kg·K)}$

a_1 点：$s_{a_1}=s_1=6.585\,1\ \text{kJ/(kg·K)}$，$p_{a_1}=3\ \text{MPa}$，

$h_{a_1}=3\,027.6\ \text{kJ/kg}$(过热蒸汽)

a_2 点：$s_{a_1}=s_1=6.585\,1\ \text{kJ/(kg·K)}$，$p_{a_2}=0.3\ \text{MPa}$，

$x_{a_2}=0.923\,3$，$h_{a_2}=2\,559.5\ \text{kJ/kg}$(湿饱和蒸汽)

2 点：$s_2=s_1=6.585\,1\ \text{kJ/(kg·K)}$，$p_2=0.004\ \text{MPa}$，

$x_2=0.765$，$h_2=1\,982.4\ \text{kJ/kg}$

3(4)点：$h_4\approx h_3=h'_2=121.41\ \text{kJ/kg}$(忽略泵功)

5(6)点：$h_6\approx h_5=h'_{a_2}=561.4\ \text{kJ/kg}$(忽略泵功)

7(8)点：$h_8\approx h_7=h'_{a_1}=1\,008.4\ \text{kJ/kg}$(忽略泵功)

一级回热加热器Ⅰ的热平衡式为

$$\alpha_1 h_{a_1}+(1-\alpha_1)h_6=h_7$$

忽略泵功，得

$$\alpha_1 h_{a_1}+(1-\alpha_1)h'_{a_2}=h'_{a_1}$$

$$\alpha_1=\frac{h'_{a_1}-h'_{a_2}}{h_{a_1}-h'_{a_2}}=\frac{1\,008.4-561.4}{3\,027.6-561.4}=0.181\,3$$

同理，二级回热加热器Ⅱ的热平衡式为

$$\alpha_2 h_{a_2}+(1-\alpha_1-\alpha_2)h_4=(1-\alpha_1)h_5$$

即

$$\alpha_2 h_{a_2}+(1-\alpha_1-\alpha_2)h'_2=(1-\alpha_1)h'_{a_2}$$

则

$$\alpha_2=\frac{(1-\alpha_1)(h'_{a_2}-h'_2)}{h_{a_2}-h'_2}$$

$$=\frac{(1-0.1813)\times(561.4-121.41)}{2559.5-121.41}=0.1477$$

循环吸热量

$$q_{1,\mathrm{RG}}=h_1-h_8=h_1-h'_{a_1}$$
$$=(3464.5-1008.4)\ \mathrm{kJ/kg}=2456.1\ \mathrm{kJ/kg}$$

循环比功

$$w_{\mathrm{RG}}=h_1-h_{a_1}+(1-\alpha_1)(h_{a_1}-h_{a_2})+(1-\alpha_1-\alpha_2)(h_{a_2}-h_2)$$
$$=[3464.5-3027.6+(1-0.1813)\times(3027.6-2559.5)+$$
$$(1-0.1813-0.1477)\times(2559.5-1982.4)]\ \mathrm{kJ/kg}$$
$$=1207.3\ \mathrm{kJ/kg}$$

循环热效率

$$\eta_{\mathrm{t,RG}}=\frac{w_{\mathrm{RG}}}{q_{1,\mathrm{RG}}}=\frac{1207.3}{2456.1}=49.2\%$$

汽耗率

$$d=\frac{3600}{w_{\mathrm{RG}}}=\frac{3600}{1207.3}\ \mathrm{kg/(kW\cdot h)}=2.9819\ \mathrm{kg/(kW\cdot h)}$$

与例题 7-1 比较,显然回热循环热效率提高了,但汽耗率增大了。

7-6 热电联产循环

尽管采用了高参数、再热、回热等措施,但蒸汽动力的循环热效率仍低于 50%,即燃料中约 50%的能量在冷凝器中白白地释放到了环境中。尽管这部分能量数量不少,但却因温度太低不能转换为机械能。另外,又要耗费大量燃料产生温度不太高的热能,以满足生活及大量生产过程的供热需要。为了充分利用能源,在生产电能的同时将做过功的蒸汽的一部分或全部引出,向热用户提供热能的循环叫**热电联产循环**。

热电联产循环大体分为两种类型,一种最简单的方式是采用背压式汽轮机,如图 7-20 所示。所谓**背压式汽轮机**指排汽压力高于 0.1 MPa 的汽轮机。它与前面所述**凝汽式动力循环**原理几乎相同,只是因用户要求,背压高于 0.1 MPa,同时排汽不通过冷凝器向环境放热,而是直接供给热用户。

背压式汽轮机热电联产循环,供热与供电是互相影响的,不能随意调节热、电供应比例。

工程实际中采用较多的是**抽汽调节式热电联产循环**,如图 7-21 所示。这种方式的循环,供热与供电之间互相影响较小,同时可以调节抽汽压力和温度,以满足不同用户的要求。

在热电联产循环中,背压的提高或者抽汽的结果使循环做功减少,因而循环热效率低于一般凝汽式发电机组的循环热效率。但是,单纯用热效率作为经济指标显然是欠合理的,因此,还有另一个经济指标评价热电联产循环,即**能量利用系数** K,

$$K=\frac{\text{已利用的能量}}{\text{工质从热源得到的能量}}\tag{7-18}$$

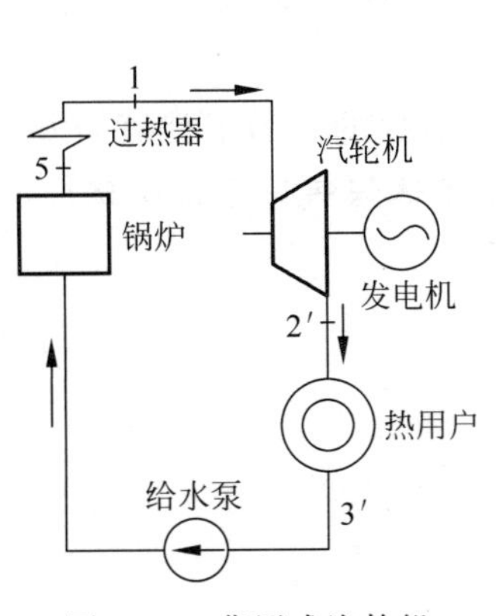

图 7-20　背压式汽轮机

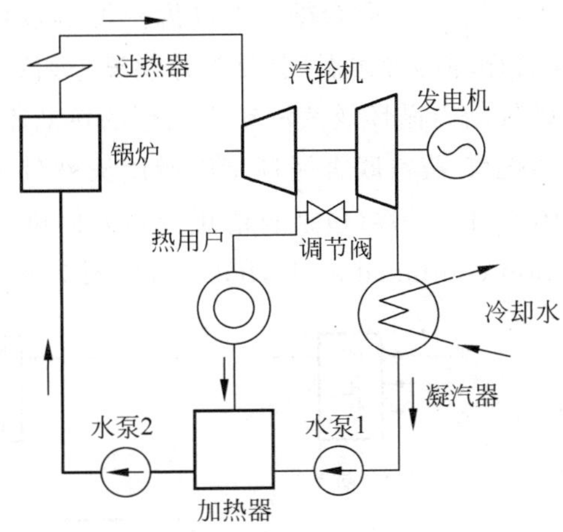

图 7-21　抽汽调节式热电联产循环

式中，已利用的能量应包括功量和供给热用户的热量。在理想情况下，可达 $K=1$，但实际上，由于各种损失及热、电负荷间不协调造成的浪费，一般 $K=70\%$。

需要指出的是机械能与热能并不等价，即使两个循环的 K 值相同，热经济性也不一定相同。所以，需要同时用 η_t 和 K 这两个指标，或者进一步采用㶲效率评价，才比较全面、合理。

7-7　燃气-蒸汽联合循环简介

由于一般燃气轮机的排气温度为 450～640℃，与一般蒸汽动力循环的主蒸汽温度 540～566℃相当，且大功率机燃气轮机的排气量足够多，故可以将在燃气轮机中做功后的废气引入余热锅炉，利用废气的余热把余热锅炉中的水加热成蒸汽，再把蒸汽送到汽轮机中做功。这种通过余热利用设备将燃气动力循环和蒸汽动力循环联合在一起的循环，称为**燃气-蒸汽联合循环**。燃气-蒸汽联合循环有多种组合方式，图 7-22 所示为其中的一种组合方式，即通过余热锅炉将燃气循环和蒸汽循环联合在一起，而图 7-23 为燃气-蒸汽联合循环的 T-s 图。

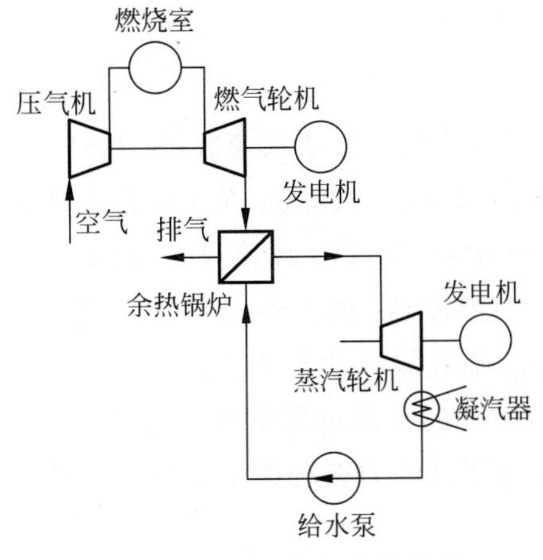

图 7-22　燃气-蒸汽联合循环

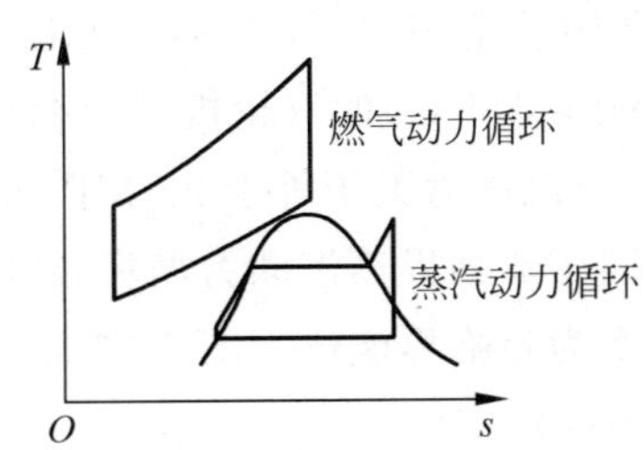

图 7-23　燃气-蒸汽联合循环的 T-s 图

由于燃气-蒸汽联合循环的高温热源温度(透平初温)远高于一般蒸汽循环的主蒸汽温度,而联合循环的冷源温度(凝汽器温度)远低于一般燃气循环的排气温度,故其热效率高于单纯的燃气动力循环及蒸汽动力循环的热效率。

上述燃气-蒸汽联合循环是以燃用天然气和液体燃料为前提的。为了使联合循环能够燃用固体燃料——煤(包括石油焦等),人们进一步开发出了**整体煤气化联合循环**(integrated gasification combined cycle,IGCC),如图 7-24 所示。

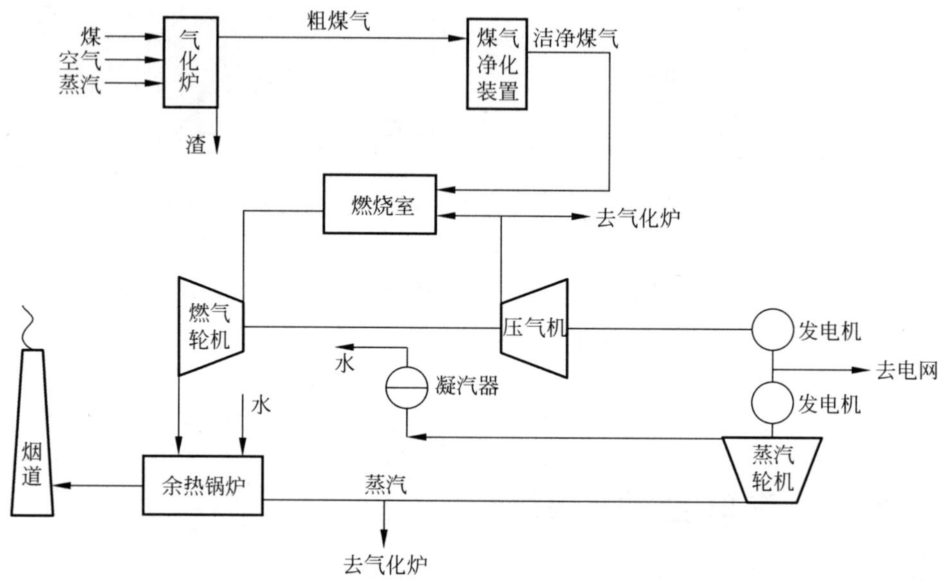

图 7-24　整体煤气化联合循环(IGCC)

整体煤气化联合循环不仅可以提高循环效率,而且环保性能好,如 SO_2,NO_x,CO_2 以及粉尘的排放低,可燃用高硫煤;并且可实现煤化工综合利用,生产硫、硫酸、甲醇、尿素等,因此具有很大的发展潜力。

7-8　超临界蒸汽动力循环

超临界蒸汽动力循环一般指的是在额定工况下汽轮机进口蒸汽参数(压力和温度)高于水蒸气的临界状态参数(压力 $p_C=22.064$ MPa,温度 $t_C=373.946$℃)的蒸汽动力循环。《发电机用汽轮机参数系列》(GB/T 754—2024)中将蒸汽参数高于常规超临界参数(24.2 MPa/566℃)的汽轮机进汽参数,且其新蒸汽温度或/和再热温度大于等于 580℃,或/和新蒸汽压力大于等于 28 MPa 的循环称为超超临界蒸汽动力循环。

不同于亚临界蒸汽动力循环,超临界蒸汽动力循环的吸热过程中并不出现沸腾相变,水直接转变为超临界流体。图 7-25 显示了一个超临界蒸汽动力循环的 p-v 图(a)、T-s 图(b)和 h-s 图(c)。

由于蒸汽的平均吸热温度更高,超临界蒸汽动力循环的热效率比亚临界蒸汽动力循环更高。此外,超临界蒸汽动力循环的蒸汽密度和导热系数都较一般蒸汽动力循环的更大,蒸

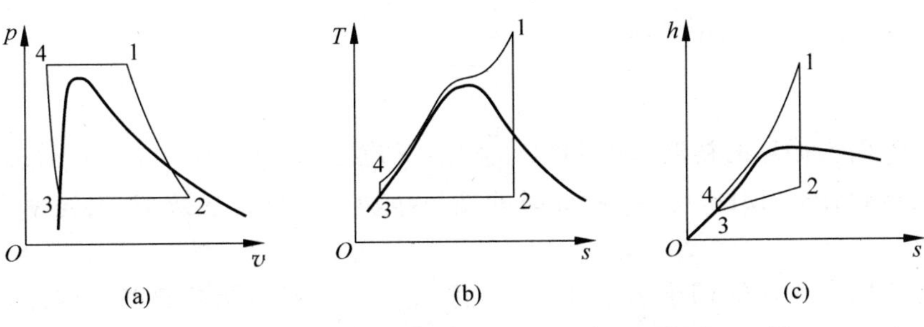

图 7-25　超临界蒸汽动力循环的 p-v 图、T-s 图和 h-s 图

汽与热源换热的效果会更好。

与一般蒸汽动力循环类似，超临界蒸汽动力循环也可采用再热、回热等方法进一步提高热效率。图 7-26 显示了一个采用一次再热和一级抽汽回热的超临界蒸汽动力循环的 T-s 图。

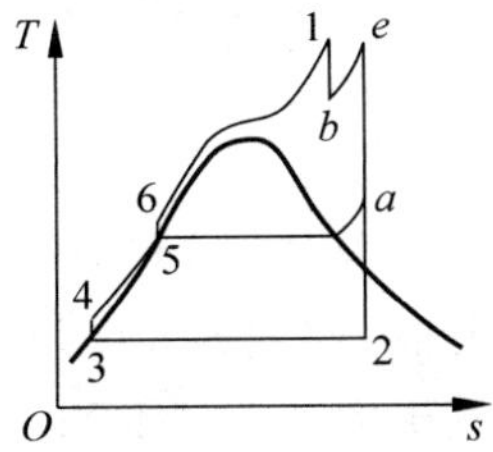

图 7-26　采用一次再热和一级抽汽回热的超临界蒸汽动力循环的 T-s 图

思考题

7-1　简单蒸汽动力装置由哪几个主要设备组成？画出系统图。在 p-v 图、T-s 图上如何表示？

7-2　卡诺循环效率比同温限下其他循环效率高，为什么蒸汽动力循环不采用卡诺循环方案？

7-3　蒸汽动力循环热效率不高的原因是冷凝器放热损失大，能否取消冷凝器而用压缩机将乏汽升压送回锅炉？

7-4　与思考题 7-3 同样的原因，能否取消冷凝器，直接将乏汽送回锅炉加热，以避免冷凝放热损失？

7-5　蒸汽中间再过热的主要作用是什么？是否总能通过再热提高循环热效率？什么条件下中间再过热才能对提高热效率有好处？

7-6　抽汽回热循环，由于抽出蒸汽，减少了做功，为什么还能提高循环热效率？

7-7　总结蒸汽参数对循环的影响，有何利弊？

7-8　热效率法与㶲分析法有何不同？

习题

7-1 蒸汽朗肯循环的初温 $t_1=500℃$，背压(乏汽压力) $p_2=0.004\ \text{MPa}$，忽略泵功，试求当初压 $p_1=4\text{MPa}$、9MPa 及 14 MPa 时的循环净功、加热量、热效率、汽耗率及汽轮机出口干度 x_2。

7-2 蒸汽朗肯循环的初压 $p_1=4\ \text{MPa}$，背压 $p_2=4\ \text{kPa}$，泵功忽略。试计算初温 $t_1=400℃$、550℃时的热效率及汽耗率。

7-3 冬天冷却水温度较低，可以降低冷凝压力，即 $p_2'=0.004\ \text{MPa}$，夏天冷却水温高，冷凝压力 p_2'升为 0.007 MPa，忽略泵功。试计算当汽轮机进汽压力 $p_1=3.5\ \text{MPa}$，进汽温度 $t_1=440℃$时，上述两种情况的热效率及汽耗率。

7-4 某蒸汽动力循环初温 $t_1=380℃$，初压 $p_1=2.6\ \text{MPa}$，背压 $p_2=0.007\ \text{MPa}$，若汽轮机相对内效率为 $\eta_{\text{oi}}=0.8$，忽略泵功。求循环比功、热效率及汽耗率。

7-5 水蒸气再热循环的初压为 16.5 MPa，初温为 535℃，背压为 5.5 kPa，再热前压力为 3.5 MPa，再热后温度与初温相同。

(1) 求其热效率；

(2) 若因阻力损失，再热后压力为 3 MPa，求热效率。

7-6 某蒸汽动力装置采用一次抽汽回热循环，已知新汽参数 $p_1=2.4\ \text{MPa}$，$t_1=390℃$，抽汽压力 $p_a=0.12\ \text{MPa}$，乏汽压力 $p_2=5\ \text{kPa}$。试计算其热效率、汽耗率，并与朗肯循环比较。

7-7 蒸汽两级回热循环的初参数为：$p_1=3.5\ \text{MPa}$，$t_1=440℃$，背压为 6 kPa，第一级抽汽 $p_{a_1}=1.4\ \text{MPa}$，第二级抽汽 $p_{a_2}=0.3\ \text{MPa}$，试计算用混合式回热器时的抽汽率、热效率、汽耗率。

7-8 某蒸汽动力循环由一次再热及一级抽汽混合式回热所组成。蒸汽初参数 $p_1=16\ \text{MPa}$，$t_1=535℃$，乏汽压力 $p_2=0.005\ \text{MPa}$，再热压力 $p_b=3\ \text{MPa}$，再热后 $t_e=t_1$，回热抽汽压力 $p_a=0.3\ \text{MPa}$，试计算抽汽量 α、加热量 q_1、净功 w 及热效率 η_t。

7-9 一个超临界蒸汽动力循环包含一次再热及一级抽汽混合式回热，如图 7-25 所示。蒸汽初参数 $p_1=37\ \text{MPa}$，$t_1=700℃$，乏汽压力 $p_2=0.002\ \text{MPa}$，再热压力 $p_b=7.5\ \text{MPa}$，再热后 $t_e=t_1$，回热抽汽压力 $p_a=0.5\ \text{MPa}$，试计算抽汽量、加热量、净功和热效率。

7-10 西藏某地热发电站，采用工质为 R245fa 的有机工质朗肯循环发电，工质流量为 $\dot{m}=5\ \text{kg/s}$。R245fa 的 T-s 图见图 7-27，膨胀机进口(状态 1)为 $p_1=2.5\ \text{MPa}$ 的饱和气态，膨胀机等熵膨胀时出口为状态 2 s，实际膨胀机出口状态为 2，膨胀机的相对内效率 $\eta_{\text{oi}}=90\%$。冷凝温度为 40℃，忽略泵功。请解答下列问题：(1)请在 T-s 图上画出此循环，并在图中标注上述各状态点；(2)求循环吸热量；(3)求膨胀机的做功量；(4)求循环的热效率；(5)在相同参数下，若采用一级混合式抽汽回热，且已知抽汽点的焓 $h_a=474.518\ \text{kJ/kg}$，抽汽压力 $p_a=1.0\ \text{MPa}$，在 T-s 图上添加回热过程，计算抽汽的量、此循环的热效率和输出功，并

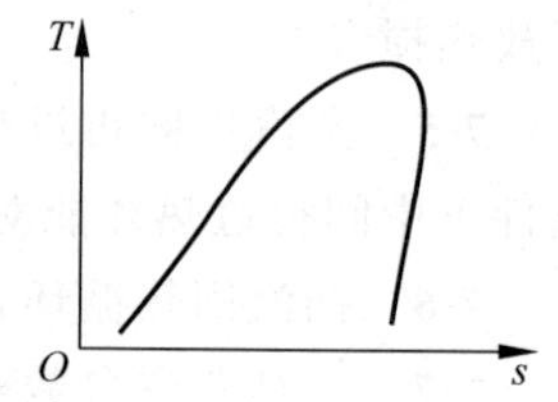

图 7-27 习题 7-10 图

与无回热的结果进行比较。

7-11　某个新设计的超超临界燃煤发电机组，其主蒸汽温度为700℃，压力为35 MPa，经一次再热膨胀到排汽压力0.004 MPa。已知一次再热器进口温度为451℃，出口温度为722℃，忽略泵功，所有膨胀为等熵膨胀。请解答下列问题：(1)在 T-s 图上画出该循环，以汽轮机进口为1，顺序标出各设备状态点，在图下顺序给出各状态点压力、温度和焓值；(2)求循环吸热量、放热量、做功量、循环热效率；(3)若机组的再热器存在1 MPa的压力损失，计算因该压力损失带来的㶲损失和机组效率减少量，并将㶲损失在 T-s 图上表示出来。已知环境温度为25℃。

7-12　某燃气-蒸汽联合循环，燃气轮机循环的排气通入一个余热锅炉，用于加热产生蒸汽供给蒸汽轮机循环。已知：压气机进口压力 $p_1=0.1$ MPa，进口温度 $T_1=300$ K，压气机增压比为10，燃气轮机进口温度 $T_3=1\,600$ K，燃气最终排到大气的温度 $t_8=250$℃。燃气轮机的工质假定为空气，定压比热容为 $c_p=1.005$ kJ/(kg·K)，绝热指数 $k=1.4$，气体常数 $R=0.287$ kJ/(kg·K)，压气机和燃气轮机可认为是完全理想的，燃气轮机装置的工质流量为50 kg/s。余热锅炉理想换热，蒸汽轮机进口蒸汽压力 $p_5=2.5$ MPa，进口蒸汽温度 $t_5=450$℃，蒸汽轮机排汽压力 $p_6=0.01$ MPa。忽略泵功，蒸汽轮机的相对内效率为80%。请解答下列问题：(1)将燃气-蒸汽联合循环画在同一个 T-s 图上；(2)求燃气轮机循环的对外做功功率(kW)；(3)求蒸汽轮机循环的对外做功功率(kW)；(4)求燃气-蒸汽联合循环的热效率；(5)求同温限卡诺循环的热效率。

第8章 制冷及热泵循环

CHAPTER 8

制冷循环是一种逆向循环。逆向循环的目的在于把低温物体(冷源)的热量转移到高温物体(热源)。依照克劳修斯对热力学第二定律的叙述,要使热量从低温物体传到高温物体,必须提供机械能或热能作为代价。如果循环的目的是从低温物体(如冷藏室、冷库等)不断地取走热量,以维持物体的低温,称之为**制冷循环**,此时从冷源取走的热量称为**制冷量**;如果循环的目的是给高温物体(如供暖的房间)不断地提供热量,以保证高温物体的温度,称之为**热泵循环**,此时向高温物体提供的热量称为**制热量**。本章主要叙述制冷循环。

如前所述,制冷循环的经济性指标是制冷系数,而热泵循环则是供热系数。也可以都用性能系数(coefficient of performance,COP)来表示,实质上都是得到的收益与耗费的代价之比。商业上还用表示制冷量的"冷吨"作为指标。1"冷吨"表示1吨0℃的饱和水在24h冷冻到0℃的冰所需要的制冷量。这个制冷量可换算为3.86 kJ/s(但1美国冷吨相当于3.517 kJ/s)。

经济性指标最高的逆循环是同温限的卡诺逆循环。按惯例,以T_{I}和T_{II}分别表示高温热源和低温热源的温度,以T_0表示环境的温度。通常制冷循环都是以环境作为高温热源,即$T_{\mathrm{I}}=T_0$;热泵循环则以环境作为低温热源,即$T_{\mathrm{II}}=T_0$。卡诺逆循环的制冷系数为(见图8-1)

$$\varepsilon_c=(\mathrm{COP})_{\mathrm{R,C}}=\frac{T_{\mathrm{II}}}{T_0-T_{\mathrm{II}}} \tag{8-1}$$

从图8-1可见,热源T_0与冷源T_{II}的温差越大,在图上循环所包围的面积S_{12341}也越大,即循环耗功量越大,而制冷量不变,势必导致制冷系数的降低。例如$T_{\mathrm{II}}=260$ K,$T_0=300$ K时,$\varepsilon_c=6.5$;若$T_{\mathrm{II}}=240$ K,则$\varepsilon_c=4$,同样的制冷量要多耗功62.5%。

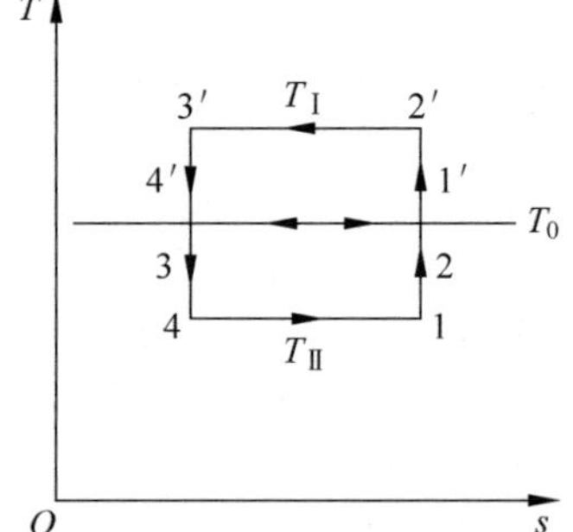

图8-1 卡诺逆循环

卡诺逆循环的供热系数为

$$\varepsilon_c'=(\mathrm{COP})_{\mathrm{H,C}}=\frac{T_{\mathrm{I}}}{T_{\mathrm{I}}-T_0} \tag{8-2}$$

以上两式中,$(\mathrm{COP})_{\mathrm{R,C}}$和$(\mathrm{COP})_{\mathrm{H,C}}$分别代表制冷循环和热泵循环的性能系数;下标R,H和C分别表示制冷(refrigeration)、热泵(heat pump)和卡诺逆循环。

制冷循环包括压缩制冷循环、吸收式制冷循环、吸附式制冷循环、蒸气喷射制冷循环以及半导体制冷等。本章将介绍前三种循环。而其中,压缩制冷循环又分为空气压缩制冷循环和蒸气压缩制冷循环两种。

8-1 空气压缩制冷循环

理想的空气压缩制冷循环可以视为勃雷登逆循环。如图 8-2 所示，从冷藏室出来的空气状态为 1，$T_1=T_{\mathrm{II}}$（T_{II} 为冷藏室温度）；接着进入压缩机进行可逆绝热压缩过程，升温升压到 T_2，p_2；再进入冷却器，实现可逆的定压放热过程；温度下降到 T_3（$T_3=T_0$，T_0 为环境温度）；然后进入膨胀机实现可逆的绝热膨胀过程，使压力下降到 p_4，温度进一步下降到 T_4；最后进入冷藏室，实现可逆的定压吸热过程，升温至 T_1，完成一个理想的循环。循环的 T-s 图见图 8-3。空气视为热容量为定值的理想气体。

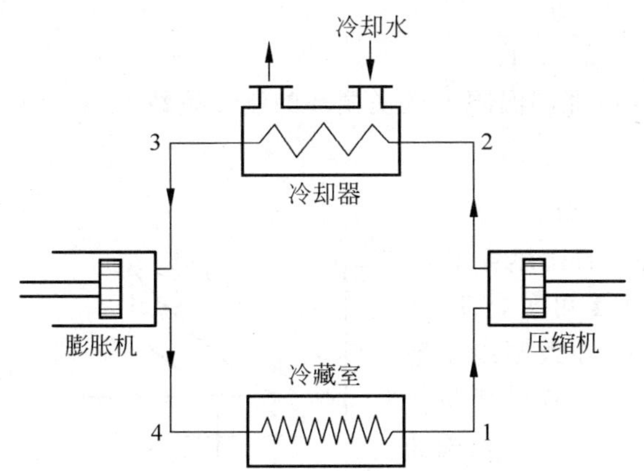

图 8-2 空气压缩制冷循环设备示意图

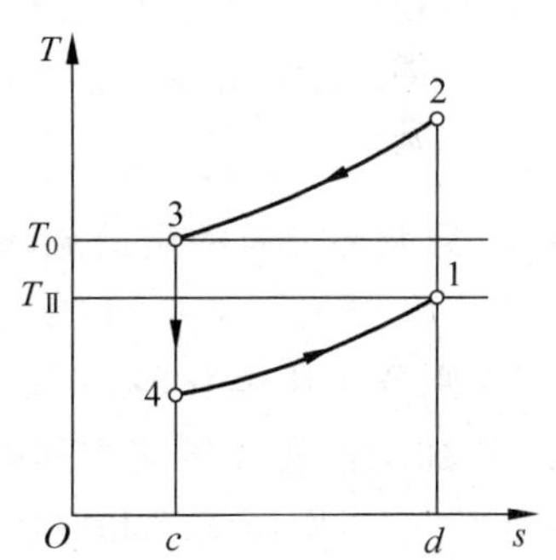

图 8-3 空气压缩制冷循环 T-s 图

循环从低温热源（冷藏室）吸热量为

$$q_2=c_p(T_1-T_4)$$

它也就是循环中单位工质的制冷量。

放给高温热源的热量为

$$q_1=c_p(T_2-T_3)$$

那么循环的制冷系数为

$$\varepsilon=\frac{q_2}{q_1-q_2}=\frac{c_p(T_1-T_4)}{c_p(T_2-T_3)-c_p(T_1-T_4)}$$

$$=\frac{T_1-T_4}{(T_2-T_3)-(T_1-T_4)}=\frac{1}{\dfrac{T_2-T_3}{T_1-T_4}-1}$$

因为 1—2 和 3—4 都是定熵过程，故有

$$\frac{T_2}{T_1}=\left(\frac{p_2}{p_1}\right)^{\frac{k-1}{k}}=\frac{T_3}{T_4}$$

对上式作些运算可得

$$\frac{T_2-T_3}{T_1-T_4}=\frac{T_3}{T_4}$$

将上式关系代入制冷系数表达式可得

$$\varepsilon=\frac{1}{\dfrac{T_3}{T_4}-1}=\frac{T_4}{T_3-T_4}=\frac{T_1}{T_2-T_1}=\frac{1}{\left(\dfrac{p_2}{p_1}\right)^{\frac{k-1}{k}}-1} \tag{8-3}$$

上式表明,压缩比(p_2/p_1)越小,则制冷系数越大。但压缩比越小,循环中单位工质的制冷量也越小,参见图 8-4,当压缩比由 p_2/p_1 下降为 $p_{2'}/p_1$ 时,制冷量也由面积 S_{15741} 下降为面积 $S_{1564'1}$,因此压缩比不能太小。

同温限($T_{\rm I}=T_3=T_0$,热源温度为环境温度;$T_{\rm II}=T_1$,所需要的冷源温度)的卡诺逆循环的制冷系数为

$$\varepsilon_c=\frac{T_1}{T_3-T_1}$$

与式(8-3)相比较,因为 $T_3<T_2$,所以 $\varepsilon_c>\varepsilon$,即同温限卡诺逆循环的制冷系数大。

空气压缩制冷循环的制冷量为

$$\dot{Q}_2=\dot{m}c_p(T_1-T_4) \tag{8-4}$$

式中,$\dot{m}$ 为循环工质的质量流率。由于空气的比热容量 c_p 很小,而(T_1-T_4)又不可能太大,从图 8-4 可见,(T_1-T_4)越大则要求压缩比越高,而压缩比高会导致制冷系数降低;再加上活塞式压缩机和膨胀机的循环工质的质量流率不能很大,否则压缩机和膨胀机就要造得庞大沉重,因此该类空气压缩制冷循环的制冷量很小。如果考虑到在冷藏室和冷却器中传热需要有温差,以及压缩过程和膨胀过程的不可逆性,实际的制冷系数比理想的要小得多,所以这种空气压缩制冷循环很快就被淘汰了。近来由于大流量叶轮式机械的发展,克服了活塞式机械对大流量的限制,同时又采用了回热,因此空气压缩制冷又重新在工业中得到应用。

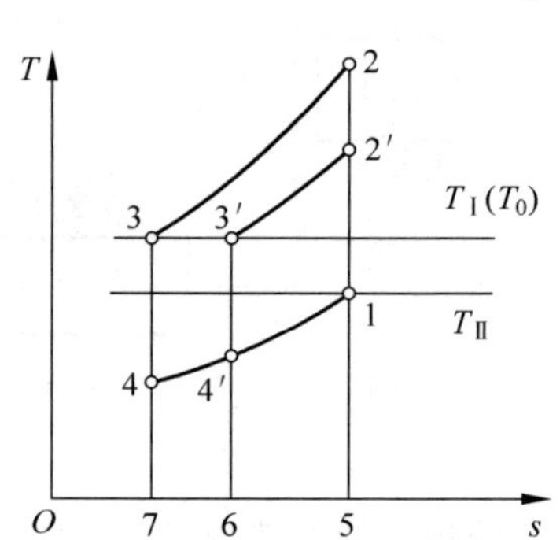

图 8-4　压缩比对制冷量的影响

目前实际采用的是回热式空气压缩制冷循环。图 8-5 是该循环的设备示意图。从冷藏室出来的空气(温度为 $T_{\rm I}$,即低温热源温度 $T_{\rm II}$),首先进入回热器升温到高温热源的温度 $T_{\rm I}$(通常为环境温度 T_0),即图中的 $T_{1_{\rm R}}$,接着进入叶轮式压气机进行压缩,升温升压到 $T_{2_{\rm R}}$,$p_{2_{\rm R}}$(这里假定 $T_{2_{\rm R}}=T_2$)。进入冷却器后,实现定压放热降温过程,降温至 T_5(即高温热源温度 $T_{\rm I}$),随后进入回热器进一步定压降温至 $T_{3_{\rm R}}$(即低温热源——冷藏室的温度 $T_{\rm II}$)。然后进入叶轮式膨胀机实现定熵膨胀过程,降压降温至 p_4,T_4。最后进入冷藏室,实现定压吸热过程升温到 T_1。这样构成一个理想的回热循环 $1_{\rm R}$—$2_{\rm R}$—5—$3_{\rm R}$—4—1—$1_{\rm R}$,$T_3=T_5=T_{1_{\rm R}}=T_{\rm I}=T_0$,$T_{3_{\rm R}}=T_1=T_{\rm II}$,参见图 8-6,在理想情况下,过程 5—$3_{\rm R}$ 中空气在回热器内的放热量(即图中面积 $S_{53_{\rm R}gk5}$)恰等于被预热空气在过程 1—$1_{\rm R}$ 中的吸热量(即图中面积 $S_{11_{\rm R}nm1}$)。

由图 8-6 可见,与不采用回热 T-s 图的空气压缩制冷循环 1—2—3—4 相比较,循环中单位质量工质的制冷量 $q_2=c_p(T_1-T_4)$没有变化;循环放热量 $q_1=c_p(T_{2_{\rm R}}-T_5)=c_p(T_2-$

T_3)也没有变化，所以制冷系数也没有变化。但是循环压缩比却从 p_2/p_1 下降为 p_{2_R}/p_1。这为采用压缩比不能很高的叶轮式压气机和膨胀机提供了条件。叶轮式压气机和膨胀机具有大流量的特点，替换活塞式压气机和膨胀机后，可以大大增加循环工质的质量流量，从而提高总制冷量。

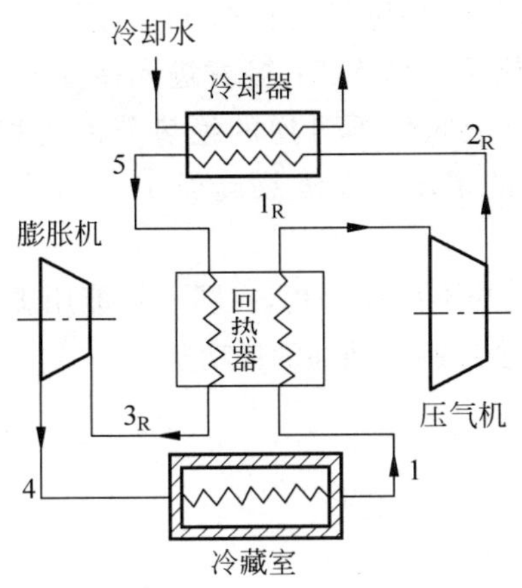

图 8-5　回热式空气压缩制冷循环设备示意图

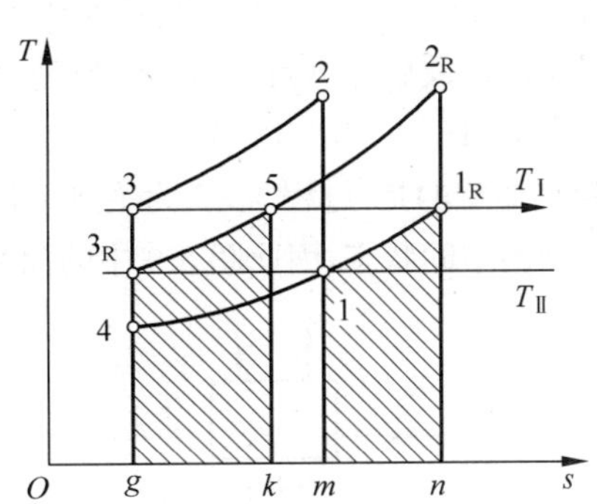

图 8-6　回热式空气压缩制冷循环

例题 8-1　带回热的空气压缩制冷理想循环，压缩比为 3，压缩机入口温度为 20℃，循环最低温度为 −100℃，空气视为定比热容的理想气体，$k=1.4$。求循环的性能系数 $(\mathrm{COP})_R$ 以及在冷藏室中工质吸热过程的温度变化范围。

解：首先画出理想循环的 T-s 图，如图 8-7 所示。

这种情况下的循环性能系数(即制冷系数)为

$$(\mathrm{COP})_R=\varepsilon=\frac{q_2}{w_{\mathrm{net}}}=\frac{c_p(T_{3_R}-T_4)}{c_p(T_2-T_{1_R})-c_p(T_3-T_4)}$$

$$=\frac{T_4}{T_1-T_4}$$

将 $T_{1_R}=293.15\ \mathrm{K}$，$T_4=173.15\ \mathrm{K}$ 代入上式，得

$$(\mathrm{COP})_R=\frac{173.15}{293.15-173.15}=1.44$$

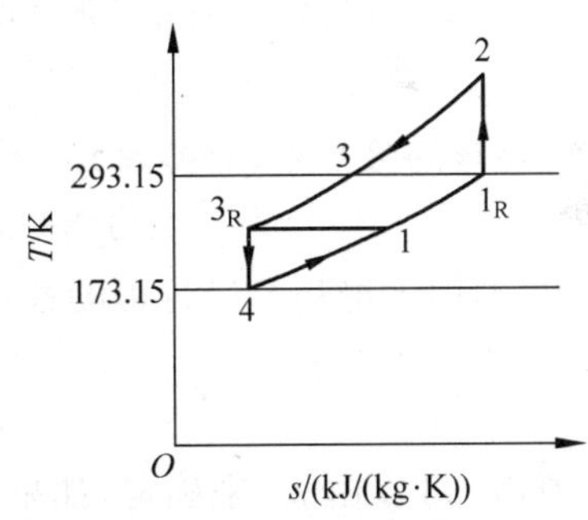

图 8-7　例题 8-1 的 T-s 图

为求在冷藏室中吸热过程的最高温度 $T_1(=T_{3_R})$，必须利用 3—4 是定熵过程的性质，即

$$T_{3_R}=T_4\left(\frac{p_3}{p_4}\right)^{\frac{k-1}{k}}=173.15\times(3)^{\frac{1.4-1}{1.4}}\ \mathrm{K}=237\ \mathrm{K}$$

故在冷藏室中工质的温度由 173.15 K 上升到 237 K。

8-2　蒸气压缩制冷循环

空气压缩制冷循环采用了回热以及叶轮式压气机和膨胀机之后，在总制冷量方面有所改善，但工质单位质量的制冷量很小这个事实无法得到改善，因为这是空气的热力性质以及

空气压缩制冷循环本身所决定的。加上工质的吸热和放热过程都是在定压下进行,在冷藏室中工质的温升越大,就意味着温差传热的不可逆性越发厉害。这些严重的缺陷促进了蒸气压缩制冷循环的出现。

图 8-8 是蒸气压缩制冷循环的设备示意图,主要设备有压缩机、冷凝器、节流阀和蒸发器。图 8-9 为该循环的 T-s 图。工质从冷藏室出来为干饱和蒸气状态 1;然后进入压缩机实现可逆的绝热压缩过程 1—2,工质升压升温至过热蒸气状态 2;接着进入冷凝器,实现可逆定压放热过程 2—3—4 至饱和液体状态 4;后经节流阀作不可逆的绝热节流过程降压降温至状态 5;最后进入冷藏室中的蒸发器,实现可逆的定压蒸发吸热过程 5—1 至状态 1,完成一个循环 1—2—3—4—5—1。

值得注意的是,过程 4—5 为绝热节流过程,是典型的不可逆过程,在图上只能用虚线示意,并无确切的中间状态,因此图 8-9 中的面积 S_{123451} 不再表示制冷循环的耗功量。

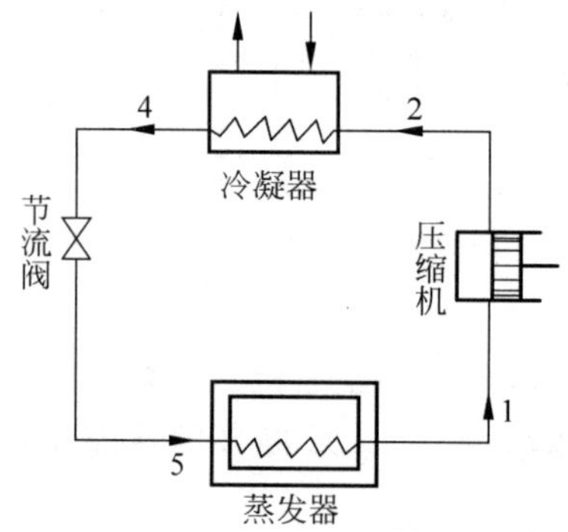

图 8-8　蒸气压缩制冷循环设备示意图

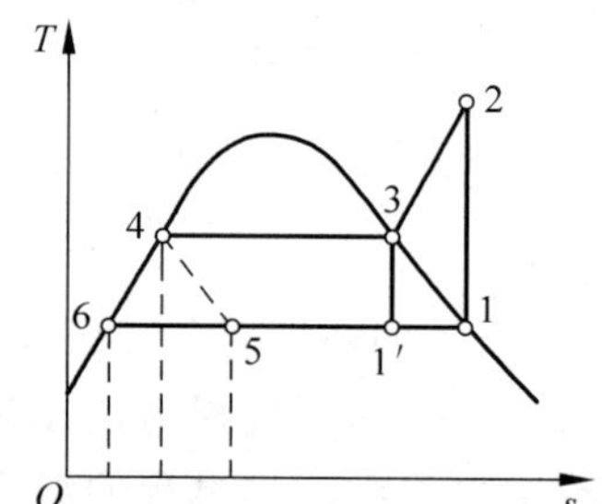

图 8-9　蒸气压缩制冷循环 T-s 图

循环的吸热量(制冷量)q_2 和放热量 q_1 分别为

$$q_2 = h_1 - h_5 = h_1 - h_4,\quad q_1 = h_2 - h_4$$

式中,利用了绝热节流过程的性质,即 $h_4 = h_5$。循环的制冷系数为

$$\varepsilon = \frac{q_2}{q_1 - q_2} = \frac{h_1 - h_4}{h_2 - h_1} \tag{8-5}$$

式中,h_1 可以由 p_1 来确定,如果是湿蒸气尚需 x_1 参数;h_2 可以利用 p_2 和 s_2(因为 $s_2 = s_1$)来确定;h_4 为 p_2 压力下饱和液体的焓。利用工质的热力性质表和图,按照上述方法可以方便地求得上述各个参数。

与卡诺逆循环进行比较,蒸气压缩制冷循环实现了在蒸发器中的定温吸热过程,也实现了定熵压缩过程,但过程 2—3—4 不完全是定温放热过程。这是因为要实现完全定温放热过程,则定熵压缩过程必须从如图 8-9 所示的状态 1′开始,而该状态是湿蒸气。湿蒸气压缩是两相共存的工质受压缩,容易造成液滴的猛烈撞击,以致损伤压缩机,所以实际循环采用从干饱和蒸气状态 1 开始压缩的循环。到达状态 4 后用节流阀替代了实现定熵膨胀过程的膨胀机。这样可节省一台膨胀机,还带来了由于使用节流阀便于控制蒸发器中工质压力的好处。当然,这里损失了膨胀过程中做出的功量,而且还减少了数值上等于这个功量的制冷量。但是由于此时的工质干度很小,能做出的膨胀功是很少的,因此这个替代是经济的。

由上述可见,蒸气压缩制冷循环的制冷系数要低于同温限的卡诺逆循环。但与空气压缩制冷循环相比，蒸气压缩制冷循环在吸热、放热过程中的温差传热不可逆性大大减小了，同时单位质量的制冷量得到大幅度的增加，因为这时吸热过程是依靠工质的汽化吸热而不是工质的升温吸热，通常汽化潜热是比较大的，从而使工质单位质量的吸热量大大增加。

为了便于分析，常将蒸气压缩制冷循环表示在 $\ln p$-h 图上，如图 8-10 所示。

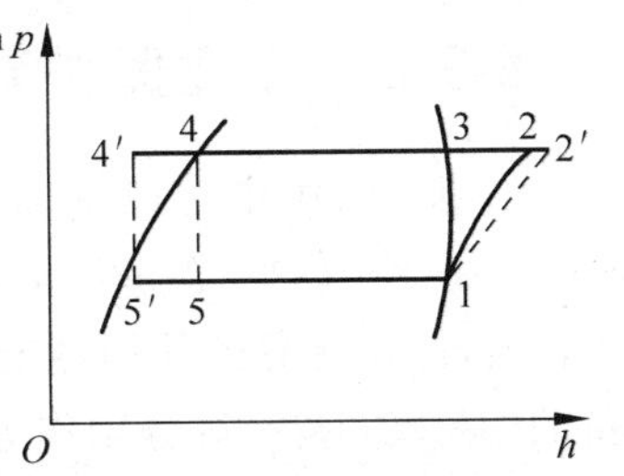

图 8-10　蒸气压缩制冷循环 $\ln p$-h 图

例题 8-2　一蒸气压缩制冷循环，参见图 8-10，其蒸发温度为 −20℃，冷凝温度为 20℃，工质是 HFC134a。试计算其制冷系数。

解：利用已知条件，从 HFC134a 的 $\ln p$-h 图可以查到：

$h_1 = 387\ \text{kJ/kg}$，　$h_2 = 417\ \text{kJ/kg}$，　$h_4 = 230\ \text{kJ/kg}$

故制冷系数为

$$\varepsilon = \frac{h_1 - h_4}{h_2 - h_1} = \frac{(387 - 230)\ \text{kJ/kg}}{(417 - 387)\ \text{kJ/kg}} = 5.23$$

工程上，为了提高制冷系数，常采用过冷措施，即在冷凝器中将处于状态 4 的饱和液体进一步冷却到状态 4′的未饱和液体，如图 8-10 中的 4′所示，此未饱和液体仍经历绝热节流膨胀至状态 5′。这样使蒸发器中单位工质的吸热量(制冷量)增加了 $h_5 - h_{5'}$，而压缩机耗功未变，所以制冷系数相应地提高。

实际制冷循环压缩机的过程 1—2 不可能是可逆过程，见图 8-10，可以通过给定的压缩机的效率 $\eta = \dfrac{h_2 - h_1}{h_{2'} - h_1}$，通过可逆过程和压缩机效率计算出不可逆过程 1—2′出口 2′的焓值。

8-3　制冷剂

与空气压缩制冷循环相比，蒸气压缩制冷循环具有单位工质制冷量大和更加接近同温限卡诺逆循环等明显优点，因此得到了广泛的应用。从热力循环分析可知，卡诺逆循环的制冷系数仅仅是高温热源和低温热源温度的函数，与工质的性质无关。但实际的蒸气压缩制冷循环的制冷系数还与工质的性质密切相关，因此对工质有一定的要求。

8-3-1　对制冷剂的一般热力学要求

(1) 在标准大气压下制冷剂的饱和温度(沸点)要低，一般应低于 −10℃。

(2) 蒸发温度所对应的饱和压力不应过低，以稍高于大气压力最为适宜，可以防止空气漏入系统。冷凝温度所对应的饱和压力不宜过高，以降低对设备耐压和密封的要求。

(3) 在工作温度(蒸发温度与冷凝温度)范围内，汽化潜热要大，以便使单位工质有较大的制冷能力。

(4) 制冷剂在 T-s 图上的上、下界限线都要陡峭，以使冷凝过程更加接近定温放热过程。下界限线陡峭表明液态 c_p 小，这样可以减少绝热节流引起的制冷能力的下降。

(5) 临界温度应远高于环境温度，使循环不在临界点附近运行，而运行于具有较大汽化潜热的范围之内。

(6) 凝固点要低，以免在低温下凝固阻塞管路，而且饱和气的比容要小，以减小设备的体积。

此外，还要求制冷剂传热性能良好、溶油性好、化学性质稳定、无腐蚀作用、不可燃、无毒、泄漏易被检测和价廉等。

8-3-2 环境保护对制冷剂提出的新要求

20世纪90年代以前，广泛应用的制冷剂是氯氟烃物质CFC(如CFC11或称R11，CFC12或称R12)、含氢氯氟烃物质HCFC(如HCFC22或称R22)等。氯氟烃与含氢氯氟烃物质，由于优异的使用性能和安全性，应用得尤为广泛，例如CFC12(R12)、CFC11(R11)和HCFC22(R22)等分别作为冰箱、汽车空调、冷水机组和空调热泵的主要制冷剂。

但是，1974年美国两位科学家Molina和Rowland发现，由于CFC和HCFC物质相当稳定，进入大气后能逐渐穿越对流层而进入同温层，在紫外线的照射下，CFC和HCFC物质中的氯游离成氯离子Cl^-并与臭氧发生连锁反应，使臭氧的浓度急剧减小，严重破坏同温层中的臭氧层，大大削弱了对紫外线B的吸收能力，使大量紫外线B直接照射到地球表面，导致人体免疫功能的降低，农、畜、水产品的减产，破坏生态平衡，并且在地球上空存在的大量CFC和HCFC物质，还加剧了温室效应。

保护臭氧层是全球性的环境保护问题。为此全球几十个国家共同制定了保护臭氧层的《蒙特利尔议定书》。我国政府于1991年6月提出参加并于1992年8月起正式成为该议定书的缔约国。按照该议定书的规定，发达国家从1996年1月1日起禁止使用与生产CFC物质，并于2030年完全禁止HCFC物质。发展中国家从2010年起禁止使用与生产CFC物质，2040年完全禁止HCFC物质。我国已于2007年提前完成CFC物质的淘汰，目前正在根据新的国际环境保护公约，进行HCFC的替代工作。不含氯元素、无臭氧破坏作用且热物性和理化性质相近的氢氟烃(HFC)成为替代CFC和HCFC的合成工质的主力。

《蒙特利尔议定书》的签订与实施，对臭氧层的恢复起到了非常大的作用，但是人们日益关注的另一环境问题——全球变暖却依旧十分严重。大多数HFC的全球变暖潜能值(GWP值)与CO_2相比仍有上千倍的效应，通过测算，如果一直按照当前的替代路线实施，HFC将导致地球表面变暖0.28～0.52℃。这种影响推动了一项旨在减少HFC排放的全球协议的达成：2016年10月，国际社会在《蒙特利尔议定书》框架下达成了关于HFC削减的《基加利修正案》，这是《蒙特利尔议定书》履约进程中又一里程碑式的历史性事件。中国于2021年6月17日向联合国正式交存了《基加利修正案》接受文书，成为该修正案第122个缔约方。2021年9月15日修正案已在中国生效。中国开启了协同应对臭氧层耗损和气候变化的历史新篇章：2024年冻结HFC的使用量，到2045年将削减80%的使用量。目前制冷剂的主流趋势是尽量扩大使用天然工质(如CO_2、氨、碳氢类)，或使用低温室效应的合成工质。

8-3-3 制冷剂命名规则

按国际规定，制冷剂$C_mH_xF_yCl_z$均以R字母表示(也有用制冷剂含有的化学元素表示)，R后面的数字依次为$(m-1)$，$(x+1)$和y。例如CHF_2Cl命名为R22(或HCFC22)，CH_2F-CF_3命名为R134a(或HFC134a)等。

有些制冷剂，其命名的序数后有a，b，c等字母，例如R134a中的a，用以表示同素异构体，即分子式相同但结构不同的化合物，根据与每个碳原子相结合的Cl，H与F元素的原子量平衡程度排列。原子量平衡的，不加任何标志。按不平衡程度的加剧，依次以a，b，c等表示。

还须说明，凡以R400系列、R500系列、R600系列、R700系列命名的，与上述命名规则无关，其中R400系列代表亚共沸或非共沸三元混合物，如R401，R402与R403分别代表R22/152a/124，R125/290/22与R290/22/218三元混合物；R500系列代表共沸混合物，如R500代表73.8%R12/26.2%R152a，R502代表48.8%R22/51.2%R115等；R600为正丁烷，R600a为异丁烷；R717为氨，R744为CO_2。

8-4 吸收式制冷循环

吸收式制冷循环的流程及其相应设备的示意图参见图8-11，这里以溴化锂为吸收剂、水作制冷剂的吸收式制冷循环为例，其中冷凝器、节流阀以及蒸发器，与蒸气压缩制冷循环的相同。不同之处是用吸收器、发生器、溶液泵及减压阀代替了蒸气压缩制冷中的压缩机。吸收式制冷循环利用溶液在不同温度下具有不同溶解度的特性，使制冷剂（水）在较低温度下被吸收剂（溴化锂）吸收并在较高温度下蒸发，同样可使制冷剂升压。

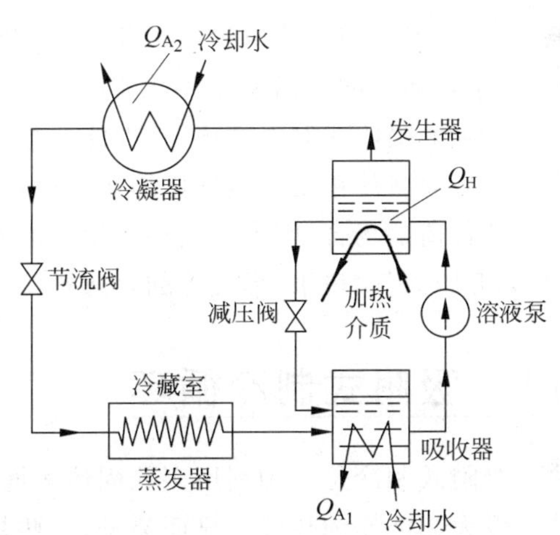

图8-11 吸收式制冷循环设备示意图

吸收器中的浓溴化锂溶液由溶液泵加压送入发生器，并被加热器所提供的热量加热而汽化，形成较高温度和较高压力的水蒸气。水蒸气进入冷凝器通过向冷却水放热而降温，凝结成饱和水，又经节流阀降压降温形成低干度的湿饱和蒸气，进入蒸发器吸热汽化，成为饱和蒸气，然后送入吸收器。与此同时，发生器中由于水蒸发而变浓的浓溴化锂溶液经减压阀减压后也流入吸收器，吸收由蒸发器来的饱和蒸气，生成稀溴化锂溶液，再重新被利用以完成新的循环，吸收过程中放出的热量由冷却水带走。

除上述使用溴化锂-水溶液的吸收式制冷循环外，还常用氨（制冷剂）水（吸收剂）溶液作吸收-制冷工质对。人们也开发了其他吸收-制冷工质对，其工作原理是类似的。

循环的性能系数$(COP)_R$为

$$(COP)_R=\frac{Q_L}{Q_H+W_p} \tag{8-6}$$

式中，Q_L为从蒸发器吸收的热量；Q_H为由加热器加入的热量；W_p为溶液泵消耗的功量。由于输送液体消耗的泵功相对很小，在计算性能系数时泵功常被忽略不计。

为了估计循环性能系数的上限，假定所有的热量传递都是可逆的定温过程，制冷剂从温度为T_L的蒸发器吸热Q_L，从温度为T_H的发生器吸热Q_H，并在吸收器及冷凝器向温度为

T_A 的外界分别放出热量 Q_{A_1}、Q_{A_2}。对于一个循环应有

$$Q_L + Q_H + Q_{A_1} + Q_{A_2} = 0 \tag{8-7}$$

按照克劳修斯不等式,有

$$\sum \left(\frac{Q}{T}\right) \leqslant 0$$

或

$$\frac{Q_L}{T_L} + \frac{Q_H}{T_H} + \frac{Q_{A_1} + Q_{A_2}}{T_A} \leqslant 0$$

从式(8-7)得 $Q_{A_1} + Q_{A_2} = -(Q_L + Q_H)$,代入上式得

$$\frac{Q_L}{T_L} + \frac{Q_H}{T_H} - \frac{Q_L}{T_A} - \frac{Q_H}{T_A} \leqslant 0$$

经过整理后可得

$$(\mathrm{COP})_R = \frac{Q_L}{Q_H} \leqslant \frac{T_H - T_A}{T_H} \cdot \frac{T_L}{T_A - T_L} \tag{8-8}$$

上式表明,最大的性能系数是工作在 T_H 和 T_A 两热源间的卡诺热机效率与工作在 T_A 和 T_L 两个热源间的卡诺逆循环性能系数的乘积。注意这里忽略了输送液体的泵功。

实际的吸收式制冷循环,其性能系数的数量级为 1。在制冷量相同的情况下,吸收式制冷循环的设备体积要比蒸气压缩制冷循环的大,而且需要更多的维修服务,并只适用于具有稳定冷负荷的场合,因为从起动到稳定需要较长的时间。但其优点是可利用较低温度的热能(如低压蒸气、热水、烟气等的余热资源)或太阳能实现制冷。

8-5 吸附式制冷循环

吸附式制冷是一种利用多孔固体表面吸附现象的制冷系统。它可以利用工业余热、地热以及太阳能作为热源。显而易见,这些热源的温度都不高,但是即使在冷凝温度较高的条件下,循环仍然可以获得比吸收式制冷循环高的性能系数,因而引起国内、外科技人员的注意,研究者正在家用冰箱、空气调节等方面开展研究工作。

图 8-12 是吸附式制冷系统的原理图。它采用固体微孔物质作吸附剂,液体作为吸附质(即制冷剂)。整个系统是由吸附剂容器、冷凝器、蒸发器(储液器)和两个单向阀组成的完全封闭的系统。吸附剂容器充装吸附剂,当吸附剂被加热时,吸附其上的吸附质获得能量,当吸附质分子的能量增加到足以克服吸附剂的吸引力时,它们将脱离吸附剂表面(脱附),并使它在系统中的分压力上升。当吸附质的分压力上升至它所对应的饱和温度为环境温度时,单向阀 C_1 被打开,吸附质开始液化,液化放出的热量在冷凝器中由冷却介质带走,冷凝液进入储液器。当停止对吸附剂加热后,随着吸附剂温度的下降,它的吸附能力开始上升,使系统内吸附质的分压力下降,C_1 阀被关闭,C_2 阀被打开,造成液体制冷剂在低温下不断汽化,低温汽化吸收热量,起到了制冷的效果。吸附了大量制冷剂的吸附剂为下一次加热脱附提供了条件。这样脱附-吸附循环进行,就是吸附式制冷的间歇式制冷过程。

间歇式脱附-吸附制冷循环过程可用图 8-13 表示。图的纵坐标为吸附质(液体制冷剂)温度 T_1,横坐标为固体吸附剂温度 T_2,图中还标明了若干条等吸附量线。

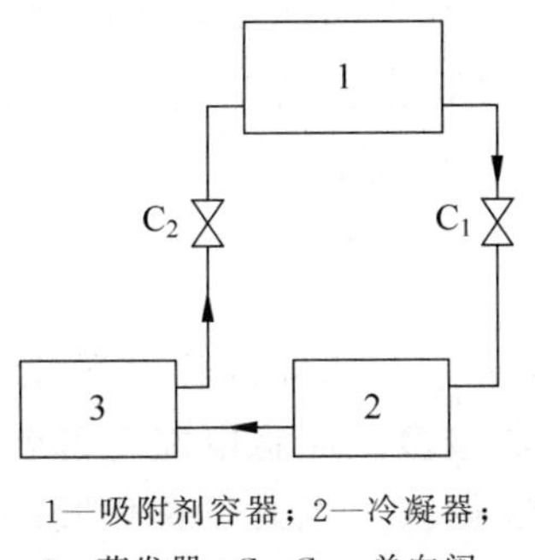

1—吸附剂容器；2—冷凝器；
3—蒸发器；C_1,C_2—单向阀。
图 8-12　吸附式制冷系统

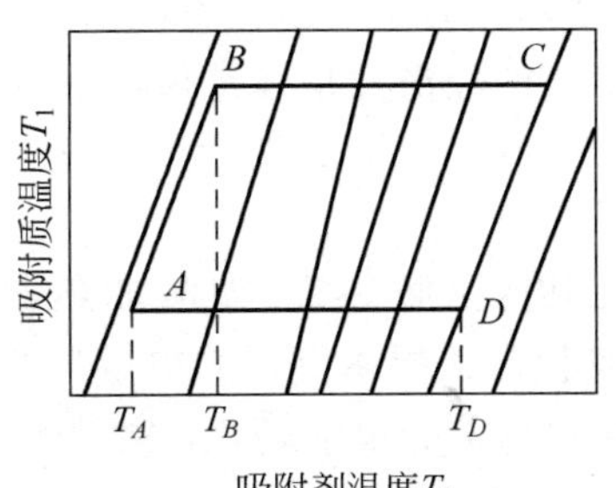

图 8-13　间歇式脱附-吸附制冷循环过程

吸附结束时，如果吸附剂的温度为 T_A，压力为 p_{ev}（蒸发器中的蒸发压力），其状态表示为图中的 A 点。随着对吸附剂的加热，使吸附剂升温，单向阀 C_2 关闭。当吸附剂温度上升到冷凝器压力所对应的饱和温度 T_B 时，单向阀 C_1 被打开，吸附质（制冷剂）开始冷凝（相应图中的 B 点）。冷凝过程一直持续到停止对吸附剂加热、吸附剂的温度开始下降为止（相应图中的 C 点），此时单向阀 C_1 即行关闭。随着对吸附剂的冷却降温，降到吸附剂开始吸附的临界温度 T_D 时（相应图中的 D 点），单向阀 C_2 被打开，吸附剂开始吸附，制冷剂汽化，产生制冷效果，直至吸附剂吸附结束，相应图中的 A 点。因此间歇性的脱附-吸附循环过程可用图中的 $ABCDA$ 来表示。

在吸附式制冷中，由吸附剂和吸附质（制冷剂）构成的吸附工质对的性能直接影响制冷循环的性能系数与装置大小。目前使用的吸附工质对有沸石-水和氯化钙-水。沸石是一种硅铝酸盐矿物，具有硅氧四面体和铝氧四面体无限扩展的“网格”结构，内部又含有大量的孔穴和通向这些孔穴的通道，因而具有非常大的外表面积和内表面积，有极强的吸附能力。有一种利用太阳能的沸石-水吸附式制冷系统，把沸石密封在平板式太阳能集热器中，利用太阳照射加热沸石，而在夜间，沸石被冷却到接近环境温度，这样完成吸附-脱附间歇式制冷循环。

吸附式制冷系统设备称为吸附式制冷器。它具有不耗电、无运动部件、系统简单、没有噪声、无污染、不需维修、寿命长、安全可靠、投资回收期短等一系列优点。同时，还可以利用吸附剂吸附制冷剂时放出的吸附热，提供家庭用热水和冬季供暖。但吸附式制冷循环属于间歇性的，它的热力状态不断地发生变化，难以实现自动化运行。对于利用太阳能的系统，它对周围环境条件特别敏感，如云、风、温度等都会影响循环的特性。总之，如何提高吸附式制冷循环经济性，增大吸附剂的吸附量，增加吸附剂的传热、传质特性和整个系统的优化问题等，都有待人们进一步研究和开发。

8-6　热泵循环

热泵循环的目的是把低温热源的热量输送到高温热源，例如可利用热泵对房间进行供暖。这时，循环在供暖房间温度 T_r（即高温热源温度 $T_{\mathrm{I}}=T_r$）和大气温度 T_0（即低温热源温度 $T_{\mathrm{II}}=T_0$）之间工作。输入功量 w_{net}，从大气取得热量 q_2，送给供暖房间的热量为 $q_1=w_{net}+q_2$，以维持供暖房间的温度高于大气温度且恒定不变。而制冷循环则是要求从冷藏

室取走 q_2,以维持冷藏室温度低于大气温度且恒定不变。热泵循环与制冷循环本质上都是逆循环,只是两者的工作温度不同,目的不同,前者的目的是供热,而后者的目的是制冷。

热泵循环的经济性指标是**供热系数**或**制热系数** ε',表达式为

$$\varepsilon' = \frac{q_1}{w_{\text{net}}}$$

热泵比其他供暖装置(如电加热器等)优越之处,就在于消耗同样多的能量(如功量 w_{net})可比其他方法提供更多的热量。这是因为电加热器最多只能将电能全部转化为热能,而热泵循环将这部分电能转化的热能加上取自大气的热量 q_2 一起送给需供暖的房间。

例题 8-3 某大学的公共浴室每天共产生 35℃的废水 600 t,现需要设计一个热泵系统回收废水中的热能用于向周边的建筑物供暖。该热泵采用 HFC134a 作为工质,设计的蒸发温度为 25℃,压缩机进口为蒸发温度下的干饱和蒸气,冷凝温度为 55℃,冷凝器出口为饱和液体,压缩机绝热且出口为过热度为 15℃的过热蒸气。求该热泵的制热系数。

解:热泵循环示意图见图 8-14。

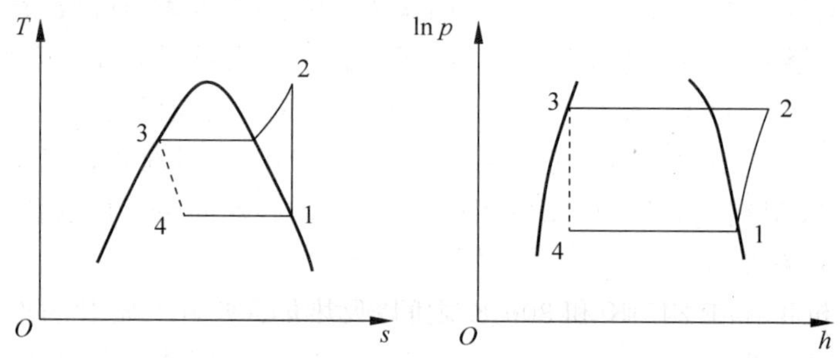

图 8-14 热泵循环的 T-s 图和 $\ln p$-h 图

利用已知条件,从 HFC134a 的 $\ln p$-h 图可以查到:

1 点为蒸发温度下的干饱和蒸气,$h_1 = 412.3$ kJ/kg;

2 点为冷凝压力下的过热度为 15℃的过热蒸气,$h_2 = 443.5$ kJ/kg;

3 点为冷凝器出口,为饱和液体,$h_3 = 279.5$ kJ/kg;

制热系数

$$\varepsilon = \frac{q_1}{w} = \frac{h_2 - h_3}{h_2 - h_1} = \frac{443.5 - 279.5}{443.5 - 412.3} = 5.256$$

这意味着,该热泵与电加热相比,可提供 5 倍多的供暖能量。

2000 年以后,由于热泵技术可以有效利用环境或接近环境温度的废热,在节能环保方面有巨大优势,我国热泵技术得到迅猛发展。目前从热泵利用的低品位废热的种类来分,应用最广泛的有空气源热泵、地(土壤)源热泵、江河湖海(再生)等地表水热泵、城镇污水源热泵、地下水源热泵、工业废热水热泵等。从使用目的来说,可用于建筑供暖制冷和生活热水,用于工业工艺的加热等。从供热温度来划分,又分为常温热泵、中温热泵和高温热泵。从运行原理来划分,又分为压缩式热泵和吸收式热泵。

随着我国提出在 2030 年实现碳达峰,在 2060 年达到碳中和的战略目标,除了电力供应的清洁低碳化,热能供应的低碳化更加重要,热泵技术成为切实有效的清洁化供热替代方案。目前,热泵可以提供高达 180℃的温度,制热量可以达到 50 MW。热泵可以满足几乎

所有的建筑用热需求，以及 40% 的工业过程用热需求。随着我国可再生能源电力占比的进一步提高，热泵将在可再生能源利用与清洁高效供热体系中发挥重要作用。

思考题

8-1 蒸气压缩制冷循环与空气压缩制冷循环相比有哪些优点？为什么有时候还要用空气压缩制冷循环？

8-2 蒸气压缩制冷循环可以采用节流阀来替代膨胀机，空气压缩制冷循环是否也可以采用这种方法？为什么？

8-3 如图 8-9 所示，若蒸气压缩制冷循环按 1—2—3—4—6—1 运行，循环耗功量没有变化，仍为 h_1-h_2，而制冷量则由 h_1-h_5 增大为 h_1-h_6。可见这种循环的好处是明显的，但为什么没有被采用？

8-4 制冷循环与热泵循环相比，它们之间的异同点是什么？

8-5 逆向卡诺循环的高温热源与低温热源之间的温差越大越好，还是越小越好？与正向卡诺循环的情况是否相同？

8-6 热泵技术为什么被视为清洁化供热的主要技术？

习题

8-1 一制冷机工作在 245 K 和 300 K 之间，吸热量为 9 kW，制冷系数是同温限卡诺逆循环制冷系数的 75%。试计算：

(1) 放热量；

(2) 耗功量。

8-2 一卡诺热泵提供 250 kW 热量给温室，以便维持该室温度为 22℃。热量取自处于 0℃的室外空气。试计算供热系数、循环耗功量以及从室外空气中吸取的热量。

8-3 一逆向卡诺循环，性能系数(COP)为 4，问高温热源温度与低温热源温度之比是多少？如果输入功率为 6 kW，试问制冷量为多少？如果这个系统作为热泵循环，试求循环的性能系数以及能提供的热量。

8-4 卡诺制冷机，在 0℃下吸热，要求制冷量为 3.86 kW 时输入的功率为 2.0 kW，试确定循环制冷系数和放热的温度。如果循环上限温度为 40℃，且要求同样的制冷量，试求需要输入的功量为多少？

8-5 采用勃雷登逆循环的制冷机，运行在 300 K 和 250 K 之间，如果循环增压比分别为 3 和 6，试计算它们的 COP。假定工质可视为理想气体，$c_p=1.004$ kJ/(kg·K)，$k=1.4$。

8-6 采用具有理想回热的勃雷登逆循环的制冷机，工作在 290 K 和 220 K 之间，循环增压比为 5，当输入功率为 3 kW 时循环的制冷量是多少？循环的性能系数又是多少？工质可视为理想气体，$c_p=1.04$ kJ/(kg·K)，$k=1.3$。

8-7 工作在 0℃和 30℃热源之间的 HFC134a 制冷机的冷凝液为饱和液进入节流阀，压缩机入口为干饱和蒸气，消耗功率为 8.5 kW。试计算制冷量和放热量分别为多少(kW)？

8-8 以 HFC134a 为工质的制冷机，蒸发器温度为－20℃，压缩机入口为干饱和蒸气，冷凝器温度为30℃,其出口工质状态为饱和液体,制冷量为1 kW。试求循环制冷系数、压缩机耗功量以及制冷剂流率。

8-9 以HFC134a为工质的蒸气压缩制冷循环,蒸发器温度为−5℃,它的出口是干饱和蒸气。冷凝器温度为30℃,出口处干度为零。压缩机的压缩效率为75%,试求循环耗功量。

8-10 市场上有一款制冰机采用的是制冷剂为氨的蒸气压缩制冷循环,氨的质量流量为400 kg/h,蒸发温度为−15℃,冷凝温度为30℃。压缩机入口为干饱和氨蒸气,绝热可逆压缩到75℃进入冷凝器,冷凝器出口为饱和液。已知冰的熔解热为333 kJ/kg。求:该循环的制冷系数是多少?要把20℃的水制成0℃的冰,问该制冰机每小时产冰多少千克?

8-11 某企业新生产使用R32为制冷剂的制热制冷两用空调机。出厂测试采用的运行工况是:压缩机进口为−10℃的干饱和蒸气,出口为2.5 MPa、115℃的过热蒸气,冷凝器出口为饱和液体。求这个工况下的制冷系数和供暖系数各是多少?

理想混合气体和湿空气

第9章

CHAPTER 9

工程中所应用的往往不是单一成分的气体，而是由几种不同性质的气体组成的混合气体。例如锅炉中燃料燃烧所产生的烟气，就是由 CO_2，H_2O，CO，N_2 等气体所组成的混合气体。又如空气调节工程中的湿空气是由干空气和水蒸气所组成，这也是一种混合气体。本章主要研究由理想气体所组成的混合气体，而且不涉及化学反应；主要研究无化学反应的理想混合气体(简称混合气体)的性质。

9-1 混合气体的成分

9-1-1 成分

为了完整地描述混合气体，不仅需要详细说明它的两个独立的强度量，如压力和温度，而且还应详细表征它的成分。

所谓成分是指混合气体中各种组元气体所占的数量比率。显然，不同成分的混合气体，其 u，h，v 和 s 等参数是不同的。

常用质量成分和摩尔成分表示混合物的成分。

如果混合气体由 k 种气体组成，其中第 i 种组元气体的质量 m_i 与混合气体总质量 m 的比值，称为该组元气体的**质量成分**，以 w_i 表示，即

$$w_i = \frac{m_i}{m} \tag{9-1}$$

由于混合气体总质量 m 等于各组元气体质量 m_i 的总和，即

$$m = \sum_{i=1}^{k} m_i \tag{9-2}$$

因而各组元气体质量成分之总和等于1，即

$$\sum_{i=1}^{k} w_i = 1 \tag{9-3}$$

类似地，第 i 种组元气体的摩尔数 n_i 与混合气体摩尔数 n 的比值，称为该组元气体的**摩尔成分**，以 x_i 表示，即

$$x_i = \frac{n_i}{n} \tag{9-4}$$

同样，由于混合气体摩尔数 n 等于各组成气体摩尔数 n_i 之总和，即

$$n = \sum_{i=1}^{k} n_i \tag{9-5}$$

因而各组元气体摩尔成分之总和也等于 1,即

$$\sum_{i=1}^{k} x_i = 1 \tag{9-6}$$

9-1-2 成分表示方法的换算

实际计算中,常需要进行质量成分和摩尔成分之间的换算。换算的依据之一是质量和摩尔数之间的下列关系:

$$m_i = n_i M_i \tag{9-7}$$

式中,M_i 为第 i 种组元气体的摩尔质量。

由于 M_i 代表每摩尔第 i 种组元气体的质量,而 x_i 代表每摩尔混合气体中第 i 种组元气体的摩尔数,因而 $x_i M_i$ 就代表每摩尔混合气体中第 i 种组元气体的质量,所以 $\sum_{i=1}^{k} x_i M_i$ 就等于每摩尔混合气体的总质量。于是,质量成分 w_i 显然应等于 $x_i M_i$ 与 $\sum_{i=1}^{k} x_i M_i$ 的比值,即

$$w_i = \frac{x_i M_i}{\sum_{i=1}^{k} x_i M_i} \tag{9-8}$$

即若已知 x_i 与 M_i,就可确定 w_i。

类似地,由于 w_i 代表 1 kg 混合气体中第 i 种组元气体的质量,而 M_i 代表每摩尔第 i 种组元气体的质量,因此$\frac{w_i}{M_i}$ 就代表 1 kg 混合气体中第 i 种组元气体的摩尔数,而 $\sum_{i=1}^{k} \frac{w_i}{M_i}$ 就等于 1 kg 混合气体的总摩尔数,于是摩尔成分 x_i 显然等于它们的比值,即

$$x_i = \frac{w_i / M_i}{\sum_{i=1}^{k} w_i / M_i} \tag{9-9}$$

即若已知 w_i 与 M_i,就可确定 x_i。

9-1-3 混合气体的平均摩尔质量和折合气体常数

若将式(9-7)取代式(9-2)中的各组元气体的质量,则

$$m = n_1 M_1 + n_2 M_2 + \cdots + n_k M_k = nM$$

式中,M 为混合气体的**平均摩尔质量**。

由上式解出 M,并用 x_i 代替 n_i/n,得

$$M = \sum_{i=1}^{k} x_i M_i \tag{9-10}$$

于是,混合气体的平均摩尔质量等于各组元气体的摩尔成分乘以该组元气体的摩尔质量之总和。

由此还可导得混合气体的折合气体常数

$$R = \frac{R_m}{M} \tag{9-11}$$

9-2　分压定律与分容积定律

9-2-1　分压力与分压定律

理想混合气体遵循理想气体状态方程。如图 9-1 所示，对于温度为 T，压力为 p，容积为 V 的 n 摩尔理想混合气体，有

$$pV = nR_{\mathrm{m}}T \tag{9-12}$$

当混合气体中第 i 种组元气体单独占有与混合气体相同的容积 V，并处于与混合气体相同的温度 T 时，所呈现的压力称为该组元的**分压力**，用 p_i 表示。由于理想混合气体的各组元气体都是理想气体，故第 i 种组元气体的状态方程为

$$p_iV = n_iR_{\mathrm{m}}T \tag{9-13}$$

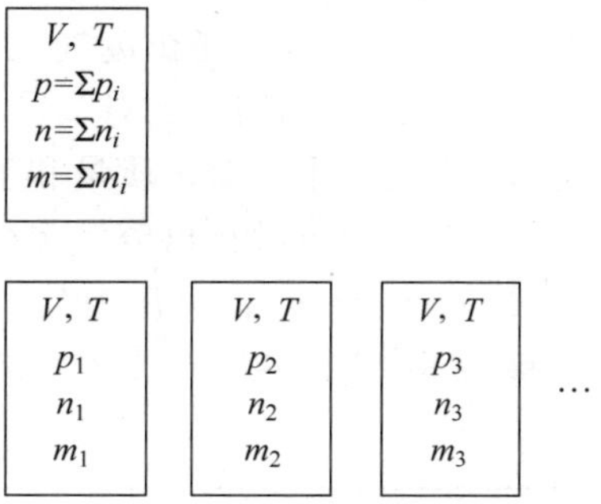

将式(9-13)与式(9-12)相除，得

$$\frac{p_i}{p} = \frac{n_i}{n} = x_i \quad 或 \quad p_i = x_ip \tag{9-14}$$

图 9-1　混合气体的分压力

即理想混合气体各组元气体的分压力，等于其摩尔成分与总压力的乘积。

将混合气体中所有组元的分压力相加，可得

$$p = \sum_{i=1}^{k} p_i \tag{9-15}$$

上式表明，理想混合气体的总压力等于各组元气体分压力 p_i 之总和，这就是所谓的**道尔顿分压定律**。此定律在 1801 年被道尔顿的实验所证实。

9-2-2　分容积与分容积定律

理想混合气体处于温度 T 和压力 p 时占有的容积 V 为

$$V = \frac{nR_{\mathrm{m}}T}{p} \tag{9-16}$$

如图 9-2 所示，上述混合气体中第 i 种组元气体在混合气体温度 T 和压力 p 下单独存在时所占有的容积，称为**分容积**，用 V_i 表示，即

$$V_i = \frac{n_iR_{\mathrm{m}}T}{p} \tag{9-17}$$

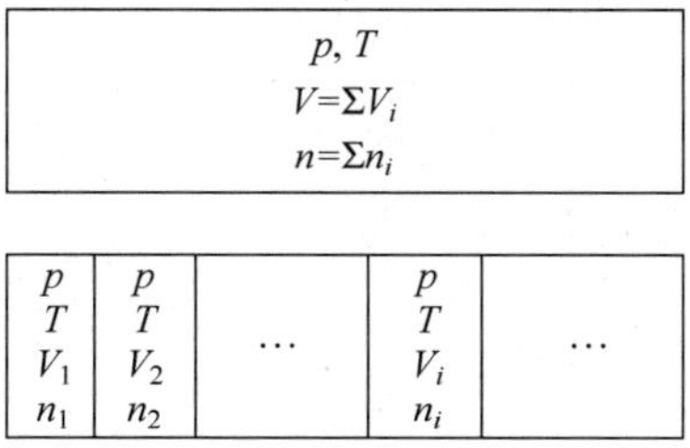

将式(9-17)与式(9-16)相除，得

$$\frac{V_i}{V} = \frac{n_i}{n} = x_i \quad 或 \quad V_i = x_iV$$

图 9-2　混合气体的分容积

式中，第 i 种组元气体的分容积 V_i 与混合气体总容积 V 的比值，称为该组元的**容积成分**，用 γ_i 表示，则上式可改写成

$$\gamma_i = x_i \tag{9-18}$$

上式表明,理想混合气体中各组元气体的容积成分 γ_i 与其摩尔成分 x_i 相等。

将混合气体中所有组元气体的分容积相加,得到

$$V=\sum_{i=1}^{k}V_i \tag{9-19}$$

即理想混合气体的总容积等于各组元气体分容积之和,这就是**阿马加分容积定律**。

例题 9-1 经气体分析,测出某发动机所排废气中各组元气体的容积成分为 $\gamma_{CO_2}=8.92\%$,$\gamma_{CO}=0.89\%$,$\gamma_{H_2O}=11.2\%$,$\gamma_{O_2}=4.77\%$,$\gamma_{N_2}=74.22\%$。废气温度 $t=500℃$,压力 $p=1.05\times10^5$ Pa,排出废气 $1.5m^3/s$。求:

(1) 各组元气体的 w_i;

(2) 废气的平均摩尔质量和折合气体常数;

(3) 发动机每秒排出废气多少千克;

(4) CO_2 及 N_2 的分压力。

解:(1) 计算各组元气体质量成分,用列表表示较为直观,见表 9-1。

表 9-1 各组元气体质量成分

组元名称	容积成分 γ_i	摩尔质量 M_i/(kg/kmol)	每千摩尔混合气体中组元的质量 γ_iM_i/(kg/kmol)	质量成分 $w_i=\dfrac{\gamma_iM_i}{\sum\gamma_iM_i}$
CO_2	0.089 2	44	3.925	0.137 7
CO	0.008 9	28	0.249	0.008 7
H_2O	0.112	18	2.016	0.070 7
O_2	0.047 7	32	1.526	0.053 6
N_2	0.742 2	28	20.782	0.729 3
合计	1.000 0	—	$\sum\gamma_iM_i=28.498$	1.000 0

(2) 废气的平均摩尔质量 M,按式(9-10)应为 28.498 kg/kmol,废气的折合气体常数

$$R=\frac{8\,314\ \text{J/(kmol·K)}}{M}=291.74\ \text{J/(kg·K)}$$

(3) 每秒排出的废气质量

$$m=\frac{pV}{RT}=\frac{1.05\times10^5\times1.5}{291.74\times(500+273)}\ \text{kg/s}=0.698\ \text{kg/s}$$

(4) CO_2 与 N_2 的分压力

$$p_{CO_2}=\gamma_{CO_2}\cdot p=0.089\,2\times1.05\times10^5\ \text{Pa}=0.093\,7\times10^5\ \text{Pa}$$

$$p_{N_2}=\gamma_{N_2}\cdot p=0.742\,2\times1.05\times10^5\ \text{Pa}=0.779\times10^5\ \text{Pa}$$

9-3 混合气体的参数计算

理想混合气体的总参数具有加和性,而比参数具有加权性。

9-3-1 总参数的加和性

理想混合气体的各种总参数都具有加和性,即

$$Y = \sum_{i=1}^{k} Y_i \tag{9-20}$$

式中，Y 为理想混合气体任意一个总参数，例如总压力，总质量 m，总容积 V，总摩尔数 n，总内能 U，总焓 H，总熵 S 和总㶲 E_x 等；Y_i 为混合气体中第 i 种组元气体的同类参数。

式(9-20)中的 Y_i 是指什么状态下的参数？下面具体讨论。

根据阿马加分容积定律，显然，混合气体总容积等于各组元气体分容积之总和，即

$$V = \sum_{i=1}^{k} V_i(T, p) \tag{9-21}$$

这里用符合阿马加定律所要求的(T, p)标明总容积的加和条件。

除总容积外，理想混合气体其他各种总参数都等于各组元气体在混合气体温度下单独占有混合气体容积时相应参数的总和，即根据道尔顿分压定律规定的加和条件加以确定。它反映了分压力所隐含的条件(T,V)，因而也可用(T, p_i)表示其加和的条件，即

$$\left.\begin{aligned}
m &= \sum_{i=1}^{k} m_i(T,V) = \sum_{i=1}^{k} m_i(T, p_i) = \sum_{i=1}^{k} m_i \\
n &= \sum_{i=1}^{k} n_i(T,V) = \sum_{i=1}^{k} n_i(T, p_i) = \sum_{i=1}^{k} n_i \\
p &= \sum_{i=1}^{k} p_i(T,V) \\
U &= \sum_{i=1}^{k} U_i(T,V) = \sum_{i=1}^{k} U_i(T, p_i) = \sum_{i=1}^{k} U_i(T) \\
H &= \sum_{i=1}^{k} H_i(T,V) = \sum_{i=1}^{k} H_i(T, p_i) = \sum_{i=1}^{k} H_i(T) \\
S &= \sum_{i=1}^{k} S_i(T,V) = \sum_{i=1}^{k} S_i(T, p_i) \\
E_x &= \sum_{i=1}^{k} E_{x_i}(T,V) = \sum_{i=1}^{k} E_{x_i}(T, p_i)
\end{aligned}\right\} \tag{9-22}$$

当然，对于总质量 m 和总摩尔数 n，分压力并非必需，完全可根据质量守恒或摩尔数守恒直接得出。对于总内能 U 和总焓 H，由于各组元气体的内能和焓只是温度的单值函数，与分压力无关，因而可简化为温度的函数关系。然而，对于总压力 p，总熵 S 和总㶲 E_x，则必须是分压力下的加和条件，否则将会导致错误的结论。这是因为理想气体的分子自身不占容积，分子间无相互作用力，因此可以设想，在占有容积 V，处于温度 T 的理想混合气体中，任一种组元气体所处的状态不受其他组元存在的影响，而与它单独占有容积 V，并处于温度 T 和各自的分压力 p_i 时的状态是一样的。再次强调，这一点非常重要。如果不说明条件，而只是讲“混合气体的总熵等于各组成气体的熵之和”，容易引起误解。

9-3-2　比参数的加权性

根据上面的讨论，很容易导出理想混合气体比参数具有加权性。当然，除了比容外，其他比参数的加权性也都应符合道尔顿分压定律所要求的条件，即理想混合气体的比参数(除比容外)等于各组元气体在混合气体温度下单独占有其容积时的相应比参数与成分的加权和。

依据比参数所取单位的不同,加权性可归纳为以质量为单位和以摩尔为单位两种情况。

若以质量为单位,则按质量成分 w_i 加权平均,即

$$y=\sum_{i=1}^{k} w_i y_i(T,p_i)\text{(比容除外)} \tag{9-23}$$

例如:

$$\left.\begin{aligned}
u&=\sum_{i=1}^{k} w_i u_i(T,p_i)=\sum_{i=1}^{k} w_i u_i(T)\\
h&=\sum_{i=1}^{k} w_i h_i(T,p_i)=\sum_{i=1}^{k} w_i h_i(T)\\
c_p&=\sum_{i=1}^{k} w_i c_{p_i}(T,p_i)=\sum_{i=1}^{k} w_i c_{p_i}(T)\\
c_V&=\sum_{i=1}^{k} w_i c_{V_i}(T,p_i)=\sum_{i=1}^{k} w_i c_{V_i}(T)\\
s&=\sum_{i=1}^{k} w_i s_i(T,p_i)\\
R&=\sum_{i=1}^{k} w_i R_i\\
e_{\mathrm{x}}&=\sum_{i=1}^{k} w_i e_{\mathrm{x}_i}(T,p_i)
\end{aligned}\right\} \tag{9-24}$$

而比容应为

$$v=\sum_{i=1}^{k} w_i v_i(T,p) \tag{9-25}$$

若以摩尔为单位,则按摩尔成分 x_i 加权平均,即

$$Y_{\mathrm{m}}=\sum_{i=1}^{k} x_i Y_{\mathrm{m}i}(T,p_i)\text{(比容除外)} \tag{9-26}$$

式中,Y_{m} 与 $Y_{\mathrm{m}i}$ 分别代表混合气体与组元气体的比摩尔参数,例如

$$\left.\begin{aligned}
U_{\mathrm{m}}&=\sum_{i=1}^{k} x_i U_{\mathrm{m}i}(T,p_i)=\sum_{i=1}^{k} x_i U_{\mathrm{m}i}(T)\\
H_{\mathrm{m}}&=\sum_{i=1}^{k} x_i H_{\mathrm{m}i}(T,p_i)=\sum_{i=1}^{k} x_i H_{\mathrm{m}i}(T)\\
C_{p,\mathrm{m}}&=\sum_{i=1}^{k} x_i C_{p,\mathrm{m}i}(T,p_i)=\sum_{i=1}^{k} x_i C_{p,\mathrm{m}i}(T)\\
C_{V,\mathrm{m}}&=\sum_{i=1}^{k} x_i C_{V,\mathrm{m}i}(T,p_i)=\sum_{i=1}^{k} x_i C_{V,\mathrm{m}i}(T)\\
S_{\mathrm{m}}&=\sum_{i=1}^{k} x_i S_{\mathrm{m}i}(T,p_i)\\
E_{\mathrm{xm}}&=\sum_{i=1}^{k} x_i E_{\mathrm{xm}i}(T,p_i)\\
M&=\sum_{i=1}^{k} x_i M_i
\end{aligned}\right\} \tag{9-27}$$

而摩尔容积为

$$V_m = \sum_{i=1}^{k} x_i V_{mi}(T, p) \tag{9-28}$$

综上所述，可以看出，一方面理想混合气体有与单一的理想气体相同的属性，即有关理想气体的特点、公式和定律完全适用；另一方面它又与单一的理想气体有不同之处，它的参数还与其组成有关，即与其包含的各种组元气体的种类及成分有关。强调这个特点就能全面理解理想混合气体的性质。例如它的比内能与比焓，不仅是温度的函数，而且还与组元的种类及成分有关。如果认为理想混合气体的比内能和比焓也只是温度的单值函数，显然是不妥的。

9-3-3　理想混合气体的焓㶲

设温度为 T，压力为 p，摩尔成分为 x_i 的理想混合气体，其摩尔焓㶲按式(9-27)可表示为

$$E_{xm}(T, p) = \sum x_i E_{xmi}(T, p_i) \tag{9-29}$$

展开后可写成

$$E_{xm}(T, p) = \sum x_i \{[H_m(T) - H_{m0}(T_0)] - T_0[S_m(T, p_i) - S_{m0}(T_0, p_{i,0})]\}_i \tag{9-30}$$

式中，$p_{i,0}$ 是在死态下理想混合气体中组元 i 的分压力。

由于

$$E_{xmi}(T, p) - E_{xmi}(T, p_i) = -T_0[S_{mi}(T, p) - S_{mi}(T, p_i)] = T_0 R_m \ln\frac{p}{p_i} = -R_m T_0 \ln x_i \tag{9-31}$$

将式(9-31)代入式(9-29)，则理想混合气体摩尔焓㶲也可表示成

$$E_{xm}(T, p) = \sum x_i [E_{xmi}(T, p) + R_m T_0 \ln x_i] \tag{9-32}$$

由于 $0 \leqslant x_i \leqslant 1$，$x_i \ln x_i \leqslant 0$，所以理想混合气体摩尔焓㶲要比同温同压下各组元摩尔焓㶲的加权和 $\sum x_i E_{xmi}(T, p)$ 小，两者相差 $R_m T_0 \sum x_i \ln x_i$ 项。

9-4　理想气体绝热混合过程的熵增

两种或多种理想气体的混合过程是高度不可逆的。在绝热条件下混合必将导致熵的增加，简称**混合熵增**。首先讨论在相同参数条件下理想气体绝热混合过程的熵增。

参见图 9-3，设抽掉隔板后，A 与 B 两种理想气体在同温、同压下绝热混合成为 1 mol 理想混合气体，其摩尔成分分别为 x_A 与 x_B。混合气体中各组元气体的分压力分别为 p_A 与 p_B，而且 $p_A = x_A p$，$p_B = x_B p$，因此，每摩尔组元气体 A 与 B 混合前后的熵变分别为

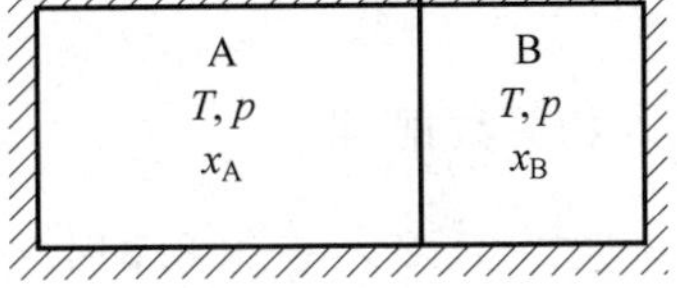

图 9-3　相同参数下理想气体绝热混合

$$(S'_m - S_m)_A = -R_m \ln \frac{p_A}{p} = -R_m \ln x_A$$

$$(S'_m - S_m)_B = -R_m \ln \frac{p_B}{p} = -R_m \ln x_B$$

于是,在定温定压条件下由组元气体经绝热混合成为 1 mol 混合气体的混合总熵增将等于

$$\Delta S_{mix} = x_A (S'_m - S_m)_A + x_B (S'_m - S_m)_B = -R_m \sum x_i \ln x_i \tag{9-33}$$

由于上式中 x_i 值恒小于 1,于是 ΔS_{mix} 恒为正值,而且当 $x_A = x_B = 0.5$ 时达最大值。此式可推广到多种组元气体的情况。由式(9-33)可见,混合总熵增与组元气体的种类无关,仅取决于它们的摩尔成分 x_i。也就是说,只要各组元气体的 x_i 一定,无论参与混合的气体种类如何,此混合熵增 ΔS_{mix} 是相同的。

这时,混合后理想混合气体的摩尔熵势必等于混合前各组元同温同压下的熵值与混合熵增之和,即

$$S_m(T,p) = \sum x_i S_{mi}(T,p) + \Delta S_{mix} = \sum x_i [S_{mi}(T,p) - R_m \ln x_i] \tag{9-34}$$

但必须指出,式(9-33)与式(9-34)只适用于非同种气体之间的混合。同种气体在定温定压条件下绝热混合,熵增为零,这是因为单一理想气体不适用**分压力**的概念。

对于不同参数下理想气体的混合熵增,只要注意各组元的分压力状态是其真实状态,以及熵是状态参数具有可加性,便可得混合熵增计算公式:

$$\Delta S_{mix} = \sum_{i=1}^{k} m_i \left(c_{pi} \ln \frac{T_{i2}}{T_{i1}} - R \ln \frac{P_{i2}}{P_{i1}} \right)$$

$$\Delta S_{m,mix} = \sum_{i=1}^{k} n_i \left(C_{pm,i} \ln \frac{T_{i2}}{T_{i1}} - R_m \ln \frac{P_{i2}}{P_{i1}} \right)$$

例题 9-2 图 9-4 所示的绝热刚性容器被一绝热隔板分成两部分。一部分储有 2 kmol 氧气,$p_{O_2} = 5 \times 10^5$ Pa,$T_{O_2} = 300$ K;另一部分储有 3 kmol 二氧化碳,$p_{CO_2} = 3 \times 10^5$ Pa,$T_{CO_2} = 400$ K。现将隔板抽去,氧气与二氧化碳均匀混合。求混合气体的压力 p' 和温度 T' 以及内能、焓和熵的变化,按定比热容进行计算。

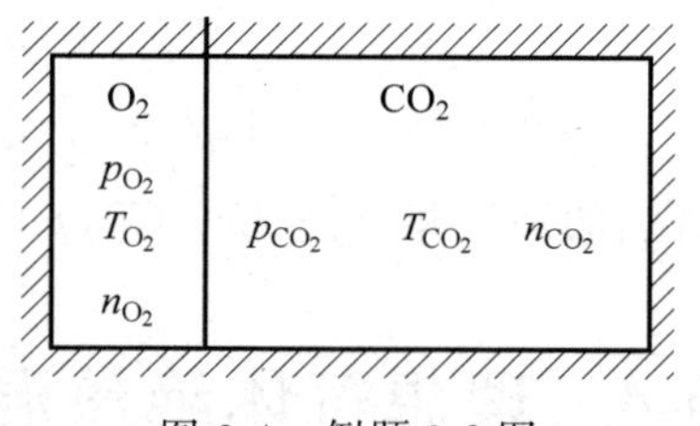

图 9-4 例题 9-2 图

解:(1) 求混合气体的温度 T'。

取整个容器为系统,按题意该系统为孤立系,抽去隔板前后,$Q=0, W=0$。按照热力学第一定律,得出过程中 $\Delta U = 0$,而系统的内能变化为两种气体内能变化之和,即

$$\Delta U = \Delta U_{O_2} + \Delta U_{CO_2} = n_{O_2} C_{V,m,O_2} (T' - T_{O_2}) + n_{CO_2} C_{V,m,CO_2} (T' - T_{CO_2}) = 0$$

代入相关数据,得

$$2 \times \frac{5}{2} \times 8.314 \times (T' - 300) + 3 \times \frac{7}{2} \times 8.314 \times (T' - 400) = 0$$

$$T' = 367.7 \text{ K}$$

(2) 求混合气体的压力 p'。

$$p'=\frac{nR_{\mathrm{m}}T'}{V}=\frac{(n_{\mathrm{O_2}}+n_{\mathrm{CO_2}})R_{\mathrm{m}}T'}{\dfrac{n_{\mathrm{O_2}}R_{\mathrm{m}}T_{\mathrm{O_2}}}{p_{\mathrm{O_2}}}+\dfrac{n_{\mathrm{CO_2}}R_{\mathrm{m}}T_{\mathrm{CO_2}}}{p_{\mathrm{CO_2}}}}$$

$$=\frac{5\times 367.7}{\dfrac{2\times 300}{5\times 10^5}+\dfrac{3\times 400}{3\times 10^5}}\ \mathrm{Pa}=3.54\times 10^5\ \mathrm{Pa}$$

(3) 内能变化为 $\Delta U=0$。

(4) 焓的变化为

$$\begin{aligned}\Delta H&=\Delta H_{\mathrm{O_2}}+\Delta H_{\mathrm{CO_2}}\\&=n_{\mathrm{O_2}}C_{p,\mathrm{m},\mathrm{O_2}}(T'-T_{\mathrm{O_2}})+n_{\mathrm{CO_2}}C_{p,\mathrm{m},\mathrm{CO_2}}(T'-T_{\mathrm{CO_2}})\\&=\Big[2\times\frac{7}{2}\times 8.314\times(367.7-300)+3\times\\&\quad\frac{9}{2}\times 8.314\times(367.7-400)\Big]\ \mathrm{kJ}\\&=314.7\ \mathrm{kJ}\end{aligned}$$

(5) 求熵的变化。

混合后氧气和二氧化碳的分压力为

$$p'_{\mathrm{O_2}}=x_{\mathrm{O_2}}p'=\frac{2}{5}\times 3.54\times 10^5\ \mathrm{Pa}=1.416\times 10^5\ \mathrm{Pa}$$

$$p'_{\mathrm{CO_2}}=x_{\mathrm{CO_2}}p'=\frac{3}{5}\times 3.54\times 10^5\ \mathrm{Pa}=2.124\times 10^5\ \mathrm{Pa}$$

于是熵变为

$$\begin{aligned}\Delta S&=n_{\mathrm{O_2}}(\Delta S_{\mathrm{m}})_{\mathrm{O_2}}+n_{\mathrm{CO_2}}(\Delta S_{\mathrm{m}})_{\mathrm{CO_2}}\\&=n_{\mathrm{O_2}}\left(C_{p,\mathrm{m},\mathrm{O_2}}\ln\frac{T'}{T_{\mathrm{O_2}}}-R_{\mathrm{m}}\ln\frac{p'_{\mathrm{O_2}}}{p_{\mathrm{O_2}}}\right)+\\&\quad n_{\mathrm{CO_2}}\left(C_{p,\mathrm{m},\mathrm{CO_2}}\ln\frac{T'}{T_{\mathrm{CO_2}}}-R_{\mathrm{m}}\ln\frac{p'_{\mathrm{CO_2}}}{p_{\mathrm{CO_2}}}\right)\\&=2\times\left(\frac{7}{2}\times 8.314\ln\frac{367.7}{300}-8.314\ln\frac{1.416}{5}\right)\ \mathrm{kJ/K}+\\&\quad 3\times\left(\frac{9}{2}\times 8.314\ln\frac{367.7}{400}-8.314\ln\frac{2.124}{3}\right)\ \mathrm{kJ/K}\\&=30.37\ \mathrm{kJ/K}\end{aligned}$$

9-5　湿空气的性质

自然界的水通常都会汽化，空气中就总含有一定的水蒸气，这种由干空气和水蒸气组成的混合气体称为**湿空气**。由于湿空气中水蒸气含量很少，其分压力很低，可视为理想气体，所以湿空气是一种理想混合气体，遵循理想混合气体的性质，例如遵循道尔顿分压定律，即

$$p = p_a + p_v \tag{9-35}$$

式中,下标"a"代表干空气,"v"代表水蒸气。

但是湿空气与一般理想混合气体又有所不同。由于湿空气中的水蒸气可能部分冷凝,其含量或成分将随之改变,因此湿空气有一些特殊的处理方法。

9-5-1 饱和与未饱和

根据湿空气中水蒸气是否为饱和状态而有所谓的饱和湿空气与未饱和湿空气两大类。

湿空气中水蒸气的状态由其分压力 p_v 和湿空气温度 T 确定。若其分压力低于温度 T 所对应的水蒸气饱和压力 $p_s(T)$,则水蒸气处于过热状态,如图 9-5 中的点 1 所示。由干空气和过热水蒸气组成的湿空气,称为**未饱和湿空气**。这时湿空气中所含水蒸气的量尚未达到饱和,还有可能增加。

如果维持未饱和湿空气的温度不变,使其水蒸气含量增加时,其分压力 p_v 也随之不断增大,如图 9-5 中过程 1—3 所示。但 p_v 的增大有一个极限值,也就是说,最大限度只能等于而不能大于此温度 T 所对应的饱和压力 $p_s(T)$,所以湿空气中水蒸气的含量有一个极限值。达到此极限时,水蒸气处于饱和状态,如图 9-5 中点 3 所示。凡是由干空气与饱和水蒸气组成的湿空气,称为**饱和湿空气**。这时,湿空气中水蒸气含量已达极限值。当超过此极限,处于饱和湿空气状态的空气中就有可能析出水滴悬浮在空气中形成雾。

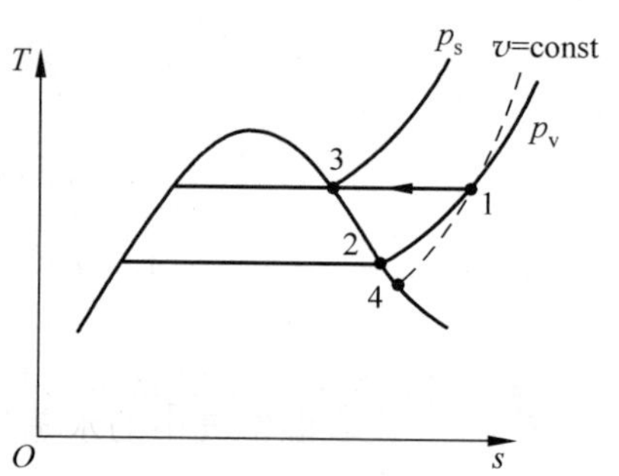

图 9-5 湿空气中蒸汽的状态

9-5-2 结露和露点

未饱和湿空气在定压下通过冷却也可使其中的水蒸气达到饱和状态,如图 9-5 中的过程 1—2 所示。温度为 T_1 的未饱和湿空气,在总压不变条件下开始冷却,由于成分未变,分压力也就固定不变,水蒸气沿着分压力 p_v 不变的过程 1—2 变化。在此过程中,湿空气温度逐渐降低,一直降到与水蒸气分压相对应的饱和温度为止,如图中点 2 所示,这时湿空气也就变成了饱和湿空气。如进一步冷却,将使部分水蒸气冷凝,这种现象称为**结露**,而开始结露时的温度,即点 2 的温度称为**露点温度**或简称**露点**,以 T_d 表示(工程上常用摄氏温度 t_d 表示)。换言之,与水蒸气分压力相对应的饱和温度就是露点温度,自然界的露水、夏天水管表面的水珠等,都是这个道理。

这里有两点需要注意。第一,露点温度专指未饱和湿空气在定压下冷却到与水蒸气分压力相对应的饱和温度。倘若未饱和湿空气在定容下冷却,显然也可使其中的水蒸气达到饱和状态,如图 9-5 中的过程 1—4 所示。在点 4 的饱和状态时,如进一步冷却也将开始冷凝,但点 4 的温度比露点稍低,点 4 的温度不是露点温度。第二,未饱和湿空气定压冷却达到露点后,若进一步冷却,开始冷凝结露,但这时水蒸气分压不再维持不变。由于部分水蒸气冷凝,水蒸气分压力势必随着冷凝的进行而逐渐降低,这种冷凝过程如图 9-5 中过程 2—4 所示,水蒸气随时处于饱和状态。

9-5-3 相对湿度及含湿量

为了表征湿空气中所含水蒸气量偏离极限(即饱和)的程度,或者为了适应湿空气中水蒸气的含量可能变化而干空气含量往往不变的这种特殊情况,通常分别采用相对湿度和含湿量这两个参数,而非采用前述的质量成分或摩尔成分来表征湿空气的成分。

1. 相对湿度 φ

如前所述,湿空气中水蒸气的含量,可用水蒸气分压力 p_v 与同温度下饱和压力 p_s 的偏离程度,即比值表示:

$$\varphi=\frac{p_v}{p_s}$$

这个比值称为**相对湿度**。

依据水蒸气的理想气体状态方程,$p_v=\frac{R_vT}{v_v}$和 $p_s=\frac{R_vT}{v_s}$以及湿空气中水蒸气组元的状态方程$\frac{m_v}{V}=\frac{p_v}{R_vT}$,再结合理想气体摩尔成分 x_v 与分压力 p_v 的关系,相对湿度可表示为

$$\varphi=\frac{p_v}{p_s}=\frac{v_s}{v_v}=\frac{\rho_v}{\rho_s}=\frac{m_v}{m_s}=\frac{x_v}{x_s} \tag{9-36}$$

式中,下标“v”代表湿空气中的水蒸气的状态;“s”表示同温下湿空气中的饱和水蒸气状态。式(9-36)表明,相对湿度 φ 分别等于湿空气中水蒸气与同温下饱和水蒸气的分压力、比容、密度、质量以及摩尔成分的比值。

显然,φ 值越小,湿空气中水蒸气偏离饱和状态越远,空气越干燥,吸水能力越强,$\varphi=0$ 时,就是干空气;反之,φ 值越大,则湿空气中水蒸气越趋近饱和状态,空气越潮湿,吸水能力越弱,$\varphi=1$ 时为饱和湿空气。

2. 比湿度(含湿量)d

在干燥和冷却塔冷却过程中,湿空气的水蒸气含量可能变化而干空气质量并不改变,因此为了分析和计算方便,常采用干空气质量作为计算基准,在一定容积的湿空气中,以单位质量干空气所含有的水蒸气质量来表征湿空气的含湿情况,称为**比湿度**或**含湿量**,用 d 表示,即

$$d=\frac{m_v}{m_a}=\frac{\rho_v}{\rho_a},\quad \text{kg 水蒸气 /kg 干空气} \tag{9-37}$$

由于它以 1 kg 干空气为基准,所以只要根据比湿度 d 的变化,就可确定实际过程中湿空气的干湿程度。显然,比湿度在干空气时等于零,随着湿空气中水蒸气含量的增加而增大。

比湿度 d 还可用水蒸气和干空气的分压力表示。对于水蒸气和干空气,有 $p_v=\rho_vR_vT$ 和 $p_a=\rho_aR_aT$,其中空气的气体常数 $R_a=287$ J/(kg·K),水蒸气的气体常数 $R_v=461.5$ J/(kg·K),将上述诸式和式(9-35)代入式(9-37)中得

$$d=0.622\frac{p_v}{p-p_v}=0.622\frac{\varphi p_s}{p-\varphi p_s},\quad \text{kg 水蒸气 /kg 干空气} \tag{9-38}$$

式(9-38)说明，当湿空气压力 p 一定时，比湿度 d 只取决于水蒸气分压力 p_v，并随 p_v 的提高而增大，即 $d=f(p_v)$。因此，d 与分压力 p_v 不是互相独立的参数。倘若湿空气压力 p 变化，虽 d 一定，分压力 p_v 就不是定值，但摩尔成分 x_v 是定值。

9-6 湿空气的焓、熵与容积

湿空气的总参数与理想混合气体一样，也具有加和性。但考虑到在过程中干空气质量往往不变的特点，通常采用以单位质量干空气为基准时湿空气的焓值、熵值与容积。

9-6-1 湿空气的焓值

设湿空气总焓为 $H(T,p)$，其中干空气的质量和比焓分别为 m_a 和 h_a，水蒸气的质量和比焓分别为 m_v 和 h_v，比湿度为 d，则单位质量干空气时湿空气的焓值为

$$h=\frac{H}{m_a}=\frac{m_a\cdot h_a+m_v\cdot h_v}{m_a}=h_a+d\cdot h_v,\quad \text{kJ/kg 干空气} \tag{9-39}$$

工程上常取 0℃时干空气的焓值为零，其定压比热容 $c_p=1.005\ \text{kJ/(kg}\cdot\text{K)}$，则温度为 t 的干空气比焓为

$$h_a=c_pt=1.005t,\quad \text{kJ/kg 干空气}$$

水蒸气的焓可按下列经验式计算

$$h_v=2\,501+1.863t,\quad \text{kJ/kg 水蒸气}$$

式中，2 501 是 0℃时饱和水蒸气的焓值，1.863 为常温低压下水蒸气的平均定压比热容。于是，

$$h=1.005\cdot t+d\cdot(2\,501+1.863\cdot t),\quad \text{kJ/kg 干空气} \tag{9-40}$$

9-6-2 湿空气的熵值

类似地，以单位质量的干空气为基准，则 (T,p) 下湿空气的熵值为

$$s(T,p)=\frac{S(T,p)}{m_a}=\frac{m_as_a(T,p_a)+m_vs_v(T,p_v)}{m_a}$$
$$=s_a(T,p_a)+d\cdot s_v(T,p_v),\quad \text{kJ/(kg 干空气}\cdot\text{K)} \tag{9-41}$$

式中，s_a 与 s_v 分别为干空气与水蒸气的比熵，它们都应按湿空气的温度 T 和相应的分压力计算。

设比湿度为 d 的湿空气，从初态 1 变化到终态 2，则熵变为

$$s_2(T_2,p_2)-s_1(T_1,p_1)=[s_a(T_2,p_{a,2})-s_a(T_1,p_{a,1})]+d\cdot[s_v(T_2,p_{v,2})-s_v(T_1,p_{v,1})]$$

展开后可进一步写成

$$s_2(T_2,p_2)-s_1(T_1,p_1)=\left[c_{p,a}\ln\left(\frac{T_2}{T_1}\right)-R_a\ln\left(\frac{p_{a,2}}{p_{a,1}}\right)\right]+d\cdot\left[c_{p,v}\ln\left(\frac{T_2}{T_1}\right)-R_v\ln\left(\frac{p_{v,2}}{p_{v,1}}\right)\right]$$

式中，$p_{a,1}$，$p_{a,2}$ 与 $p_{v,1}$，$p_{v,2}$ 分别为初、终态干空气与水蒸气分压力。因为 d 不变时，摩尔成分 x_a 和 x_v 也不变，故

$$\frac{p_{v,2}}{p_{v,1}}=\frac{x_{v,2}p_2}{x_{v,1}p_1}=\frac{p_2}{p_1};\qquad \frac{p_{a,2}}{p_{a,1}}=\frac{x_{a,2}p_2}{x_{a,1}p_1}=\frac{p_2}{p_1}$$

上式最后可写成

$$s_2(T_2,p_2)-s_1(T_1,p_1)=(c_{p,a}+dc_{p,v})\ln\frac{T_2}{T_1}-(R_a+dR_v)\ln\frac{p_2}{p_1},\quad \text{kJ/(kg 干空气}\cdot\text{K)} \tag{9-42}$$

9-6-3　湿空气的容积

湿空气计算中另外一个经常用到的参数是相对于单位质量干空气的湿空气容积，即

$$v=\frac{V}{m_a},\quad \text{m}^3/\text{kg 干空气}$$

依据理想气体状态方程，这个参数值可表示为

$$v=\frac{mR_mT}{Mpm_a}$$

如注意到干空气分压力 p_a 与摩尔成分 x_a 的关系，即 $p_a=x_ap=\left(\frac{m_a}{M_a}\right)\cdot\left(\frac{M}{m}\right)\cdot p$，则上式可进一步写成

$$v=\frac{R_mT}{M_ap_a}=v_a,\quad \text{m}^3/\text{kg 干空气} \tag{9-43}$$

也就是说，相对于单位质量干空气的湿空气容积，就等于干空气的比容。其实，这是道尔顿分压定律的必然结果，因为在湿空气温度与干空气分压力下，单位质量干空气所占据的容积也就是湿空气的容积。

例题 9-3　刚性容器中有 1 kg 湿空气，初态为 1.013×10^5 Pa 和 20℃，相对湿度 $\varphi_1=0.6$，将其加热到 50℃时。

(1) 确定加热量；

(2) 计算终态压力与相对湿度；

(3) 若热源温度为 100℃，试确定此过程中湿空气的熵变、热源熵变和㶲损失。

已知环境温度为 20℃，干空气 $c_{p,a}=1.005$ kJ/kg，水蒸气 $c_{p,v}=1.863$ kJ/kg，20℃的水蒸气饱和压力 $p_{s,1}=2.339\times10^3$ Pa，50℃的饱和压力 $p_{s,2}=12.349\times10^3$ Pa。

解：(1) 湿空气按理想混合气体处理，其终态压力可按定容过程的特征确定，即

$$p_2=\frac{T_2}{T_1}p_1=\frac{323}{293}\times1.013\times10^5=1.102\times1.013\times10^5\ \text{Pa}$$

在过程中干空气的质量不变

$$m_{a,1}=m_{a,2}=m_a$$

水蒸气的质量也不变，

$$m_{v,1}=m_{v,2}=m_v$$

或

$$d_1m_{a,1}=d_2m_{a,2}$$

因此

$$d_1=d_2$$

所以加热过程中 d 不变。

(2) 利用 d 不变,可确定终态的相对湿度 φ_2。

初态时,

$$p_{v,1}=\varphi_1 p_{s,1}=0.6\times 2.339\times 10^3\ \text{Pa}=1.403\times 10^3\ \text{Pa}$$

$$\begin{aligned}d_1&=0.622\,\frac{p_{v,1}}{p_1-p_{v,1}}\\&=0.622\times\frac{1.403\times 10^3}{101.3\times 10^3-1.403\times 10^3}\ \text{kg 水蒸气 /kg 干空气}\\&=8.736\times 10^{-3}\ \text{kg 水蒸气 /kg 干空气}\end{aligned}$$

终态时,

$$d_2=d_1=0.622\,\frac{p_{v,2}}{p_2-p_{v,2}}=8.736\times 10^{-3}\ \text{kg 水蒸气 /kg 干空气}$$

所以

$$p_{v,2}=\frac{d_2 p_2}{0.622+d_2}=\frac{8.736\times 10^{-3}\times 1.102\times 101.3\times 10^3}{0.622+8.736\times 10^{-3}}\ \text{Pa}=1.546\times 10^3\ \text{Pa}$$

终态的相对湿度

$$\varphi_2=\frac{p_{v,2}}{p_{s,2}}=\frac{1.546\times 10^3}{12.349\times 10^3}=0.125$$

(3) 根据热力学第一定律,定容过程中

$$\begin{aligned}Q&=U_2-U_1=(H_2-H_1)-V(p_2-p_1)\\&=m_a[(h_2-h_1)-v(p_2-p_1)]\end{aligned}$$

按式(9-40)可得

$$\begin{aligned}h_2-h_1=[&1.005\times(50-20)+8.736\times 10^{-3}\times\\&1.863\times(50-20)]\ \text{kJ/kg 干空气}=30.64\ \text{kJ/kg 干空气}\end{aligned}$$

相对于单位质量干空气的湿空气容积

$$\begin{aligned}v=v_a&=\frac{R_m T}{M_a p_a}=\frac{R_m T_1}{M_a(p_1-p_{v,1})}\\&=\frac{8.314\times 10^3\times 293}{28.97\times(101.3-1.403)\times 10^3}\ \text{m}^3/\text{kg 干空气}\\&=0.842\ \text{m}^3/\text{kg 干空气}\end{aligned}$$

容器内干空气质量

$$m_a=\frac{m}{1+d}=\frac{1}{1+8.736\times 10^{-3}}\ \text{kg}=0.991\ \text{kg}$$

所以

$$Q=0.991\times[30.64-0.842\times(1.102-1)\times 101.3]\ \text{kJ}=21.7\ \text{kJ}$$

过程中湿空气熵变

$$\Delta S'=m_a(s_2-s_1)$$

$$=m_a\left[(c_{p,a}+dc_{p,v})\ln\frac{T_2}{T_1}-(R_a+dR_v)\ln\frac{p_2}{p_1}\right]$$

$$=0.991\times\left[(1.005+8.736\times10^{-3}\times1.863)\ln\frac{323}{293}-\left(\frac{8.314}{28.97}+8.736\times10^{-3}\times\frac{8.314}{18.02}\right)\ln\frac{1.102}{1}\right]\ \mathrm{kJ/K}$$

$$=7.065\times10^{-2}\ \mathrm{kJ/K}$$

热源熵变

$$\Delta S_r=\frac{-Q}{T_r}=\frac{-21.7\ \mathrm{kJ}}{373\ \mathrm{K}}=-5.82\times10^{-2}\ \mathrm{kJ/K}$$

总熵变

$$\Delta S=\Delta S'+\Delta S_r=(7.065\times10^{-2}-5.82\times10^{-2})\ \mathrm{kJ/K}$$

$$=1.24\times10^{-2}\ \mathrm{kJ/K}$$

以热源与容器组合成一绝热系统。此组合系统的总熵变即熵产,于是㶲损失

$$\Pi=T_0\Delta S=293\times1.24\times10^{-2}\ \mathrm{kJ}=3.633\ \mathrm{kJ}$$

9-7 比湿度的确定和湿球温度

9-7-1 绝热饱和温度

无论是比湿度或相对湿度,都无法直接测量。为了确定湿空气的成分,就需要采用一些间接测量的方法,其中的一种方法叫作**绝热饱和温度法**,如图 9-6 所示。未饱和湿空气稳定地流过一个内部储有水的长通道。假如此通道足够长,则出口处湿空气就由于水池中水的蒸发而处于饱和状态。出口温度为 T_2,称为**绝热饱和温度**。设饱和水也在 T_2 下加入水池。

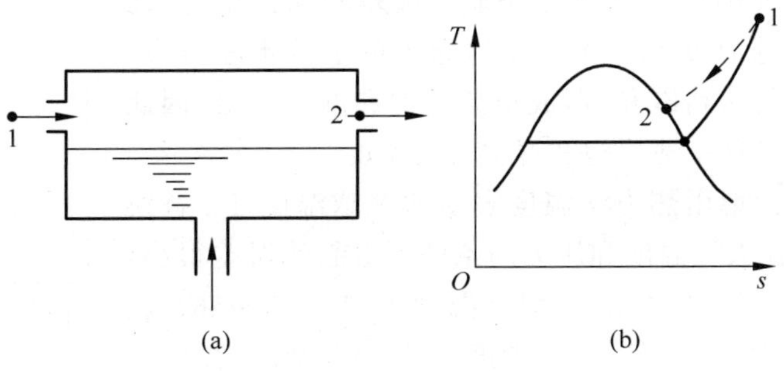

图 9-6 绝热饱和温度法确定比湿度

依据质量守恒定律,此过程中干空气的质量不变,即

$$\dot m_{a,1}=\dot m_{a,2}=\dot m_a$$

而水蒸气的质量守恒关系表现为

$$\dot m_{v,1}+\dot m_f=\dot m_{v,2}$$

或

$$d_1\dot m_{a,1}+\dot m_f=d_2\dot m_{a,2}$$

则

$$\dot{m}_{\mathrm{f}}=(d_2-d_1)\dot{m}_{\mathrm{a}} \tag{9-44}$$

根据热力学第一定律有

$$\begin{aligned}0&=H_2-\dot{m}_{\mathrm{f}}h_{\mathrm{f}}-H_1\\&=H_2-H_1-(d_2-d_1)\dot{m}_{\mathrm{a}}h_{\mathrm{f}}\\&=\dot{m}_{\mathrm{a}}(h_2-h_1)-(d_2-d_1)\dot{m}_{\mathrm{a}}h_{\mathrm{f}}\end{aligned} \tag{9-45}$$

代入式(9-39)得

$$0=c_{p,\mathrm{a}}(T_2-T_1)+d_2h_{\mathrm{v},2}-d_1h_{\mathrm{v},1}-(d_2-d_1)h_{\mathrm{f}}$$

或

$$d_1=\frac{c_{p,\mathrm{a}}(T_2-T_1)+d_2(h_{\mathrm{v},2}-h_{\mathrm{f}})}{h_{\mathrm{v},1}-h_{\mathrm{f}}} \tag{9-46}$$

式中，d_2 是绝热饱和温度 T_2 下饱和湿空气的比湿度。倘若 T_2 可以测定，相应地 $p_{\mathrm{s},2}(T_2)$ 和 d_2 就确定，而且 T_2 下饱和水的焓 h_{f} 也就确定。因此，如果能测出 T_1 与 T_2，$h_{\mathrm{v},1}$ 与 $h_{\mathrm{v},2}$ 分别可用$(2\,501+1.863t_1)$与$(2\,501+1.863t_2)$确定，则上式等号右边的各个量就都能确定。换言之，进入通道的湿空气，其比湿度 d_1 可间接地根据 T_1 与 T_2 确定。

9-7-2　湿球温度

上述方法中，为了保证出口处是饱和状态，要求通道很长，所以实际应用中已不再采用上述方法，而采用**干湿球温度法**。

如图 9-7 所示，两支相同的水银温度计，一支用来测量湿空气的温度，称为干球温度计；另一支的水银柱球部用部分浸于水中的湿纱布包起来，用来测量湿纱布的温度，读数称为**湿球温度** t_{w}。当未饱和湿空气接触湿纱布，纱布上的水分不断蒸发，吸收汽化潜热，湿纱布的温度下降，形成湿球与周围空气的温差，因而空气又要向湿纱布传热。最后当湿球与周围空气之间达到某一温差时保持稳定，此时所测温度称为湿球温度 t_{w}。由于湿纱布上的水分不断蒸发，紧贴湿球表面的空气达到饱和，形成很薄的饱和湿空气层，因此湿球温度可以认为是这一薄层饱和湿空气的温度。

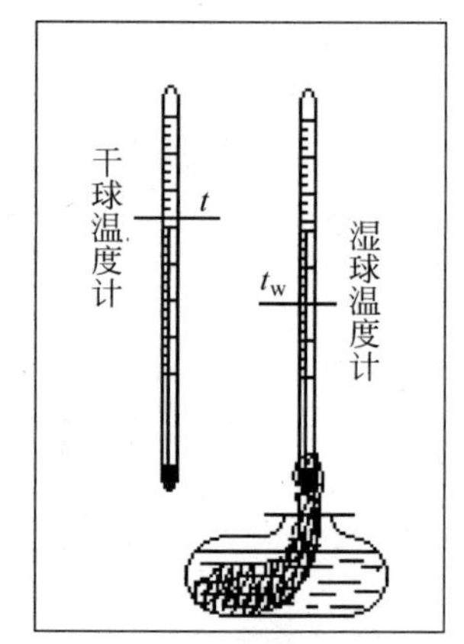

图 9-7　干、湿球温度计

一般就可以近似地用热力学温度表示的湿球温度 T_{w} 替换式(9-46)中的 T_2，在大气温度和压力的条件下引起的误差很小，而 T_1 即干球温度。这样，利用干、湿球温度再加上式(9-46)，就较方便地确定湿空气的比湿度 d。比湿度一旦确定，则由式(9-38)就可确定出相对湿度的 φ 值。

从上述湿球温度的形成过程可以看出，虽然总压力(大气压力)保持不变，由于空气含湿量不断增加，水蒸气的分压力是不断增加的，因此通常湿球温度高于露点温度。同时，由于水分蒸发时吸热，所以湿球温度低于干球温度。

例题 9-4　总压为 1.013×10^5 Pa 的湿空气，其干球温度为 20℃，湿球温度为 10℃，试确定比湿度 d，相对湿度 φ 与相对于单位质量干空气的湿空气容积。

干球温度为 20℃的湿空气中水蒸气的焓：$h_{\mathrm{v},2}=2\,501+1.863\times20=2\,538.3$ kJ/kg。

解：由湿球温度 10℃查饱和蒸汽表得饱和水蒸气焓 $h_{v,2}=2\ 519.8$ kJ/kg，饱和水焓 $h_f=42.01$ kJ/kg，饱和蒸汽压力 $p_{s,2}=1.227\ 6\times10^3$ Pa。因而，

$$d_2=0.622\frac{p_{v,2}}{p-p_{v,2}}$$

$$=0.622\frac{p_{s,2}}{p-p_{s,2}}$$

$$=0.622\times\frac{1.227\ 6\times10^3}{(101.3-1.227\ 6)\times10^3}\text{ kg 水蒸气 /kg 干空气}$$

$$=7.63\times10^{-3}\text{ kg 水蒸气 /kg 干空气}$$

将其代入式(9-46)得

$$d_1=\frac{1.005\times(10-20)+7.63\times10^{-3}\times(2\ 519.8-42.01)}{(2\ 538.1-42.01)}\text{ kg 水蒸气 /kg 干空气}$$

$$=3.55\times10^{-3}\text{ kg 水蒸气 /kg 干空气}$$

湿空气的分压力 $p_{v,1}$ 可由 d_1 求得，即

$$p_{v,1}=\frac{d_1p}{0.622+d_1}=\frac{3.55\times10^{-3}\times101.3\times10^3}{0.622+3.55\times10^{-3}}\text{ Pa}$$

$$=0.575\times10^3\text{ Pa}$$

而干球 20℃时的饱和蒸汽压力 $p_{s,1}$ 为 2.339×10^3 Pa，故相对湿度

$$\varphi_1=\frac{p_{v,1}}{p_{s,1}}=\frac{0.575\times10^3}{2.339\times10^3}=0.246$$

相对于单位质量干空气的湿空气容积

$$v_1=v_{a,1}=\frac{R_mT_1}{M_ap_{a,1}}=\frac{R_mT_1}{M_a(p-p_{v,1})}$$

$$=\frac{8.314\times10^{-3}\times293}{28.97\times(101.3-0.575)\times10^3}\text{ m}^3\text{/kg 干空气}$$

$$=0.835\text{ m}^3\text{/kg 干空气}$$

9-8 湿空气的焓湿图与热湿比

为了使用方便，人们绘制了湿空气的焓湿图（h-d 图），它不仅可表示湿空气的状态，确定状态参数，而且可方便地表示湿空气的状态变化过程，因而是空气调节工程计算的一种非常重要的工具。

由吉布斯相律可知，对于湿空气这类由 2 个组元构成的单相系统而言，其独立参数应该为 3 个，而平面坐标系只有 2 个独立参数，所以实际上湿空气的焓湿图都指定了一个参数——大气压力。

图 9-8 为我国常用 h-d 图的结构，该图是以含 1 kg 干空气的湿空气为基准，在一定的大气压力下，取焓 h 与比湿度 d 为坐标，图上画出了定比湿度、定蒸汽分压力、定露点温度、定焓、定湿球温度、定干球温度、定相对湿度各组线簇（图 9-8 中未列出定湿球温度线）。

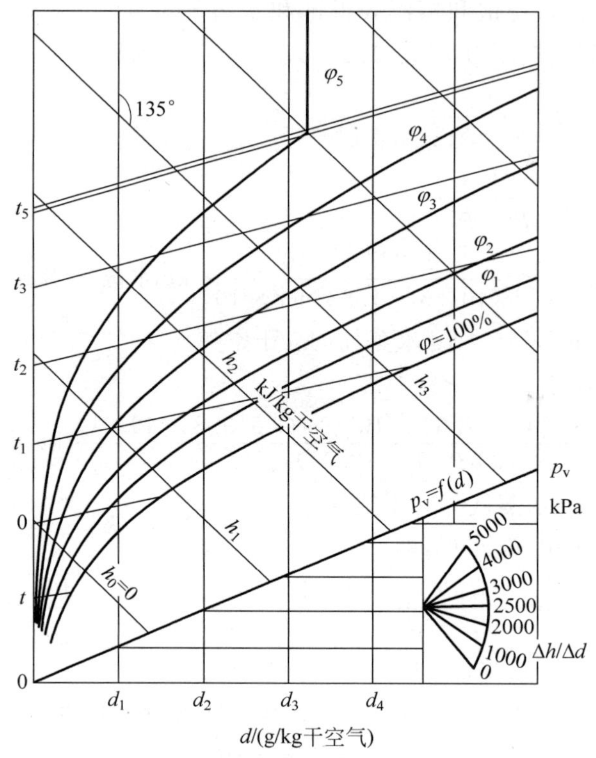

图 9-8 湿空气焓湿图

1. 定比湿度线簇

定 d 线是一组垂直线，自左向右 d 值逐渐增加，纵坐标为 $d=0$ 的定 d 线。

按照式(9-24)，在一定的总压力下，水蒸气分压力 p_v 与 d 值一一对应，因此定 d 线也就是**定 p_v 线**。

湿空气的露点 t_d 仅取决于水蒸气分压力 p_v，因此定 d 线簇又是**定 t_d 线簇**。

2. 定焓线簇

为了使图线不致过于密集，定 h 线作成一组与纵坐标轴夹角为135°的平行直线。在纵坐标轴上标有零点，令其 $h=0$，沿纵坐标轴的零点以上焓为正值；零点以下焓为负值。自下而上焓值逐渐增加。

3. 定温(干球温度)线簇

根据 $h=1.005t+d(2\,501+1.863\cdot t)$ 可以看出，当 t 为定值时，h 与 d 呈线性关系，其斜率 $(2\,501+1.863t)$ 恒为正值，且随 t 的升高而增大。所以定 t 线是一组斜率为正的斜直线，t 越高，斜率越大。

4. 定相对湿度线簇

由 $d=0.622\dfrac{\varphi p_s}{p-\varphi p_s}$ 可看出，在一定大气压 p 下，φ 值一定时，d 与 p_s 有一系列对应的值，而 p_s 又是温度的单值函数。因此，当 φ 为某一定值时，把不同温度下的饱和压力值代入上式，就可得到相应温度下的 d 值，在 h-d 图上可得相应状态点，连接这些点即得该 φ 值的定 φ 线。取不同 φ 值，可得一系列定 φ 线。

在一定的 d 值下，相对湿度 φ 随温度的降低而增大，因此定 φ 线随 φ 值增大而位置下移。$\varphi=1.0$ 的定 φ 线处于最下位置，称为**饱和湿空气曲线**。这条曲线将 h-d 图分为两部分，上部是未饱和湿空气，线上各点是饱和湿空气，下部表示水蒸气已开始凝结。$\varphi=100\%$ 时，饱和湿空气的干球温度 t，湿球温度 t_w 和露点温度 t_d 是同一个数值，所以在 $\varphi=1.0$ 的定 φ 线上标出的温度既是露点温度，又是湿球温度，也是干球温度。$\varphi=1.0$ 线实际上是不同比湿度 d 下露点的轨迹。

$\varphi=0$ 即干空气，此时 $d=0$，所以纵坐标轴即为 $\varphi=0$ 的定 φ 线。

5. 水蒸气分压力线

由 $d=0.622\dfrac{p_v}{p-p_v}$ 或 $p_v=\dfrac{pd}{d+0.622}$，即当大气压力 p 一定时，水蒸气分压力仅是比湿度 d 的函数 $p_v=f(d)$，由于 d 往往很小，可近似认为 p_v 与 d 呈线性关系，图 9-8 中 $\varphi=1.0$ 线的下方示出了这种关系。

6. 湿球温度线

湿空气湿球温度可借助等焓线确定。原理如下，对于图 9-6 所示的绝热饱和过程，其热力学第一定律表示为 $h_2=h_1+(d_2-d_1)h_f$，其中 d_2-d_1 是个很小的值，一般可以忽略，即 $h_2\approx h_1$，而湿球温度≈绝热饱和温度，所以湿球温度为过该点的等焓线与饱和线($\varphi=1$)所交的温度。

7. 热湿比

为了说明过程中焓和比湿度的变化，用状态变化前后的焓差和比湿度差的比值来表示。它可以反映过程的方向与特征。这个比值，称为**热湿比**，用符号 ε 表示

$$\varepsilon=\frac{h_2-h_1}{d_2-d_1}=\frac{\Delta h}{\Delta d},\text{kJ/kg} \tag{9-47}$$

在 h-d 图上，ε 为常数的湿空气过程线是直线，ε 就是该过程线的斜率，反映了过程线相对于 d 坐标轴的倾斜角度，因此 ε 也称**角系数**。在 h-d 图上，任何线段所代表的湿空气状态变化过程，都对应于一定的 ε。显然，对于湿空气的各种变化过程，不管其初始状态如何，只要变化过程的 ε 相同，则其过程线都是相互平行的。因此，可在 h-d 图的右下方任取一点为基点，作出许多角系数线，如图 9-8 所示。如果已知湿空气的初始状态及过程的 ε 值，则在 h-d 图上通过初始状态点作一平行于给定角系数为 ε 的直线，即得过程线。只要知道过程终态的任一参数，则所作过程线与此定参数线的交点，即过程终态，由此可查出终态的其余参数。

根据 ε 的定义可知，定焓过程 $\Delta h=0$，$\varepsilon=0$，定湿过程 $\Delta d=0$，$\varepsilon\rightarrow\pm\infty$，因此，用定焓线和定比湿度线可将 h-d 图分成四个象限，如图 9-9 所示。

在第Ⅰ象限内进行的过程，$\varepsilon>0$，$\Delta h>0$，$\Delta d>0$，即增焓增湿过程。

在第Ⅱ象限内进行的过程，$\varepsilon<0$，$\Delta h>0$，$\Delta d<0$，即增焓减湿过程。

在第Ⅲ象限内进行的过程，$\varepsilon>0$，$\Delta h<0$，$\Delta d<0$，即减焓减湿过程。

在第Ⅳ象限内进行的过程，$\varepsilon<0$，$\Delta h<0$，$\Delta d>0$，即减焓增湿过程。

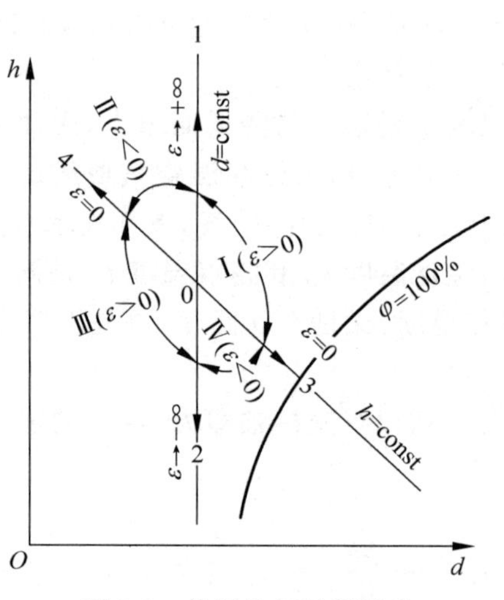

图 9-9 热湿比与过程特点

9-9 湿空气的基本热力过程

下面用 h-d 图讨论几种典型的湿空气状态变化过程。

9-9-1 加热或冷却过程

对湿空气单纯地加热或冷却的过程，其特征是比湿度 d 不变，$\varepsilon\to\pm\infty$，过程沿定 d 线进行。

加热时朝焓增加方向变化，如图 9-10 中 0—1 所示，随着热量的加入，湿空气温度升高，相对湿度降低。单纯冷却过程正好与加热过程相反，如 0—2 所示。

对于单位质量的干空气而言，过程中加入或放出的热量为

$$q=\Delta h$$

式中，Δh 为初、终态湿空气的焓差。式中忽略了湿空气动、位能的变化。

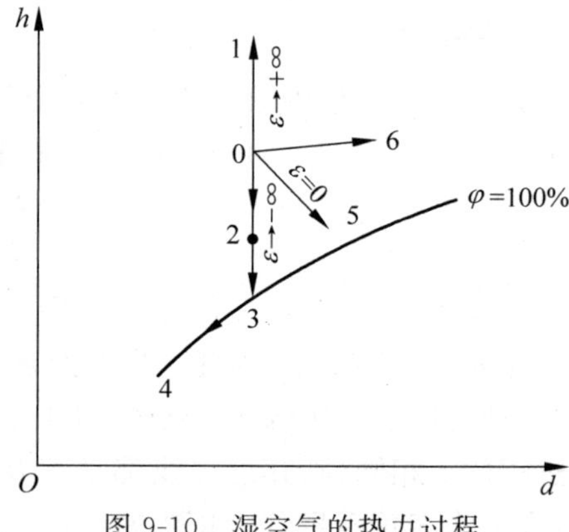

图 9-10 湿空气的热力过程

9-9-2 冷却去湿过程

若将状态点 2 的湿空气进一步冷却到露点温度 t_d(如图 9-10 中的点 3 所示)后，仍然继续冷却，则将有水蒸气不断冷凝析出，此时湿空气总处于饱和状态，沿 $\varphi=1.0$ 线向比湿度减小、温度降低的方向变化，如图 9-10 中 0—4 所示。

冷却去湿过程，$\varepsilon>0$。从单位质量干空气中析出的水分为湿空气比湿度的减小量 (d_0-d_4)，放出的热量 q 为

$$q=(h_0-h_4)-(d_0-d_4)h_w$$

式中，h_w 为凝结水的焓。

9-9-3　绝热加湿过程

在绝热条件下向湿空气加入水分以增加其比湿度，叫**绝热加湿**。因为是绝热过程，水分蒸发所吸收的潜热完全来自湿空气自身，所以加湿后湿空气温度将降低，故又称**蒸发冷却过程**。

忽略宏观动、位能的变化，对于单位质量的干空气，能量平衡方程为

$$h_0 + \Delta d \cdot h_w = h_5$$

式中，Δd 为过程中湿空气比湿度的增量，即对单位质量干空气加入的水分；h_w 为水的焓。由于 $\Delta d \cdot h_w \ll h$，常可忽略不计，因而 $h_0 \approx h_5$，即绝热加湿过程可近似地看成**定焓加湿过程**，$\varepsilon = 0$。过程沿定 h 线向 d 和 φ 增大、t 降低的方向进行，如图 9-10 中 0—5 所示。

9-9-4　加热加湿过程

对湿空气同时加入水分和热量，湿空气的焓和比湿度都将增加，$\varepsilon > 0$，如图 9-10 中 0—6 所示。倘若加热量恰好等于水分蒸发吸收的潜热，则湿空气初、终态的温度不变，称为**定温加湿过程**，是 $\varepsilon > 0$ 区内的一种特殊过程。

过程中加入的热量等于湿空气焓的变化量，加入的水分等于其比湿度的增量。

9-9-5　绝热混合过程

将两股或多股不同状态的湿空气相混，以得到温度和湿度符合一定要求的空气，是空调工程中常采用的方法。如果混合过程是绝热的，称为**绝热混合过程**。绝热混合得到的湿空气状态，取决于混合前各股湿空气的状态和它们的流量比例。

图 9-11 表示两股分别处于状态 1 和状态 2、干空气质量流量分别为 $\dot{m}_{a,1}$ 和 $\dot{m}_{a,2}$ 的湿空气流在管内绝热混合过程。混合后的湿空气流状态用 3 表示，其干空气质量流量为 $\dot{m}_{a,3}$。

按照质量守恒原理，对于干空气有

$$\dot{m}_{a,1} + \dot{m}_{a,2} = \dot{m}_{a,3} \tag{9-48}$$

对于水蒸气的质量流量有

$$\dot{m}_{a,1} d_1 + \dot{m}_{a,2} d_2 = \dot{m}_{a,3} d_3 \tag{9-49}$$

在绝热混合过程中，如忽略动、位能变化，则能量平衡为

$$\dot{m}_{a,1} h_1 + \dot{m}_{a,2} h_2 = \dot{m}_{a,3} h_3 \tag{9-50}$$

如已知混合前各股气流的状态和流量，利用上述三个方程式就可解出混合后湿空气的流量、比湿度和焓，也就确定了混合后湿空气的状态点 3。状态点 3 也可在 h-d 图上用图解方法确定。具体分析如下：由式(9-48)与式(9-49)联立得出

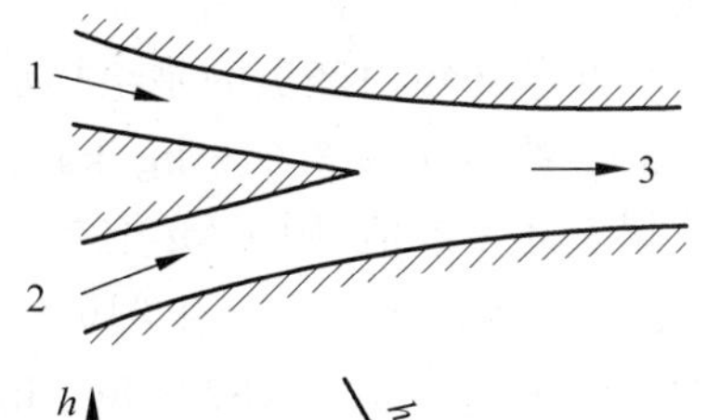

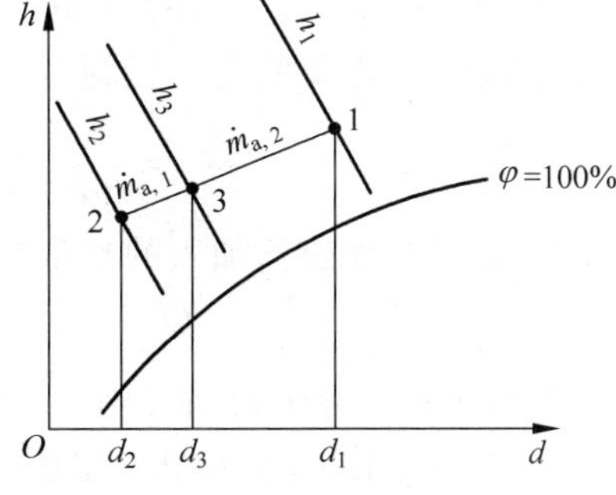

图 9-11　湿空气绝热混合

$$\frac{\dot{m}_{a,1}}{\dot{m}_{a,2}}=\frac{d_3-d_2}{d_1-d_3}$$

同样,式(9-48)与式(9-50)联立得出

$$\frac{\dot{m}_{a,1}}{\dot{m}_{a,2}}=\frac{h_3-h_2}{h_1-h_3}$$

因此,有

$$\frac{\dot{m}_{a,1}}{\dot{m}_{a,2}}=\frac{d_3-d_2}{d_1-d_3}=\frac{h_3-h_2}{h_1-h_3} \tag{9-51}$$

式(9-51)是一直线方程式,即图 9-11 中连接点 1、点 2 的直线方程,并可知混合后的状态点 3 必然在直线 1—2 上,从几何学可知

$$\frac{\overline{23}}{\overline{31}}=\frac{h_3-h_2}{h_1-h_3}=\frac{d_3-d_2}{d_1-d_3}=\frac{\dot{m}_{a,1}}{\dot{m}_{a,2}}$$

即混合后的状态点 3 将直线 1—2 分为两段,这两段与参加混合的干空气质量流量成反比。这样只需在 h-d 图上把参与混合的湿空气状态点连成直线,并根据与干空气质量流量成反比的关系,分割该直线,其分割点即为混合后的状态点,从而确定其余参数。反之,也可由已知湿空气的状态和预定的混合后状态,来确定混合时所需的干空气质量流量比$\frac{\dot{m}_{a,1}}{\dot{m}_{a,2}}$。

例题 9-5 将压力为 10^5 Pa,$t_1=25$℃,$\varphi_1=0.6$ 的空气,在加热器中加热到 $t_2=50$℃,然后送入绝热干燥箱用以烘干物体,空气从干燥箱出来时温度 $t_3=40$℃。

(1) 每蒸发 1 kg 水分需供入多少空气;

(2) 加热器中应加入多少热量?

解:应用 h-d 图计算,根据 t_1 和 φ_1 在图上确定状态点 1,并查得 $h_1=56$ kJ/kg 干空气,$d_1=0.012$ kg/kg 干空气,加热过程比湿度不变,故 $d_2=d_1$。根据 d_2 及 t_2 查得状态 2 的参数为 $h_2=82$ kJ/kg 干空气。

空气在干燥箱内经历的是绝热加湿过程,其焓值近似不变,即 $h_3=h_2$。按 h_3 和 t_3 查得状态 3 的参数为 $d_3=0.016$ kg/kg 干空气。

依据上述参数值,则 1 kg 干空气吸收的水分和吸收的热量为

$$\Delta d=d_3-d_1=(0.016-0.012)\ \text{kg/kg 干空气}=0.004\ \text{kg/kg 干空气}$$

$$q=h_2-h_1=(82-56)\ \text{kJ/kg 干空气}=26\ \text{kJ/kg 干空气}$$

蒸发 1 kg 水分需要的空气量为

$$m_a=\frac{1}{\Delta d}=\frac{1}{0.004}\ \text{kg 干空气}=250\ \text{kg 干空气}$$

蒸发 1 kg 水分加热器加入的热量为

$$Q=m_a\cdot q=250\times 26\ \text{kJ}=6.5\times 10^3\ \text{kJ}$$

例题 9-6 由于设备工作,某车间每分钟散发出热量 $\dot{Q}=170$ kJ/min,蒸发出水分 $\dot{m}_w=0.38$ kg/min,室外空气温度 $t_0=5$℃,相对湿度 $\varphi_0=80\%$。若将室外空气加热后供给车间,并要求维持车间空气温度为 $t_1=22$℃,相对湿度 $\varphi_1=70\%$,试确定需要的通风量和对空气的加热量。

解:按照室外空气参数 t_0,φ_0 以及要求保持的车间空气参数 t_1,φ_1,在 h-d 图上定出相

应状态点 0 及 1，如图 9-12 所示。

车间空气状态变化的热湿比 ε 为

$$\varepsilon=\frac{\Delta h}{\Delta d}=\frac{\dot{Q}}{\dot{m}_{\mathrm{w}}}=\frac{170}{0.38}\ \mathrm{kJ/kg}=447\ \mathrm{kJ/kg}$$

通过状态点 1 作 ε = 447 kJ/kg 的过程线，车间内空气的状态将沿这条线变化，所以供入车间的空气状态应处于这条过程线上。对室外空气的加热过程线为 $d=d_0$ 的定 d 线，供给车间的空气状态也应处于这条线上。因此，供给车间的空气的状态点为以上两条线的交点 M，由 h-d 图查得 0、1 和 M 点的参数为

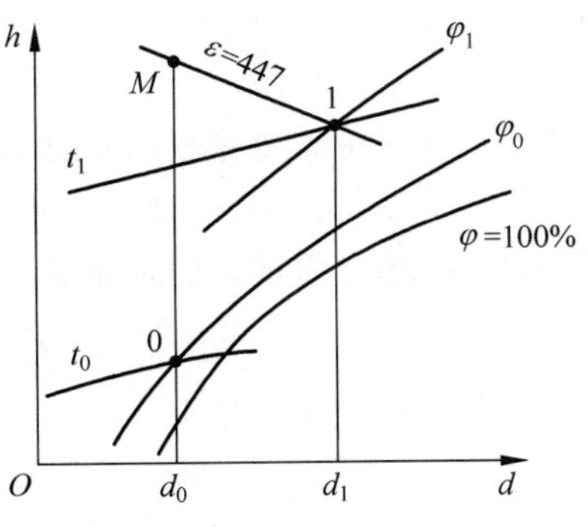

图 9-12　例题 9-6 的 h-d 图

$$h_0=6\ \mathrm{kJ/kg}\ 干空气,\quad d_0=0.004\,2\ \mathrm{kJ/kg}\ 干空气,$$

$$h_1=52\ \mathrm{kJ/kg}\ 干空气,\quad d_1=0.012\,1\ \mathrm{kJ/kg}\ 干空气,$$

$$h_M=48.5\ \mathrm{kJ/kg}\ 干空气,\quad d_M=d_0=0.004\,2\ \mathrm{kJ/kg}\ 干空气$$

通风量为

$$\dot{m}_{\mathrm{a}}=\frac{\dot{m}_{\mathrm{w}}}{d_1-d_M}=\frac{0.38}{0.012\,1-0.004\,2}\ \mathrm{kg/min}=48.1\ \mathrm{kg/min}$$

或

$$\dot{m}_{\mathrm{a}}=\frac{\dot{Q}}{h_1-h_M}=\frac{170}{52-48.5}\ \mathrm{kg/min}=48.5\ \mathrm{kg/min}$$

对室外空气的加热量为

$$\dot{Q}'=\dot{m}_{\mathrm{a}}(h_M-h_0)=48.5\times(48.5-6)\ \mathrm{kJ/min}=2\,061\ \mathrm{kJ/min}$$

例题 9-7　室外空气（$t_1=34℃$，$\varphi_1=80\%$，$p_1=10^5$ Pa）通过空调装置后变成 $t_3=20℃$，$\varphi_3=50\%$ 的调节空气，向室内供应，供应量 $\dot{m}_{\mathrm{a}}=50$ kg/min。空调过程如图 9-13 所示，先将室外空气冷却去湿，然后再加热到所要求的状态。试计算：

(1) 空气中需要除去的水分；

(2) 冷却介质应带走的热量；

(3) 加热器加入的热量。

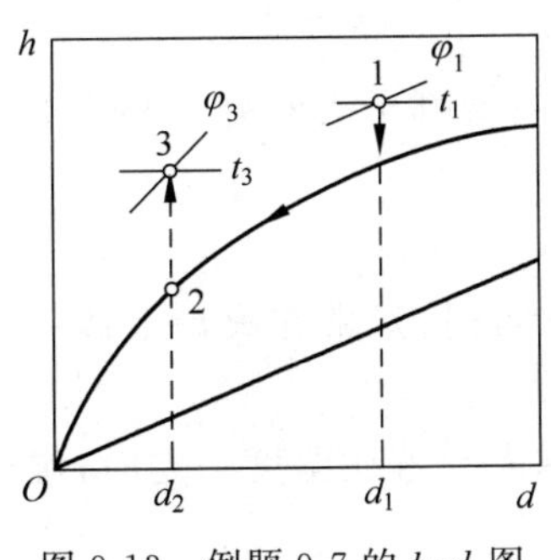

图 9-13　例题 9-7 的 h-d 图

解：在 h-d 图上，按题给的参数和过程，查出各状态点的有关参数。

根据 t_1 和 φ_1 查得

$$d_1=0.027\,4\ \mathrm{kJ/kg}\ 干空气$$

$$h_1=105\ \mathrm{kJ/kg}\ 干空气$$

根据 t_3 和 φ_3 查得

$$d_3=0.007\,3\ \mathrm{kJ/kg}\ 干空气$$

$$h_3=38\ \mathrm{kJ/kg}\ 干空气$$

冷却去湿过程达到的状态 2 应为 $d_2=d_3=0.007\,3$ kJ/kg 干空气的饱和湿空气。由图

可查得

$$h_2 = 27\ \text{kJ/kg 干空气}, t_2 = 9℃$$

(1) 空气中需要除去的水分为

$$\dot{m}_w = \dot{m}_a(d_1 - d_2) = 50 \times (0.0274 - 0.0073)\ \text{kg/min} = 1.005\ \text{kg/min}$$

(2) 冷却介质带走的热量为

$$\dot{Q}_{12} = \dot{m}_a(h_1 - h_2) - \dot{m}_w h_w$$

其中凝结水的焓 h_w 为

$$h_w = c_{p,w} t_2 = 4.186 \times 9\ \text{kJ/kg} = 37.67\ \text{kJ/kg}$$

此值也可根据 t_2 由饱和水蒸气表中查得。

因此

$$\dot{Q}_{12} = [50 \times (105 - 27) - 1.005 \times 37.67]\ \text{kJ/min} = 3862\ \text{kJ/min}$$

(3) 加热器加入的热量为

$$\dot{Q}_{23} = \dot{m}_a(h_3 - h_2) = 50 \times (38 - 27)\ \text{kJ/min} = 550\ \text{kJ/min}$$

思考题

9-1 9-1 节所讲内容除理想气体以外,对非理想气体混合物是否适用?

9-2 理想混合气体的比内能是否为温度的单值函数?

9-3 理想混合气体的($c_p - c_V$)是否仍遵循迈耶公式?

9-4 凡质量成分较大的组元气体,其摩尔成分是否也一定较大?

9-5 为什么在计算理想混合气体中组元气体的熵时必须采用分压力而不能用总压力?

9-6 解释降雾、结霜和结露现象,并说明它们发生的条件。

9-7 对于未饱和湿空气,湿球温度、干球温度和露点温度三者哪个大?哪个小?对于饱和湿空气它们的大小又将如何?

9-8 相对湿度越大,比湿度越高,这种说法对吗?

9-9 冬季室内供暖时,为什么会感到空气干燥?用火炉取暖时,经常在火炉上放一壶水,目的何在?

9-10 若 φ 一定时,湿空气的温度越高,是否其比湿度也越大?若比湿度一定时,湿空气的温度越大,是否其相对湿度也越大?

9-11 如果等量的干空气与湿空气降低的温度相同,两者放出的热量相等吗?为什么?

习题

9-1 N_2 和 CO_2 的混合气体,在温度为 40℃,压力为 5×10^5 Pa 时,比容为 0.166 m^3/kg,求混合气体的质量成分。

9-2 某锅炉烟气的容积成分为 $\gamma_{CO_2}=13\%$,$\gamma_{H_2O}=6\%$,$\gamma_{SO_2}=0.55\%$,$\gamma_{N_2}=73.45\%$,$\gamma_{O_2}=7\%$,试求各组元气体的质量成分和各组元气体的分压力。烟气的总压力为 0.75×10^5 Pa。

9-3 烟气的摩尔成分为 $x_{CO_2}=0.15$，$x_{N_2}=0.70$，$x_{H_2O}=0.12$，$x_{O_2}=0.03$，空气的摩尔成分为 $x_{N_2}=0.79$，$x_{O_2}=0.21$。以 50 kg 烟气与 75 kg 空气混合，混合后气体压力为 3.0×10^5 Pa，求混合后气体的：

(1) 摩尔成分；

(2) 质量成分；

(3) 平均摩尔质量和折合气体常数；

(4) 各组元气体的分压力。

9-4 有三股压力相等的气流在定压下绝热混合。第一股是氧，$t_{O_2}=300℃$，$\dot{m}_{O_2}=115$ kg/h；第二股是一氧化碳，$t_{CO}=200℃$，$\dot{m}_{CO}=200$ kg/h；第三股是空气，$t_a=400℃$，混合后气流温度为 275℃。试求每小时的混合熵产（用定比热容计算，且把空气视作单一成分的气体处理，即不考虑空气中的氧与第一股氧气之间产生混合熵产的情况）。

9-5 容积为 V 的刚性容器内，盛有压力为 p，温度为 T 的二元理想混合气体，其容积成分为 γ_1 和 γ_2。若放出 x(kg)混合气体，并加入 y(kg)第二种组元气体后，混合气体在维持原来的压力 p 和温度 T 下容积成分从原来的 γ_1 变成 γ_1'，γ_2 变成 γ_2'。设两种组元气体是已知的，试确定 x 和 y 的关系式。

9-6 设刚性容器中原有压力为 p_1，温度为 T_1 的 m_1(kg)第一种理想气体，当第二种理想气体充入后使混合气体的温度仍维持不变，但压力升高到 p，试确定第二种气体的充入量。

9-7 设空气的容积成分由 21% 的 O_2 与 79% 的 N_2 组成，已知 1.013×10^5 Pa，25℃下 O_2 与 N_2 的摩尔熵分别为 $S_{m_{O_2}}=205.17$ kJ/(kmol·K)和 $S_{m_{N_2}}=191.63$ kJ/(kmol·K)，为了求 1.013×10^5 Pa，25℃下空气的摩尔熵[kJ/(kmol·K)]，现有以下几种答案，试分析哪些是正确的，并说明原因。

(1) $S_m(1.013\times10^5\ \text{Pa},25℃)$
$=\sum S_{mi}(1.013\times10^5\ \text{Pa},25℃)$
$=S_{m_{O_2}}(1.013\times10^5\ \text{Pa},25℃)+S_{m_{N_2}}(1.013\times10^5\ \text{Pa},25℃)$
$=(205.17+191.63)\ \text{kJ/(kmol·K)}=396.80\ \text{kJ/(kmol·K)}$

(2) $S_m(1.013\times10^5\ \text{Pa},25℃)$
$=\sum x_iS_{mi}(1.013\times10^5\ \text{Pa},25℃)$
$=(0.21\times205.17+0.79\times191.63)\ \text{kJ/(kmol·K)}$
$=194.47\ \text{kJ/(kmol·K)}$

(3) $S_m(1.013\times10^5\ \text{Pa},25℃)$
$=\Delta S_{mix}=-R_m\sum x_i\ln x_i$
$=-8.3143\times(0.21\ln0.21+0.79\ln0.79)\ \text{kJ/(kmol·K)}$
$=4.2732\ \text{kJ/(kmol·K)}$

(4) $S_m(1.013\times10^5\ \text{Pa},25℃)$
$=\sum x_iS_{mi}(p_i,25℃)$
$=0.21\cdot S_{m_{O_2}}(p_{O_2},25℃)+0.79\cdot S_{m_{N_2}}(p_{N_2},25℃)$

$=0.21[S_{m_{O_2}}(1.013\times10^5\ \text{Pa},25℃)-R_m\ln x_{O_2}]+$

$0.79[S_{m_{N_2}}(1.013\times10^5\ \text{Pa},25℃)-R_m\ln x_{N_2}]$

$=198.74\ \text{kJ/(kmol}\cdot\text{K)}$

(5) $S_m(1.013\times10^5\ \text{Pa},25℃)$

$=\sum x_i S_{mi}(1.013\times10^5\ \text{Pa},25℃)+\Delta S_{mix}$

$=198.74\ \text{kJ/(kmol}\cdot\text{K)}$

9-8 湿空气的温度为30℃，压力为0.980 7×10^5 Pa，相对湿度为70%，试求：

(1) 比湿度；

(2) 水蒸气分压力；

(3) 相对于单位质量干空气的湿空气焓值；

(4) 由 h-d 图查比湿度、水蒸气分压力，并和(1)与(2)的答案对比；

(5) 如果将其冷却到10℃，在这个过程中会分出多少水分？放出多少热量(用 h-d 图)？

9-9 $p=0.1$ MPa，$t_1=20$℃及 $\varphi=60\%$ 的空气作干燥用。空气在加热器中被加热到 $t_2=50$℃，然后进入干燥器，由干燥器出来时，相对湿度为 $\varphi_3=80\%$，设空气的流量为5 000 kg干空气/h。试求：

(1) 使物料蒸发1 kg水分需要多少干空气？

(2) 每小时蒸发水分多少千克？

(3) 加热器每小时向空气加入的热量及蒸发1 kg水分所耗费的热量。

9-10 试用 h-d 图分别确定下列参数($p=0.1$ MPa)：

h/(kJ/kg 干空气)	d/(kg/kg 干空气)	t/℃	φ/%	p_v/Pa	t_w/℃	t_d/℃
	0.02		75			
				0.035×10^5	28	
			70		15	
		30		p_s		
		35				20
56	0.01					
		−10	75			

9-11 为满足某车间对空气温、湿度的要求，需将 $p=0.1$ MPa，$t_1=10$℃，$\varphi_1=30\%$ 的空气加热后再送入车间。设加热后空气的温度 $t_2=21$℃，处理空气过程的角系数 $\varepsilon=3500$，试求空气终态及处理过程的热、湿变化。

9-12 氟利昂12和氩的混合物在定容下从90℃，7×10^5 Pa被冷却到−28℃时，氟利昂12开始凝结，试问混合物的摩尔成分是多少？已知−28℃时氟利昂12的饱和压力为1.097×10^5 Pa。

9-13 某设备的容积 $V=60$ m^3，内装饱和水蒸气及温度为50℃的干空气的混合物，容器内的真空度为0.3×10^5 Pa。经一段时间后，由外界漏入1 kg质量的干空气。此时，容器中有0.1 kg的水蒸气被凝结。设大气压力为1×10^5 Pa，试求终态时容器内工质的压力和温度。

9-14 $t_1=32$℃，$p=10^5$ Pa及 $\varphi_1=65\%$ 的湿空气送入空调机后，首先被冷却盘管冷却

和冷凝除湿，温度降为 $t_2=10℃$；然后被电加热器加热到 $t_3=20℃$（图 9-14），试确定：

（1）各过程中湿空气的初、终态参数；

（2）相对于单位质量干空气的湿空气在空调机中除去的水分 m_w；

（3）相对于单位质量干空气的湿空气被冷却而带走的热量 q_{12} 和从电加热器吸入的热量 q_{23}（用 h-d 图计算）。

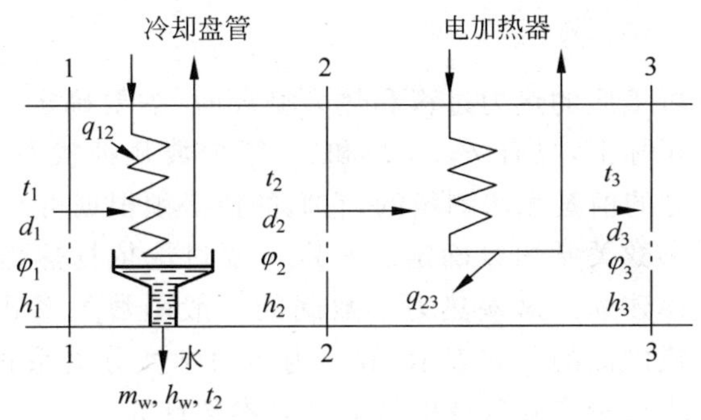

图 9-14　习题 9-14 图

第10章 热力学微分关系式及实际气体的性质

CHAPTER 10

分析工质的热力过程和热力循环时，需要确定工质的各种热力参数的数值。实际上，只有 p,v,T 和 c_p 等少数几种状态参数可由实验测定，而 u,h,s 等的值是无法测量的，它们的值必须根据可测参数的值，按照一定的热力学参数关系加以确定。本章主要讨论依据热力学第一定律与热力学第二定律建立的这些热力参数间的一般函数关系式。由于这些关系式常以微分或微商的形式表示，故称为热力学微分关系式。在此基础上本章还将进一步讨论实际气体的性质及其参数计算。

10-1 研究热力学微分关系式的目的

热力学微分关系式是根据热力学第一定律和热力学第二定律导出的，推导过程中未加任何假设条件，因而它们具有普适性，适用于任何工质，并且由于揭示了各热力参数间的内在联系，对工质热力性质的理论研究与实验测试都有重要意义，提供了一种重要工具。

本章仅限于讨论简单可压缩纯物质系统的热力学微分关系式，主要目的在于：

(1) 建立 $\Delta u,\Delta h,\Delta s$ 与可测参数(p,v,T,c_p)之间的关系式。

(2) 建立比热容与 p,v,T 参数之间的关系式。

(3) 确定定压比热容 c_p 与定容比热容 c_V 之间的关系式。

这些热力学微分关系式的主要用途有：

(1) 根据 $\Delta u,\Delta h$ 和 Δs 等热力学微分关系式，结合状态方程，可导出各热力参数的计算公式，依据理想气体比热容等实验数据，便可编制工质热力性质表，如水蒸气热力性质表。

(2) 已知定压比热容 $c_p=f(T,p)$实验数据以及少量的 p,v,T 数据，可建立实际气体的状态方程(详见10-6节)。

(3) 借助比热容与 p,v,T 间的关系式，根据较易测得的比热容数据，可以检验实际气体状态方程的准确性(详见10-6节)。

10-2 特征函数

10-2-1 亥姆霍兹函数和吉布斯函数

根据热力学第一定律与热力学第二定律，已导得两个关于 $T\mathrm{d}s$ 的方

程，即

$$T\mathrm{d}s = \mathrm{d}u + p\mathrm{d}v$$
$$T\mathrm{d}s = \mathrm{d}h - v\mathrm{d}p$$

或写作

$$\mathrm{d}u = T\mathrm{d}s - p\mathrm{d}v \tag{10-1}$$
$$\mathrm{d}h = T\mathrm{d}s + v\mathrm{d}p \tag{10-2}$$

现在我们再定义另外两个函数，即亥姆霍兹函数与吉布斯函数。

1. 亥姆霍兹函数

亥姆霍兹函数以符号 F 表示，其定义为

$$F = U - TS \tag{10-3a}$$

由于 U，T 和 S 都是状态参数，故亥姆霍兹函数也是状态参数，其单位与内能相同。对 1 kg 物质，则为比亥姆霍兹函数，以 f 表示，即

$$f = u - Ts \tag{10-3b}$$

将上式微分，并将式(10-1)代入得

$$\mathrm{d}f = \mathrm{d}u - T\mathrm{d}s - s\mathrm{d}T$$

或

$$\mathrm{d}f = -s\mathrm{d}T - p\mathrm{d}v \tag{10-4}$$

对于可逆定温过程，$\mathrm{d}T = 0$，故 $-\mathrm{d}f = p\mathrm{d}v$。由此可见，工质亥姆霍兹函数的减少，等于可逆定温过程对外所做的膨胀功。或者说在可逆定温条件下亥姆霍兹函数是内能中可以自由释放转变为功的那部分，因此亥姆霍兹函数也称为**亥姆霍兹自由能**，而 Ts 是可逆定温条件下内能中无法转变为功的部分，故称为束缚能。

2. 吉布斯函数

吉布斯函数用符号 G 表示，其定义为

$$G = H - TS \tag{10-5a}$$

因为焓、温度、熵都是状态参数，所以吉布斯函数也是状态参数，其单位与焓的相同，即为 J 或 kJ。对 1 kg 物质，则为比吉布斯函数，以 g 表示，即

$$g = h - Ts \tag{10-5b}$$

将上式微分并代入式(10-2)得

$$\mathrm{d}g = \mathrm{d}h - T\mathrm{d}s - s\mathrm{d}T$$

或

$$\mathrm{d}g = -s\mathrm{d}T + v\mathrm{d}p \tag{10-6}$$

由式(10-6)可知，对于可逆定温过程，$\mathrm{d}g = v\mathrm{d}p$，说明工质吉布斯函数的减少，等于可逆定温过程中对外所做的技术功，或者说吉布斯函数是在可逆定温条件下焓中能够转变为功的那部分，故又称**吉布斯自由焓**。

亥姆霍兹函数和吉布斯函数，在相平衡和化学反应过程中被广泛地运用，它们有明确的物理意义和重要的作用，这将在以后章节专门讨论。

式(10-1)、式(10-2)、式(10-4)和式(10-6)是四个重要的热力学基本方程式，通常称为**吉布斯方程**。吉布斯方程将简单可压缩纯物质系统在平衡态发生微元变化时各种参数的变化

联系了起来,在热力学中具有重要的作用。

10-2-2 特征函数

对简单可压缩的纯物质系统来说,任意一个状态参数都可表示成另外两个独立参数的函数。但是,只有当某个状态参数表示为特定的两个独立参数的函数时,系统的其他参数才能完全确定。倘若表示为另外两个独立参数的函数,就不足以确定系统的其他参数。例如,选取 s 与 v 作为内能 u 的两个独立参数,即 $u=f(s,v)$,那么,只要函数 $u=f(s,v)$的具体形式知道,则取 $u=f(s,v)$的全微分,得

$$du = \left(\frac{\partial u}{\partial s}\right)_v ds + \left(\frac{\partial u}{\partial v}\right)_s dv \tag{10-7}$$

比较式(10-7)与式(10-1)得

$$T = \left(\frac{\partial u}{\partial s}\right)_v$$

$$p = -\left(\frac{\partial u}{\partial v}\right)_s$$

而

$$h = u + pv = u - v\left(\frac{\partial u}{\partial v}\right)_s$$

$$f = u - Ts = u - s\left(\frac{\partial u}{\partial s}\right)_v$$

$$g = h - Ts = u - v\left(\frac{\partial u}{\partial v}\right)_s - s\left(\frac{\partial u}{\partial s}\right)_v$$

可见,其余的参数(T,p,h,f,g 等)便能很容易利用 $f(s,v)$的已知关系予以确定。

但如果表示为 $u=f(T,v)$,就不能确定其他参数。

因此,在选定两个独立参数后,倘若只要知道某一个热力学参数与这两个独立参数之间的函数关系,就能完全确定简单可压缩的纯物质系统的平衡性质,则这个函数就称为**"特征函数"**,因为它能表征该系统的特性。

除 $u=f(s,v)$外,$h=f(s,p)$,$f=f(T,v)$和 $g=f(T,p)$也都是相应于特定独立参数的特征函数。在许多实际问题中,常选取(T,v)或(T,p)作为独立参数,所以,从这里也可看出,亥姆霍兹函数与吉布斯函数是两个很重要的特征函数。

10-3 数学基础

10-3-1 全微分的条件

当变量 z 是 x 与 y 的连续函数(点函数)即 $z=z(x,y)$时,由微分学知

$$dz = M dx + N dy$$

其中,

$$M = \left(\frac{\partial z}{\partial x}\right)_y, \quad N = \left(\frac{\partial z}{\partial y}\right)_x$$

据全微分条件可知

$$\left(\frac{\partial M}{\partial y}\right)_x = \left(\frac{\partial N}{\partial x}\right)_y \tag{10-8}$$

上式是 z 为点函数和 $\mathrm{d}z$ 为全微分的充要条件。

10-3-2　循环关系式与倒数式

考虑三个变量 x，y 和 z，假设它们之间存在函数关系 $x=f(y,z)$，那么

$$\mathrm{d}x = \left(\frac{\partial x}{\partial y}\right)_z \mathrm{d}y + \left(\frac{\partial x}{\partial z}\right)_y \mathrm{d}z \tag{10-9}$$

如果它们之间的关系可表示为 $y=f(x,z)$，那么

$$\mathrm{d}y = \left(\frac{\partial y}{\partial x}\right)_z \mathrm{d}x + \left(\frac{\partial y}{\partial z}\right)_x \mathrm{d}z \tag{10-10}$$

将式(10-10)代入式(10-9)，经整理得

$$\mathrm{d}x = \left(\frac{\partial x}{\partial y}\right)_z \left(\frac{\partial y}{\partial x}\right)_z \mathrm{d}x + \left[\left(\frac{\partial x}{\partial y}\right)_z \left(\frac{\partial y}{\partial z}\right)_x + \left(\frac{\partial x}{\partial z}\right)_y\right] \mathrm{d}z$$

因为只有两个变量是独立的，我们可选 x 和 z 为独立参量，假定 $\mathrm{d}z=0$，$\mathrm{d}x\neq 0$，那么由此可得

$$\left(\frac{\partial x}{\partial y}\right)_z \cdot \left(\frac{\partial y}{\partial x}\right)_z = 1 \tag{10-11}$$

同样，假设 $\mathrm{d}x=0$，而 $\mathrm{d}z\neq 0$，则可得

$$\left(\frac{\partial x}{\partial y}\right)_z \left(\frac{\partial y}{\partial z}\right)_x \left(\frac{\partial z}{\partial x}\right)_y = -1 \tag{10-12}$$

式(10-11)与式(10-12)分别称为**倒数式与循环关系式**。

10-3-3　链式与不同下标式

如果有四个变量 x，y，z 和 w，独立变量为两个，其余两个为所选变量的函数，则对函数 $x=x(y,w)$有

$$\mathrm{d}x = \left(\frac{\partial x}{\partial y}\right)_w \mathrm{d}y + \left(\frac{\partial x}{\partial w}\right)_y \mathrm{d}w \tag{10-13}$$

对函数 $y=y(z,w)$有

$$\mathrm{d}y = \left(\frac{\partial y}{\partial z}\right)_w \mathrm{d}z + \left(\frac{\partial y}{\partial w}\right)_z \mathrm{d}w \tag{10-14}$$

将式(10-14)代入式(10-13)得

$$\mathrm{d}x = \left[\left(\frac{\partial x}{\partial y}\right)_w \left(\frac{\partial y}{\partial z}\right)_w\right] \mathrm{d}z + \left[\left(\frac{\partial x}{\partial w}\right)_y + \left(\frac{\partial x}{\partial y}\right)_w \left(\frac{\partial y}{\partial w}\right)_z\right] \mathrm{d}w \tag{10-15}$$

另外，由函数 $x=x(z,w)$可得

$$\mathrm{d}x = \left(\frac{\partial x}{\partial z}\right)_w \mathrm{d}z + \left(\frac{\partial x}{\partial w}\right)_z \mathrm{d}w \tag{10-16}$$

式(10-15)与式(10-16)同是函数 $x=x(z,w)$的全微分，利用比较系数法可得

$$\left(\frac{\partial x}{\partial z}\right)_w = \left(\frac{\partial x}{\partial y}\right)_w \left(\frac{\partial y}{\partial z}\right)_w$$

或

$$\left(\frac{\partial x}{\partial y}\right)_w\left(\frac{\partial y}{\partial z}\right)_w\left(\frac{\partial z}{\partial x}\right)_w=1 \tag{10-17}$$

以及

$$\left(\frac{\partial x}{\partial w}\right)_z=\left(\frac{\partial x}{\partial w}\right)_y+\left(\frac{\partial x}{\partial y}\right)_w\cdot\left(\frac{\partial y}{\partial w}\right)_z \tag{10-18}$$

式(10-17)与式(10-18)分别称为**链式**与**不同下标式**，其中链式常用于确定同一下标时各状态参数偏导数之间的关系，而且还可将式(10-17)中的链环进一步展开，若有 x,y,z,w,u,v 等变量，则在 v 固定不变时，各偏导数之间有下列关系：

$$\left(\frac{\partial x}{\partial y}\right)_v\left(\frac{\partial y}{\partial z}\right)_v\left(\frac{\partial z}{\partial w}\right)_v\left(\frac{\partial w}{\partial u}\right)_v\left(\frac{\partial u}{\partial x}\right)_v=1 \tag{10-19}$$

不同下标式(10-18)常用于确定不同下标时同类偏导数如$\left(\frac{\partial x}{\partial w}\right)_z$与$\left(\frac{\partial x}{\partial w}\right)_y$之间的关系。

10-3-4 麦克斯韦关系

对于简单可压缩的纯物质系统，由吉布斯方程，利用全微分的条件，可导出下列联系 p，v，T 和 s 的重要关系式：

$$\left(\frac{\partial T}{\partial v}\right)_s=-\left(\frac{\partial p}{\partial s}\right)_v \tag{10-20}$$

$$\left(\frac{\partial T}{\partial p}\right)_s=\left(\frac{\partial v}{\partial s}\right)_p \tag{10-21}$$

$$\left(\frac{\partial v}{\partial T}\right)_p=-\left(\frac{\partial s}{\partial p}\right)_T \tag{10-22}$$

$$\left(\frac{\partial p}{\partial T}\right)_v=\left(\frac{\partial s}{\partial v}\right)_T \tag{10-23}$$

这四个式子称为简单可压缩纯物质系统的**麦克斯韦关系**。它们把无法用实验方法直接测得的参数 s 与容易测得的参数 p,v,T 之间用微分关系式联系了起来。

由吉布斯方程，利用比较系数法，还可导出八个非常有用的偏导数，它们分别是：

$$\left.\begin{aligned}
&\left(\frac{\partial u}{\partial s}\right)_v=T,\quad \left(\frac{\partial u}{\partial v}\right)_s=-p\\
&\left(\frac{\partial h}{\partial s}\right)_p=T,\quad \left(\frac{\partial h}{\partial p}\right)_s=v\\
&\left(\frac{\partial f}{\partial v}\right)_T=-p,\quad \left(\frac{\partial f}{\partial T}\right)_v=-s\\
&\left(\frac{\partial g}{\partial p}\right)_T=v,\quad \left(\frac{\partial g}{\partial T}\right)_p=-s
\end{aligned}\right\} \tag{10-24}$$

例题 10-1 试证$\left[\dfrac{\partial\left(\dfrac{G}{T}\right)}{\partial T}\right]_p=-\dfrac{H}{T^2}$。

证明：$H=G+TS$，而按式(10-24)中的$\left(\frac{\partial G}{\partial T}\right)_p=-S$，故

$$H = G - T\left(\frac{\partial G}{\partial T}\right)_p \tag{10-25}$$

又有

$$\left[\frac{\partial\left(\frac{G}{T}\right)}{\partial T}\right]_p = \frac{1}{T}\left(\frac{\partial G}{\partial T}\right)_p - \frac{G}{T^2} = -\frac{1}{T^2}\left[G - T\left(\frac{\partial G}{\partial T}\right)_p\right] \tag{10-26}$$

对比式(10-25)与式(10-26)，得

$$\left[\frac{\partial\left(\frac{G}{T}\right)}{\partial T}\right]_p = -\frac{H}{T^2}$$

此式称为**吉布斯-亥姆霍兹方程**，在第 12 章中将再次讨论这一方程。

10-4　热系数

简单可压缩纯物质系统的三个可测的基本热力参数 p, v, T 之间存在一定函数关系：$f(p,v,T)=0$，即状态方程式。由这个函数关系可导出三个偏导数 $\left(\frac{\partial v}{\partial T}\right)_p$，$\left(\frac{\partial v}{\partial p}\right)_T$ 和 $\left(\frac{\partial p}{\partial T}\right)_v$，它们各有明确的物理意义。

$\left(\frac{\partial p}{\partial T}\right)_v$ 表示在定容下压力随温度的变化率。它与压力 p 的比值，称为定容压力温度系数或压力的温度系数，又称为**弹性系数**，以符号 α_v 表示，即

$$\alpha_v = \frac{1}{p}\left(\frac{\partial p}{\partial T}\right)_v, \quad \text{K}^{-1} \tag{10-27}$$

$\left(\frac{\partial v}{\partial T}\right)_p$ 表示在定压下比容随温度的变化率。它与比容 v 的比值，称为**定压热膨胀系数**，以符号 α_p 表示，即

$$\alpha_p = \frac{1}{v}\left(\frac{\partial v}{\partial T}\right)_p, \quad \text{K}^{-1} \tag{10-28}$$

$\left(\frac{\partial v}{\partial p}\right)_T$ 表示在定温下比容随压力的变化率，恒为负值。$-\left(\frac{\partial v}{\partial p}\right)_T$ 与比容 v 的比值，称为**定温压缩系数**，用符号 β_T 表示，即

$$\beta_T = -\frac{1}{v}\left(\frac{\partial v}{\partial p}\right)_T, \quad \text{Pa}^{-1} \tag{10-29}$$

这三个系数统称为热系数，它们都可由实验测定或根据状态方程求得。

按照循环关系式和热系数的定义式，这三个热系数之间存在以下关系：

$$\alpha_p = \alpha_v \cdot \beta_T \cdot p \tag{10-30}$$

除上述三个热系数外，为了表征在可逆绝热过程中的膨胀或压缩性质，常应用**绝热压缩系数**，以符号 β_s 表示，即

$$\beta_s = -\frac{1}{v}\left(\frac{\partial v}{\partial p}\right)_s, \quad \text{Pa}^{-1} \tag{10-31}$$

例题 10-2 若已知水银的定压热膨胀系数 $\alpha_p=0.181\,9\times10^{-3}\,\text{K}^{-1}$，定温压缩系数 $\beta_T=3.87\times10^{-5}\,\text{MPa}^{-1}$，计算液态水银在定容下温度由 273 K 增加到 274 K 时压力增加的值。

解：由式(10-27)和式(10-30)可知

$$\left(\frac{\partial p}{\partial T}\right)_v=\alpha_v\cdot p=\frac{\alpha_p}{\beta_T}=\frac{0.181\,9\times10^{-3}}{3.87\times10^{-5}}=4.70\ \text{MPa/K}$$

由此可见，液态水银在定容下，温度若增加 1 K，压力将增加 4.70 MPa，变化非常大。

10-5 熵、内能和焓的微分关系式

10-5-1 熵的微分关系式

取温度与比容为独立参数，即 $s=s(T,v)$，则

$$\mathrm{d}s=\left(\frac{\partial s}{\partial T}\right)_v\mathrm{d}T+\left(\frac{\partial s}{\partial v}\right)_T\mathrm{d}v$$

根据链式关系式(10-17)、比热容定义式 $c_V=\left(\frac{\partial u}{\partial T}\right)_v$ 和特征函数 u 的偏导数，$\left(\frac{\partial s}{\partial T}\right)_v$ 可写成

$$\left(\frac{\partial s}{\partial T}\right)_v=\frac{\left(\frac{\partial u}{\partial T}\right)_v}{\left(\frac{\partial u}{\partial s}\right)_v}=\frac{c_V}{T} \tag{10-32}$$

再考虑到麦克斯韦关系式(10-23)中的 $\left(\frac{\partial s}{\partial v}\right)_T=\left(\frac{\partial p}{\partial T}\right)_v$，可得

$$\mathrm{d}s=\frac{c_V}{T}\mathrm{d}T+\left(\frac{\partial p}{\partial T}\right)_v\mathrm{d}v \tag{10-33}$$

式(10-33)是以(T,v)为独立参数时熵的微分式，称为第一 ds 方程。

若将(T,p)作为独立参数，类似地可分别得出第二 ds 方程。

因 $\mathrm{d}s=\left(\frac{\partial s}{\partial T}\right)_p\mathrm{d}T+\left(\frac{\partial s}{\partial p}\right)_T\mathrm{d}p$，而

$$\left(\frac{\partial s}{\partial T}\right)_p=\frac{\left(\frac{\partial h}{\partial T}\right)_p}{\left(\frac{\partial h}{\partial s}\right)_p}=\frac{c_p}{T} \tag{10-34}$$

和

$$\left(\frac{\partial s}{\partial p}\right)_T=-\left(\frac{\partial v}{\partial T}\right)_p$$

故

$$\mathrm{d}s=\frac{c_p}{T}\mathrm{d}T-\left(\frac{\partial v}{\partial T}\right)_p\mathrm{d}p \tag{10-35}$$

式(10-35)是以(T,p)为独立参数时熵的微分式，即第二 ds 方程。

将第一或第二 ds 方程中的 $\mathrm{d}T$ 按 T 的全微分

$$\mathrm{d}T=\left(\frac{\partial T}{\partial p}\right)_v\mathrm{d}p+\left(\frac{\partial T}{\partial v}\right)_p\mathrm{d}v$$

进行代换，就可得出以(p,v)为独立参数的第三 $\mathrm{d}s$ 方程

$$\mathrm{d}s=\left[\frac{c_p}{T}\left(\frac{\partial T}{\partial p}\right)_v-\left(\frac{\partial v}{\partial T}\right)_p\right]\mathrm{d}p+\frac{c_p}{T}\left(\frac{\partial T}{\partial v}\right)_p\mathrm{d}v \tag{10-36}$$

10-5-2　内能的微分关系式

以(s,v)为独立参数，则内能的微分式为

$$\mathrm{d}u=T\mathrm{d}s-p\mathrm{d}v$$

显然，等式右边除 $\mathrm{d}s$ 外，其余全为可测参数，因此，只要将上面导得的 $\mathrm{d}s$ 方程代入，即可得到内能微分式。例如将第一 $\mathrm{d}s$ 方程代入得

$$\mathrm{d}u=c_V\mathrm{d}T+\left[T\left(\frac{\partial p}{\partial T}\right)_v-p\right]\mathrm{d}v \tag{10-37}$$

式(10-37)是以(T,v)为独立参数时的内能微分式，相应地称为第一 $\mathrm{d}u$ 方程。

若将第二或第三 $\mathrm{d}s$ 方程代入式(10-1)，可相应导得第二或第三 $\mathrm{d}u$ 方程：

$$\mathrm{d}u=\left[c_p-p\left(\frac{\partial v}{\partial T}\right)_p\right]\mathrm{d}T-\left[T\left(\frac{\partial v}{\partial T}\right)_p+p\left(\frac{\partial v}{\partial p}\right)_T\right]\mathrm{d}p \tag{10-38}$$

或

$$\mathrm{d}u=\left[c_p\left(\frac{\partial T}{\partial p}\right)_v-T\left(\frac{\partial v}{\partial T}\right)_p\right]\mathrm{d}p+\left[c_p\left(\frac{\partial T}{\partial v}\right)_p-p\right]\mathrm{d}v \tag{10-39}$$

在这些方程中，以(T,v)为独立参数的第一 $\mathrm{d}u$ 方程形式较简单，计算较方便，应用也较广泛。

10-5-3　焓的微分关系式

与 $\mathrm{d}u$ 方程的推导过程相似，将 $\mathrm{d}s$ 的各个方程代入焓的微分式

$$\mathrm{d}h=T\mathrm{d}s+v\mathrm{d}p$$

即可得相应的 $\mathrm{d}h$ 方程。

如将第一 $\mathrm{d}s$ 方程代入，得

$$\mathrm{d}h=T\left[\frac{c_V}{T}\mathrm{d}T+\left(\frac{\partial p}{\partial T}\right)_v\mathrm{d}v\right]+v\mathrm{d}p$$

再将 $\mathrm{d}p=\left(\frac{\partial p}{\partial T}\right)_v\mathrm{d}T+\left(\frac{\partial p}{\partial v}\right)_T\mathrm{d}v$ 代入上式，经整理得

$$\mathrm{d}h=\left[c_V+v\left(\frac{\partial p}{\partial T}\right)_v\right]\mathrm{d}T+\left[T\left(\frac{\partial p}{\partial T}\right)_v+v\left(\frac{\partial p}{\partial v}\right)_T\right]\mathrm{d}v \tag{10-40}$$

式(10-40)称为第一 $\mathrm{d}h$ 方程。

类似地，可导得第二和第三 $\mathrm{d}h$ 方程：

$$\mathrm{d}h=c_p\mathrm{d}T+\left[v-T\left(\frac{\partial v}{\partial T}\right)_p\right]\mathrm{d}p \tag{10-41}$$

和

$$\mathrm{d}h=c_p\left(\frac{\partial T}{\partial v}\right)_p\mathrm{d}v+\left[c_p\left(\frac{\partial T}{\partial p}\right)_v-T\left(\frac{\partial v}{\partial T}\right)_p+v\right]\mathrm{d}p \tag{10-42}$$

显然，第二 $\mathrm{d}h$ 方程形式较简单，计算较简便，应用也较广泛。

例题 10-3 试导出热量的微分方程式,并证明它不是全微分。

解:将内能微分方程代入热力学第一定律解析式,便可导出不含内能项的热量微分方程。由于所取独立参数不同,热量微分方程有不同的形式,下面以(T,v)作为独立参数。

(1) 第一 $\mathrm{d}u$ 方程式(10-37)

$$\mathrm{d}u = c_V \mathrm{d}T + \left[T\left(\frac{\partial p}{\partial T}\right)_v - p\right]\mathrm{d}v$$

代入热力学第一定律解析式 $\delta q = \mathrm{d}u + p\mathrm{d}v$,得热量微分方程

$$\delta q = c_V \mathrm{d}T + T\left(\frac{\partial p}{\partial T}\right)_v \mathrm{d}v$$

(2) 证明热量微分方程不是全微分。

将 $\delta q = \mathrm{d}u + p\mathrm{d}v$ 中的 $\mathrm{d}u$ 写成(T,v)为独立参数的全微分形式,则

$$\begin{aligned}\delta q &= \left(\frac{\partial u}{\partial T}\right)_v \mathrm{d}T + \left(\frac{\partial u}{\partial v}\right)_T \mathrm{d}v + p\mathrm{d}v \\ &= \left(\frac{\partial u}{\partial T}\right)_v \mathrm{d}T + \left[\left(\frac{\partial u}{\partial v}\right)_T + p\right]\mathrm{d}v\end{aligned}$$

如 δq 是全微分,则上式应满足全微分条件式(10-8),即

$$\left(\frac{\partial}{\partial v}\right)\left[\left(\frac{\partial u}{\partial T}\right)_v\right]_T = \frac{\partial}{\partial T}\left[\left(\frac{\partial u}{\partial v}\right)_T + p\right]_v$$

或

$$\frac{\partial^2 u}{\partial T \partial v} = \frac{\partial^2 u}{\partial v \partial T} + \left(\frac{\partial p}{\partial T}\right)_v$$

但由于$\left(\frac{\partial p}{\partial T}\right)_v \neq 0$,所以上式并不成立,表明 δq 不是全微分,即 q 不是点函数或状态参数。

例题 10-4 试导出液体的比容、焓、熵和内能的计算式。

解:(1) 液体比容的计算式:

比容的全微分式可改写为

$$\frac{\mathrm{d}v}{v} = \frac{1}{v}\left(\frac{\partial v}{\partial T}\right)_p \mathrm{d}T + \frac{1}{v}\left(\frac{\partial v}{\partial p}\right)_T \mathrm{d}p = \alpha_p \mathrm{d}T - \beta_T \mathrm{d}p$$

一般情况下 α_p 与β_T 都是(T,p)的函数,通常,随着温度升高,α_p 与 β_T 都提高,但压力的影响相对很小。

对于有限过程,则

$$\ln\frac{v_2}{v_1} = \int_{T_1}^{T_2} \alpha_p \mathrm{d}T - \int_{p_1}^{p_2} \beta_T \mathrm{d}p$$

由于 v 为状态参数,$\ln\frac{v_2}{v_1}$与过程无关,只取决于初、终态,所以可任意选择由初态 1 到终态 2 的路径,一般选择先定压、再定温或先定温、再定压的路途,以便计算。于是

$$\ln\frac{v_2}{v_1} = \int_{T_1,p_1}^{T_2,p_1} \alpha_p \mathrm{d}T - \int_{T_2,p_1}^{T_2,p_2} \beta_T \mathrm{d}p$$

或

$$\ln\frac{v_2}{v_1} = -\int_{T_1,p_1}^{T_1,p_2} \beta_T \mathrm{d}p + \int_{T_1,p_2}^{T_2,p_2} \alpha_p \mathrm{d}T$$

（2）液体焓、熵和内能的计算式：

由第二 $\mathrm{d}h$ 方程式(10-41)可知，焓的变化为

$$\mathrm{d}h = c_p \mathrm{d}T + \left[v - T\left(\frac{\partial v}{\partial T}\right)_p\right]\mathrm{d}p = c_p \mathrm{d}T + (1 - T \cdot \alpha_p) v \mathrm{d}p$$

对于有限过程，则

$$h_2 - h_1 = \int_{T_1,p_1}^{T_2,p_1} c_p \mathrm{d}T + \int_{T_2,p_1}^{T_2,p_2} (1 - T \cdot \alpha_p) v \mathrm{d}p$$

液体熵的计算式，可由第二 $\mathrm{d}s$ 方程得出。对于有限过程，则

$$s_2 - s_1 = \int_{T_1,p_1}^{T_2,p_1} \frac{c_p}{T}\mathrm{d}T - \int_{T_2,p_1}^{T_2,p_2} \alpha_p \cdot v \mathrm{d}p$$

液体内能的计算式，可由第二 $\mathrm{d}u$ 方程导出。对于有限过程，则

$$u_2 - u_1 = \int_{T_1,p_1}^{T_2,p_1} (c_p - pv\alpha_p)\mathrm{d}T - \int_{T_2,p_1}^{T_2,p_2} (\alpha_p T - \beta_T p) v \mathrm{d}p$$

10-6　比热容的微分方程

10-6-1　比热容与压力及比容的关系

理想气体的定压及定容比热容仅是温度的单值函数，而与压力、比容无关；但实际气体比热容不仅与 T 有关，而且也随 p 或 v 而变，因此需要建立比热容与 p,v,T 之间的一般关系式。

由式(10-33)和式(10-35)，根据全微分的性质，可得

$$\left(\frac{\partial c_V}{\partial v}\right)_T = T\left(\frac{\partial^2 p}{\partial T^2}\right)_v \tag{10-43}$$

和

$$\left(\frac{\partial c_p}{\partial p}\right)_T = -T\left(\frac{\partial^2 v}{\partial T^2}\right)_p \tag{10-44}$$

这两个关系式十分有用。

（1）已知状态方程，利用式(10-44)可以确定任一压力下实际气体比热容值。

例如，已知状态方程 $v=f(p,T)$，对此状态方程微分两次，即可确定出 $\left(\frac{\partial^2 v}{\partial T^2}\right)_p$，然后将其代入式(10-44)，再从极低的压力 p°（这时，气体可视为理想气体）积分到任一压力 p，得

$$c_p - c_p^* = -\left[\int_{p^\circ}^{p} T\left(\frac{\partial^2 v}{\partial T^2}\right)_p \mathrm{d}p\right]_T$$

或

$$c_p = c_p^* - \left[\int_{p^\circ}^{p} T\left(\frac{\partial^2 v}{\partial T^2}\right)_p \mathrm{d}p\right]_T \tag{10-45}$$

式中，c_p^* 为同温度 T 时理想气体的比热容。式(10-45)表明，实际气体的比热容值可依据同温下易于测量的理想气体比热容，通过计算确定。

由于用实验方法在广泛的温度、压力范围内测定实际气体的比热容值,需要庞大的设备和很长时间,因此,只要已知状态方程以及实验测出的理想气体比热容值的数据,上述方法可大大简化实验要求。

(2) 可以检验实际气体状态方程的准确性。

一个准确的状态方程应该反映实际气体比热容随压力和比容而变化的特性。根据所研究的状态方程,确定出偏导数$\left(\frac{\partial^2 v}{\partial T^2}\right)_p$和$\left(\frac{\partial^2 p}{\partial T^2}\right)_v$值。倘若它们的值等于零,则表示实际气体比热容与压力、比容无关。这与实际情况不符,说明此状态方程不能满足必要的准确条件之一。例如,范德瓦耳斯状态方程$\left(p+\frac{a}{v^2}\right)(v-b)=RT$的偏导数$\left(\frac{\partial p}{\partial T}\right)_v=\frac{R}{v-b}$,$\left(\frac{\partial^2 p}{\partial T^2}\right)_v=0$,故$\left(\frac{\partial c_V}{\partial v}\right)_T=T\left(\frac{\partial^2 p}{\partial T^2}\right)_v=0$,表明范德瓦耳斯气体的定容比热容不随比容变化,反映了此方程在这一方面并不能准确地描述实际气体的性质。

如果检验的结果,$\left(\frac{\partial c_V}{\partial v}\right)_T\neq 0$,$\left(\frac{\partial c_p}{\partial p}\right)_T\neq 0$,则可以通过实验数据作进一步的验证。如果所讨论的状态方程稍有不准,微分两次求得$\left(\frac{\partial^2 v}{\partial T^2}\right)_p$,将其代入式(10-44),积分后得到的$c_p$与精确测得的$c_p$实验数据必有较大的偏差。

(3) 结合比热容的实验数据,可以建立实际气体的状态方程。

通常,由实验测出p,v,T数据,并进而拟合出状态方程是相当复杂的。倘若已有比热容的实验数据,则可利用式(10-43)或式(10-44)建立状态方程。

若已知$c_p=f(p,T)$,则由式(10-44)积分两次得

$$v=\left[\int_T\int_T-\frac{\left(\frac{\partial c_p}{\partial p}\right)_T}{T}\mathrm{d}T^2\right]_p+T\varphi(p)+\phi(p)$$

式中,$\varphi(p)$和$\phi(p)$为两个积分常数,都是压力的函数,可由单值条件确定。

当$p\to 0$时,为理想气体,其$v=\frac{RT}{p}$。此时,$\left(\frac{\partial c_p}{\partial p}\right)_T=0$,代入上式得$\varphi(p)=\frac{R}{p}$,而$\phi(p)$为$p$的多项式,当$p\to 0$时,$\phi(p)\to 0$。因此上式变为

$$v=\left[\int_T\int_T-\frac{\left(\frac{\partial c_p}{\partial p}\right)_T}{T}\mathrm{d}T^2\right]_p+\frac{RT}{p}+\phi(p)$$

积分常数$\phi(p)$可利用少量的p,v,T实验数据以及$c_p=f(p,T)$的实验数据,在以$\phi(p)$为纵坐标,以p为横坐标的图上作出$\phi(p)$随p变化的曲线,如图10-1所示,从而求出$\phi(p)$的经验公式,将其代入上式,就可得到状态方程$v=f(p,T)$。

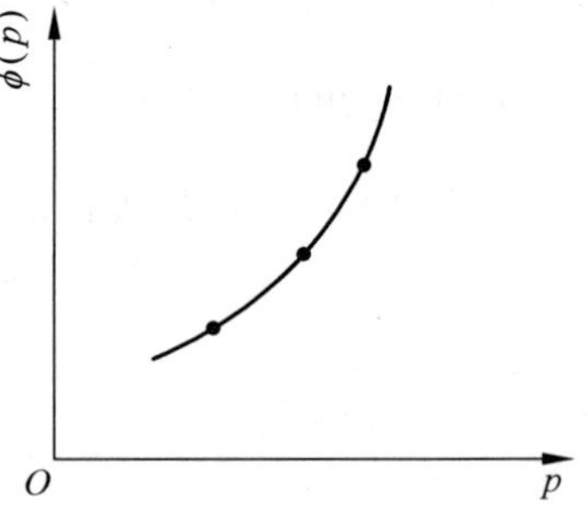

图10-1 积分常数ϕ随p的变化

10-6-2　定压比热容与定容比热容的关系

由于 c_V 一般难以测量或测准，通常由 c_p 的实验数据推算 c_V，因此需要建立 c_p 与 c_V 之间的函数关系。

由式(10-33)和式(10-35)得

$$\frac{c_p}{T}\mathrm{d}T-\left(\frac{\partial v}{\partial T}\right)_p\mathrm{d}p=\frac{c_V}{T}\mathrm{d}T+\left(\frac{\partial p}{\partial T}\right)_v\mathrm{d}v$$

或

$$\mathrm{d}T=\frac{T\left(\frac{\partial p}{\partial T}\right)_v}{c_p-c_V}\mathrm{d}v+\frac{T\left(\frac{\partial v}{\partial T}\right)_p}{c_p-c_V}\mathrm{d}p$$

而当以(v,p)为独立参数时有

$$\mathrm{d}T=\left(\frac{\partial T}{\partial v}\right)_p\mathrm{d}v+\left(\frac{\partial T}{\partial p}\right)_v\mathrm{d}p$$

比较上述两式得

$$\left(\frac{\partial T}{\partial v}\right)_p=\frac{T\left(\frac{\partial p}{\partial T}\right)_v}{c_p-c_V}$$

和

$$\left(\frac{\partial T}{\partial p}\right)_v=\frac{T\left(\frac{\partial v}{\partial T}\right)_p}{c_p-c_V}$$

所以，

$$c_p-c_V=T\left(\frac{\partial p}{\partial T}\right)_v\cdot\left(\frac{\partial v}{\partial T}\right)_p \tag{10-46}$$

据循环关系式$\left(\frac{\partial p}{\partial T}\right)_v=-\left(\frac{\partial v}{\partial T}\right)_p\cdot\left(\frac{\partial p}{\partial v}\right)_T$，得

$$c_p-c_V=-T\left(\frac{\partial v}{\partial T}\right)_p^2\cdot\left(\frac{\partial p}{\partial v}\right)_T \tag{10-47}$$

由于 T 和$\left(\frac{\partial v}{\partial T}\right)_p^2$ 为正值，而$\left(\frac{\partial p}{\partial v}\right)_T$ 总是负值，因此，同温下 c_p 的值总比 c_V 的大，而且当 $T=0$ 时，$c_p=c_V$。

另外，当$\left(\frac{\partial v}{\partial T}\right)_p=0$ 时，c_p 也等于 c_V，例如 4℃时的水，就是这种情况。水在定压下加热，从 0→4℃，随温度的提高，容积减小，即$\left(\frac{\partial v}{\partial T}\right)_p<0$；而 4℃以后却相反，即$\left(\frac{\partial v}{\partial T}\right)_p>0$，4℃时水的$\left(\frac{\partial v}{\partial T}\right)_p=0$。

液体和固体的$\left(\frac{\partial v}{\partial T}\right)_p$ 很小，所以液体和固体的这两种比热容差别通常也很小。因此，通常只说液体或固体的比热容，而不必指明过程特征。

10-7 克拉珀龙方程和焦-汤系数

从吉布斯方程和麦克斯韦关系还可导出其他一些微分关系式，其中特别有用的是克拉珀龙方程和焦-汤系数。克拉珀龙方程提供了一种计算相变时焓变和熵变的方法，并可预测压力对饱和温度的影响；而焦-汤系数不仅能反映绝热节流后温度的变化，而且提供一种预测流体定压比热容的方法。

10-7-1 克拉珀龙方程

纯物质相变时，其强度参数温度和压力维持不变，但熵、内能、焓、容积等广延量都要发生变化，其中熵的变化可利用麦克斯韦关系

$$\left(\frac{\partial s}{\partial v}\right)_T=\left(\frac{\partial p}{\partial T}\right)_v \tag{10-48}$$

确定。由于相变时压力只是温度的函数，与比容无关，所以偏导数$\left(\frac{\partial p}{\partial T}\right)_v$可写成$\left(\frac{\partial p}{\partial T}\right)_s$，下标“s”表示导数反映的是饱和曲线的斜率。由于这个斜率与比容无关，因此式(10-48)积分后得

$$s_2-s_1=\left(\frac{\mathrm{d}p}{\mathrm{d}T}\right)_s(v_2-v_1)$$

式中，下标“1”和“2”表示相变过程中的两个饱和状态，例如液体气化时，上式可改写成

$$s''-s'=\left(\frac{\mathrm{d}p}{\mathrm{d}T}\right)_s(v''-v')$$

或

$$\left(\frac{\mathrm{d}p}{\mathrm{d}T}\right)_s=\frac{s''-s'}{v''-v'} \tag{10-49}$$

式(10-49)说明，相变过程的熵变可通过测量压力、温度和比容来确定。

若对吉布斯方程 $\mathrm{d}h=T\mathrm{d}s+v\mathrm{d}p$ 积分，且考虑到相变时 $\mathrm{d}p=0$ 和温度为常量，则得

$$s''-s'=\frac{h''-h'}{T_s} \tag{10-50}$$

将式(10-50)代入式(10-45)中得

$$\left(\frac{\mathrm{d}p}{\mathrm{d}T}\right)_s=\frac{h''-h'}{T_s(v''-v')}=\frac{r}{T_s(v''-v')} \tag{10-51}$$

这就是**克拉珀龙方程**，它提供了一种由测得的 p,v,T 数据计算相变焓变 $h''-h'$ 的途径。式中，r 代表汽化潜热。

运用克拉珀龙方程还能预测饱和温度与饱和压力的依变关系，参见例题 10-5。

例题 10-5 研究低压下液体相变过程。这时认为液相的比容比气相的小得多，因而可忽略不计，而且气相可按理想气体处理。试问克拉珀龙方程将如何演变？

解：按题设条件，$v''-v'=v''=\dfrac{RT_s}{p_s}$，于是克拉珀龙方程演变为

$$\left(\frac{\mathrm{d}p}{\mathrm{d}T}\right)_{\mathrm{s}}=\frac{r}{T_{\mathrm{s}}\dfrac{RT_{\mathrm{s}}}{p_{\mathrm{s}}}}$$

或

$$r=-R\frac{\mathrm{d}\ln p_{\mathrm{s}}}{\mathrm{d}(1/T_{\mathrm{s}})} \tag{10-52}$$

此式称为**克劳修斯-克拉珀龙**方程，它表征了汽化潜热与蒸气饱和曲线间的关系，常用于估算低压下的 r，其值可直接用图 10-2 中 $\ln p_{\mathrm{s}}$-$\dfrac{1}{T_{\mathrm{s}}}$线的斜率表示。

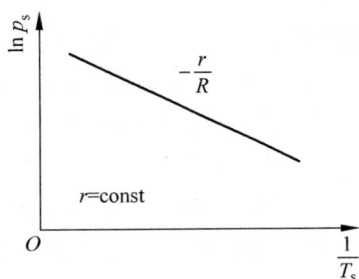

图 10-2 饱和温度与饱和压力的关系

如果温度变化范围不大，r 可视为常数，于是

$$\ln p_{\mathrm{s}}=-\frac{r}{RT_{\mathrm{s}}}+A \tag{10-53}$$

上式意味着图 10-2 中得到的是一条直线，其斜率为 $-r/R$，若令其为 $-B$，则式(10-53)变为

$$\ln p_{\mathrm{s}}=A-\frac{B}{T_{\mathrm{s}}} \tag{10-54}$$

显然此式不十分精确，因为在三相点与临界点范围内，随温度的升高，汽化潜热 r 单调降低，并非固定不变，但是式(10-54)却提供了一种近似计算不同 T_{s} 下饱和压力 p_{s} 的方法。

在此基础上，Antoine 提出的

$$\ln p_{\mathrm{s}}=A-\frac{B}{T_{\mathrm{s}}+C} \tag{10-55}$$

则较为精确，用得也更多，式中 A，B，C 为常数，可用实验数据拟合得出。

当需要更高精度时，可采用下式：

$$\ln p_{\mathrm{s}}=A-\frac{B}{T_{\mathrm{s}}+C}+DT_{\mathrm{s}}+E\ln T_{\mathrm{s}} \tag{10-56}$$

式中，A，B，C，D 和 E 均为常数，也依据实验数据拟合得出。

10-7-2 焦-汤系数

前面曾分析过流体的绝热节流过程，讨论了绝热节流前后焓、熵、压力等参数的变化。至于流体的温度将如何变化，当时并未涉及。实际上，绝热节流前后，流体的温度可能提高、不变，也可能降低。

度量绝热节流过程流体温度变化的参数称**焦-汤系数**，其定义为

$$\mu_{\mathrm{J}}=\left(\frac{\partial T}{\partial p}\right)_{h} \tag{10-57}$$

由于忽略动、位能变化时，绝热节流过程前后的焓值不变，因此，正的焦-汤系数表示绝热节流降压后流体温度将随之降低；而负的焦-汤系数象征着温度将提高。倘若焦-汤系数的值等于零，则表示绝热节流前后流体的温度维持不变。

流体的焦-汤系数 μ_{J} 值，与 p，v，T 数据及定压比热容 c_p 有关。

从焦-汤系数的定义式出发，运用循环式和定压比热容定义式可得

$$\mu_J = \left(\frac{\partial T}{\partial p}\right)_h = -\frac{\left(\frac{\partial h}{\partial p}\right)_T}{\left(\frac{\partial h}{\partial T}\right)_p} = -\frac{\left(\frac{\partial h}{\partial p}\right)_T}{c_p}$$

再利用不同下标式、麦克斯韦关系以及偏导数关系，可得

$$\mu_J c_p = T\left(\frac{\partial v}{\partial T}\right)_p - v \tag{10-58}$$

由此可见，有了焦-汤系数和 p,v,T 的实验数据，就可确定流体的定压比热容值；反之，有了 p,v,T 和 c_p 的数据，也就可确定出焦-汤系数。

从几何上看，焦-汤系数 μ_J 有明确的物理含义，它代表了 T-p 图中定焓线的斜率。这种图可以根据绝热节流过程的压力和温度实测值绘制，如图 10-3 所示。

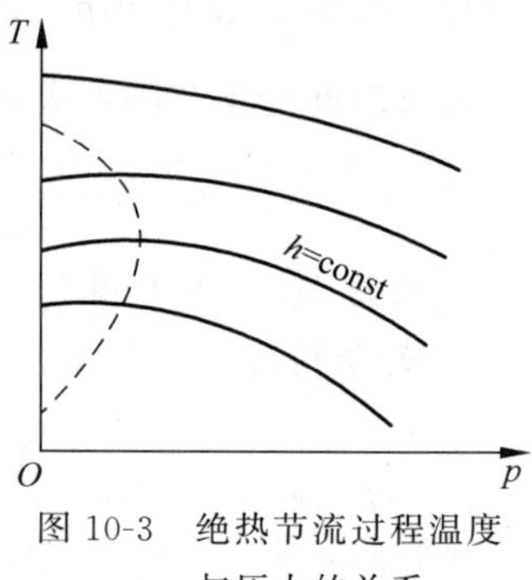

图 10-3　绝热节流过程温度与压力的关系

图中的定焓线并不代表绝热节流的过程线，只是反映了从初态经绝热节流后其终态的轨迹，即其焓值与初态的相同，因此，绝热节流后的终点，由于降压在图上将沿定焓线落在初态的左侧。由图 10-3 可见，定焓线的斜率可正可负，其中 $\mu_J=0$ 处，斜率为零，此点称为**转化点**。所有转化点即 $\mu_J=0$ 的轨迹称为**转化曲线**，如图中虚线所示。转化点的温度称为**转化温度**。显然，转化曲线的方程可用下式表示：

$$T\left(\frac{\partial v}{\partial T}\right)_p - v = 0 \tag{10-59}$$

注意，并非所有的定焓线都存在转化点，例如图 10-3 中处于最高位置的那条定焓线，其斜率(即 μ_J)始终为负。倘若从这条定焓线上任意一个初态出发，经绝热节流过程后，其温度总是提高的。另外，若初态位于转化曲线左侧，则经绝热节流后其温度势必降低。绝热节流后流体升温的，称为**热效应**；反之称为**冷效应**。后者在制冷、液化中有重要作用。

由于理想气体的 $\left(\frac{\partial v}{\partial T}\right)_p = \frac{R}{p}$，因而其焦-汤系数值恒为零，即经绝热节流后，理想气体的温度不会发生变化。

10-8　实际气体对理想气体性质的偏离

工程上采用的气态工质，有的可看作理想气体，如气体动力装置中的空气和燃气；有的则不然，如蒸汽动力装置中的水蒸气与压缩制冷装置中的 NH_3 和氟利昂工质。

研究实际气体的性质，目的在于寻求它各项热力参数间的关系，其中重要的是建立实际气体状态方程，在此基础上，如前几节所述，利用热力学微分关系式，就可以导出 u,s,h 及比热容的计算式，以便进行过程和循环的热力计算。因此，从 10-9 节起将讨论实际气体的状态方程。本节先分析实际气体对理想气体的偏离。

实验证明，只有在低压下气体才近似地符合理想气体状态方程的规律。在高压低温下，任何气体对此方程都出现明显的偏差，而且压力越高，温度越低，偏离就越多。

实际气体的这种偏离，通常采用 pv 与 RT 的比值来表示，称为**压缩因子**，以符号 Z 表

示，即

$$Z=\frac{pv}{RT} \tag{10-60}$$

显然，理想气体的 $Z=1$，而实际气体的 Z 一般不等于1，或大于1，或小于1。Z 值偏离1的大小，反映了实际气体对理想气体性质的偏离程度。Z 值的大小不仅与气体的种类有关，而且同一种气体的 Z 值还随压力和温度而变。

为了便于理解 Z 的物理意义，将式(10-60)改写为

$$Z=\frac{pv}{RT}=\frac{v}{\dfrac{RT}{p}}=\frac{v}{v_0}$$

式中，v 为实际气体在(p,T)下的比容；v_0 为在相同(p,T)状态下理想气体的比容。因此，压缩因子 Z 是相同的压力和温度下，实际气体与理想气体的比容比值，即用比容的比值来描述实际气体的偏离程度。如果 $Z>1$，说明同压同温下实际气体的比容大于理想气体的比容，即实际气体难于压缩，换言之，其可压缩性小；反之，如果 $Z<1$，则说明实际气体可压缩性大，易于压缩。可见，压缩因子 Z 的实质是反映气体压缩性的大小，这可从实际气体存在分子引力和分子本身具有体积来分析，分子间的吸引力有助于气体的压缩；而分子本身具有体积，使分子自由活动的空间减小，不利于压缩。由于同时存在这两个相反的因素的综合作用，所以实际气体偏离理想气体的方向取决于哪一个因素起主导作用。

10-9　维里方程

10-9-1　维里方程概念

一切实际气体都偏离理想气体，偏离程度视状态而异，因此，压缩因子 Z 可表示为定温下的压力函数，即

$$Z=f(p)$$

由于 $p\to 0$ 时，任何实际气体都接近理想气体，$Z=1$。因此，若将上述函数展开成压力 p 的幂级数，第一项应该等于1，于是

$$Z=1+B'p+C'p^2+\cdots \tag{10-61}$$

或

$$Z=1+\frac{B}{v}+\frac{C}{v^2}+\cdots \tag{10-62}$$

式(10-61)或式(10-62)称为**维里方程**，系数 B,B',C,C' 等称为**维里系数**，都是与气体种类及温度有关的常数，通常由实验测定，其中 B 和 B' 称为第二维里系数，C 与 C' 称为第三维里系数，以此类推。

当已知一套维里系数 $B,C,\cdots$ 后，另一套维里系数 $B',C',\cdots$ 也就确定了，它们之间存在一定的关联。若以式(10-62)消去式(10-61)等号右边各项中的 p，整理后并与式(10-62)相比，即可得出：

$$\left.\begin{aligned} B' &= \frac{B}{RT} \\ C' &= \frac{C - B^2}{(RT)^2} \\ &\cdots \end{aligned}\right\} \tag{10-63}$$

但需注意,这些关联式仅对于无穷级数形式的式(10-61)与式(10-62)才严格成立,否则将是近似的。

描写实际气体 p,v,T 关系的状态方程虽然有许多,但是只有维里方程具有坚实的理论基础,从统计力学方法也能导出维里方程并赋予维里系数明确的物理意义。譬如,式(10-62)中$\frac{B}{v}$项反映气体两个分子之间的相互作用,$\frac{C}{v^2}$项反映三个分子间的相互作用,以此类推。由于两个分子间的相互作用通常要比三个分子的大许多倍,而三个分子的相互作用又比四个分子的大许多倍,等等,因此式(10-61)和式(10-62)中各高阶项对 Z 的贡献相继越来越小。

10-9-2 截断型维里方程

事实上,在低压下,只要截取前两项,就能提供满意的精度,即

$$Z = 1 + B'p = 1 + \frac{Bp}{RT} \tag{10-64}$$

或

$$Z = 1 + \frac{B}{v} \tag{10-65}$$

大多数情况下,式(10-64)使用起来较为方便,因为它能直接求解 v。对于处于亚临界温度的水蒸气,其压力一直达到大约 1.5 MPa 时,这个方程能很好地提供 p,v,T 的关系。对于处于临界温度以上的气体,它的压力适用范围随温度的提高而提高。除高温条件外,B 是一个负值,所以用式(10-64)算得的压缩因子 Z 小于 1。

当密度 ρ 大于$\frac{1}{2}$的临界密度 ρ_c 时,式(10-64)不再适用,这时可截取前三项,即

$$Z = 1 + B'p + C'p^2 \tag{10-66}$$

或

$$Z = 1 + \frac{B}{v} + \frac{C}{v^2} \tag{10-67}$$

一般来说,当$\frac{1}{2}\rho_c < \rho < \rho_c$ 时,式(10-67)具有很好的精度。

10-10 经验性状态方程

从原则上讲,用式(10-61)或式(10-62)的维里方程描述实际气体的 p,v,T 关系,可以提供所需的精度。但是由于迄今为止对第三维里系数以上的那些系数掌握得非常少,因此超过三项以上的维里方程很少被应用,而截取三项的截断型维里方程又只适用于临界密度

以下的范围。

为了预测和计算高密度条件以及液相区的容积性质，通常采用经验性状态方程，其中最早提出并有重大影响的是范德瓦耳斯状态方程。

10-10-1　范德瓦耳斯状态方程

理想气体有关分子模型的两点假设，对于压力为零的气体是合理的，但当压力升高或比容降低时，气体分子本身占据的容积变得越来越重要，而分子间的相互作用力也变得越来越明显。为此，范德瓦耳斯于1873年对理想气体状态方程作了相应的修正，提出了下列状态方程：

$$\left.\begin{aligned}&\left(p+\frac{a}{v^2}\right)(v-b)=RT\\&p=\frac{RT}{v-b}-\frac{a}{v^2}\end{aligned}\right\}\tag{10-68}$$

式中，a 与 b 是各种气体所特有的、数值为正的常数，称为**范德瓦耳斯常数**，式(10-68)称为**范德瓦耳斯状态方程**。

对比式(10-68)与理想气体状态方程，可见式(10-68)对压力加了一项$\frac{a}{v^2}$，这是考虑由于存在分子间吸引力而对压力进行的修正，有时称为“内压”，说明由于有分子间的引力作用，气体对容器壁面所加的压力要比理想气体小一些；另一个差别是考虑了气体分子本身所占的容积，所以在代表气体总容积的项上减去 b 值。

式(10-68)是比容 v 的三次方程，v 应有三个根，在 p-v 图上式(10-68)以一簇定温线表示，如图10-4所示。在临界温度以上(例如 T_2)，一个压力值相对应的只有一个 v 值，即只有一个实根。在临界温度以下(例如 T_1)，与一个压力值对应的有三个 v 值，在这三个实根中，最小值是饱和液体比容，最大值是饱和蒸气比容，而中间的那个值没有物理意义。从这一点看，范德瓦耳斯方程与实验结果，至少在饱和液体与饱和蒸气的两相区内符合得不好。图中在 T_1 的定温线上，AB 部分代表过热液体，因为它的温度高于所处压力下的饱和温度，FE 部分代表过冷蒸气，因为它的温度低于所处压力下的饱和温度，这两部分处于所谓的“亚稳定平衡”状态。但是图中 BDE 部分却违反稳定平衡判据，因此是不可能的。

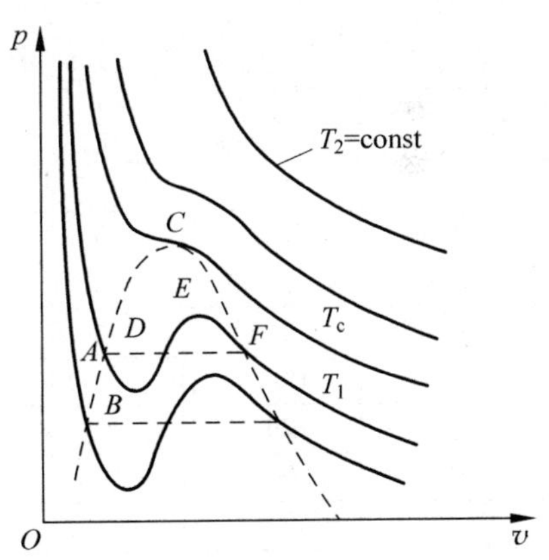

图10-4　范德瓦耳斯方程解的示意图

图中的临界点 C 处，三个实根合并为一个，并且临界定温线在此处有一个拐点，其切线为水平线，所以有

$$\left(\frac{\partial p}{\partial v}\right)_{T_c}=0,\quad \left(\frac{\partial^2 p}{\partial v^2}\right)_{T_c}=0\tag{10-69}$$

范德瓦耳斯常数 a 和 b，与临界参数 p_c，T_c，v_c 一样，不同的实际气体有各自确定的值。可以根据实际气体的 p，v，T 数据，用曲线拟合法确定 a 和 b 的值；也可以利用式(10-69)的临

界点条件导出 a 值和 b 值与临界参数间的关系式。将范德瓦耳斯方程微分,并将结果用于式(10-69)的临界点条件,则

$$\left(\frac{\partial p}{\partial v}\right)_{T_c}=-\frac{RT_c}{(v_c-b)^2}+\frac{2a}{v_c^3}=0$$

和

$$\left(\frac{\partial^2 p}{\partial v^2}\right)_{T_c}=\frac{2RT_c}{(v_c-b)^3}-\frac{6a}{v_c^4}=0$$

联立求解上述两式得

$$p_c=\frac{a}{27b^2};\quad T_c=\frac{8a}{27Rb};\quad v_c=3b \tag{10-70}$$

如果已知临界参数,则可根据式(10-70)中的 p_c 和 T_c 方程,经联立求解得

$$a=\frac{27}{64}\frac{(RT_c)^2}{p_c};\quad b=\frac{RT_c}{8p_c} \tag{10-71}$$

由式(10-70)可知,根据范德瓦耳斯状态方程,无论何种物质,其临界压缩因子 Z_c 均等于0.375。事实上,不同物质 Z_c 并不相同,对于大多数物质来说,它们远小于0.375,一般在0.23~0.29的范围内,约比0.375低30%,所以范德瓦耳斯方程用在临界区或临界区附近是有相当误差的。换言之,用临界参数按式(10-71)求得的 a 值和 b 值也是近似的。

表10-1列出了一些物质的临界参数和范德瓦耳斯常数。范德瓦耳斯常数是由实验数据拟合得出的。

表 10-1　临界参数和范德瓦耳斯常数

物质	T_c/K	p_c/(10^5 Pa)	$V_{m,c}$/(m³/kmol)	$Z_c=\frac{p_cV_{m,c}}{R_MT_c}$	范德瓦耳斯常数	
					$a/\left(10^5\ \text{Pa}\left(\frac{\text{m}^3}{\text{kmol}}\right)^2\right)$	b/(m³/kmol)
空气	133	37.7	0.082 9	0.284	1.358	0.036 4
一氧化碳	133	35.0	0.092 8	0.294	1.463	0.039 4
正丁烷	425.2	38.0	0.257	0.274	13.80	0.119 6
氟利昂12	385	40.1	0.214	0.270	10.78	0.099 8
甲烷	190.7	46.4	0.099 1	0.290	2.285	0.042 7
氮	126.2	33.9	0.089 7	0.291	1.361	0.038 5
乙烷	305.4	48.8	0.221	0.273	5.575	0.065 0
丙烷	370	42.7	0.195	0.276	9.315	0.090 0
二氧化硫	431	78.7	0.124	0.268	6.837	0.056 8

由上可见,范德瓦耳斯状态方程虽然可以较好地定性描述实际气体的基本特性,但是在定量上还不够准确,不宜作为定量计算的基础。为此,后人在此基础上经过不断改进和发展,提出了许多种派生的状态方程,其中有些有很大的实用价值。

10-10-2　R-K 状态方程

1949年Redlich和Kwong两人在保留比容三次方程简单形式的同时,通过对内压项 $\frac{a}{v^2}$

的修正，提出了 R-K 方程，使计算精度有较大提高，而且应用简便，对于气-液相平衡和混合物的计算十分成功，因而在化学工程中得到较为广泛的应用。它的表达形式为

$$p=\frac{RT}{v-b}-\frac{a}{T^{0.5}v(v+b)} \tag{10-72}$$

与范德瓦耳斯方程一样，式中的常数 a 和 b 也是各种物质所固有的数值，而且最好直接从 p,v,T 实验数据拟合求得，但在缺乏这些数据时，也可根据临界点特征由临界参数确定，即

$$\left.\begin{aligned}a&=\frac{0.427\,480R^2T_c^{2.5}}{p_c}\\b&=\frac{0.086\,64RT_c}{p_c}\end{aligned}\right\} \tag{10-73}$$

由式(10-73)可以得出 $Z_c=0.333$，虽比范德瓦耳斯方程的 0.375 有所改进，但与各实际物质的 Z_c 仍有差距。因此，在 R-K 方程基础上又提出了若干种修正，限于篇幅，这里从略。

10-11 普遍化状态方程与对比态原理

理想气体状态方程可用来估算、分析低压下任何气体的 p,v,T 关系，因此它具有普遍化的性质。但实际气体的状态方程却不然，由于式内包含各种流体所固有的常数(如 a 和 b 等)，就不具备这种普遍性。

那么，能否通过某种方法，消除这些反映不同流体特性的常数，以使状态方程具有普遍性呢？倘若可能，将带来很大方便，特别是实际计算中，有时所研究的流体既没有足够的 p，v,T 实验数据，又没有状态方程中所固有的常数数据，为了得到所需的热力参数，通常采用这种普遍化状态方程，虽只能得到近似解，但可以达到一般工程技术的精度要求。

10-11-1 普遍化状态方程

鉴于当接近临界点时，所有的流体都呈现出相似的性质，因此自然想到用临界温度、临界压力和临界比容作为基点，来衡量流体的温度、压力和比容的相对大小，以代替其绝对数值，这种对比值称为**对比参数**，如对比压力 $p_r(p/p_c)$、对比温度 $T_r(T/T_c)$ 和对比比容 $v_r(v/v_c)$。运用这些对比参数，就有可能得出普遍化的实际气体状态方程。

例如范德瓦耳斯方程，代入对比参数后化简得

$$\left(p_r+\frac{3}{v_r^2}\right)(3v_r-1)=8T_r$$

或

$$p_r=\frac{8T_r}{3v_r-1}-\frac{3}{v_r^2} \tag{10-74}$$

式(10-74)形式的范德瓦耳斯方程，对各种气体均适用，因为原来的两个常数 a 和 b 已消失，取而代之的是作为常数的临界压缩因子 $Z_c=\frac{3}{8}$。这时，只要 p_r 和 T_r 各自相同，不同气体的 v_r 也必相同，而与气体的性质无关，因而也就具有了普遍化的性质，所以式(10-74)称为

普遍化的范德瓦耳斯状态方程。根据这个方程，只要知道临界参数，就可确定出任意 p 与 v 下各种气体的 T 值。当然，像范德瓦耳斯方程本身一样，它也仅是一个近似方程，特别是在低压时不能适用，因为在低压下任何气体的状态方程应归结为理想气体方程，如果用对比参数表示理想气体方程，则有

$$p_r v_r = \frac{RT_c}{p_c v_c} \cdot T_r = \frac{T_r}{Z_c} \tag{10-75}$$

这时，若式(10-74)在低压下依然适用，就应同时满足式(10-75)的要求，即必须要求式(10-75)中的 Z_c 是一个通用常数。否则对应给定的 p_r 与 v_r，就会得出不同的 T_r 值，但是前面我们已知，不同气体的 Z_c 实际上并非相同，这就表明式(10-74)不能用于低压区。

例题 10-6 将 R-K 方程改写成普遍化的形式。

解：式(10-72)的 R-K 方程，通常可改写成下列形式：

$$\left.\begin{aligned} Z &= \frac{1}{1-h} - \frac{A}{B}\left(\frac{h}{1+h}\right) \\ h &= \frac{b}{v} = \frac{Bp}{Z} \end{aligned}\right\} \tag{10-76}$$

式中，A 与 B 为温度的函数，$B=\dfrac{b}{RT}$，$\dfrac{A}{B}=\dfrac{a}{bRT^{1.5}}$。这种形式的 R-K 方程常用来描述定温线上气体的性质。

按式(10-73)，$a=\dfrac{0.427\,480R^2T_c^{2.5}}{p_c}$，$b=0.086\,64RT_c/p_c$，于是

$$B = \frac{0.086\,64}{\left(\dfrac{T}{T_c}\right)p_c} = \frac{0.086\,64p_r}{p \cdot T_r} \tag{10-77}$$

而

$$\frac{A}{B} = \frac{0.427\,480}{0.086\,64}\frac{T_c^{1.5}}{T^{1.5}} = \frac{4.934}{T_r^{1.5}} \tag{10-78}$$

将式(10-77)与式(10-78)代入式(10-76)得

$$\left.\begin{aligned} Z &= \frac{1}{1-h} - \frac{4.934}{T_r^{1.5}}\left(\frac{h}{1+h}\right) \\ h &= \frac{0.086\,64p_r}{ZT_r} \end{aligned}\right\} \tag{10-79}$$

只要知道 p_c 与 T_c，就可通过迭代法用式(10-79)计算任意温度与压力下各种气体的压缩因子 Z 及相应的比容 v。开始迭代时，可先设 $Z=1$，确定出 h，代入 Z 方程中可得到一个新的 Z 值，然后再求出相应的新 h 值及 Z 值。如此迭代，直到 h 和 Z 值的变化小于允许偏差为止。

式(10-79)就是普遍化的 R-K 方程，当然它也只是一个近似方程。

10-11-2 对比态原理

在相同的压力与温度下，不同气体的比容是不同的。但是，上述普遍化状态方程表明，凡是遵循同一普遍化状态方程的各种气体，只要 p_r 与 T_r 分别相同，它们的 v_r 也就相同，这种关系就是所谓的**对比态原理**，或者说各种气体在相同的对比状态下表现出相同的性质。

数学上，对比态原理可用下式表示：

$$f_1(p_r, T_r, v_r) = 0 \tag{10-80}$$

根据 v_r 与 Z 的定义，又有下列关系：

$$v_r = \frac{v}{v_c} = \frac{ZRT \cdot p_c}{p \cdot Z_c RT_c} = \frac{Z}{Z_c} \cdot \frac{T_r}{p_r} \tag{10-81}$$

由式(10-80)与式(10-81)得出

$$Z = f_2(p_r, T_r, Z_c) \tag{10-82}$$

其中 Z_c 值，对于大多数物质都在 0.23～0.29 的狭窄范围内，因此，作为一级近似可把 Z_c 看作一个通用常数，因而式(10-82)可简化为

$$Z = f_3(p_r, T_r) \tag{10-83}$$

即根据对比态原理，只要 p_r 与 T_r 分别相同，则各种气体的压缩因子也具有相同的值。

10-11-3　通用压缩因子图

根据式(10-83)，如果以 Z 和 p_r 作为坐标，则 Z-p_r 图中不同 T_r 的定对比温度线将适用于任何气体，这种图称为**通用压缩因子图**。该图的简化示意图如图 10-5 所示。由图可以看出这类通用压缩因子图的一些共同规律：

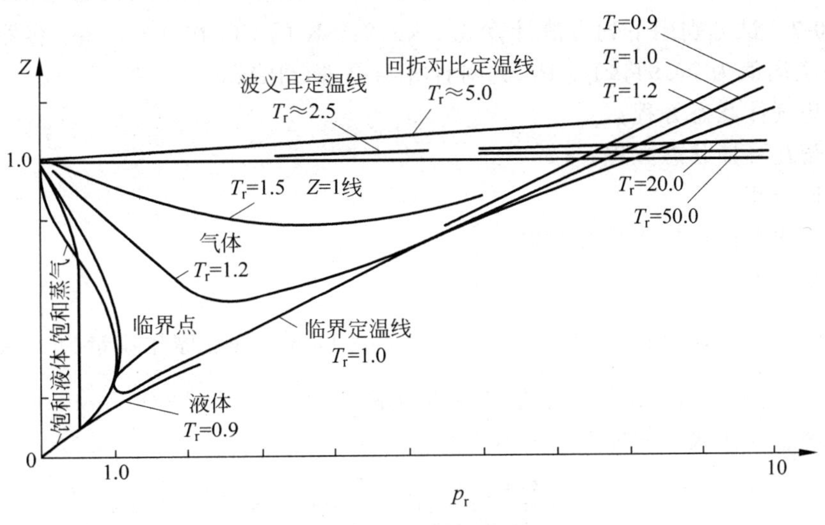

图 10-5　通用压缩因子示意图

(1) 压力为零时所有的定 T_r 线都会聚在 $Z=1$ 的这一点。数学表达式为

$$\text{在任何温度下}, \lim_{p_r \to 0} Z = 1$$

而且，当温度趋于无穷时，定 T_r 线趋于 $Z=1$ 的直线，即

$$\text{在任何压力下}, \lim_{T_r \to 0} Z = 1$$

换言之，这两种情况，都接近理想气体的性质。

(2) 当 p_r 趋于零时，定 T_r 线的斜率在较低的 T_r 下是负的，在较高的 T_r 下则是正的，而在一个特定的 T_r 下斜率为零，这个温度称为**波义耳温度**，即在此温度下，当 p_r 较小时(如 $p_r<2.0$)定 T_r 线为 $Z=1$ 的水平线。这时，一切实际气体也遵守理想气体的性质，即

$$\lim_{p_r \to 0}\left(\frac{\partial Z}{\partial p_r}\right)_{T_r}=0$$

许多流体的波义耳温度约为 2.5 T_c。

(3) 当 p_r 趋于零时，有一条斜率为最大的定 T_r 线，称为回折对比定温线，对于许多流体，它约为 5 T_c，即

$$\lim_{p_r \to 0}\left(\frac{\partial^2 Z}{\partial T_r \partial p_r}\right)=0$$

当温度增加到超过回折温度时，对比定温线的斜率降低，但始终保持正值。

(4) 临界点 C 离理想气体状态甚远，临界对比定温线在临界点处呈钩形，有一段垂直于横坐标，因此无法由此获得确切的临界状态时的 Z 值。

(5) 两相区在图中占很小的面积。

(6) 当 $p_r<6$ 时，一般来说，$Z<1$。由于 T_r 曲线松散，故 T_r 对 Z 的影响大；反之，当 $p_r>6$ 时，$Z>1$，由于 T_r 曲线密集，故 p_r 对 Z 的影响较 T_r 的大。

实际上，上述这种通用压缩因子图，不是从理论上推导出来的，而是根据工质的实验数据绘制而成的，这种图的精度虽比普遍化范德瓦耳斯方程高，但仍是近似的。

20 世纪后期，为了提高它的计算精度，考虑引入第三参数。显然，根据式(10-82)可将 Z_c 作为第三个相关参数，将使精度得到提高。图 10-6 为 $Z_c=0.29$ 时的通用压缩因子图。

例题 10-7 试分别用下列方法计算 3.7 kg，215 K 的 CO 在 0.030 m^3 容器中的压力，已知压力的实测值为 70.91×10^5 Pa，并对计算结果进行比较。

(1) 理想气体状态方程；

(2) 范德瓦耳斯状态方程；

(3) R-K 方程；

(4) 普遍化范德瓦耳斯状态方程；

(5) 通用压缩因子图(图 10-6)。

解：按题设条件，CO 的比容 $v=\dfrac{0.030}{3.7}=0.00811\ m^3/kg$。摩尔质量为 28 kg/kmol，故摩尔体积 $V_m=0.227\ m^3/kmol$。摩尔气体常数 $R_m=8.314\times10^3$ J/(kmol·K)。

(1) 由理想气体状态方程算出的压力为

$$p=\frac{R_m T}{V_m}=\frac{8.314\times10^3\times215}{0.227}\ \text{Pa}=78.7\times10^5\ \text{Pa}$$

与实测值的偏差为 +11%。

(2) 由表 10-1 查得 CO 的 a 值与 b 值是由实验数据得出的，其中 $a=1.463\times10^5\ \text{Pa}\cdot m^6/(kmol)^2$，$b=0.0394\ m^3/kmol$。代入范德瓦耳斯状态方程

$$p=\frac{RT}{v-b}-\frac{a}{v^2}$$

或

$$p=\frac{R_m T}{V_m-b}-\frac{a}{V_m^2}$$

得

$$\left[p+\frac{1.463\times10^5}{(0.227)^2}\right]\times(0.227-0.0394)=8.314\times10^3\times215$$

解出

$$p=66.9\times10^5\ \text{Pa}$$

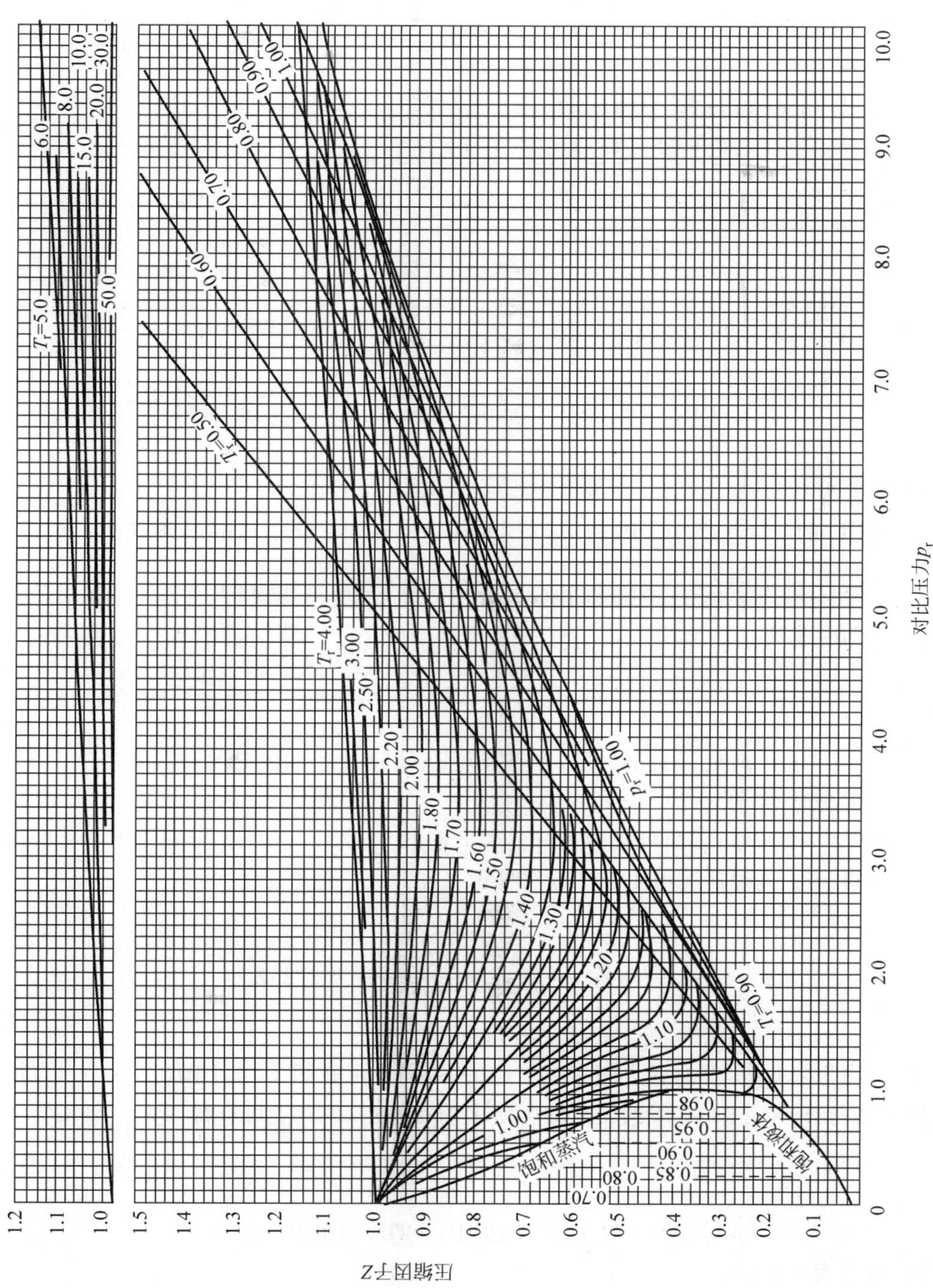

图 10-6　通用压缩因子图（Z_c=0.29）

与实测值的偏差为－5.6%。

(3) 由表10-1已知CO的 $p_c=35\times10^5$ Pa，$T_c=133$ K，于是R-K方程中的 a 与 b 分别为

$$a=\frac{0.427\,480R_m^2T_c^{2.5}}{p_c}=\frac{0.427\,480\times(8.314\times10^3)^2\times133^{2.5}}{35\times10^5}\ \mathrm{Pa\cdot m^6\cdot K^{0.5}/(kmol)^2}$$

$$=17.22\times10^5\ \mathrm{Pa\cdot m^6\cdot K^{0.5}/(kmol)^2}$$

$$b=\frac{0.086\,64R_mT_c}{p_c}=\frac{0.086\,64\times(8.314\times10^3)\times133}{35\times10^5}\ \mathrm{m^3/kmol}$$

$$=0.027\,4\ \mathrm{m^3/kmol}$$

则

$$p=\frac{R_mT}{V_m-b}-\frac{a}{T^{0.5}V_m(V_m+b)}$$

$$=\left[\frac{8.314\times10^3\times215}{0.227-0.027\,4}-\frac{17.22\times10^5}{215^{0.5}\times0.227\times(0.227+0.027\,4)}\right]\ \mathrm{Pa}$$

$$=69.2\times10^5\ \mathrm{Pa}$$

与实测值的偏差为－2.4%。

(4) 已知CO的 $p_c=35\times10^5$ Pa，$T_c=133$ K，$V_{m,c}=0.092\,8\ \mathrm{m^3/kmol}$，所以

$$T_r=\frac{215}{133}=1.616\,5,\quad V_r=\frac{V_m}{V_{m,c}}=\frac{0.227}{0.092\,8}=2.446\,1$$

代入式(10-53)得

$$p_r=\frac{8\times1.616\,5}{3\times2.446\,1-1}-\frac{3}{2.446\,1^2}=1.538\,9$$

$$p=p_rp_c=1.538\,9\times35\times10^5\ \mathrm{Pa}=53.86\times10^5\ \mathrm{Pa}$$

与实测值的偏差为－24%。

(5) CO的 $Z_c=0.294$，因而可查图10-6。但此时只知 $T_r=1.616\,5$ 与 $v_r=2.446\,1$，无法直接由图查得 p_r。这种情况可用以下方法处理。

由于 $p=p_rp_c$，或

$$p_r=\frac{ZR_mT}{V_mp_c}=\frac{Z\times8.314\times10^3\times215}{0.227\times35\times10^5}=2.25Z$$

或

$$Z=0.444p_r$$

这时，Z 与 p_r 均为未知数，但两者之间存在上述关系，因此可在图10-6中画出 $Z=0.444p_r$ 的直线，此直线与 $T_r=1.616\,5$ 线的交点即为所求的状态点，由此点可查得

$$p_r\approx2$$

所以

$$p=p_rp_c=2\times35\times10^5\ \mathrm{Pa}=70\times10^5\ \mathrm{Pa}$$

与实测值的偏差为－2.2%。

综上所述，可得出以下几条结论：

(1) 由通用压缩因子图得到的结果相当满意，偏差为－2.2%，在工程允许范围内，但查图方法较为麻烦。

(2) R-K 方程，偏差为−2.4%，也在工程允许范围内，而且其方程形式简单，计算方便，结果比范德瓦耳斯方程好。

(3) 本题中范德瓦耳斯方程由于采用实验数据拟合得出的 a 值与 b 值，所以偏差也不算太大，约为−5.6%。

(4) 按理想气体方程计算，偏差较大，约为 11%，但由于题设条件的温度已高于临界温度($T_r=1.616\,5$)，所以按理想气体方程处理时带来的偏差还不算太大。

(5) 本题中偏差最大的是采用普遍化范德瓦耳斯方程，偏差达−24%，甚至比理想气体方程的偏差还大，这主要是由于此方程中把 Z_c 作为 0.375 造成的。实际上 CO 的 $Z_c=0.294$，由此可见，它虽是一个通用方程，但却是近似的，而本题采用范德瓦耳斯方程计算时，由于并未采用按临界参数确定的 a 值与 b 值，也就是说并未把 Z_c 取为 0.375，偏差就较普遍化范德瓦耳斯方程小。

总之，由于通用压缩因子图的通用性，对流体 p，v，T 性质的估算有实用价值。当然，如果需要准确预测 p，v，T 数据，必须依靠专用方程。

思考题

10-1　热力学微分关系式能否指明特定物质的具体性质？若欲知某物质的特性，一般应采取什么手段？

10-2　特征函数有什么作用？试说明 $v(T,p)$是否为特征函数？

10-3　微元准静态过程的膨胀功为 $\delta w=p\mathrm{d}v$，试判明 δw 是否全微分？

10-4　试由任意一个麦克斯韦关系导出其余的麦克斯韦关系。

10-5　如何利用状态方程和热力学微分关系式，分析实际气体的定温过程？

10-6　试分析不可压缩流体的内能、焓与熵是否均为温度与压力的函数？

10-7　试证理想气体的 α_p 为 T^{-1}。

10-8　本章导出的 $\mathrm{d}s$，$\mathrm{d}h$ 和 $\mathrm{d}u$ 等热力学微分关系式能否适用于不可逆过程？

10-9　在实际气体状态方程的研究过程中，为何对范德瓦耳斯状态方程的评价很高？

10-10　理想气体状态方程、范德瓦耳斯方程、截断型维里方程、普遍化状态方程、通用压缩因子图各有什么特点、有何区别？各适用于什么范围？

习题

10-1　试证 $\dfrac{c_p}{c_V}=\dfrac{\beta_T}{\beta_s}$。

10-2　试证 $\left(\dfrac{\partial T}{\partial p}\right)_s=\dfrac{Tv\alpha_p}{c_p}$。

10-3　试证在 h-s 图上定温线的斜率等于 $T-\dfrac{1}{\alpha_p}$；定容线的斜率等于 $T+(c_p-c_V)/(c_V\cdot\alpha_p)$，并确定定压线的斜率，比较孰大孰小。

10-4　试证理想气体满足下列关系：

(1) $\alpha_p=f(T), \beta_T=f(p)$;

(2) $u=f(T), h=f(T)$;

(3) $c_p-c_V=R$。

10-5 设理想气体经历了参数 x 保持不变的可逆过程,该过程的比热容为 c_x,试证其过程方程为 $pv^f=c, f=\dfrac{c_x-c_p}{c_x-c_V}$。

10-6 试证状态方程为 $p(v-b)=RT$ 的气体(其中 b 为常数):

(1) 其内能只与 T 有关;

(2) 其焓除与 T 有关外,还与 p 有关;

(3) 其 c_p-c_V 为常数;

(4) 其可逆绝热过程的过程方程为 $p(v-b)^k=\text{const}$;

(5) 当状态方程中的 b 值为正时,这种气体经绝热节流后温度升高。

10-7 对于范德瓦耳斯气体,试证:

(1) $\mathrm{d}u=c_V\mathrm{d}T+\dfrac{a}{v^2}\mathrm{d}v$;

(2) $\left(\dfrac{\partial u}{\partial v}\right)_T\neq 0$;

(3) $c_p-c_V=\dfrac{R}{1-\dfrac{2a(v-b)^2}{RTv^3}}$;

(4) 定温过程的焓差为 $(h_2-h_1)_T=p_2v_2-p_1v_1+a\left(\dfrac{1}{v_1}-\dfrac{1}{v_2}\right)$;

(5) 定温过程的熵差为 $(s_2-s_1)_T=R\ln\dfrac{v_2-b}{v_1-b}$;

(6) 可逆定温过程的膨胀功为 $w_T=RT\ln\dfrac{v_2-b}{v_1-b}+a\left(\dfrac{1}{v_2}-\dfrac{1}{v_1}\right)$;

(7) 可逆定温过程的热量为 $q_T=RT\ln\dfrac{v_2-b}{v_1-b}$;

(8) 绝热膨胀功为 $w=-\int_1^2 c_V\mathrm{d}T+a\left(\dfrac{1}{v_2}-\dfrac{1}{v_1}\right)$;

(9) 绝热自由膨胀时 $\mathrm{d}T=-\dfrac{a\mathrm{d}v}{c_Vv^2}$。

10-8 已知状态方程为 $v=\dfrac{RT}{p}-\dfrac{c}{T^3}$,试证:

(1) $\left(\dfrac{\partial c_p}{\partial p}\right)_T=\dfrac{12c}{T^4}$;

(2) $\mu_J=\dfrac{1}{c_p}\dfrac{4c}{T^3}$。

10-9 已知 $\alpha_p=\dfrac{R}{pv}, \alpha_v=\dfrac{1}{T}$,求状态方程。

10-10 已知某种气体其 $pv=f(T), u=u(T)$,求状态方程。

10-11　已知 Ar 在 100℃下的 $h(p)=h_0+ap+bp^2$，其中，$a=-5.164\times10^{-5}$ kJ/(kmol · Pa)，$b=4.7856\times10^{-13}$ kJ/(kmol · Pa^2)；100℃下，$p\to0$ 时的 $h_0=2\,089.2$ kJ/kmol；100℃下，$p=300\times10^5$ Pa 时的 $c_p=27.34$ kJ/(kmol · K)。求 100℃下，$p=300\times10^5$ Pa 时 Ar 的焦-汤系数 μ_J。

10-12　试用通用压缩因子图计算－88℃，44×10^5 Pa 时，1 kmol O_2 的容积。已知 O_2 的 $Z_c=0.288$，$T_c=154.6$ K，$p_c=50.5\times10^5$ Pa。

10-13　试用通用压缩因子图确定 O_2 在 160 K 与 0.007 4 m^3/kg 时的压力。已知 $T_c=154.6$ K，$p_c=50.5\times10^5$ Pa。

10-14　0.5 kg CH_4 在 5 L 容器内的温度为 100℃，试用理想气体状态方程式及范德瓦耳斯方程分别计算其压力。

第11章 气体在喷管中的流动

CHAPTER 11

在汽轮机和燃气轮机中，热能和机械能之间的转换实际上是在喷管中实现的。在喷管中工质的热能转化为动能，推动转子上的叶片，通过轴向外输出机械功。在叶轮式压气机中，外界输入的功量使工质得到动能，然后在扩压管中工质的动能转化为热能，使工质的压力上升。可见扩压管中的过程是喷管的反过程，因此把扩压管也叫作"反喷管"。本章将主要研究气体在喷管中的流动过程，不再赘述扩压管。当然喷管和扩压管除上述用途外，还可应用于其他方面，如喷气发动机、引射式压缩器等。

11-1 稳定流动基本方程式

在实际喷管中的气体流动是稳定的或接近于稳定的，因此我们主要研究气体在喷管中的稳定流动过程。前已述及，所谓稳定流动是指描述流动的所有状态参数都不随时间变化的流动过程。如图 11-1 所示的喷管，如果工质在其中作稳定流动，则它的 1—1 截面、2—2 截面以及任意的 x—x 截面上的所有参数均不随时间变化。但是不同截面上的参数是不同的，它反映了气体流经喷管的变化过程。也就是说，工质的参数（包括热力参数和力学参数）随空间位置变化。其实即使在同一个横截面上，不同位置的气体参数也是不相同的。例如气体的流速，越接近喷管壁面的势必越小，到紧贴壁面处则流速为零。为了研究方便，假定同一横截面上任何一个参数都只有一个数值，或者说取这个参数诸多数值的平均值。这样，气体流动就属于只沿着流动方向发生变化的一维稳定流动问题。这是我们进行下面研究工作的前提。气体稳定流动过程的基本方程式有连续性方程、能量方程和过程方程。

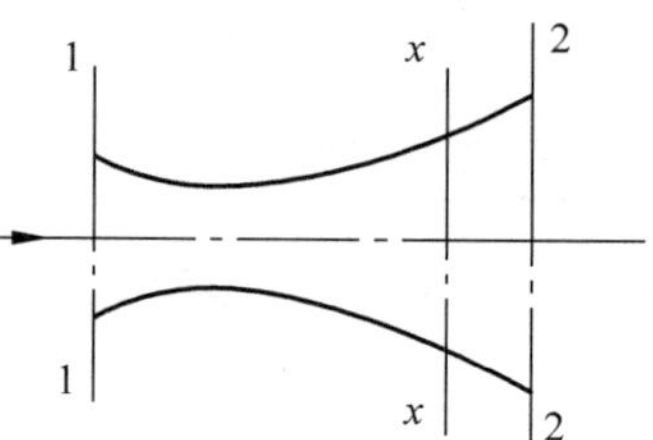

图 11-1　流体在喷管中流动

11-1-1 连续性方程

这个方程式实质上表明气体在喷管中稳定流动应当满足质量守恒定律。即在喷管的任何空间中气体的质量应该保持恒定不变，也就是说，对于该空间，任何时间流入、流出的气体质量必须相等，或者说沿着喷管各个横截面的质量流量应当相等。如图 11-1 所示，1—1 为喷管的入口截面、2—2 为出口截面、x—x 为任意截面，它们的截面积分别为 A_1，A_2 和 A，气流的速度分别为 c_1，c_2 和 c，比容分别为 v_1，v_2 和 v，质量流量分别为 $\dot{m}_1$，

$\dot{m}_2$ 和 $\dot{m}$,那么有

$$\dot{m}_1=\frac{c_1A_1}{v_1}=\dot{m}_2=\frac{c_2A_2}{v_2}=\dot{m}=\frac{cA}{v}$$

一般形式为

$$\dot{m}=\frac{cA}{v}=\text{定值} \tag{11-1}$$

微分形式为

$$\mathrm{d}\left(\frac{cA}{v}\right)=0$$

或

$$\frac{\mathrm{d}A}{A}+\frac{\mathrm{d}c}{c}-\frac{\mathrm{d}v}{v}=0 \tag{11-2}$$

连续性方程说明了流经喷管的气流速度、比容与喷管横截面积之间的关系。由于连续性方程是基于最一般的质量守恒定律推导而来的,因此只要是稳定流动,不管气体是理想气体还是实际气体(如水蒸气),也不管过程是可逆的还是不可逆的,连续性方程都是适用的。

11-1-2　能量方程式

工质在喷管中要进行热能和动能之间的转换,因此必须满足热力学第一定律,即稳定流动能量方程式:

$$q=\Delta h+\frac{1}{2}\Delta c^2+g\Delta z+w_s$$

喷管只是变化截面的通道,不能对外做功,故 $w_s=0$;喷管长度一般都是很短的,即使垂直放置,进出口的位能变化也完全可以忽略不计,即 $g\Delta z=0$;工质用很高的速度流经很短的喷管,所需时间极短,故通过喷管向外界的散热极少,可以认为是绝热的稳定流动过程,即 $q=0$。因此,气体在喷管中稳定流动的能量方程式是

$$\Delta h+\frac{1}{2}\Delta c^2=0 \tag{11-3}$$

或者

$$h_1+\frac{1}{2}c_1^2=h_2+\frac{1}{2}c_2^2=h+\frac{1}{2}c^2=h^*=\text{定值} \tag{11-4}$$

式中,h^* 叫作**滞止焓**或**流动工质总焓**,将在 11-6 节中讨论。式(11-4)表明,对于气体在喷管中的稳定流动过程,任一截面上的焓和动能之和保持定值,或总焓守恒;气体速度增大时,焓值减少,速度降低时,焓值增大。

式(11-3)的微分形式为

$$\mathrm{d}h+\frac{1}{2}\mathrm{d}c^2=0 \tag{11-5}$$

式(11-3)、式(11-4)和式(11-5)是气体在喷管中稳定流动能量方程的不同表现形式。这些方程式都是从能量守恒的基本原理导出的,并未限制什么样的流体以及过程是否可逆,因此可以应用于任何流体的可逆或不可逆的绝热稳定流动过程。

11-1-3 可逆绝热过程的过程方程

前面已提到,气体在喷管中的稳定流动可以视为绝热的过程。当理想气体(其绝热指数可取作常量)流经喷管作可逆绝热流动时,其过程方程式是

$$p_1 v_1^k = p_2 v_2^k = p v^k = \text{定值}$$

如果需要考虑比热容随温度的变化,则把 $k\left(=\dfrac{c_p}{c_V}\right)$ 取为过程范围内的平均值,仍按常量处理。如果工质为实际气体的水蒸气,此时 $k \neq \dfrac{c_p}{c_V}$,但可把 k 当作纯粹的经验数据,那么仍可使用这个过程方程式。然而,这个过程方程式不能应用于不可逆的绝热过程。

过程方程式的微分形式是

$$\frac{\mathrm{d}p}{p} + k\frac{\mathrm{d}v}{v} = 0 \tag{11-6}$$

11-2 声速

在分析气流在喷管中流动时,声速具有重要意义。声速是一种在连续介质(气体、液体和固体)中受到微弱扰动所产生波动的传播速度。在不同的介质中传播速度是不相同的。本节主要讨论在气体中声速的计算公式。

气体中的波动实质上是气体交替发生膨胀和压缩的过程。由于这种过程进行得如此迅速,以致介质中发生波动部分和其余部分之间来不及发生热量交换,因此波动的过程可视为绝热过程;又由于波动引起的状态变化微弱,摩擦作用小到可以忽略不计,波动过程可以进一步视为定熵过程。

如图 11-2 所示,一个充满气体的等截面积长管,其横截面积为 A,在管的一端由于活塞突然运动而产生微小扰动。活塞以速度 c 运动,从而产生一个向管的另一端以速度 a 传播的压力波,在压力波波前的前方气体并未受到扰动,静止不动,其状态为 p,ρ。在波前后方的气体具有速度 c,压力 p' 和密度 ρ'。为了确定压力波传播速度和气体状态参数之间的函数关系,取随压力波一起运动的坐标系,此时,坐标系中的波前是不动的,而气体以速度 a 从右边流来,并以速度 $a-c$ 向左边流去,见图 11-3。取波前前后的两个截面之间作为控制体,对这个控制体连续性方程有

$$\rho a A = \rho'(a-c)A \tag{11-7}$$

按照动量定理,单位时间动量变化等于作用于系统的合力。气流流经控制体的单位时间动量变化为

$$\dot{m}(a-c) - \dot{m}a = A\rho'(a-c)^2 - A\rho a^2$$

故有

$$\rho'(a-c)^2 - \rho a^2 = p - p' \tag{11-8}$$

由于压力波在气体中扰动微弱,边界上摩擦力可以忽略不计,从式(11-7)和式(11-8)消去速度 c,得到

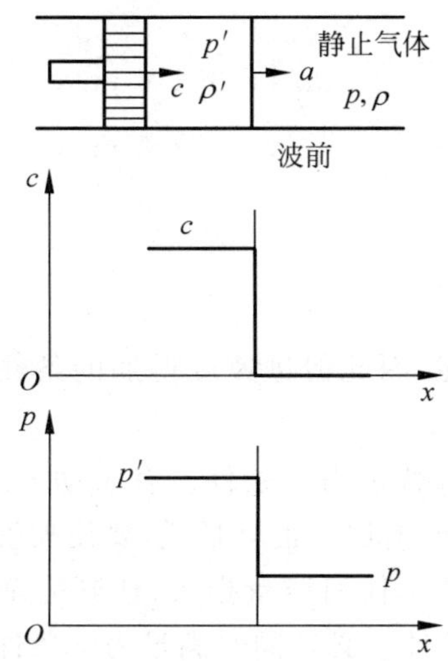

图 11-2　压力波从左向右传播图

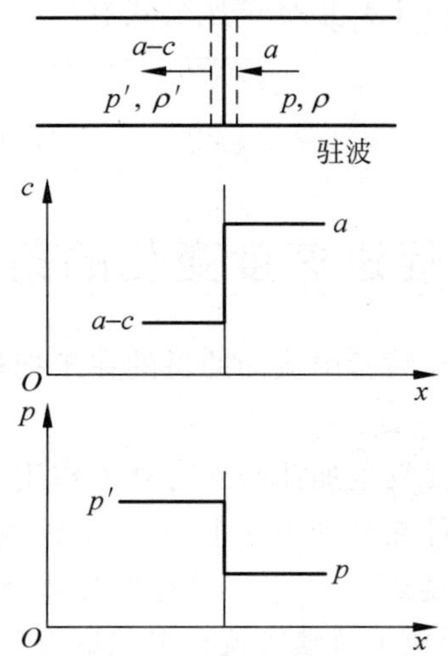

图 11-3　随压力波一起运动的坐标系

$$a=\left(\frac{\rho'}{\rho}\frac{p-p'}{\rho-\rho'}\right)^{\frac{1}{2}}$$

必须指出，声波的振幅是很小的，取极限 $p'\to p$，$\rho'\to\rho$，于是得到 $\rho'/\rho=1$，第二个因子则变成偏导数$(\partial p/\partial\rho)_s$，下标"$s$"表示该过程是定熵过程。这样可得

$$a=\sqrt{\left(\frac{\partial p}{\partial\rho}\right)_s}=\sqrt{-v^2\left(\frac{\partial p}{\partial v}\right)_s}$$

上式表明声速与气体的压缩性、状态有关。

对于理想气体的定熵过程，有

$$\left(\frac{\partial p}{\partial v}\right)_s=-k\,\frac{p}{v}$$

所以

$$a=\sqrt{kpv}=\sqrt{k\,\frac{p}{\rho}}=\sqrt{kRT}$$

由此可见，某种理想气体中的声速只与热力学温度有关。对于实际气体，$(\partial p/\partial v)_s$ 不仅是温度的函数，还与压力或比容有关。但无论如何，声速总是状态参数的函数，因此声速也是热力状态参数。不同的热力状态也就具有不同的声速。我们把某热力状态下的声速称为**当地声速**。

流体流动速度与当地声速的比值称为**马赫数**，用符号 Ma 表示，即

$$Ma=\frac{c}{a}$$

由上式可知，$Ma<1$ 时，表明流体流速小于当地声速，称为亚声速；$Ma>1$ 时，流速大于当地声速，称为超声速。

例题 11-1　夏天时环境温度高达 40℃，冬天时环境温度降至－20℃，试求这两个季节的当地声速。

解：因为空气可以视为理想气体，且认为 $k=1.4$ 并保持常量，空气的气体常数 $R=$

287 J/(kg·K),根据声速公式有

$$a_{夏天}=\sqrt{kRT_{夏天}}=\sqrt{1.4\times287\times(40+273)}\ \mathrm{m/s}=354.6\ \mathrm{m/s}$$

$$a_{冬天}=\sqrt{kRT_{冬天}}=\sqrt{1.4\times287\times(273-20)}\ \mathrm{m/s}=318.8\ \mathrm{m/s}$$

11-3 促进速度变化的条件

气体在喷管中流动的目的在于把热能转化为动能,因此促进速度增加的条件是研究的重点。

流体要发生加速必须有外力作用,必须有动力,这就是力学条件。有了动力之后,还必须创造条件充分利用这个动力,使流体得到最大的动能增加。也就是说,要使喷管的流道形状能密切地配合流动过程的需要,以致这个过程不产生任何能量损失,达到完全可逆的程度,从而形成了对喷管流道形状的要求,这就是几何条件。必须同时满足力学条件和几何条件才有可能使工质得到加速并且得到最大的加速。

11-3-1 力学条件

这里必须建立速度变化和压力变化之间的关系。从能量方程式(11-5)可得

$$\mathrm{d}h=-\frac{1}{2}\mathrm{d}c^2$$

稳定流动定熵过程也有

$$\mathrm{d}h=v\mathrm{d}p$$

上面两式表明,气体在同样的稳定流动定熵过程中,焓的变化量可以完全转化为动能的增加,也可以完全转化为对外做出的技术功。按照能量守恒应有

$$\frac{1}{2}\mathrm{d}c^2=-v\mathrm{d}p \tag{11-9}$$

或写作

$$c\mathrm{d}c=-v\mathrm{d}p \tag{11-10}$$

将式(11-10)乘以$\frac{1}{c^2}$并在等号右边乘以$\frac{kp}{kp}$可得

$$\frac{\mathrm{d}c}{c}=-\frac{kpv}{kc^2}\cdot\frac{\mathrm{d}p}{p} \tag{11-11}$$

将声速 $a=\sqrt{kpv}$ 引入式(11-11),得

$$\frac{\mathrm{d}c}{c}=-\frac{a^2}{kc^2}\frac{\mathrm{d}p}{p} \tag{11-12}$$

再将马赫数 $Ma=\frac{c}{a}$引入式(11-12)得

$$kMa^2\frac{\mathrm{d}c}{c}=-\frac{\mathrm{d}p}{p} \tag{11-13}$$

从上式可见,由于 $k>0$,$Ma^2>0$,所以 $\mathrm{d}c$ 与 $\mathrm{d}p$ 的符号始终是相反的。这就是说,气体在喷管中流动,如果气体流速增加则压力必将下降;反之,流速减小则压力上升,不过,此时喷管

将变成扩压管。因此，气体通过喷管要想得到加速，必须创造喷管中气流压力不断下降的力学条件。

11-3-2　几何条件

这里要建立喷管截面积变化和速度变化之间的关系。从连续性方程式(11-2)可得

$$\frac{\mathrm{d}A}{A}=\frac{\mathrm{d}v}{v}-\frac{\mathrm{d}c}{c} \tag{11-14}$$

由能量方程(11-6)可得

$$\frac{\mathrm{d}v}{v}=-\frac{\mathrm{d}p}{kp} \tag{11-15}$$

从式(11-13)可得

$$-\frac{\mathrm{d}p}{kp}=Ma^2\frac{\mathrm{d}c}{c} \tag{11-16}$$

将式(11-16)代入式(11-15)，可得

$$\frac{\mathrm{d}v}{v}=Ma^2\frac{\mathrm{d}c}{c} \tag{11-17}$$

将式(11-17)代入式(11-14)得

$$\frac{\mathrm{d}A}{A}=(Ma^2-1)\frac{\mathrm{d}c}{c} \tag{11-18}$$

上式给出了喷管截面积变化 $\mathrm{d}A$ 与气流速度变化 $\mathrm{d}c$ 之间的关系。关系式还表明，当 Ma^2-1 有不同取值时，$\mathrm{d}A$ 与 $\mathrm{d}c$ 之间有着完全不同的变化关系，即

$$Ma^2-1<0\ \text{时},\mathrm{d}c>0,\text{则}\ \mathrm{d}A<0$$
$$Ma^2-1>0\ \text{时},\mathrm{d}c>0,\text{则}\ \mathrm{d}A>0$$
$$Ma^2-1=0\ \text{时},\text{则}\ \mathrm{d}A=0$$

也就是说，在 $Ma^2-1<0$ 时，要使气流加速(即 $\mathrm{d}c>0$)，喷管的截面积必须不断地缩小(即 $\mathrm{d}A<0$)。截面积不断缩小的喷管叫作**渐缩喷管**(图 11-4(a))。在 $Ma^2-1>0$ 时，要使气流加速，喷管的截面积则必须不断地扩大(即 $\mathrm{d}A>0$)，这种喷管叫作**渐扩喷管**(图 11-4(b))。从 $Ma^2-1<0$ 可得 $Ma<1$，即 $c<a$，表明在 $Ma^2-1<0$ 时气流处于亚声速流动。显然在 $Ma^2-1>0$ 时气流处于超声速流动；$Ma^2-1=0$ 时，气流速度正好等于当地声速。那么结论是，当气流处于亚声速流动时，要加速气流必须采用渐缩喷管；气流处于超声速时，要加速气流必须采用渐扩喷管。如果要使气流从亚声速加速到超声速，则应采用先缩后放的**缩放喷管**(也叫**拉伐尔**喷管)，见图 11-4(c)。缩放喷管最小截面处，称为喉部，喉部的气流速度等于当地声速。

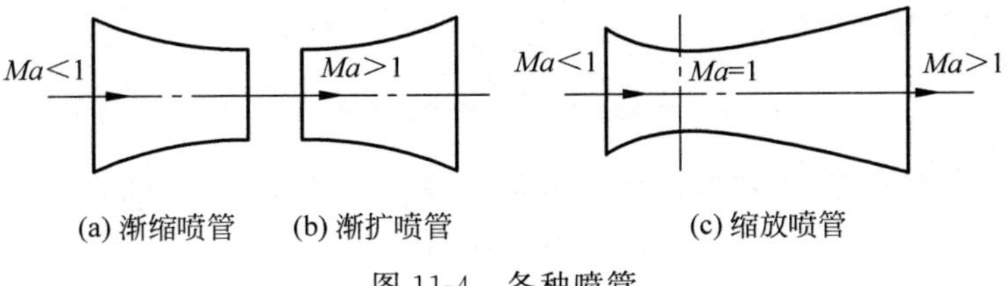

图 11-4　各种喷管

气流对喷管截面积变化的如此要求，可以从连续性方程式(11-14)得到说明。式(11-14)表明，$\frac{\mathrm{d}v}{v}$和$\frac{\mathrm{d}c}{c}$都对喷管的截面积变化产生影响。在质量流量恒定时，如果比容不变化($\mathrm{d}v=0$)，从式(11-14)可知，$\mathrm{d}c>0$ 必有 $\mathrm{d}A<0$，即气流速度增加要求截面积减小。如果速度不变化($\mathrm{d}c=0$)，那么 $\mathrm{d}v>0$，则必有 $\mathrm{d}A>0$，即气流比容增大要求加大截面积。喷管中气流压力下降时，将同时引起气流速度和气流比容的增加。喷管截面积究竟如何变化，则要由$\frac{\mathrm{d}v}{v}$和$\frac{\mathrm{d}c}{c}$变化量大小来确定。由式(10-17)的关系式$\frac{\mathrm{d}v}{v}=Ma^2\frac{\mathrm{d}c}{c}$可见，当 $Ma<1$ 时，有$\frac{\mathrm{d}v}{v}<\frac{\mathrm{d}c}{c}$，即气流速度的相对增量大于气流比容的相对增量，喷管截面积应该减小；当 $Ma>1$ 时，有$\frac{\mathrm{d}v}{v}>\frac{\mathrm{d}c}{c}$，喷管截面积应该增大。满足气流降压时对截面积变化的要求，才有可能得到理想的加速，获得最大的动能。否则就会造成不可逆损失。

气流通过扩压管降低速度提高压力的过程正好与通过喷管的过程相反：超声速气流减速升压要求渐缩扩压管，即 $Ma>1$ 时，要求 $\mathrm{d}A<0$；亚声速气流则要求渐扩扩压管，即 $Ma<1$ 时，要求 $\mathrm{d}A>0$。从超声速减速升压达到亚声速，则要求先缩后扩的扩压管。但在这种缩扩扩压管中，气流流动复杂，不能按可逆绝热流动规律实现连续转变。

无论是喷管还是扩压管，在最小截面处正是气流从亚声速变化为超声速，或者从超声速变化为亚声速的转折点，流速恰好等于当地声速，通常称为**临界截面**。该截面的参数叫作**临界状态参数**，如临界速度 c_{cr}，临界压力 p_{cr} 和临界比容 v_{cr} 等。此处，$Ma=1$，即 $c_{\mathrm{cr}}=a$，故

$$c_{\mathrm{cr}}=\sqrt{kp_{\mathrm{cr}}v_{\mathrm{cr}}} \tag{11-19}$$

11-4 喷管的计算

喷管的计算一般分为设计计算和校核计算两种。设计计算通常已知工质的初状态(喷管入口截面的状态，如 p_1, v_1)和背压(喷管出口的环境压力)，以及流经喷管的工质的质量流量，要求选择喷管的形状并计算喷管的尺寸，校核计算通常已知喷管的形状和尺寸，要求在不同的工作条件下，确定通过喷管的质量流量和喷管的出口速度。

11-4-1 设计计算

选择喷管的形状，首先要判断工质流动速度所处的区域(亚声速、超声速或是从亚声速到超声速)。为此必须依照已知的条件，计算流体的速度。

1. 流速的计算

从能量方程式(11-3)有

$$\frac{1}{2}(c_2^2-c_1^2)=h_1-h_2$$

式中，c_1, c_2 分别为喷管进、出口截面上工质的速度；h_1, h_2 分别为喷管进、出口截面上工质的焓。通常 c_1 比 c_2 小很多，c_1 可以忽略不计，故有

$$c_2=\sqrt{2(h_1-h_2)} \tag{11-20}$$

或

$$c_2 = 1.414\sqrt{h_1 - h_2} \tag{11-21}$$

$h_1 - h_2$ 称为**绝热焓降**，又称**可用焓差**。

气体在喷管中绝热稳定流动的能量方程式，在推导过程中并未对工质的性质（如理想气体或是实际气体）和过程是否可逆加以限制，因此该方程对这些情况都是适用的。如果工质是理想气体且比热容为定值时，式(11-21)或写作

$$c_2 = 1.414\sqrt{c_p(T_1 - T_2)} \tag{11-22}$$

如果工质是水蒸气，可从水蒸气热力性质的图表查到 h_1，h_2，然后按式(11-20)或式(11-21)算得喷管的出口速度。

2. 流速与状态参数的关系

除了通过已知的 p_1，v_1 和 p_2，取得 h_1，h_2（或 T_1，T_2）而算得喷管出口速度 c_2 外，还必须建立起 p_1，v_1 和 p_2 与喷管出口速度 c_2 之间的直接关系。如果工质是理想气体、比热容为定值，过程是可逆的，那么式(11-20)可作如下推导：

$$\begin{aligned} c_2 &= \sqrt{2(h_1 - h_2)} = \sqrt{2c_p(T_1 - T_2)} \\ &= \sqrt{2 \cdot \frac{kR}{k-1}(T_1 - T_2)} \\ &= \sqrt{2\frac{k}{k-1}RT_1\left(1 - \frac{T_2}{T_1}\right)} \\ &= \sqrt{2\frac{k}{k-1}RT_1\left[1 - \left(\frac{p_2}{p_1}\right)^{\frac{k-1}{k}}\right]} \end{aligned} \tag{11-23}$$

或

$$c_2 = \sqrt{\frac{2k}{k-1}p_1 v_1\left[1 - \left(\frac{p_2}{p_1}\right)^{\frac{k-1}{k}}\right]} \tag{11-24}$$

式(11-23)及式(11-24)中，p_1，v_1，T_1 是喷管入口截面上的工质参数，p_2 是喷管出口截面上的压力。从式(11-24)可见，喷管出口工质的速度取决于喷管进口截面上工质的参数和出、进口截面上工质的压力比 p_2/p_1。当初态一定时，工质出口流速依 p_2/p_1 而变化，其变化趋势如图 11-5 所示。当 $p_2/p_1 = 1$ 时，即喷管的出口压力等于入口压力，若 $c_1 = 0$ 则 $c_2 = 0$，出口流速为零，气体不会流动；当 p_2/p_1 逐渐减小时，c_2 逐渐增加；当出口截面上的压力为零时，出口流速将趋于最大值，该最大值为

$$c_{2\max} = \sqrt{\frac{2k}{k-1}p_1 v_1} = \sqrt{\frac{2k}{k-1}RT_1}$$

这一速度实际上不可能达到，因为当 $p \to 0$ 时，$v \to \infty$，除非喷管出口截面积为无穷大，否则不可能达到。

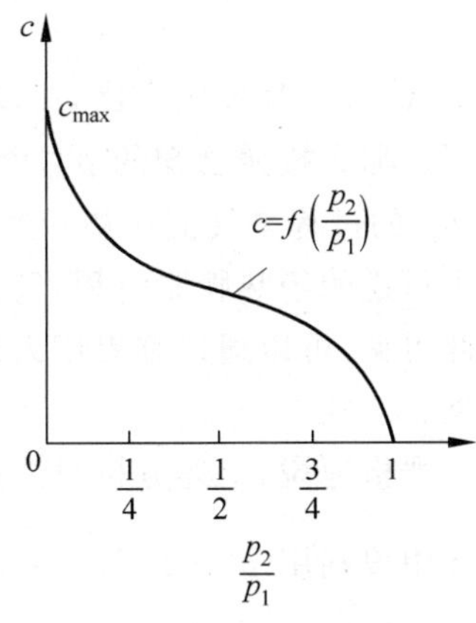

图 11-5　流速与状态参数关系图

3. 临界流速和临界压力比

从式(11-24)所揭示的流速和状态参数的关系,可以得到当流速达到当地声速时的一些特性。

如前所述,在喷管最小截面处,即临界截面处,流速为 c_{cr},压力为 p_{cr}。把这个关系代入式(11-24)可得

$$c_{cr}=\sqrt{\frac{2k}{k-1}p_1v_1\left[1-\left(\frac{p_{cr}}{p_1}\right)^{\frac{k-1}{k}}\right]} \tag{11-25}$$

此时临界速度等于当地声速,即

$$c_{cr}=a=\sqrt{kp_{cr}v_{cr}} \tag{11-26}$$

将上式关系代入式(11-25),得

$$kp_{cr}v_{cr}=\frac{2k}{k-1}p_1v_1\left[1-\left(\frac{p_{cr}}{p_1}\right)^{\frac{k-1}{k}}\right] \tag{11-27}$$

因为是可逆绝热过程,故有

$$v_{cr}=v_1\left(\frac{p_1}{p_{cr}}\right)^{\frac{1}{k}}$$

将上式关系代入式(11-27),得

$$kp_1v_1\left(\frac{p_{cr}}{p_1}\right)^{\frac{k-1}{k}}=\frac{2k}{k-1}p_1v_1\left[1-\left(\frac{p_{cr}}{p_1}\right)^{\frac{k-1}{k}}\right] \tag{11-28}$$

式中,$\frac{p_{cr}}{p_1}$为**临界压力比**,表明流速达到当地声速时工质的压力与初压力之比,常用符号 ν_{cr} 表示,引入 ν_{cr} 并消去公因子得

$$\nu_{cr}^{\frac{k-1}{k}}=\frac{2}{k-1}\left[1-\nu_{cr}^{\frac{k-1}{k}}\right] \tag{11-29}$$

最后得

$$\frac{p_{cr}}{p_1}=\nu_{cr}=\left(\frac{2}{k+1}\right)^{\frac{k}{k-1}} \tag{11-30}$$

从上式可见,临界压力比 ν_{cr} 仅与工质的性质有关。只要工质确定了,临界压力比 ν_{cr} 也就确定了。那么按照已知的 p_1,就可算得 p_{cr}。在喷管中气流的可逆绝热膨胀过程,从 p_1 降压到 p_{cr} 的过程是气流从初始速度加速到声速的过程,属于亚声速范围;如果从 p_{cr} 可以继续实现可逆的绝热膨胀过程,气流的速度就在声速的基础上继续被加速而进入超声速的范围。由此可见,可以通过临界压力来判断气流速度所处的范围。这就为喷管形状的选择提供了依据。

严格地说,上述分析只能适用于具有定比热容的理想气体的可逆绝热流动过程,因为在推导中曾利用 $pv=RT$,$c_p=\frac{kR}{k-1}$以及 $pv^k=$定值等关系式。但也可应用于具有变比热容理想气体的情况,只是其中的 k 值应取过程中温度变化范围的平均值。甚至可以应用于水蒸气为工质的可逆绝热流动过程,只不过这时的 k 值是纯粹的经验数据而已,如 11-1-3 节所述。

对于双原子的理想气体，取 $k=1.4$，则有

$$\nu_{cr}=0.528 \tag{11-31a}$$

如果对过热水蒸气，取 $k=1.3$，有

$$\nu_{cr}=0.546 \tag{11-31b}$$

对干饱和水蒸气，取 $k=1.135$，有

$$\nu_{cr}=0.577 \tag{11-31c}$$

将临界压力比的关系代入式(11-25)，经整理后得

$$c_{cr}=\sqrt{\frac{2k}{k+1}p_1 v_1}=\sqrt{\frac{2k}{k+1}RT_1} \tag{11-32}$$

上式表明，工质一旦确定(即 k 值已知)，临界速度只取决于初状态。对于理想气体，临界速度则只取决于初温度。

4. 喷管形状的选择

在喷管设计计算中，已知流经喷管工质的初参数 p_1，T_1 和背压力 p_b 以及质量流量 $\dot{m}$。确定了工质，即可查到临界压力比 ν_{cr}，并按照临界压力比的定义可以算得临界压力 $p_{cr}=\nu_{cr}\cdot p_1$。从本节上一段讨论可知，当 $p_{cr}\leqslant p_b$ 时，气流在喷管中最多只能被加速到声速，故整个过程气流处于亚声速流动状态，应选取渐缩喷管。如果 $p_{cr}>p_b$，气流在喷管中首先被加速到声速，然后继续加速到超声速，故应选用缩放喷管(拉伐尔喷管)。也就是说，当 $p_{cr}\leqslant p_b$ 时，选用渐缩喷管；当 $p_{cr}>p_b$ 时，选用缩放喷管。

5. 喷管尺寸的计算

对于渐缩喷管，只需计算喷管的出口截面积，即

$$A_2=\frac{\dot{m}v_2}{c_2} \tag{11-33}$$

式中，$\dot{m}$ 为气流的质量流量(kg/s)，是已知的；v_2 为喷管出口截面上气流的比容(m^3/kg)，理想气体可以从 $p_1 v_1^k=p_2 v_2^k$ 求到，对变比热容的理想气体可以查表求平均的 k 值，对水蒸气可查相应的图表；c_2 为喷管出口截面上的气流速度(m/s)，可以从式 $c_2=1.414\sqrt{h_1-h_2}$ 计算求得。

对于缩放喷管，需要计算 A_{min}，A_2 和渐扩部分的长度 l。A_{min}，A_2 按下面关系计算：

$$A_{min}=\frac{\dot{m}v_{cr}}{c_{cr}},\quad A_2=\frac{\dot{m}v_2}{c_2}$$

式中，A_{min} 是喷管的最小截面积；v_{cr}，c_{cr} 分别为喷管最小截面积上的临界比容和临界速度；v_2，c_2 分别为喷管出口截面上的比容和速度，它们的计算方法与上述的相同。

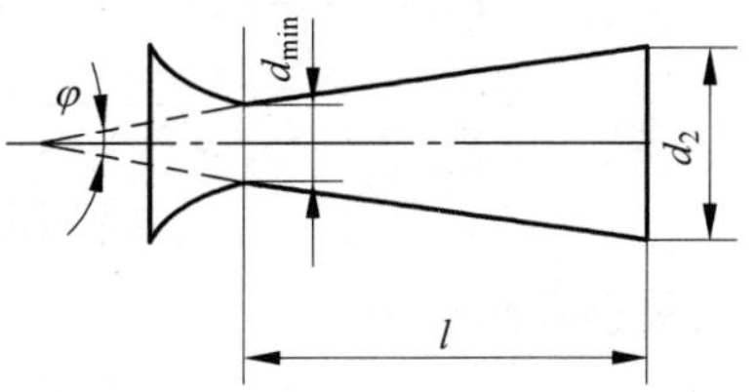

图 11-6　缩放管长度与顶锥角

长度 l 无一定的标准，依经验而定。如选得太短，则气流扩张过快，易引起扰动而增加内部摩擦损失；如选得过长，则气流与管壁之间摩擦损失增加，也是不利的。通常取顶锥角 φ (图 11-6)在 10°～12°之间，效果比较好。故由图 11-6 可得

$$l = \frac{d_2 - d_{\min}}{2\tan\frac{\varphi}{2}}$$

例题 11-2 作喷管的设计计算。已知喷管入口工质状态 $p_1=500\ \mathrm{kPa}$，$T_1=427℃$，质量流量 $\dot{m}=1.2\ \mathrm{kg/s}$。工质是空气，$v_{cr}=0.528$，$c_p=1.0045\ \mathrm{kJ/(kg\cdot K)}$，初速度可以忽略不计。试分别在 $p_b=300\ \mathrm{kPa}$ 和 $p_b=100\ \mathrm{kPa}$ 情况下，选择喷管的形状和计算喷管的截面积。

解：(1) $p_b=300\ \mathrm{kPa}$

首先要确定气流的速度范围以便选择喷管的形状，为此必须计算临界压力 p_{cr}，即

$$p_{cr}=p_1\nu_{cr}=500\times0.528\ \mathrm{kPa}=264\ \mathrm{kPa}$$

可见 $p_b>p_{cr}$，所以充分膨胀到 p_b 也未能达到当地声速。因此，气流属于亚声速流动，为使气流得到理想加速，必须采用渐缩喷管且 $p_2=p_b$。

渐缩喷管只需计算出口截面积。为此要计算出口截面的参数

$$v_2=v_1\left(\frac{p_1}{p_2}\right)^{\frac{1}{k}}=\frac{RT_1}{p_1}\left(\frac{p_1}{p_2}\right)^{\frac{1}{k}}$$

$$=\frac{287\times700}{500\times10^3}\times\left(\frac{500}{300}\right)^{\frac{1}{1.4}}\ \mathrm{m^3/kg}=0.579\ \mathrm{m^3/kg}$$

$$T_2=\frac{p_2v_2}{R}=\frac{300\times10^3\times0.579}{287}\ \mathrm{K}=605\ \mathrm{K}$$

$$c_2=1.414\sqrt{c_p(T_1-T_2)}$$

$$=1.414\times\sqrt{1004.5\times(700-605)}\ \mathrm{m/s}$$

$$=436.8\ \mathrm{m/s}$$

依照式(11-33)，可得

$$A_2=\frac{\dot{m}v_2}{c_2}=\frac{1.2\times0.579}{436.8}\ \mathrm{m^2}=15.9\ \mathrm{cm^2}$$

(2) $p_b=100\ \mathrm{kPa}$

此时 $p_b<p_{cr}$，充分膨胀到 p_b(即 $p_2=p_b$)，气流可以由亚声速经声速到达超声速，因此选用缩放喷管。

缩放喷管必须计算最小截面积和出口截面积。为此计算临界截面的参数

$$v_{cr}=\frac{RT_1}{p_1}\left(\frac{p_1}{p_{cr}}\right)^{\frac{1}{k}}=\frac{287\times700}{500\times10^3}\times\left(\frac{500}{264}\right)^{\frac{1}{1.4}}\ \mathrm{m^3/kg}=0.634\ \mathrm{m^3/kg}$$

$$T_{cr}=\frac{p_{cr}v_{cr}}{R}=\frac{264\times10^3\times0.634}{287}\ \mathrm{K}=583\ \mathrm{K}$$

$$c_{cr}=1.414\sqrt{c_p(T_1-T_{cr})}$$

$$=1.414\times\sqrt{1004.5\times(700-583)}\ \mathrm{m/s}=484.7\ \mathrm{m/s}$$

那么最小截面积为

$$A_{\min}=\frac{\dot{m}v_{cr}}{c_{cr}}=\frac{1.2\times0.634}{484.7}\ \mathrm{m^2}=15.7\ \mathrm{cm^2}$$

计算出口截面参数

$$v_2=\frac{RT_1}{p_1}\left(\frac{p_1}{p_2}\right)^{\frac{1}{k}}=\frac{287\times 700}{500\times 10^3}\times\left(\frac{500}{100}\right)^{\frac{1}{1.4}}\ \mathrm{m^3/kg}$$

$$=1.268\ \mathrm{m^3/kg}$$

$$T_2=T_1\left(\frac{p_2}{p_1}\right)^{\frac{k-1}{k}}=700\times\left(\frac{100}{500}\right)^{\frac{1.4-1}{1.4}}\ \mathrm{K}=442\ \mathrm{K}$$

$$c_2=1.414\sqrt{c_p(T_1-T_2)}$$

$$=1.414\times\sqrt{1\,004.5\times(700-442)}\ \mathrm{m/s}$$

$$=719\ \mathrm{m/s}$$

由上述参数可得出口截面积 A_2，即

$$A_2=\frac{\dot{m}v_2}{c_2}=\frac{1.2\times 1.268}{719}\ \mathrm{m^2}=21.2\ \mathrm{cm^2}$$

11-4-2　喷管的校核计算

校核计算的任务是，对工作在非设计工况的已有喷管进行流量和出口速度的计算。

质量流量的计算，依照式(11-33)有

$$\dot{m}=\frac{Ac}{v}$$

式中，A，c，v 可以是任意一个截面的数值。通常选取最小截面上的这些数值，对缩放喷管也可选取出口截面上的这些数值。喷管截面积 A 是已知的，c 可以按 $c=1.414\sqrt{h_1-h}$ 计算，v 可按 $p_1v_1^k=pv^k$ 计算或查图表取得。

为了揭示喷管中流量随初、终状态变化的关系，把流量公式作进一步推导。将式(11-24)及 $\frac{1}{v_2}=\frac{1}{v_1}\left(\frac{p_2}{p_1}\right)^{\frac{1}{k}}$ 的关系代入流量公式，可得

$$\dot{m}=\frac{A_2c_2}{v_2}=A_2\sqrt{\frac{2k}{k-1}p_1v_1\left[1-\left(\frac{p_2}{p_1}\right)^{\frac{k-1}{k}}\right]}\ \frac{1}{v_1}\left(\frac{p_2}{p_1}\right)^{\frac{1}{k}}$$

整理后得

$$\dot{m}=A_2\sqrt{\frac{2k}{k-1}\frac{p_1}{v_1}\left[\left(\frac{p_2}{p_1}\right)^{\frac{2}{k}}-\left(\frac{p_2}{p_1}\right)^{\frac{k+1}{k}}\right]} \tag{11-34}$$

上式表明，当初参数 p_1，v_1 以及喷管出口截面积 A_2 保持恒定时，流量仅依 p_2/p_1 而变化。当 $p_2/p_1=1$ 时，$\dot{m}=0$；当 $p_2/p_1=0$ 时，$\dot{m}=0$。可见 p_2/p_1 从 1 变化到零过程中，$\dot{m}$ 有一个极大值。这个极大值可以从 $\frac{\partial\dot{m}}{\partial\left(\frac{p_2}{p_1}\right)}=0$ 求得。发现当 $\frac{p_2}{p_1}=\left(\frac{2}{k+1}\right)^{\frac{k}{k-1}}=\nu_{cr}$ 时，流量 $\dot{m}$ 达到最大值。如图 11-7 所示，从 $\frac{p_2}{p_1}=1$ 变化到临界压力比 ν_{cr}，流量变化以实线表示；从 ν_{cr} 变化到 $\frac{p_2}{p_1}=0$，流量变化以虚线表示，用以表明这个流量变化实际上是不存在的，这一段曲线

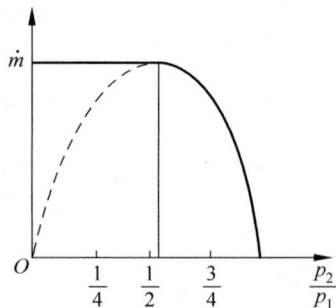

是由式(11-33)计算而得到的。事实上,当$\frac{p_2}{p_1}=\nu_{cr}$继续降低时,流量$\dot{m}$将保持不变且为$\dot{m}_{max}$。如图11-7中的水平实线所示。这是因为在喷管的最小截面积上,只要压力降至临界压力p_{cr},则其比容为临界比容v_{cr},流速为临界速度c_{cr},即当地的声速a_{cr}。此后不管气流在渐扩部分中如何继续膨胀,$\frac{p_2}{p_1}$如何继续下降,都不能影响喷管最小截面上的参数,所以喷管中流量为$\dot{m}_{max}=\frac{A_{min}c_{cr}}{v_{cr}}$且不再随$\frac{p_2}{p_1}$的下降而变化。这里的叙述限于喷管中的流动是可逆过程,即喷管的截面形状能充分满足过程的需要且不存在任何能量的不可逆损失。

图 11-7　流量与压力关系

只要喷管的背压力$p_b<p_{cr}$,喷管中气流的流量就可以达到最大值$\dot{m}_{max}$,其关系式为

$$\dot{m}_{max}=A_{min}\sqrt{2\frac{k}{k+1}\left(\frac{2}{k+1}\right)^{\frac{2}{k-1}}\frac{p_1}{v_1}} \tag{11-35}$$

如果$p_b>p_{cr}$,$\dot{m}$按式(11-34)计算,此时$p_2=p_b$,A_2实际上是渐缩喷管的出口截面积。

喷管出口速度c_2按下式计算:

$$c_2=\frac{\dot{m}v_2}{A_2} \tag{11-36}$$

式中,$\dot{m}$已由计算求得;A_2为已知的;v_2可由初、终状态及过程关系求得。

例题 11-3　已有一渐缩喷管,其出口截面积为20 cm^2,让此喷管工作在$p_1=2.5$ MPa,$T_1=500$℃,背压力$p_b=1.0$ MPa的情况下,以空气为工质,$\nu_{cr}=0.528$,$k=1.4$,$c_p=1.0045$ kJ/(kg·K)。喷管的入口速度可以忽略不计,试求该喷管的出口截面速度和质量流量。

解:首先确定喷管出口截面的压力p_2。从已知条件可得

$$p_{cr}=p_1\nu_{cr}=2.5\times0.528\ \text{MPa}=1.32\ \text{MPa}$$

由此可见$p_{cr}>p_b$。空气在渐缩喷管中膨胀降压,至多只能降到临界压力p_{cr},所以$p_2=p_{cr}$,而不可能膨胀到p_b,即$p_2=1.32$ MPa。

计算喷管出口截面的其他参数:

$$v_2=\frac{RT_1}{p_1}\left(\frac{p_1}{p_2}\right)^{\frac{1}{k}}=\frac{287\times773}{25\times10^5}\times\left(\frac{25}{13.2}\right)^{\frac{1}{1.4}}\ \text{m}^3/\text{kg}=0.14\ \text{m}^3/\text{kg}$$

$$T_2=T_1\left(\frac{p_2}{p_1}\right)^{\frac{k-1}{k}}=773\times\left(\frac{13.2}{25}\right)^{\frac{1.4-1}{1.4}}\ \text{K}=644\ \text{K}$$

$$\begin{aligned}c_2&=1.414\sqrt{c_p(T_1-T_2)}\\&=1.414\times\sqrt{1004.5\times(773-644)}\ \text{m/s}=509\ \text{m/s}\end{aligned}$$

依照式(11-33)可得

$$\dot{m}=\frac{A_2c_2}{v_2}=\frac{0.002\times509}{0.14}\ \text{kg/s}=7.27\ \text{kg/s}$$

11-5　有摩擦阻力的绝热流动

11-4 节的讨论都是指无耗散效应的理想情况。实际上，工质在喷管中的流动存在着工质内部摩擦以及工质与喷管之间的摩擦。由于摩擦使一部分动能重新转化为热能而为工质所吸收，这就造成不可逆的熵增，相应地使动能减少，出口流速变小。工质向外界的散热仍然可以忽略不计，而气体在喷管中的流动已是不可逆的绝热过程了。由能量方程

$$h_1+\frac{1}{2}c_1^2=h_2+\frac{1}{2}c_2^2$$

可知，出口动能的减少将引起出口焓的增加。

工程上常用经验系数来考虑由于摩阻等不可逆因素造成的能量损失。这里引进速度系数 φ 或能量损失系数 ζ 来表示气流在出口截面处速度的下降和动能的减少，即

$$\varphi=\frac{c_{2'}}{c_2} \tag{11-37}$$

式中，$c_{2'}$ 为喷管出口的实际流速，c_2 为理想流速。

$$\zeta=\frac{\text{损失的动能}}{\text{理想动能}}=\frac{c_2^2-c_{2'}^2}{c_2^2}=1-\varphi^2 \tag{11-38}$$

速度系数为一经验数值，依喷管型式、材料及加工精度而定，一般在 0.92～0.98 之间。渐缩喷管的速度系数较大，缩放喷管则较小，这是因为超声速气流的摩擦损耗大。

工程上常先按理想情况求出出口速度 c_2，然后再根据估定的 φ 值求得 $c_{2'}$，即

$$c_{2'}=\varphi c_2=1.414\varphi\sqrt{h_1-h_2} \tag{11-39}$$

由能量方程得到的式(11-21)同样适用于气体在喷管中的不可逆绝热流动，故有

$$c_{2'}=1.414\varphi\sqrt{h_1-h_{2'}} \tag{11-40}$$

式中，$h_{2'}$ 是喷管出口截面实际的焓值，可以通过实测的 p_2 和 $t_{2'}$ 来求得；也可以由选定的动能损失系数 ζ（或速度系数 φ）和理想情况的焓值求得，即

$$h_{2'}=h_2+\zeta(h_1-h_2)=h_1-\varphi^2(h_1-h_2) \tag{11-41}$$

从 p_2 和 $h_{2'}$ 即可确定喷管出口处气流的实际状态点 $2'$，进而求得 $t_{2'}$ 和 $v_{2'}$。那么喷管出口截面的各种参数也就可以求得。

对于理想气体，有摩阻的绝热流动过程表示在 T-s 图上为虚线 $1—2'$，因为不可逆过程只能以虚线示意，参见图 11-8。理想过程的动能增加相当于面积 S_{51375}。实际过程的动能增加相当于图上面积 $S_{512''65}$，两者相比可见动能的损失相当于图上面积 $S_{42'254}$。这里利用了理想气体的焓仅是温度的函数这个特性，即定温线上的焓值都相等的特性，故有 $h_{2'}=h_{2''}$，$h_2=h_3$，那么 $h_1-h_2=h_1-h_3$，$h_1-h_{2'}=h_1-h_{2''}$。而 h_1-h_3 和 $h_1-h_{2''}$ 都是定压过程的焓差，分别为各自过程与外界交换的热量，所以可以用面积表示在 T-s 图上。

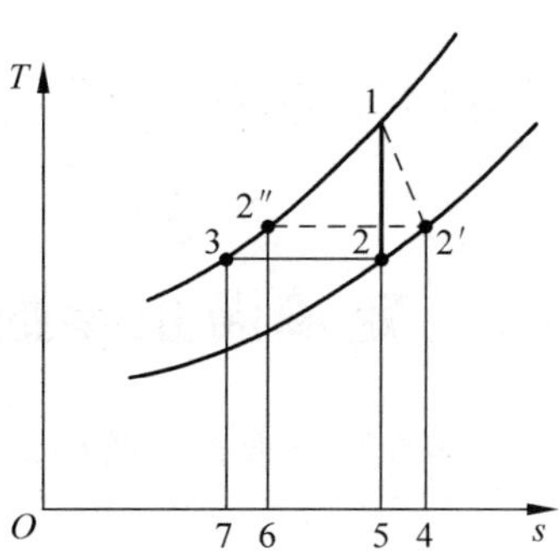

图 11-8　理想气体绝热流动过程

对于水蒸气，利用 h-s 图表示有摩阻绝热流动过程与理想过程的比较更为方便。参见图 11-9。有摩阻的不可逆过程同样只能以虚线 1—2′表示。动能的损失也可以用 T-s 图加以表示，如图 11-10 所示，以虚线 1—2′表示不可逆的实际过程。由于摩阻导致动能的损失相当于图上面积 $S_{32'243}$。

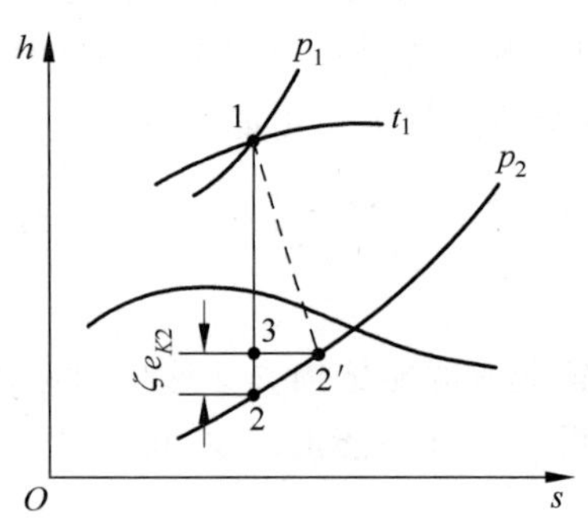

图 11-9　水蒸气绝热流动过程 h-s 图

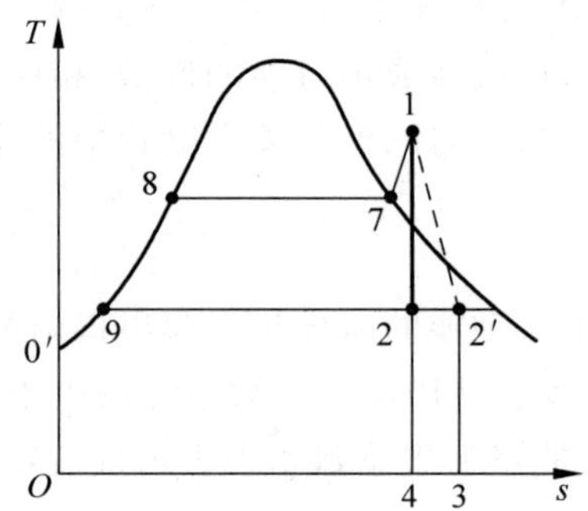

图 11-10　水蒸气绝热流动过程 T-s 图

例题 11-4　如果利用例题 11-3 渐缩喷管的工作状态，即 $p_1=2.5\ \mathrm{MPa}$，$t_1=500℃$，$p_2=1.32\ \mathrm{MPa}$ 以及计算所得的结果，而现在的过程是有摩阻的不可逆过程，其速度系数为 0.95。试求喷管出口截面的实际参数及喷管中气流的实际流量 $\dot{m}'$。

解：从式(11-37)可以求得喷管出口的实际速度 $c_{2'}$，即

$$c_{2'}=\varphi c_2=0.95\times 509\ \mathrm{m/s}=483.6\ \mathrm{m/s}$$

由式(11-40)可得

$$T_{2'}=T_1-\frac{1}{2c_p}c_{2'}^2=\left[773-\frac{483.6^2}{2\times 1\,004.5}\right]\ \mathrm{K}=657\ \mathrm{K}$$

由理想气体状态方程式得

$$v_2'=\frac{RT_{2'}}{p_2}=\frac{287\times 657}{13.2\times 10^5}\ \mathrm{m^3/kg}=0.142\,8\ \mathrm{m^3/kg}$$

那么喷管中气流的实际流量 $\dot{m}'$ 为

$$\dot{m}'=\frac{A_2c_{2'}}{v_{2'}}=\frac{0.002\times 483.6}{0.142\,8}\ \mathrm{kg/s}=6.77\ \mathrm{kg/s}$$

与理想过程相比较，气流的出口速度降低了，流量小了，而出口气流温度上升了、比容也大了。

11-6　定熵滞止参数

气体在喷管或扩压管中的绝热稳定流动，能量方程式是

$$h_1+\frac{1}{2}c_1^2=h_2+\frac{1}{2}c_2^2=h+\frac{1}{2}c^2=\text{定值}$$

前面已指出，上式表明在喷管或扩压管的任何截面上气流的焓与动能的总和为定值，即**总焓**或**滞止焓**为定值，用 h^* 表示，即

$$h^{*}=h+\frac{1}{2}c^{2} \tag{11-42}$$

滞止焓是气流在绝热过程中完全滞止时所具有的焓，如通过扩压管使气流完全滞止时所具有的焓。绝热滞止过程与气流被绝热压缩一样，气流的压力和温度也随着升高。对于定熵滞止过程，最后可以得到最高的温度和压力，这个温度和压力叫作**滞止温度**和**滞止压力**，分别用 T^{*} 和 p^{*} 表示。这时的参数也可统称为滞止参数。

从式(11-42)可得

$$h^{*}-h=\frac{c^{2}}{2}$$

对于理想气体有

$$c_{p}(T^{*}-T)=\frac{c^{2}}{2}$$

从上式可得滞止温度 T^{*}，即

$$T^{*}=T+\frac{c^{2}}{2c_{p}} \tag{11-43}$$

由滞止温度可以算得滞止压力 p^{*} 和滞止比容 v^{*} 等滞止参数，即

$$p^{*}=p\left(\frac{T^{*}}{T}\right)^{\frac{k}{k-1}} \tag{11-44}$$

$$v^{*}=v\left(\frac{T}{T^{*}}\right)^{\frac{1}{k-1}} \tag{11-45a}$$

或

$$v^{*}=\frac{RT^{*}}{p^{*}} \tag{11-45b}$$

对式(11-32)作进一步演化，并同时将 $c_{p}=\frac{kR}{(k-1)}$，$a=\sqrt{kRT}$ 和 $Ma=\frac{c}{a}$ 引入，则可改写为

$$\frac{T^{*}}{T}=1+\frac{k-1}{2}Ma^{2} \tag{11-46}$$

相应地可得

$$\frac{p^{*}}{p}=\left(\frac{T^{*}}{T}\right)^{\frac{k}{k-1}}=\left(1+\frac{k-2}{2}Ma^{2}\right)^{\frac{k}{k-1}}$$

$$\frac{\rho^{*}}{\rho}=\left(\frac{T^{*}}{T}\right)^{\frac{1}{k-1}}=\left(1+\frac{k-1}{2}Ma^{2}\right)^{\frac{1}{k-1}}$$

$$\frac{a^{*}}{a}=\left(\frac{T^{*}}{T}\right)^{\frac{1}{2}}=\left(1+\frac{k-2}{2}Ma^{2}\right)^{\frac{1}{2}}$$

由上列关系可知，工质的状态参数与滞止参数的比值是马赫数 Ma 和绝热指数 k 的函数。

在流速不太高时，滞止参数和热力学参数没有多大差别。如对双原子气体，在 $Ma=0.2$ 时，由式(11-44)算出的 T^{*} 仅比 T 约大 0.8%，可忽略这种差别。当流速甚大时，其间的差别就不可忽视。如 $Ma=1$ 时，T^{*} 可比 T 约大 20%；$Ma=3$ 时，T^{*} 可达 T 的 2.8 倍。随着高速流动问题在近代工程中日趋重要，滞止参数的计算就越有实用意义。

对于水蒸气,其滞止参数可方便地从 h-s 图上查得。如图 11-11 所示,点 1 代表流动工质的状态(p_1, t_1),从点 1 向上作垂直线,取线段 0—1,使其长度 $\overline{01}=h^*-h_1=\frac{1}{2}c^2$,则图中点 0 即代表滞止状态点,从该点可以查到 p^*, T^*, v^*。

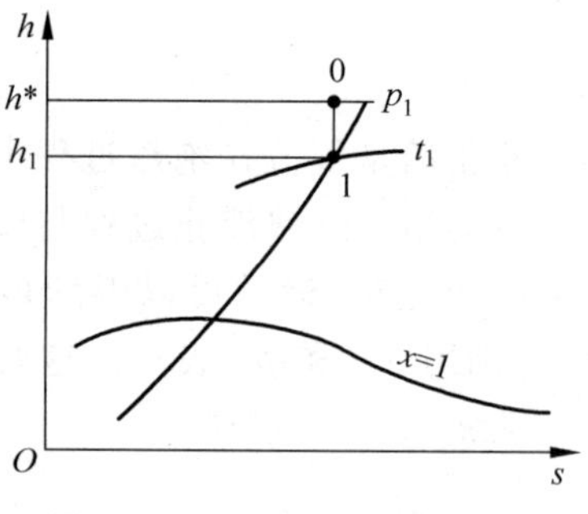

图 11-11 水蒸气的定熵流动

例题 11-5 如同例题 11-3 的情况,但初速度不能忽略不计,且 $c_1=100$ m/s。试计算喷管出口截面上的参数及气流流量。

解:本题可以用考虑 c_1 的方法来计算,也可以用滞止参数的方法计算。这里用后一种方法计算。这样要计算滞止参数,按式(11-43),式(11-44)及式(11-45b)可得

$$T^*=T_1+\frac{c_1^2}{2c_p}=\left(773+\frac{100^2}{2\times 1\,004.5}\right)\ \mathrm{K}=783\ \mathrm{K}$$

$$p^*=p_1\left(\frac{T^*}{T_1}\right)^{\frac{k}{k-1}}=2.5\times\left(\frac{783}{773}\right)^{\frac{1.4}{1.4-1}}\ \mathrm{MPa}=2.62\ \mathrm{MPa}$$

$$v^*=\frac{RT^*}{p^*}=\frac{287\times 783}{26.2\times 10^5}\ \mathrm{m^3/kg}=0.085\,8\ \mathrm{m^3/kg}$$

利用滞止参数,前面叙述过的关系式就可直接引用。

首先确定喷管出口截面压力 p_2。为此必须计算临界压力 p_{cr},临界压力为

$$p_{cr}=p^*\nu_{cr}=2.62\times 0.528\ \mathrm{MPa}=1.38\ \mathrm{MPa}$$

因为 $p_{cr}>p_b$,所以 $p_2=1.38$ MPa。

接着计算喷管出口截面参数:

$$v_2=v^*\left(\frac{p^*}{p_2}\right)^{\frac{1}{k}}=0.085\,8\times\left(\frac{26.2}{13.8}\right)^{\frac{1}{1.4}}\ \mathrm{m^3/kg}=0.136\ \mathrm{m^3/kg}$$

$$T_2=T^*\left(\frac{p_2}{p^*}\right)^{\frac{k-1}{k}}=783\times\left(\frac{13.8}{26.2}\right)^{\frac{1.4-1}{1.4}}\ \mathrm{K}=652\ \mathrm{K}$$

$$\begin{aligned}c_2&=1.414\sqrt{c_p(T^*-T_2)}\\&=1.414\times\sqrt{1\,004.5\times(783-652)}\ \mathrm{m/s}=513\ \mathrm{m/s}\end{aligned}$$

最后依照式 (11-33)计算气流质量流量 $\dot{m}$,即

$$\dot{m}=\frac{A_2c_2}{v_2}=\frac{0.002\times 513}{0.136}\ \mathrm{kg/s}=7.54\ \mathrm{kg/s}$$

思考题

11-1 气体在喷管中加速有力学条件和几何条件之分。两个条件之间的关系如何?哪个条件为主?不满足几何条件会发生什么问题?

11- 2 气体在喷管中流动加速时,为什么会出现要求喷管截面积逐渐扩大的情况?常

见的河流和小溪，遇到流道狭窄处，水流速度会明显上升；很少见到水流速度加快处，会是流道截面积加大的地方，这是为什么？

11-3　当气流速度分别为亚声速和超声速时，图 11-12 中各种形状管道宜于作喷管还是作扩压管？

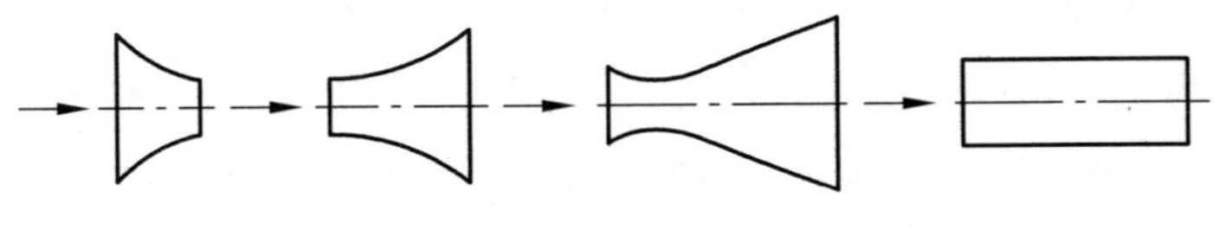

图 11-12　思考题 11-3 图

11-4　如图 11-13 所示，设 $p_1=1.5$ MPa，$p_b=0.1$ MPa，图 11-13(a)为渐缩喷管，图 11-13(b)为缩放喷管。如果沿 $2'$—$2'$截面将尾部切掉，将产生什么影响？出口截面上的压力、流速和质量流量是否发生变化？

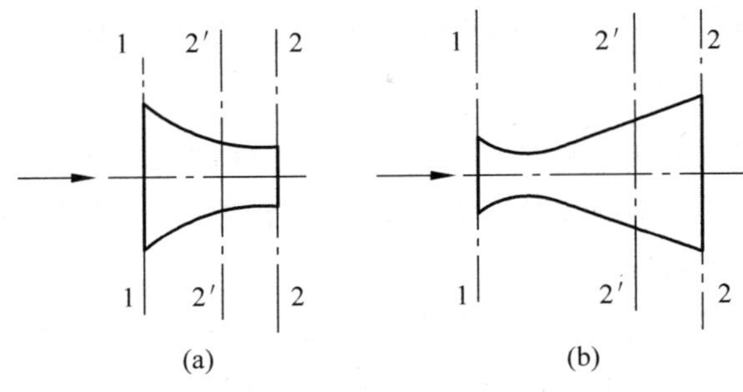

图 11-13　思考题 11-4 图

11-5　什么叫临界压力比？临界压力比在分析气体在喷管中流动情况方面起什么作用？

11-6　什么叫当地声速？马赫数 Ma 表明什么？

11-7　气体在喷管中绝热流动，不管其过程是否可逆，都可以用 $c_2=1.414\sqrt{h_1-h_2}$ 进行计算。这是否说明，可逆过程和不可逆过程所得到的效果相同？或者说不可逆过程会在什么地方表现出能量的损失？

习题

11-1　空气以 2 kg/s 的流率定温地流经水平放置的等截面积(0.02 m^2)的金属管。进口处空气比容为 0.05 m^3/kg，出口处流速为 10.5 m/s。管内空气和管外环境温度相同，均为 293 K。问管内的空气是否与环境发生热量交换？流动过程是否可逆？

11-2　试确定喷管的形状并计算它的出口截面积。工质是可视为空气的燃气，初始状态 $p_1=0.7$ MPa，$t_1=750$℃，背压 $p_b=0.5$ MPa，质量流量 $\dot{m}=0.6$ kg/s。初速度可以忽略不计且不存在摩阻。

11-3　同上题，只是背压改变为 $p_b=0.2$ MPa。

11-4　某渐缩喷管出口截面积为 5 cm^2，进口空气参数为 $p_1=0.6$ MPa，$t_1=580$℃。

问背压为多大时达到最大的质量流量？并计算出 $\dot{m}_{\max}$。

11-5 水蒸气由初态 1.0 MPa，300℃定熵地流经渐缩喷管射入压力 $p_b=0.6$ MPa 的空间。若喷管的出口截面积为 30 cm^2，初速度可以忽略不计，试求喷管出口处蒸汽的压力、温度、流速以及质量流量。

11-6 同上题，p_b 改为 0.3 MPa，喷管的最小截面积为 30 cm^2。

11-7 初态为 1.0 MPa，27℃的氢气在收缩喷管中膨胀到 0.8 MPa。已知喷管的出口截面积为 80 cm^2，若可忽略摩阻损失，试确定气体在喷管中绝热流动和定温流动的质量流量各为多少？假定氢气定压比热容为定值 $c_p=14.32$ kJ/(kg·K)，$k=1.4$。

11-8 空气流经喷管作定熵流动。已知进口截面参数为 $p_1=0.6$ MPa，$t_1=600$℃，$c_1=120$ m/s，出口截面压力 $p_2=0.101\ 35$ MPa，质量流量 $\dot{m}=5$ kg/s。求喷管出口截面上的温度 t_2，比容 v_2，流速 c_2 以及出口截面积 A_2，并分别计算进、出口截面处的当地声速。说明喷管中气体流动的情况。设 $c_p=1.004$ kJ/(kg·K)，$k=1.4$。

11-9 空气流经喷管作定熵流动，已知进口截面空气参数为 $p_1=2$ MPa，$t_1=150$℃，出口截面马赫数 $Ma_2=2.6$，质量流量 $\dot{m}=3$ kg/s。

(1) 求出口截面的压力 p_2，温度 t_2，截面积 A_2 及临界截面积 A_{cr}；

(2) 如果背压 $p_b=1.4$ MPa，喷管出口截面的温度 t_2，马赫数 Ma_2 及面积各为多少？设 $c_p=1.004$ kJ/(kg·K)，$k=1.4$。

11-10 空气流经渐缩喷管作定熵流动。已知进口截面上空气参数为 $p_1=0.6$ MPa，$t_1=700$℃，$c_1=120$ m/s，出口截面积 $A_2=30$ mm^2。试确定滞止参数、临界参数、最大质量流量及达到最大质量流量时的背压为多少。

11-11 氦气从恒定压力 $p_1=0.695$ MPa，温度 $t_1=27$℃的储气罐内流入一喷管。如果喷管效率 $\eta_N=\dfrac{h_1-h_{2'}}{h_1-h_2}=0.89$，求喷管里静压力 $p_2=0.138$ MPa 处的流速为多少？其他条件不变，只是工质由氦气改为空气，其流速变为多少？氦气的 $c_p=5.234$ kJ/(kg·K)，$k=1.667$，空气的 $c_p=1.004$ kJ/(kg·K)，$k=1.4$。

11-12 试以理想气体工质为例，证明在 h-s 图上，两条定压线之间的定熵焓降越向图右上方，数值越大。

11-13 初态为 $p_1=3$ MPa 和 $t_1=300$℃的水蒸气在缩放喷管中绝热膨胀到 $p_2=0.5$ MPa。已知喷管出口蒸汽流速为 800 m/s，质量流量为 14 kg/s。假定摩阻损失仅发生在喷管的渐扩部分，试确定：

(1) 渐扩部分喷管效率；

(2) 喷管出口截面积；

(3) 喷管临界速度(喷管效率定义参见题 11-11)。

11-14 同题 11-5，若流动过程有摩阻损失且速度系数 $\varphi=0.95$，试求：

(1) 出口处蒸汽的压力、温度和速度；

(2) 与无摩阻情况相比动能的损失；

(3) 流动过程的熵增量。

11-15 压力为 0.2 MPa，温度为 40℃的空气流经扩压管升压到 0.24 MPa。试问空气进入扩压管的初速度至少要多大？

11-16 压力为 0.1 MPa，温度为 20℃的空气，分别以 100 m/s，200 m/s，400 m/s 的速度流动。当空气完全滞止时，试求空气的滞止温度、滞止压力。

11-17 空气定熵流经出口截面积为 10 cm^2 的渐缩喷管。初状态 $p_1=2.5$ MPa，$t_1=500$℃，$c_1=177$ m/s，背压 $p_b=1.365$ MPa，试用滞止参数计算出口截面的压力、温度、速度以及质量流量。

第12章 化学热力学基础

CHAPTER 12

前面各章所讨论的内容都只与物理变化有关，不涉及化学变化。实际上，许多热力学问题都包含化学反应，动力工程中最常见的莫过于燃料的燃烧。其他诸如水的化学处理、化工过程以及人体和生物体内热质传递和能量转换也都含有化学反应过程。本章将应用热力学第一定律和热力学第二定律分析经历化学变化的热力学系统，并着重讨论工程热力学中涉及最多的燃烧过程。

12-1 概述

12-1-1 有化学反应的热力系统与平衡

要研究化学反应过程中热与功的转换，同前面一样须选择一个合适的研究对象——热力系统。这个概念与前面并无本质的差别，只是此时热力系统中包含化学反应。它可以是闭口系统，也可以是开口系统，其性质也与前相同。显然，有化学反应的热力系统通常由几种不同物质的混合物组成。有化学反应的热力系统与无化学反应的热力系统的主要差别在于物质种类间的转换。有化学反应时因物质之间的相互作用而使某些物质消失继而产生新的物质，导致系统组成和成分的变化。无化学反应时不发生这种现象，只可能因与外界有质量交换或混合而改变系统的物质组成和成分。后者只要根据质量守恒关系即可确定系统组成或成分变化，而前者要由化学反应关系即化学反应方程式，应用物质各元素的原子数守恒原理来给出变化前后的系统成分和组成变化。例如，氢气与氧气生成水的反应，其化学反应方程式为

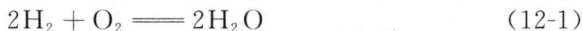

$$2H_2 + O_2 = 2H_2O \tag{12-1}$$

化学反应方程式表示了反应前后氧原子以及氢原子数的守恒关系，而氧气、氢气及水的质量或摩尔数不等，其量的变化要由所发生反应的程度确定。如果反应能进行到使氧气和氢气完全消失时，系统中只有水一种物质；否则为三者的混合物；如没有反应，则系统中只有由氧气和氢气组成的混合物。

式(12-1)中的各物质前面的系数 2，1 和 2 称为**化学计量系数**，对一般的化学反应可表示为

$$aA + bB = cC + dD \tag{12-2}$$

其中，A，B 和 C，D 分别为反应物与生成物；而 a，b 和 c，d 则分别是反应物与生成物的化学计量系数。注意计量系数可以是整数也可以是分数，例如，一氧化碳与氧气燃烧生成二氧化碳的反应可表示成

$$CO + \frac{1}{2}O_2 = CO_2$$

伴有化学反应热力系统的平衡条件，除了满足热与力的平衡外，还要达到化学反应平衡。已经知道，两个互相独立的状态参数可以确定无化学反应时简单可压缩系统的平衡状态，对一个有化学反应的系统，当化学反应达到平衡时，混合物中的成分也是确定的，其平衡状态同样由两个独立的状态参数决定。但化学反应没有达到平衡时，系统仍不能处于稳定状态，因为物质的成分仍在变化。为了确定反应过程中间任意一个状态，除了两个独立状态参数，比如温度和压力外，还必须有表示混合物各成分含量的参数，即还要考虑到反应变化及反应程度，或者说分析化学反应的热力系统，还要考虑由物质结构变化所产生的后果和影响。所以对于有化学反应的系统，要确定其状态，需要两个以上状态参数。

12-1-2　化学反应的基本过程

有化学反应的热力系统既有物理变化（体现为热力学状态参数的变化），又有化学反应带来的物质结构变化。前面各章对物理变化的过程作了深入的讨论，本章将分析两者耦合在一起的热力学问题。上述分析表明，伴有化学反应的热力系统，当描述系统物理性质的状态参数不变时，同样可经历变化过程，即化学反应仍可以进行。定容、定压、定温、绝热及多变过程是物理变化的基本过程。对一个反应系统，有定温定容、定温定压、定容绝热和定压绝热反应四种基本化学过程。作为典型的过程，将对它们进行热力学第一定律和热力学第二定律分析，以了解化学反应热力系统的能量转换关系、过程进行的方向条件及限度。

上述四种基本反应过程是工程技术应用领域中实际反应的抽象与理想化。用于测定固体或液体燃料发热量（或热值）的氧弹量热计中的化学反应便是定温定容过程，测量这一反应过程的放热量以确定燃料发热量，所以有时也称为定容量热计。气体燃料热值则利用定温定压下化学反应过程进行测量，这种量热计即所谓的定压量热计。工程应用中，其他实际燃烧或化学反应一般也可用这四种基本过程近似或简化，例如大型船用低速柴油机气缸里喷油燃烧过程和燃气轮机装置燃烧室燃烧过程都接近于定压绝热过程。

12-2　热力学第一定律在反应系统中的应用

12-2-1　化学反应系统的第一定律表达式

1. 闭口系统

对于有化学反应的闭口系统，热力学第一定律可写成

$$Q = U_P - U_R + W \tag{12-3}$$

式中，Q 为反应过程中系统与外界交换的热量，称为**反应热**，吸热为正，反之为负；W 为反应过程中系统与外界交换的功量。通常只考虑简单可压缩系统，它不涉及其他形式功，比如电磁功等，所以 W 只是容积变化功，对外做功为正；U_R 和 U_P 分别为反应前后系统的总内能，它们是广义内能，即除以前讲述过的由分子动能和分子位能组成的内能外，还应包括化学能。

若系统容积不发生变化，即 $W=0$，式(12-3)演变成

$$Q = U_P - U_R \tag{12-4}$$

定容绝热反应时，与外界热量交换也为零，即 $Q=0$，上式进一步简化为

$$U_P = U_R \tag{12-5}$$

这表明,定容绝热化学反应过程反应前后闭口系统的总内能保持不变。

对于闭口系统定压过程,由热力学第一定律知

$$Q = H_P - H_R \tag{12-6}$$

式中,H_R 和 H_P 分别为反应前后热力系统的总焓。它们也是广义的焓。如果绝热,$Q=0$,上式变为

$$H_P = H_R \tag{12-7}$$

或者说定压绝热反应前后闭口系统的总焓不变。

2. 开口系统

有化学反应的稳态稳定流动开口系统,且忽略由于化学变化引起的其他功时,热力学第一定律可表示成

$$Q = \sum_P H_{out} - \sum_R H_{in} + W_t \tag{12-8}$$

式中,Q 和 W_t 分别为开口系统与外界交换的反应热和技术功。忽略动、位能变化,由第 2 章分析知,技术功等于轴功,即

$$W_t = W_s \tag{12-9}$$

若同时又为定压过程,$W_t=0$,式(12-8)变为

$$Q = \sum_P H_{out} - \sum_R H_{in} \tag{12-10}$$

如果又是绝热过程,则进一步简化为

$$\sum_P H_{out} = \sum_R H_{in} \tag{12-11}$$

即经历定压绝热反应过程时,流入开口系统反应物的总焓与经反应后流出系统的反应产物总焓相等。

12-2-2 化学反应热效应与燃料热值

1. 化学反应热效应

系统经历一个化学反应过程,反应前后温度相等,并且只做容积变化功而无其他形式的功时,1 kmol 主要反应物或生成物所吸收或放出的热量称为**反应热效应**,简称**热效应**。规定系统吸热时热效应为正。

化学反应往往有几种物质参加反应,又有几种不同的新物质生成,这些物质的数量一般并不是 1 kmol,所以热效应习惯上以 1 kmol 主要反应物或生成物作为基准。例如甲烷的燃烧反应

$$CH_4 + 2O_2 = CO_2 + 2H_2O + Q$$

主要反应物通常选定为 CH_4,即 1 kmol CH_4 发生定温反应(或燃烧)时系统与外界交换的热量为该反应的热效应。

根据定义,热效应都是特指定温过程的反应热。当化学反应分别在定压定温和定容定温条件下进行时,相应的热效应分别称为**定压热效应**和**定容热效应**。前者用符号 Q_p 表示,后者用符号 Q_V 表示。由式(12-6)和式(12-4)知道,定压热效应 Q_p 和定容热效应 Q_V 实际

就是生成物与反应物之间的千摩焓差和千摩内能差。显然，热效应既与反应前后物质种类有关，也与反应前后物质所处状态有关，比如同一化学反应在不同温度条件下，系统与外界交换的热量不一样，其热效应值也不同。习惯上选定 101.325 kPa 和 25℃为热化学的**标准状态**[*]。因此，统一规定 101.325 kPa 和 25℃时的定压热效应为**标准定压热效应**，以符号 Q_p° 表示。各种化学反应的标准定压热效应 Q_p° 值可在有关手册或书籍中查到，其中有些生成反应的标准定压热效应值也可参考 12-2-3 节介绍的标准生成焓从表 12-1 中查得。

2. 赫斯定律

由上还可发现，热效应与反应热有所不同，热效应是专指定温反应过程且除容积变化功外无其他形式功时的反应热。反应热是过程量，与反应过程有关；而热效应则为状态量。对于反应前后物质的种类给定时，热效应只取决于反应前后的状态，而与中间经历的反应途径无关，这就是 1840 年发表的**赫斯定律**。在能量守恒定律确立后，赫斯定律成为能量守恒定律的一种必然推论。如图 12-1 所示，系统由初态 A，可以经历中间态 C 和 D 变成 B，也可以经历中间态 E 变成 B，经过两途径各自所产生的热效应之和应相等，即

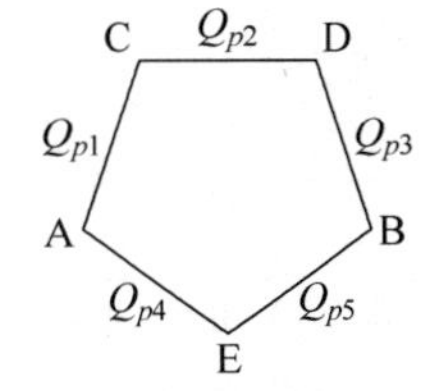

图 12-1　赫斯定律图示

$$Q_{p1}+Q_{p2}+Q_{p3}=Q_{p4}+Q_{p5}$$

根据赫斯定律或热效应是状态量这一性质，我们可利用一些已知反应的热效应计算出某些其他反应，特别是那些难以直接测定的反应的热效应。例如，碳不完全燃烧的反应方程为

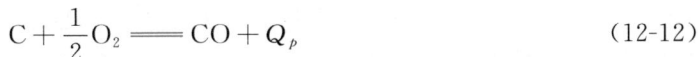

$$C+\frac{1}{2}O_2 = CO+Q_p \tag{12-12}$$

但此反应难于实现，因为燃烧时的生成物不只是 CO，还有 CO_2。这一反应的热效应虽难于实测，但可借助下列两个反应的热效应间接算得

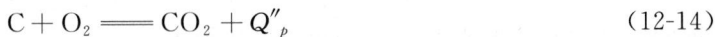

$$CO+\frac{1}{2}O_2 = CO_2+Q'_p \tag{12-13}$$

$$C+O_2 = CO_2+Q''_p \tag{12-14}$$

显然，通过反应过程式(12-12)与式(12-13)的综合，同样可以达到反应方程式(12-14)的效果，根据赫斯定律应有

$$Q_p+Q'_p=Q''_p$$

所以

$$Q_p=Q''_p-Q'_p$$

3. 燃烧热值

1 kmol 燃料完全燃烧时热效应的相反值(负的热效应值)称为燃料的**发热量**或**热值**，用 $[-\Delta H_f]$ 或 $[-\Delta U_f]$ 表示。显然，此时放热为正，例如 CO 与 O_2 在 101.325 kPa，25℃时的完全燃烧反应有

标准定压热效应 $Q_p^\circ=-282\,993$ kJ/kmol CO

标准热值 $[-\Delta H_f^\circ]=-Q_p^\circ=282\,993$ kJ/kmol CO

---

* 本章的“标准状态”均指热化学“标准状态”。

含氢燃料燃烧产物中都有 H_2O,由于反应条件不同,它可能以蒸汽,也可能以液态存在于反应产物中。例如当反应温度低于水蒸气分压力对应的饱和温度时,则蒸汽会凝结成水,以液态形式出现。由于凝结过程中要放出热量,此时系统向外的放热量高于以蒸汽形态存在于产物中的放热量。为区别两种不同情况,引入**高热值**与**低热值**的概念,分别以 $[-\Delta H_f^h]$ 和 $[-\Delta H_f^l]$ 表示。燃烧产物中的 H_2O 为液态时热值中包含水蒸气凝结放出的汽化潜热,热值的数值较高,称为高热值。反之低热值中不包含这一潜热。例如氢气在 101.325 kPa,25℃时燃烧生成 H_2O 的反应,

$$\text{高热值}[-\Delta H_f^h]=285\ 838\ \text{kJ/kmol H}_2$$

$$\text{低热值}[-\Delta H_f^l]=241\ 827\ \text{kJ/kmol H}_2$$

两者之差

$$\begin{aligned}[-\Delta H_f^h]-[-\Delta H_f^l]&=(285\ 838-241\ 827)\ \text{kJ/kmol H}_2\text{O}\\&=44\ 011\ \text{kJ/kmol H}_2\text{O}\end{aligned}$$

正是 25℃时 1 kmol 水蒸气的汽化潜热值。

量热实验测得的热值往往是高热值,而实际燃烧过程都发生在较高温度下,比如炉膛内、燃气轮机装置燃烧室的温度都高达数百摄氏度以上,甚至高于 1 000℃,H_2O 均以气态存在,故燃烧计算都采用低热值。

12-2-3 标准生成焓

式(12-2)所表示的一般化学反应经历定容过程时,能量方程由式(12-4)具体化为

$$Q_V=(cU_{mC}+dU_{mD})-(aU_{mA}+bU_{mB}) \tag{12-15}$$

如果是理想气体的定容化学反应,上式可进一步演化为

$$\begin{aligned}Q_V=&(cH_{mC}+dH_{mD})-(aH_{mA}+bH_{mB})-\\&R_m[(c+d)T_P-(a+b)T_R]\end{aligned} \tag{12-16}$$

对于闭口系统定压反应,式(12-6)可具体写成

$$Q_p=(cH_{mC}+dH_{mD})-(aH_{mA}+bH_{mB}) \tag{12-17}$$

相应地,开口系统表达式(12-10)也可具体化为

$$Q_p=(cH_{mC}+dH_{mD})_{out}-(aH_{mA}+bH_{mB})_{in} \tag{12-18}$$

由此可见,利用上述各式计算分析化学反应过程的能量关系时,必须知道各反应物和生成物的焓、内能等。

前面有关章节中已经介绍了求理想气体、实际工质和理想混合气体热力性质的计算和图表法,第 10 章中又介绍了工质热力性质的一般关系和计算。这些都可以用于化学反应系统反应物和生成物的焓和内能等计算。

但是应当注意的是无化学反应的热力系统中,只需计算不同状态之间焓及内能的变化值,参考基准点并不影响结果。而化学反应系统中,由于有物质的消失和产生,各生成物和反应物焓、内能等热力性质的计算必须统一基准参考点。为方便热力计算,引进**标准生成焓**的概念。取热化学中惯用的标准状态即 101.325 kPa 和 25℃为基准点,规定任何化学单质在此标准状态下焓值为零,由有关单质在此标准状态下发生化学反应生成 1 kmol 化合物所吸收的热量称为该化合物的标准生成焓,用符号 $\bar{h}_f^\circ$ 表示。实际上,这就是有关单

质生成 1 kmol 化合物的标准定压热效应 Q_p°，而且也就是标准状态下每千摩尔该化合物的焓值 H_m°。

例如碳和氧在压力 101.325 kPa，温度 25℃条件下生成 CO_2 的反应即 $C+O_2 \longrightarrow CO_2$，由式(12-17)与标准生成焓的定义，得

$$
\begin{aligned}
(\bar{h}_f^{\circ})_{CO_2} &= Q_p = H_P - H_R \\
&= (H_m^{\circ})_{CO_2} - (H_m^{\circ})_C - (H_m^{\circ})_{O_2}
\end{aligned}
$$

根据上述规定，在标准状态下，$(H_m^{\circ})_C=0$，$(H_m^{\circ})_{O_2}=0$，由实验测得 $Q_p^{\circ}=-393\ 522$ kJ/kmol，所以

$$(\bar{h}_f^{\circ})_{CO_2} = Q_p^{\circ} = (H_m^{\circ})_{CO_2} = -393\ 522 \text{ kJ/kmol}$$

负号表示该反应是放热反应。表 12-1 列出了几种常用化合物的标准生成焓，其他化合物的可从有关书籍和手册中查取。

引入了标准生成焓后，物质在任意温度和压力下的焓可通过标准生成焓来计算。即任意温度和压力下每千摩尔物质的焓 $H_{T,p,m}$ 可表示为

$$H_{T,p,m} = \bar{h}_f^{\circ} + (H_{T,p,m} - \bar{h}_f^{\circ})$$

由于标准生成焓 $\bar{h}_f^{\circ}$ 等于标准状态下该化合物的千摩尔焓值 H_m°，所以上式也可写成

$$
\begin{aligned}
H_{T,p,m} &= \bar{h}_f^{\circ} + (H_{T,p,m} - H_m^{\circ}) \\
&= \bar{h}_f^{\circ} + \Delta H_m
\end{aligned}
\tag{12-19}
$$

式中，ΔH_m 代表任意状态与标准状态之间化合物的千摩尔焓差。理想气体的 ΔH_m 只与温度有关，可利用第 3 章介绍的摩尔热容计算；有些理想气体的 ΔH_m 值可从附表 7 中查得。

利用式(12-19)，可将式(12-17)改写成

$$
\begin{aligned}
Q = {} & c(\Delta H_m)_C + d(\Delta H_m)_D - a(\Delta H_m)_A - b(\Delta H_m)_B + \\
& [c(\bar{h}_f^{\circ})_C + d(\bar{h}_f^{\circ})_D - a(\bar{h}_f^{\circ})_A - b(\bar{h}_f^{\circ})_B] \\
& \text{(定压反应热)}
\end{aligned}
\tag{12-20}
$$

此式是利用标准生成焓计算化学反应定压反应热的一般公式，只要知道有关的标准生成焓及任意状态与标准状态之间的千摩尔焓差，便可计算出定压反应热。若生成物(如 C 与 D)与反应物(如 A 与 B)的温度相同，便可计算任意温度 T 时反应的定压热效应 Q_p。

表 12-1　几种常用化合物的标准生成焓，标准生成吉布斯函数和绝对熵(101.325 kPa，25℃)

物质	分子式	M	物态	$\bar{h}_f^{\circ}$/(kJ/kmol)	$\bar{g}_f^{\circ}$/(kJ/kmol)	$\bar{S}_m^{\circ}$/(kJ/(kmol·K))
一氧化碳	CO	28.011	气	−110 529	−137 182	197.653
二氧化碳	CO_2	44.011	气	−393 522	−394 407	213.795
水	H_2O	18.015	气	−241 827	−228 583	188.833
水	H_2O	18.015	液	−285 838	−237 146	69.940
甲烷	CH_4	16.043	气	−74 873	−50 783	186.256
乙炔	C_2H_2	26.038	气	+226 731	+209 169	200.958
乙烯	C_2H_4	28.054	气	+52 283	+68 142	219.548
乙烷	C_2H_6	30.070	气	−84 667	−32 842	229.602
丙烷	C_3H_8	44.097	气	−103 847	−23 414	270.019

续表

物质	分子式	M	物态	$\bar{h}_f^\circ$/(kJ/kmol)	$\bar{g}_f^\circ$/(kJ/kmol)	S_m°/(kJ/(kmol·K))
正丁烷	C_4H_{10}	58.124	气	−126 148	−17 044	310.227
正辛烷	C_8H_{18}	114.23	气	−208 447	+16 599	466.835
正辛烷	C_8H_{18}	114.23	液	−249 952	+6 713	360.896
碳	C	12.011	固	0	0	5.686

同理,理想气体定容化学反应时的式(12-16)可改写为

$$Q=c(\Delta H_m)_C+d(\Delta H_m)_D-a(\Delta H_m)_A-b(\Delta H_m)_B+$$
$$[c(\bar{h}_f^\circ)_C+d(\bar{h}_f^\circ)_D-a(\bar{h}_f^\circ)_A-b(\bar{h}_f^\circ)_B]-$$
$$R_m[(c+d)T_P-(a+b)T_R]$$
$$(定容反应热) \tag{12-21}$$

利用上式,可计算理想气体进行定容反应时的反应热。若生成物温度 T_P 与反应物温度 T_R 相同,便可计算出该温度时理想气体定容反应的定容热效应 Q_V。

相应地,对于开口系统,式(12-18)可写为

$$Q=[c(\Delta H_m)_C+d(\Delta H_m)_D]_{out}-[a(\Delta H_m)_A+b(\Delta H_m)_B]_{in}+$$
$$[c(\bar{h}_f^\circ)_C+d(\bar{h}_f^\circ)_D]_{out}-[a(\bar{h}_f^\circ)_A+b(\bar{h}_f^\circ)_B]_{in}$$
$$(开口系统定压反应热) \tag{12-22}$$

例题 12-1 试分别用下面两种方法求 H_2O 在 3.5 MPa,300℃时的千摩尔焓值。

(1) 假设 H_2O 为理想气体,其摩尔热容为

$$C_{p,m}=143.05-183.54\left(\frac{T}{100}\right)^{0.25}+$$
$$82.751\left(\frac{T}{100}\right)^{0.5}+3.6989\left(\frac{T}{100}\right),\text{kJ/(kmol·K)}$$

(2) 水蒸气表。

解:无论用什么方法,由式(12-16)都有

$$H_{T,p,m}=\bar{h}_f^\circ+\Delta H_m$$

以下用两种方法计算给定状态与标准状态的千摩尔焓差 ΔH_m,从而得到 $H_{T,p,m}$。

(1) 理想气体

$$\Delta H_m=\int_{298.15}^{573.15}C_{p,m}(T)\mathrm{d}T$$
$$=\int_{298.15}^{573.15}\left[143.05-183.54\left(\frac{T}{100}\right)^{0.25}+82.751\left(\frac{T}{100}\right)^{0.5}+3.6989\left(\frac{T}{100}\right)\right]\mathrm{d}T$$
$$=9\,517\ \text{kJ/kmol}$$

而由表 12-1 查得水蒸气$(\bar{h}_f^\circ)_{H_2O(g)}=-241\,827$ kJ/kmol,所以

$$H_{T,p,m}=(-241\,827+9\,517)\ \text{kJ/kmol}=-232\,310\ \text{kJ/kmol}$$

(2) 水蒸气表

H_2O 在 3.5 MPa,300℃和标准状态下分别为过热蒸汽和过冷水,查表得其焓值分别为 2 975.95 kJ/kg 和 104.87 kJ/kgH_2O,所以:

$$\Delta H_{m} = 18.015 \times (2\,975.95 - 104.87)\ \text{kJ/kmol} = 51\,723\ \text{kJ/kmol}$$

而由表 12-1 查得水$(\bar{h}_f^{\circ})_{H_2O(l)} = -285\,838$ kJ/kmol

所以

$$H_{T,p,m} = (-285\,838 + 51\,723)\ \text{kJ/kmol} = -234\,115\ \text{kJ/kmol}$$

显然,两种不同的方法计算结果相差很小。

引进生成焓的概念对于有化学反应的系统的计算确有方便之处,但非唯一的计算方法。

12-2-4　理想气体反应热效应 Q_p 与 Q_V 的关系

定温定压和定温定容反应过程,其热效应 Q_p 与 Q_V 之差由式(12-6)和式(12-4)得到,即

$$Q_p - Q_V = (H_P - U_P) - (H_R - U_R) \tag{12-23}$$

若是理想气体化学反应,根据理想气体的性质可得,$H_P - U_P = n_P R_m T$,$H_R - U_R = n_R R_m T$,因此上式可简化为

$$Q_p - Q_V = (n_P - n_R) R_m T \tag{12-24}$$

式中,n_R 和 n_P 分别为反应物和生成物的总摩尔数。由式(12-24),已知 Q_p 或 Q_V 中任何一个可求出另一个。

$n_P > n_R$,即反应前后总摩尔数增加,则 $Q_p > Q_V$

$n_P < n_R$,即反应前后总摩尔数减少,则 $Q_p < Q_V$

$n_P = n_R$,即反应前后总摩尔数不变,则 $Q_p = Q_V$

实际上,Q_p 与 Q_V 往往相差很小,例如一氧化碳与氧气在 300 K 下定温燃烧,$Q_p = -282\,761$ kJ/kmol CO,$Q_V = -281\,513$ kJ/kmol CO,两者相差仅为

$$\frac{Q_p - Q_V}{Q_p} \times 100\% = \frac{-282\,761 - (-281\,513)}{-282\,761} \times 100\% \approx 0.4\%$$

12-3　化学反应过程的热力学第一定律分析

本节我们以燃烧过程为对象,举例说明应用热力学第一定律具体分析化学反应系统的过程特性,深化理解基本概念,掌握基础知识。

12-3-1　燃料热值计算

例题 12-2　计算 CH_4 在 101.325 kPa,25℃下完全燃烧时的低热值$[-\Delta H_f^l]$。

解:化学反应式

$$CH_4 + 2O_2 = 2H_2O(g) + CO_2$$

根据式(12-6)且标准状态下 $\Delta H_m = 0$,

$$Q_p^{\circ} = H_P - H_R$$

$$=2(\bar{h}_f^\circ)_{H_2O(g)}+(\bar{h}_f^\circ)_{CO_2}-(\bar{h}_f^\circ)_{CH_4}-2(\bar{h}_f^\circ)_{O_2}$$

$$=[2\times(-241\ 827)+(-393\ 522)-(-74\ 873)-2\times 0]\ \text{kJ/kmol}\ CH_4$$

$$=-802\ 303\ \text{kJ/kmol}\ CH_4$$

$$[-\Delta H_f^l]=-Q_p^\circ=802\ 303\ \text{kJ/kmol}\ CH_4$$

例题 12-3 按下面几种情况分别计算 1 kmol 和 1 kg 丙烷(C_3H_8)在 101.325 kPa,25℃时的热值(已知丙烷汽化潜热为 370 kJ/kg):

(1) 液态 C_3H_8 和液态 H_2O;

(2) 液态 C_3H_8 和气态 H_2O;

(3) 气态 C_3H_8 和液态 H_2O;

(4) 气态 C_3H_8 和气态 H_2O。

解:反应式为

$$C_3H_8+5O_2 = 3CO_2+4H_2O$$

查表 12-1,$(\bar{h}_f^\circ)_{C_3H_8(g)}=-103\ 847\ \text{kJ/kmol}$

$$(\bar{h}_f^\circ)_{C_3H_8(l)}=(-103\ 847-44.097\times 370)\ \text{kJ/kmol}$$

$$=-120\ 163\ \text{kJ/kmol}$$

(1) 液态 C_3H_8 和液态 H_2O:

$$Q_p^\circ=H_P-H_R=3(\bar{h}_f^\circ)_{CO_2}+4(\bar{h}_f^\circ)_{H_2O(l)}-(\bar{h}_f^\circ)_{C_3H_8(l)}$$

$$=[3\times(-393\ 522)+4\times(-285\ 838)-(-120\ 163)]\ \text{kJ/kmol}$$

$$=-2\ 203\ 755\ \text{kJ/kmol}=-\frac{2\ 203\ 755\ \text{kJ/kmol}}{44.097\ \text{kg/kmol}}=-49\ 975\ \text{kJ/kg}$$

液态 C_3H_8 的高热值

$$[-\Delta H_f^h]_{C_3H_8(l)}=2\ 203\ 755\ \text{kJ/kmol}=49\ 975\ \text{kJ/kg}$$

(2) 液态 C_3H_8 和气态 H_2O:

$$Q_p^\circ=H_P-H_R=3(\bar{h}_f^\circ)_{CO_2}+4(\bar{h}_f^\circ)_{H_2O(g)}-(\bar{h}_f^\circ)_{C_3H_8(l)}$$

$$=[3\times(-393\ 522)+4\times(-241\ 827)-(-120\ 163)]\ \text{kJ/kmol}$$

$$=-2\ 027\ 711\ \text{kJ/kmol}=-\frac{2\ 027\ 711\ \text{kJ/kmol}}{44.097\ \text{kg/kmol}}=-45\ 983\ \text{kJ/kg}$$

液态 C_3H_8 的低热值

$$[-\Delta H_f^l]_{C_3H_8(l)}=2\ 027\ 711\ \text{kJ/kmol}=45\ 983\ \text{kJ/kg}$$

(3) 气态 C_3H_8 和液态 H_2O:

$$Q_p^\circ=H_P-H_R=3(\bar{h}_f^\circ)_{CO_2}+4(\bar{h}_f^\circ)_{H_2O(l)}-(\bar{h}_f^\circ)_{C_3H_8(g)}$$

$$=[3\times(-393\ 522)+4\times(-285\ 838)-(-10\ 384)]\ \text{kJ/kmol}$$

$$=-2\ 220\ 071\ \text{kJ/kmol}=-\frac{2\ 220\ 071\ \text{kJ/kmol}}{44.097\ \text{kg/kmol}}=-50\ 345\ \text{kJ/kg}$$

气态 C_3H_8 的高热值

$$[-\Delta H_f^h]_{C_3H_8(g)}=2\ 220\ 071\ \text{kJ/kmol}=50\ 345\ \text{kJ/kg}$$

(4) 气态 C_3H_8 和气态 H_2O：

$$Q_p^\circ = H_P - H_R = 3(\bar{h}_f^\circ)_{CO_2} + 4(\bar{h}_f^\circ)_{H_2O(g)} - (\bar{h}_f^\circ)_{C_3H_8(g)}$$
$$= [3\times(-393\ 522) + 4\times(-241\ 827) - (-103\ 847)]\ \text{kJ/kmol}$$
$$= -2\ 044\ 027\ \text{kJ/kmol} = -\frac{2\ 044\ 027\ \text{kJ/kmol}}{44.097\ \text{kg/kmol}} = -46\ 353\ \text{kJ/kg}$$

气态 C_3H_8 的低热值

$$[-\Delta H_f^l]_{C_3H_8(g)} = 2\ 044\ 027\ \text{kJ/kmol} = 46\ 353\ \text{kJ/kg}$$

例题 12-4 计算气态丙烷在 500 K,0.1 MPa 时的热值。已知 25℃到 500 K 间丙烷平均定压比热容为 2.1 kJ/(kg·K),$(\Delta H_m)_{O_2} = 6\ 088$ kJ/kmol,$(\Delta H_m)_{CO_2} = 8\ 314$ kJ/kmol,$(\Delta H_m)_{H_2O(g)} = 6\ 920$ kJ/kmol。

解：在气态条件下的燃烧反应,燃烧产物中 H_2O 必然以气态形式存在,热值也为低热值。

反应式

$$C_3H_8(g) + 5O_2 = 3CO_2 + 4H_2O(g)$$
$$Q_p = H_P - H_R$$
$$= 3[\bar{h}_f^\circ + \Delta H_m]_{CO_2} + 4[\bar{h}_f^\circ + \Delta H_m]_{H_2O(g)} -$$
$$[\bar{h}_f^\circ + \Delta H_m]_{C_3H_8(g)} - 5[\bar{h}_f^\circ + \Delta H_m]_{O_2}$$
$$= \{3\times(-393\ 522 + 8\ 314) + 4\times(-241\ 827 + 6\ 920) -$$
$$[-103\ 847 + 2.1\times 44.097\times(500 - 298.15)] - 5\times 6\ 088\}\ \text{kJ/kmol}$$
$$= -2\ 040\ 532\ \text{kJ/kmol} = -\frac{2\ 040\ 532\ \text{kJ/kmol}}{44.097\ \text{kg/kmol}} = -46\ 274\ \text{kJ/kg}$$

低热值

$$[-\Delta H_f^l] = 2\ 040\ 532\ \text{kJ/kmol} = 46\ 274\ \text{kJ/kg}$$

12-3-2 燃烧过程放热量计算

实际燃烧过程,燃料与空气中的氧发生反应而不是与纯氧反应。空气中的氮气和其他气体虽然不参加化学反应,却以与氧气同样的温度进入燃烧室,并以与燃烧产物相同的温度离开,故会影响燃烧过程的能量交换。不仅如此,为使燃料完全燃烧往往向燃烧室提供比理论配比更多的空气,以保证有足够的氧气能与燃料充分反应。这些过量空气中的氮气等,以及额外增加的氧气也会对燃烧过程产生影响,尽管它们实际上没有参加反应。通常把完全燃烧反应理论上需要的空气,或者说完全燃烧反应配比所需氧气相对应的空气称为**理论空气量**；超出理论空气量的部分称为过量空气；实际空气量与理论空气量之比定义为**过量空气系数**。

例题 12-5 1 kmol 的乙烯(C_2H_4)气体与 3 kmol 的氧气在 25℃的刚性封闭容器中燃烧,通过向外散热将燃烧产物冷却至 600 K,求系统向外的传热量。

解：以封闭容器为研究对象,属闭口系统。反应物温度 $T_R = (25 + 273.15)$ K $= 298.15$ K。生成物温度 T_P 为 600 K。设参与反应的气体均可按理想气体处理,经历过程为定容过程。该反应的化学反应方程式为

$$C_2H_4 + 3O_2 = 2CO_2 + 2H_2O(g)$$

根据热力学第一定律的表达式(12-21),有

$$Q = \sum_P n(\bar{h}_f^\circ + \Delta H_m - R_m T) - \sum_R n(\bar{h}_f^\circ + \Delta H_m - R_m T)$$

由表 12-1 查得

$$(\bar{h}_f^\circ)_{C_2H_4} = 52\,283\ \text{kJ/kmol}$$

$$(\bar{h}_f^\circ)_{H_2O(g)} = -241\,827\ \text{kJ/kmol}$$

$$(\bar{h}_f^\circ)_{CO_2} = -393\,522\ \text{kJ/kmol}$$

$$(\bar{h}_f^\circ)_{O_2} = 0\ \text{kJ/kmol}$$

由附表 7 可以查得 298.15 K 到 600 K 时

$$(\Delta H_m)_{CO_2} = 12\,916\ \text{kJ/kmol},\quad (\Delta H_m)_{H_2O(g)} = 10\,498\ \text{kJ/kmol}$$

将上述各数代入上式得

$$\begin{aligned} Q &= 2[\bar{h}_f^\circ + \Delta H_m - R_m T_P]_{CO_2} + \\ &\quad 2[\bar{h}_f^\circ + \Delta H_m - R_m T_P]_{H_2O(g)} - \\ &\quad [\bar{h}_f^\circ - R_m T_R]_{C_2H_4} - 3[\bar{h}_f^\circ - R_m T_R]_{O_2} \\ &= \{[2\times(-393\,522 + 12\,916) + 2\times(-241\,827 + \\ &\quad 10\,498) - 4\times 8.314\,4\times 600] - \\ &\quad (52\,283 - 4\times 8.314\,4\times 298.15)\}\ \text{kJ} \\ &= (-1\,243\,824 - 42\,366)\ \text{kJ} = -1\,286\,190\ \text{kJ} \end{aligned}$$

即系统向外放热 1 286 190 kJ。

例题 12-6 一小型燃气轮机发动机,以 $C_8H_{18}(l)$ 为燃料,进入的空气为 400% 的理论空气量(即过量空气系数为 4),燃料与空气的温度均为 25℃,燃烧产物的温度为 800 K。已知每消耗 1 kmol $C_8H_{18}(l)$ 发动机输出的功为 676 000 kJ。假设完全燃烧,求发动机向外的传热量。已知从 298.15 K 至 800 K 时的 $(\Delta H_m)_{CO_2} = 22\,815$ kJ/kmol,$(\Delta H_m)_{H_2O(g)} = 17\,991$ kJ/kmol,$(\Delta H_m)_{O_2} = 15\,841$ kJ/kmol,$(\Delta H_m)_{N_2} = 15\,046$ kJ/kmol。

解:由于空气中含 21% 氧与 79% 氮,因此每进入 1 kmol 的氧,就相应地有 $\frac{79}{21} = 3.76$ kmol 的氮。

理论空气量时的完全反应方程式为

$$C_8H_{18}(l) + 12.5O_2 + (12.5)(3.76)N_2 = 8CO_2 + 9H_2O + (12.5)(3.76)N_2$$

按题设,过量空气系数为 4 时,则化学反应方程式应为

$$C_8H_{18}(l) + 4(12.5)O_2 + 4(12.5)(3.76)N_2 = 8CO_2 + 9H_2O + 37.5O_2 + 188N_2$$

对于有化学反应的稳定流动开口系统,且忽略由于化学变化引起的其他功时,则按式(12-8)及式(12-19)有

$$Q = \sum_P n_{out}(\bar{h}_f^\circ + \Delta H_m)_{out} - \sum_R n_{in}(\bar{h}_f^\circ + \Delta H_m)_{in} + W_t$$

查表 12-1 得

$$(\bar{h}_f^\circ)_{C_8H_{18}(l)} = -249\ 952\ \text{kJ/kmol}, (\bar{h}_f^\circ)_{O_2} = 0\ \text{kJ/kmol}$$

$$(\bar{h}_f^\circ)_{N_2} = 0\ \text{kJ/kmol}, (\bar{h}_f^\circ)_{CO_2} = -393\ 522\ \text{kJ/kmol}$$

$$(\bar{h}_f^\circ)_{H_2O} = -241\ 827\ \text{kJ/kmol}$$

再代入题中已知的各 ΔH_m 值，则

$$\sum_R n_{in}(\bar{h}_f^\circ + \Delta H_m)_{in} = (\bar{h}_f^\circ)_{C_8H_{18}(l)} = -249\ 952\ \text{kJ/kmol}$$

$$\begin{aligned}\sum_P n_{out}(\bar{h}_f^\circ + \Delta H_m)_{out} &= 8(\bar{h}_f^\circ + \Delta H_m)_{CO_2} + 9(\bar{h}_f^\circ + \Delta H_m)_{H_2O} + \\ &\quad 37.5(\bar{h}_f^\circ + \Delta H_m)_{O_2} + 188(\bar{h}_f^\circ + \Delta H_m)_{N_2} \\ &= [8 \times (-393\ 522 + 22\ 815) + 9 \times (-241\ 827 + 17\ 991) + \\ &\quad 37.5 \times 15\ 841 + 188 \times 15\ 046]\ \text{kJ/kmol}\ C_8H_{18}(l) \\ &= -1\ 557\ 494.5\ \text{kJ/kmol}\ C_8H_{18}(l)\end{aligned}$$

所以
$$\begin{aligned}Q &= \sum_P n_{out}(\bar{h}_f^\circ + \Delta H_m)_{out} - \sum_R n_{in}(\bar{h}_f^\circ + \Delta H_m)_{in} + W_t \\ &= [-1\ 557\ 494.5 - (-249\ 952) + 676\ 000]\ \text{kJ/kmol}\ C_8H_{18}(l) \\ &= -631\ 542.5\ \text{kJ/kmol}\ C_8H_{18}(l)\end{aligned}$$

12-3-3 理论燃烧温度

在没有位能和动能变化且对外不做功的系统中进行绝热化学反应时，燃烧所产生的热全部用于加热燃烧产物。如果又是在理论空气量的条件下进行完全绝热反应，则燃烧产物可达到最高温度，此温度称为**理论燃烧温度**。显然，不完全燃烧或过量空气都会使燃烧产物的温度低于理论燃烧温度。

例题 12-7 一氧化碳与理论空气量在标准状态下分别进入燃烧室，在其中经历定压绝热燃烧反应生成二氧化碳，并和空气中的氮气一起排出。试计算燃烧产物的理论燃烧温度。已知 N_2 与 CO_2 从 298.15 K 到 T(K)的 ΔH_m 数据如表 12-2 所示。

表 12-2 例题 12-7 数据

T/K	2 500	2 600	2 700
$(\Delta H_m)_{N_2}$/(kJ/kmol)	74 312	77 973	81 659
$(\Delta H_m)_{CO_2}$/(kJ/kmol)	121 926	128 085	134 256

解：根据题设的完全反应方程式为

$$CO + \frac{1}{2}(O_2 + 3.76N_2) = CO_2 + 1.88N_2$$

由式(12-11)及式(12-19)

$$\sum_R n_{in}(\bar{h}_f^\circ + \Delta H_m)_{in} = \sum_P n_{out}(\bar{h}_f^\circ + \Delta H_m)_{out}$$

即

$$(\bar{h}_f^\circ)_{CO} + 0.5(\bar{h}_f^\circ)_{O_2} + 1.88(\bar{h}_f^\circ)_{N_2} = (\bar{h}_f^\circ + \Delta H_m)_{CO_2} + 1.88(\bar{h}_f^\circ + \Delta H_m)_{N_2}$$

由表 12-1 查得$(\bar{h}_f^\circ)_{CO}=-110\ 529\ kJ/kmol$，$(\bar{h}_f^\circ)_{CO_2}=-393\ 522\ kJ/kmol$，且$(\bar{h}_f^\circ)_{O_2}$与$(\bar{h}_f^\circ)_{N_2}$均为零，代入上式得

$$-110\ 529\ kJ/kmol=-393\ 522\ kJ/kmol+(\Delta H_m)_{CO_2}+1.88(\Delta H_m)_{N_2}$$

为求理论燃烧温度，下面用内插方法计算，先设燃烧产物的温度为 2 600 K，将题给的表中相应$(\Delta H_m)_{N_2}$与$(\Delta H_m)_{CO_2}$值代入，上式等号右边部分的值为

$$(-393\ 522+128\ 085+1.88\times 77\ 973)\ kJ/kmol=-118\ 848\ kJ/kmol\ CO$$

显然比上式等号左边部分的值小。

因此再设燃烧产物温度为 2 700 K，类似地可计算出上式等号右边部分的值为

$$(-393\ 522+134\ 256+1.88\times 81\ 659)\ kJ/kmol=-105\ 747\ kJ/kmol\ CO$$

也不等于上式左边的值，且比左边的值大。

可见燃烧产物温度必介于 2 600 K 与 2 700 K 之间，即

$$\frac{T_P-2\ 600\ K}{2\ 700\ K-2\ 600\ K}=\frac{(-110\ 529)-(-118\ 848)}{(-105\ 747)-(-118\ 848)}$$

解得

$$T_P=2\ 664\ K$$

在分析和计算燃料的燃烧过程时，还常采用以总焓为纵坐标、温度为横坐标的焓-温图，如图 12-2 所示。在绝热反应或$H_P=H_R$的条件下，由于燃烧时放出热量，使得生成物温度T_P高于反应物温度T_R，所以反应物总焓H_R曲线位于生成物总焓H_P曲线之上。

图 12-2 中，定压定温反应时，这两条曲线之间的垂直距离就是该温度下的燃料热值，即$[-\Delta H_f]=H_R-H_P$。若温度为 298.15 K 时，它就是标准热值$[-\Delta H_f^\circ]$。图中$[-\Delta H_0]$是 0 K 时反应物与生成物总焓的差值(H_R-H_P)。

定压绝热反应时，$H_R=H_P$。因此，定焓线与反应物及生成物焓-温曲线的交点所对应的温度分别为反应物温度和生成物温度。

如果将图 12-2 中的纵坐标改为总内能，即内能-温度图(图 12-3)，可类似地用以分析定容定温燃烧过程和定容绝热燃烧过程。图中$[-\Delta U_0]$是 0 K 时反应物与生成物总内能之差值。对于理想气体，由于$[-\Delta H_0]=-\Delta(U_0+P_0V_0)=-\Delta(U_0+nR_mT_0)=[-\Delta U_0]$，因此$[-\Delta U_0]$与$[-\Delta H_0]$相等。

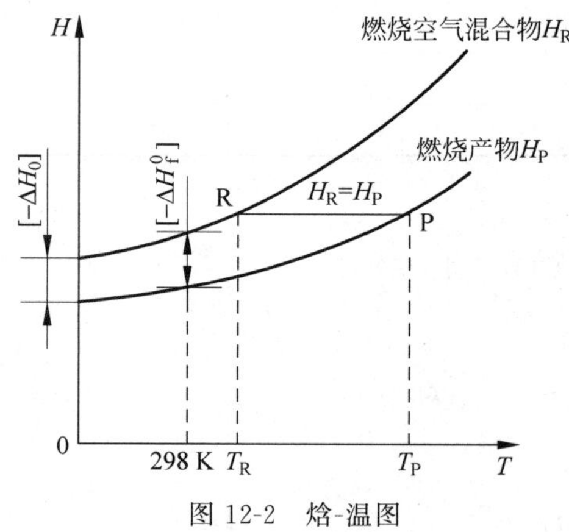

图 12-2　焓-温图

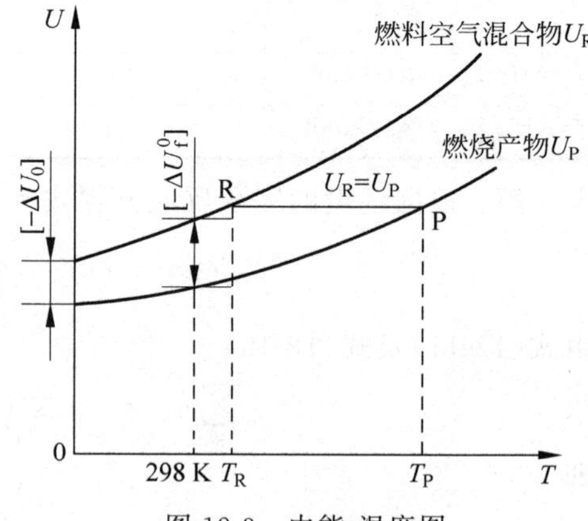

图 12-3　内能-温度图

12-4　化学反应过程的热力学第二定律分析

热力学第一定律揭示了能量转换的守恒关系。热力学第二定律则指出热力过程进行的方向、条件与限度。第1～4章中介绍的一些基本概念，如最大有用功，㶲与做功能力损失等同样也适用于有化学反应的过程。本节将应用热力学第二定律分析化学反应过程的能量转换关系，下一节重点讨论反应的方向与条件。

12-4-1　化学反应过程的最大有用功

稳定流动系统经历化学反应时可能对外做出包括技术功、电功、磁功等的有用功。倘若进行的是可逆反应，则由热力学第二定律可知系统的有用功最大。如果忽略动、位能变化，根据热力学第一定律，此最大有用功为

$$W_{\max} = Q_{\text{rev}} - \Delta H \tag{12-25}$$

而对于化学热力学中常用的定温反应系统，在可逆条件下有

$$\Delta S = \frac{Q_{\text{rev}}}{T} \tag{12-26}$$

将式(12-26)代入式(12-25)得

$$\begin{aligned} W_{\max} &= -(\Delta H - T\Delta S) \\ &= -\Delta(H - TS) = -\Delta G \end{aligned} \tag{12-27}$$

式中，ΔG 为此可逆定温反应过程系统吉布斯函数的变化。上式说明，稳定流动系统进行可逆定温反应过程，系统对外做的最大有用功等于系统吉布斯函数的减少。

针对流入系统的反应物与流出系统的生成物，式(12-27)还可具体表示为

$$W_{\max} = \sum_{\text{R}} n_{\text{in}} G_{\text{m,in}} - \sum_{\text{P}} n_{\text{out}} G_{\text{m,out}} \tag{12-28}$$

式中，G_{m} 代表相应的反应物或生成物的千摩尔吉布斯函数值。

12-4-2　标准生成吉布斯函数

运用式(12-28)计算可逆定温反应过程系统对外做出的最大有用功时，同样存在一个共同基准的问题。倘若不同物质吉布斯函数的起点不同，式中各项不能相加减。为此，采用类似于生成焓的办法解决。

习惯上规定在标准状态(298.15 K，101.325 kPa)时单质的吉布斯函数为零，由有关单质在标准状态下生成1 kmol化合物时生成反应的吉布斯函数变化称为**标准生成吉布斯函数**，以符号 $\bar{g}_{\text{f}}^{\circ}$ 表示。由于单质的吉布斯函数值为零，所以标准生成吉布斯函数在数值上等于1 kmol该化合物在标准状态下的千摩尔吉布斯函数。一些物质的标准生成吉布斯函数已列在表12-1中。

任意状态(T,p)下，物质的千摩尔吉布斯函数 $G_{\text{m}}(T,p)$ 可表示为

$$G_{\text{m}}(T,p) = \bar{g}_{\text{f}}^{\circ} + [G_{\text{m}}(T,p) - \bar{g}_{\text{f}}^{\circ}]$$

由于标准生成吉布斯函数 $\bar{g}_{\text{f}}^{\circ}$ 等于标准状态(298.15 K，101.325 kPa)下该化合物的千摩尔

吉布斯函数 $G_m(298.15\ K, 101.325\ kPa)$，所以上式也可写成

$$G_m(T,p)=\bar{g}_f^\circ+[G_m(T,p)-G_m(298.15\ K, 101.325\ kPa)]$$
$$=\bar{g}_f^\circ+\Delta G_m \tag{12-29}$$

式中，ΔG_m 代表任意状态与标准状态之间化合物的千摩尔吉布斯函数差值。

根据吉布斯函数的定义，ΔG_m 还可展开成下式：

$$\Delta G_m=[H_m(T,p)-H_m(298.15\ K, 101.325\ kPa)]-$$
$$[TS_m(T,p)-298.15\ S_m(298.15\ K, 101.325\ kPa)] \tag{12-30}$$

将式(12-29)与式(12-30)代入式(12-28)，就可得到可逆定温反应过程系统对外做出的最大有用功的展开式

$$W_{max}=\left(\sum_R n_{in}\bar{g}_{f,in}^\circ-\sum_P n_{out}\bar{g}_{f,out}^\circ\right)+$$
$$\sum_R n_{in}\{[H_m(T,p)-H_m(298.15\ K, 101.325\ kPa)]-$$
$$[TS_m(T,p)-298.15\ S_m(298.15\ K, 101.325\ kPa)]\}_{in}-$$
$$\sum_P n_{out}\{[H_m(T,p)-H_m(298.15\ K, 101.325\ kPa)]-$$
$$[TS_m(T,p)-298.15\ S_m(298.15\ K, 101.325\ kPa)]\}_{out} \tag{12-31}$$

式(12-31)中 ΔH_m 部分，对于有些理想气体可直接由附表 7 中查得。而对于其中的 S_m，倘若不同物质 S_m 的起点不同，式中各项 S_m 也不能相加减，为此也必须采用一个共同的基准。为此规定 0 K 时稳定平衡态物质的熵为零。式中的 S_m 都是相对于此基准的，称为**绝对熵**。在 12-6 节中将进一步讨论绝对熵的概念，表 12-1 中列出了部分物质标准状态(298.15 K 和 101.325 kPa)下的绝对熵 S_m° 值。某些理想气体在压力为 101.325 kPa，不同温度 T 时的绝对熵值 $S_m^\circ(T)$ 可由附表 7 查得。

例题 12-8 乙烯气体与 400%理论空气量空气中的氧、氮在燃烧室内进行定温定压反应，压力为 101.325 kPa，温度为 298.15 K。离开燃烧室的产物为 $H_2O(g)$，CO_2，O_2 与 N_2。试确定该反应过程的最大有用功。

解：反应过程按题设应为可逆定温定压过程，如图 12-4 所示。

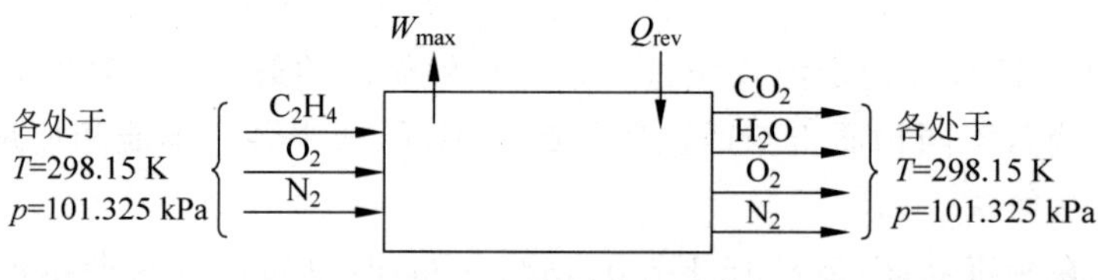

图 12-4 可逆定温定压反应

反应方程式为

$$C_2H_4(g)+(4)(3)O_2+(4)(3)(3.76)N_2 = $$
$$2CO_2+2H_2O(g)+9O_2+45.1N_2$$

由于各反应物与生成物分别处于 298.15 K 与 101.325 kPa 标准状态，相应的 ΔH_m 均为零，而且相应的$[TS_m(T,p)-298.15S_m(298.15\ K, 101.325\ kPa)]$项也均为零，因此式(12-31)简化为

$$W_{max}=(\bar{g}_f^{\circ})_{C_2H_4(g)}+12(\bar{g}_f^{\circ})_{O_2}+12(3.76)(\bar{g}_f^{\circ})_{N_2}-$$
$$2(\bar{g}_f^{\circ})_{CO_2}-2(\bar{g}_f^{\circ})_{H_2O(g)}-9(\bar{g}_f^{\circ})_{O_2}-45.1(\bar{g}_f^{\circ})_{N_2}$$

上式中各单质的 $\bar{g}_f^{\circ}$均已规定为零，故

$$W_{max}=(\bar{g}_f^{\circ})_{C_2H_4(g)}-2(\bar{g}_f^{\circ})_{CO_2}-2(\bar{g}_f^{\circ})_{H_2O(g)}$$

从表 12-1 查得相应的 $\bar{g}_f^{\circ}$值，代入得

$$W_{max}=[68\,142-2\times(-394\,407)-2\times(-228\,583)]\ \text{kJ/kmol}\ C_2H_4(g)$$
$$=1\,314\,122\ \text{kJ/kmol}\ C_2H_4(g)$$

从本例可以发现，只要保证完全燃烧，由于是定温过程，过量空气系数并不影响反应过程的最大有用功。

12-4-3　化学㶲

第 4 章讨论的㶲都是指系统经可逆物理过程达到与环境的温度、压力相平衡的状态（或称物理死态）时所能提供的最大有用功，通常称为**物理㶲**。当系统处于与环境的压力及温度相平衡的物理死态时，其物理㶲为零。但是，如果此系统内物质的组分或成分与环境的组分或成分尚存在不平衡时，仍具有提供最大有用功的能力。系统与环境之间由物理死态经可逆物理（扩散）或化学（反应）过程达到与环境化学平衡时所能提供的那部分最大有用功称为**化学㶲**。

计算化学㶲时，除了要给定环境压力与温度外，还需规定环境的组元与成分。通常取压力 p_0 为 101.325 kPa，温度 T_0 为 298.15 K 的饱和湿空气为环境空气，其组元与成分如表 12-3 所示，规定表中各组元在 T_0 及其分压力 p_i 下的㶲值为零，所以各组元的混合物（即环境空气）的㶲值为零。

但对于标准状态下的纯氧、纯氮、纯 H_2O、纯二氧化碳等来说，由于它们的成分与环境空气中相应气体的成分 x_i°不同，因而它们的㶲值不为零。虽然它们的物理㶲为零，但其化学㶲等于摩尔成分从 $x_i=1$ 变为 x_i°时的㶲值，可按下式计算：

$$E_{xmi}(298.15\ \text{K},101.325\ \text{kPa})-E_{xmi}^{0}(298.15\ \text{K},p_i)$$
$$=[H_{mi}(298.15\ \text{K},101.325\ \text{kPa})-H_{mi}^{0}(298.15\ \text{K},p_i)]-$$
$$T_0[S_{mi}(298.15\ \text{K},101.325\ \text{kPa})-S_{mi}(298.15\ \text{K},p_i)]$$

由于理想气体焓值是温度的单值函数，所以上式等号右边的第一个方括号等于零，且又已规定 $E_{xmi}^{0}(295.15\ \text{K},p_i)$为零，并且上式等号右边的第二个方括号可表示为 $-R_m\ln\dfrac{101.325}{p_i}=R_m\ln x_i^{\circ}$，则

$$E_{xmi}(298.15\ \text{K},101.325\ \text{kPa})=-R_mT_0\ln x_i^{\circ}\qquad(12\text{-}32)$$

N_2，O_2，H_2O，CO_2 等气体的化学㶲已列于表 12-3 中。

表 12-3　标准状态下环境空气各组元成分参数及纯气体的化学㶲

组　元	N_2	O_2	H_2O	CO_2	其他
摩尔成分 x_i°	0.756 0	0.203 4	0.031 2	0.000 3	0.009 1
分压力 p_i/kPa	76.602	20.609	3.161	0.030	0.922
化学㶲 E_{xmi}/(kJ/kmol)	693.26	3 947.72	8 594.90	20 107.51	11 649.16

2021 年 4 月 30 日发布的新国标《能量系统㶲分析技术导则》(GB/T 14909—2021)采取了新的环境组元与成分参考态。取 $p_0=101.325$ kPa,$T_0=298.15$ K 的干空气为环境基准,具体的环境参考态下的大气组成见表 12-4。大家可以尝试用新国标基准进行相应的计算。

表 12-4　环境参考态下的大气组成

物　　质	N_2	O_2	Ar	CO_2	Ne	He
组成(摩尔分数)	0.780 85	0.209 477	0.009 34	0.000 314	1.818×10^{-5}	5.24×10^{-6}

12-4-4　燃料的化学㶲

现在以例题 12-8 中的乙烯气体为例,讨论燃料的化学㶲,参见图 12-4,可列出此反应系统的㶲平衡关系式为

$$E_{xm,C_2H_4(g)}+12E_{xm,O_2}+45.1E_{xm,N_2}$$
$$=W_{max}+2E_{xm,CO_2}+2E_{xm,H_2O(g)}+9E_{xm,O_2}+45.1E_{xm,N_2}$$

或

$$E_{xm,C_2H_4(g)}+3E_{xm,O_2}=W_{max}+2E_{xm,CO_2}+2E_{xm,H_2O(g)}$$

式中的 W_{max} 已由例题 12-8 算得,$W_{max}=1\ 314\ 122$ kJ/kmol $C_2H_4(g)$,而 E_{xm,O_2}、E_{xm,CO_2} 与 $E_{xm,H_2O(g)}$ 可按式(12-32)分别求得或由表 12-3 查出,即

$$E_{xm,O_2}=-R_mT_0\ln x^\circ_{O_2}=-8.314\times298.15\times\ln0.203\ 4\ \text{kJ/kmol}$$
$$=3\ 947.72\ \text{kJ/kmol}$$
$$E_{xm,CO_2}=-R_mT_0\ln x^\circ_{CO_2}=-8.314\times298.15\times\ln0.000\ 3\ \text{kJ/kmol}$$
$$=20\ 107.51\ \text{kJ/kmol}$$
$$E_{xm,H_2O(g)}=-R_mT_0\ln x^\circ_{H_2O(g)}=-8.314\times298.15\times\ln0.031\ 2\ \text{kJ/kmol}$$
$$=8\ 594.90\ \text{kJ/kmol}$$

所以,

$$E_{xm,C_2H_4(g)}=[1\ 314\ 122-3\times(3\ 947.22)+2\times(8\ 594.90)+2\times(20\ 107.51)]\ \text{kJ/kmol}$$
$$=(1\ 314\ 122-11\ 843.16+17\ 189.80+40\ 215.02)\ \text{kJ/kmol}$$
$$=(1\ 314\ 122+45\ 561.66)\ \text{kJ/kmol}$$
$$=1\ 359\ 683.66\ \text{kJ/kmol}$$

由此可发现,燃料化学㶲与 $W_{max}(=-\Delta G^\circ)$十分接近,因此有时可忽略氧与产物的化学㶲,近似地用 $W_{max}(=-\Delta G^\circ)$代表。此外,还可进一步发现燃料化学㶲与高热值也很接近,例如 $C_2H_4(g)$的高热值为 1 408 288 kJ/kmol,因而近似计算中还可直接取高热值作为它的化学㶲。当燃料燃烧以空气为氧化剂时,是否考虑惰性气体氮与过量的空气量,并不影响燃料化学㶲的计算结果。这是因为在可逆定温定压反应中,氮及过量的空气部分其数量和状态均未变化,因而也就不会影响化学㶲。

对于任意碳氢燃料 C_aH_b,设与氧在 298.15 K 与 101.325 kPa 条件下,经历可逆定温定压的完全反应生成 CO_2,$H_2O(g)$。其化学反应方程式为

$$C_aH_b+\left(a+\frac{b}{4}\right)O_2 = aCO_2+\frac{b}{2}H_2O(g)$$

燃料 C_aH_b 的化学㶲为

$$E_{xm,C_aH_b}=-\Delta G^\circ+aE_{xm,CO_2}+\frac{b}{2}E_{xm,H_2O(g)}-\left(a+\frac{b}{4}\right)E_{xm,O_2}$$

式中，$-\Delta G^\circ=(\bar{g}_f^\circ)_{C_aH_b}-a(\bar{g}_f^\circ)_{CO_2}-\frac{b}{2}(\bar{g}_f^\circ)_{H_2O(g)}$，而 E_{xm,CO_2}、$E_{xm,H_2O(g)}$ 与 E_{xm,O_2} 分别用 $-R_mT_0\ln x_i^\circ$ 公式表示，则

$$E_{xm,C_aH_b}=\left[(\bar{g}_f^\circ)_{C_aH_b}-a(\bar{g}_f^\circ)_{CO_2}-\frac{b}{2}(\bar{g}_f^\circ)_{H_2O(g)}\right]+R_mT_0\ln\left[\frac{(x_{O_2})^{a+\frac{b}{4}}}{(x_{CO_2})^a(x_{H_2O(g)})^{\frac{b}{2}}}\right] \tag{12-33}$$

12-4-5　㶲损失(做功能力损失)

实际燃烧反应中，燃料的化学㶲并不表现为对外界做出的最大功，而通常是经过燃烧转换为燃烧产物的焓㶲或热能加以利用的，在这种转换中就有㶲损失，引起做功能力的降低，这种损失称为燃烧㶲损失。它可以参照式(4-24)计算，即由于不可逆引起的㶲损失或做功能力损失为

$$\Pi=T_0\cdot\Delta S_{iso}$$

式中，T_0 为环境的热力学温度；ΔS_{iso} 为反应系统与环境组成的孤立系统的熵增，它由流入与流出开口系统的反应物与生成物的熵差及环境吸收系统放出热量($-Q$)引起的熵变两部分组成，即

$$\Delta S_{iso}=\left(\sum_P n_{out}S_{m,out}-\sum_R n_{in}S_{m,in}\right)+\left(-\frac{Q}{T_0}\right) \tag{12-34}$$

式中，ΔS_{iso} 为由于不可逆引起的熵产 ΔS_g。

将式(12-34)的 ΔS_{iso} 代入上述㶲损失表达式中得

$$\Pi=T_0\left(\sum_P n_{out}S_{m,out}-\sum_R n_{in}S_{m,in}\right)-Q \tag{12-35}$$

式(12-34)与式(12-35)中，S_m 代表相应的反应物或生成物的绝对熵值；Q 为开口系统经历化学反应过程向外界放出的热量，本身为负值；T_0 为环境的热力学温度。

例题 12-9　若例题 12-8 的系统经历定压绝热反应，对外不做功，化学能转换为燃烧产物的热能，试确定此反应过程的熵产和燃烧㶲损失。

解：化学反应方程式为

$C_2H_4(g)+(4)(3)O_2+(4)(3)(3.76)N_2 = 2CO_2+2H_2O(g)+9O_2+45.1N_2$

首先确定燃烧产物的温度。由于对外不做有用功，而且与外界无热量交换，因此根据热力学第一定律有 $H_P=H_R$，即

$$(\bar{h}_f^\circ)_{C_2H_4(g)}+12(\bar{h}_f^\circ)_{O_2}+45.1(\bar{h}_f^\circ)_{N_2}$$
$$=2[(\bar{h}_f^\circ)_{CO_2}+(\Delta H_m)_{CO_2}]+2[(\bar{h}_f^\circ)_{H_2O(g)}+$$

$$(\Delta H_m)_{H_2O(g)}] + 9[(\bar{h}_f^\circ)_{O_2} + (\Delta H_m)_{O_2}] +$$
$$45.1[(\bar{h}_f^\circ)_{N_2} + (\Delta H_m)_{N_2}]$$

式中,$(\bar{h}_f^\circ)_{O_2}$,$(\bar{h}_f^\circ)_{N_2}$ 按规定均为零,其他标准生成焓$(\bar{h}_f^\circ)_i$ 可由表 12-1 查得,代入后得

$$52\,283 = 2[-393\,522 + (\Delta H_m)_{CO_2}] + 2[-241\,827 + (\Delta H_m)_{H_2O(g)}] + 9(\Delta H_m)_{O_2} + 45.1(\Delta H_m)_{N_2}$$

运用例题 12-7 的方法,求得燃烧产物的温度为 1 016 K。

其次确定反应过程熵产

$$\Delta S_{iso} = 2S^\circ_{mCO_2}(1\,016\ \text{K}) + 2S^\circ_{mH_2O(g)}(1\,016\ \text{K}) + 9S^\circ_{mO_2}(1\,016\ \text{K}) + 45.1S^\circ_{mN_2}(1\,061\ \text{K}) - [S^\circ_{mC_2H_4(g)}(298.15\ \text{K}) + 12S^\circ_{mO_2}(298.15\ \text{K}) + 45.1S^\circ_{mN_2}(298.15\ \text{K})]$$

由附表 7 和表 12-1 分别查得有关绝对熵后,代入上式得

$$\Delta S_{iso} = \{2\times(270.162) + 2\times(233.344) + 9\times(244.120) + 45.1\times(228.670) - [219.548 + 12\times(205.142) + 45.1\times(91.611)]\}\ \text{kJ/(kmol·K)}$$
$$= 2\,194.201\ \text{kJ/(kmol·K)}$$

最后确定燃烧㶲损失

$$\pi = T_0\Delta S_{iso} = 298.15\times(2\,194.201)\ \text{kJ/kmol} = 654\,201\ \text{kJ/kmol}$$

前面已知 $C_2H_4(g)$的化学㶲为 1 359 683.66 kJ/kmol,可见此过程的燃烧㶲损失占了化学㶲的 48%。由于本例中过量空气系数为 4,当最大有用功 W_{max} 转换成的热量一定时,使燃烧产物的温度降低,因而燃烧㶲损失较高。一般情况下燃烧㶲损失也要占化学㶲的 30%以上,因此设法降低这部分㶲损失是很迫切的任务。

12-5 化学平衡

化学反应方程式表示的是反应物与生成物之间原子数的守恒关系,并未给出过程进行的方向、条件与限度。下面运用热力学第二定律来研究化学反应过程的方向、条件与限度。为简明起见,所有的讨论仅限于理想气体的简单可压缩反应系统。

12-5-1 化学反应方向和限度的判据

1. 孤立系统的熵判据

化学反应过程中,系统与外界常有热量交换,若以系统与环境组成的孤立系统为对象,则根据热力学第二定律有

$$dS_{iso} = dS - \frac{\delta Q}{T} \geqslant 0 \tag{12-36}$$

式中，dS 为反应系统的熵变；$\frac{-\delta Q}{T}$为环境吸收系统放出的热量$-\delta Q$后引起的熵变。设与外界换热过程是可逆的，如有不可逆因素全集中在反应过程中，则式中的 T 既是环境的也是系统的热力学温度。

式(12-36)表明，孤立系统内的一切不可逆反应或一切自发的反应总是沿着熵增加的方向进行的，直到熵达到极大值为止。此时系统达到了平衡状态，也就是说孤立系统的平衡判据为

$$dS = 0; \quad d^2 S < 0 \tag{12-37}$$

孤立系统熵判据是基本的，但对于经常遇到的定温定压或定温定容反应过程运用吉布斯函数或亥姆霍兹函数作为判据更为方便。

2. 定温定容反应系统的亥姆霍兹函数判据

简单可压缩系统进行定温定容反应过程时，不但不对外做容积变化功而且也无其他形式的功，其热力学第一定律表达式如式(12-4)所示，微分形式为 $\delta Q = dU$，将其代入式(12-36)得

$$d(U - TS) \leqslant 0$$

或

$$dF \leqslant 0 \tag{12-38}$$

式中，F 为亥姆霍兹函数。此式表明，简单可压缩系统一切自发的定温定容反应总是朝着亥姆霍兹函数减少的方向进行，直到达到其极小值的平衡态为止。这样，定温定容简单可压缩反应系统的平衡判据为

$$dF = 0; \quad d^2 F > 0 \tag{12-39}$$

3. 定温定压反应系统的吉布斯函数判据

简单可压缩系统进行定温定压反应时，其热力学第一定律表达式如式(12-6)所示，微分形式为 $\delta Q = dH$，将其代入式(12-36)得

$$d(H - TS) \leqslant 0$$

或

$$dG \leqslant 0 \tag{12-40}$$

式中，G 为吉布斯函数。上式表明，简单可压缩系统一切自发的定温定压反应总是朝着吉布斯函数减少的方向进行，直到达到其极小值的平衡态为止。这样，定温定压简单可压缩反应系统的平衡判据为

$$dG = 0; \quad d^2 G > 0 \tag{12-41}$$

12-5-2 反应度

上面讨论的自发反应过程的方向性是从宏观上讲的。实际上，化学反应是参与反应的各种物质相互转化的质变过程。反应物通过反应可以形成生成物，同时生成物也可通过化学作用形成反应物。化学反应中正反两个方向的反应同时进行。当正向反应的速度超过逆向反应时，宏观上来说反应沿正向进行。因此，任一化学反应都是不完全的，即使已经达到平衡或说反应已经完成，也并不是反应物完全消失全部形成生成物，而是一定数量的反应物与生成物同时存在于反应系统之中。例如一氧化碳与氧的反应，在反应的某瞬间，只有

ε(kmol)的 CO 消失,并按化学反应方程式所要求的原子数守恒关系形成了 ε(kmol)的 CO_2,即

$$CO+\frac{1}{2}O_2 \longrightarrow \varepsilon CO_2+(1-\varepsilon)CO+\frac{1}{2}(1-\varepsilon)O_2$$

或者说,在此瞬间反应系统是由 εCO_2、$(1-\varepsilon)CO$ 以及 $\frac{1}{2}(1-\varepsilon)O_2$ 所组成的混合物。即使达到了化学平衡也是如此,只不过反映一氧化碳反应程度的 ε 有所不同而已。这里的 ε 称为**反应度**。

实际上,反应开始时系统中各组元的摩尔数 $n_A, n_B, \cdots, n_i, \cdots$ 通常不一定保持化学计量系数那样的比例关系。设系统中某主要反应物的最大摩尔数与最小摩尔数分别为 n_{max} 与 n_{min},而 n 代表反应进行到某一瞬间时该反应物的摩尔数,则此反应物的**反应度**定义为

$$\varepsilon=\frac{n_{max}-n}{n_{max}-n_{min}} \tag{12-42}$$

在上述一氧化碳与氧的反应中,设开始时 CO,O_2 和 CO_2 的摩尔数分别为 5 kmol,3 kmol 和 1 kmol。显然,只有当所有 CO_2 分解为 CO 与 O_2 时,CO 的摩尔数才达到最大。因此 CO 的 $n_{max}=5+1=6$。同理,由于 5 kmol CO 只需 2.5 kmol O_2 就能全部消失,而系统中又有 3 kmol 的 O_2,所以所有的 CO 都有可能与 O_2 反应生成 CO_2,即 CO 的最小摩尔数 $n_{min}=0$。这样,某反应瞬间 CO 的反应度为 $\varepsilon=\frac{6-n}{6}$。因此,如果反应某瞬间 CO 的摩尔数为 6,则反应度 $\varepsilon=0$;反之,若 CO 的摩尔数为 0,则反应度 $\varepsilon=1$。若系统内某瞬间 CO 的摩尔数 n 介于 0 与 6 之间,则其反应度 ε 处于 0 与 1 之间。

离解度,又称**分解度**,以 α 表示,它与反应度 ε 之间的关系为

$$\alpha=1-\varepsilon \tag{12-43}$$

对于

$$aA+bB = cC+dD$$

反应中若反应度有微小的变化 $d\varepsilon$,则反应物与生成物的摩尔数变化分别为

$$\left.\begin{aligned} dn_A&=-a\,d\varepsilon \\ dn_B&=-b\,d\varepsilon \\ dn_C&=c\,d\varepsilon \\ dn_D&=d\,d\varepsilon \end{aligned}\right\} \tag{12-44}$$

上式表明,反应系统中任何组元的摩尔数变化等于该组元的化学计量系数与反应度变化量的乘积。

12-5-3 化学反应等温方程式

现根据吉布斯函数判据,具体地讨论定温定压反应过程的方向和限度。

设有理想气体简单可压缩系统的任意反应为

$$aA+bB = cC+dD$$

若在定温定压条件下,反应系统发生了微小变化 $d\varepsilon$,反应物与生成物的摩尔数也相应地按式(12-44)所示的关系发生微量变化,进而导致反应系统吉布斯函数的变化。由于 $d\varepsilon$ 如此之小,以至于可认为在这微小的 $d\varepsilon$ 过程中,参与反应的各种物质的吉布斯函数为一常量,

因而

$$dG_{T,p}=G_{mC}dn_C+G_{mD}dn_D+G_{mA}dn_A+G_{mB}dn_B$$

将式(12-44)代入并整理得

$$dG_{T,p}=(cG_{mC}+dG_{mD}-aG_{mA}-bG_{mB})d\varepsilon \tag{12-45}$$

式中的各组元千摩尔吉布斯函数与系统的温度、压力之间是有联系的。由式(10-6)得知，在定温条件下

$$dg=v dp \tag{12-46}$$

对于理想气体则有

$$dg=RT\frac{dp}{p}$$

对此从标准状态压力 p_0(101.325 kPa)积分到某任意压力 p，得

$$g-g^{\circ}=RT\ln\frac{p}{p_0}$$

所以，对于 1 kmol 的理想气体，则

$$G_m=G_m^{\circ}+R_mT\ln\left(\frac{p}{p_0}\right) \tag{12-47}$$

式中，G_m 为理想气体在(T,p)状态下的千摩尔吉布斯函数；G_m°为该气体在$(T,101.325\ \text{kPa})$状态下的千摩尔吉布斯函数。显然 G_m°仅与温度有关。

将式(12-47)应用于式(12-45)中的 A,B,C,D 等组元气体，而混合气体系统中这些组元在反应某瞬间的压力应为此混合气体系统中相应的分压力 p_i，则

$$dG_{T,p}=\left[c\left(G_{mC}^{\circ}+R_mT\ln\frac{p_C}{p_0}\right)+d\left(G_{mD}^{\circ}+R_mT\ln\frac{p_D}{p_0}\right)-\right.$$
$$\left.a\left(G_{mA}^{\circ}+R_mT\ln\frac{p_A}{p_0}\right)-b\left(G_{mB}^{\circ}+R_mT\ln\frac{p_B}{p_0}\right)\right]d\varepsilon$$

或改写为

$$dG_{T,p}=\left[\Delta G^{\circ}+R_mT\ln\frac{(p_C/p_0)^c(p_D/p_0)^d}{(p_A/p_0)^a(p_B/p_0)^b}\right]d\varepsilon \tag{12-48}$$

式中

$$\Delta G^{\circ}=cG_{mC}^{\circ}+dG_{mD}^{\circ}-aG_{mA}^{\circ}-bG_{mB}^{\circ} \tag{12-49}$$

代表标准压力 p_0 下该化学反应的吉布斯函数变化。由于压力已给定，式中各组元的 G_{mi}°便只是温度的函数，所以 ΔG°也只是温度的函数。当温度一定时，对于给定的反应，ΔG°也为定值。

若令

$$\ln K_p\equiv-\frac{\Delta G^{\circ}}{R_mT}=f(T) \tag{12-50}$$

显然，$\ln K_p$ 也只是温度的函数，将上式代入式(12-48)整理得

$$dG_{T,p}=R_mT\left[-\ln K_p+\ln\frac{p_C^c p_D^d}{p_A^a p_B^b}\cdot(p_0)^{(a+b-c-d)}\right]d\varepsilon \tag{12-51}$$

上式称为化学反应的等温方程式，可用于判断化学反应的方向以及是否处于平衡。具体而言，由于$d\varepsilon>0$，则

$K_p > \frac{p_C^c p_D^d}{p_A^a p_B^b} \cdot (p_0)^{(a+b-c-d)}$时，$dG_{T,p} < 0$，反应能自发正向进行。

$K_p < \frac{p_C^c p_D^d}{p_A^a p_B^b} \cdot (p_0)^{(a+b-c-d)}$时，反应不能自发正向进行，但能自发地逆向进行。

$K_p = \frac{p_C^c p_D^d}{p_A^a p_B^b} \cdot (p_0)^{(a+b-c-d)}$时，反应处于平衡状态。

式中，p_C，p_D，p_A 与 p_B 分别为此混合气体系统中各组元在反应某瞬间的分压力，当反应处于平衡状态时，它们就是各组元在平衡时的分压力，又称平衡分压力；p_0 为标准状态压力，即 101.325 kPa；a，b，c，d 为化学计量系数。下面进一步讨论 K_p。

12-5-4 化学平衡常数

如上所述，当化学反应达平衡时，K_p 与各组元的平衡分压力之间有以下关系

$$K_p = \frac{p_C^c p_D^d}{p_A^a p_B^b} \cdot (p_0)^{(a+b-c-d)} \tag{12-52}$$

它表明了平衡时化学反应系统内各物质间的数量关系。K_p 值越大，生成物在平衡时的数量越多，说明化学反应正向进行的程度也越充分。当温度一定时，对于一定的反应，K_p 又是一个常量。因此，K_p 称为**化学平衡常数**。若确定了 K_p 值，即可求出化学反应的平衡组成。而 K_p 值可以通过其定义式(12-50)借助 ΔG°来计算，有些反应不同温度下的 $\ln K_p$ 值已列于附表 8 中，以备查用。

必须指出，式(12-52)还可推广应用到反应中有固相或液相的情况，只要固相或液相升华或蒸发形成的饱和蒸气与其他气体物质组成的气体混合物可以看作理想气体混合物。但当温度一定时，它们的饱和蒸气压力为定值，因此在 K_p 表示式中可不出现固相或液相的饱和压力，而只用各气体的分压力表示。例如

$$C(s) + CO_2 \rightleftharpoons 2CO$$

反应中，其 $K_p = \frac{p_{CO}^2}{p_{CO_2}} \cdot (p_0)^{(1-2)} = \frac{p_{CO}^2}{p_{CO_2}} \cdot p_0^{-1}$。

工程上除了采用以分压力表示的 K_p 外，还有**用摩尔成分表示的平衡常数 $\boldsymbol{K_x}$**。由于混合气体中各组元分压力 $p_i = x_i p$，代入式(12-52)中得

$$K_p = \frac{x_C^c x_D^d}{x_A^a x_B^b}\left(\frac{p}{p_0}\right)^{(c+d-a-b)} = K_x\left(\frac{p}{p_0}\right)^{(c+d-a-b)}$$

或

$$K_x = \frac{x_C^c x_D^d}{x_A^a x_B^b} = K_p\left(\frac{p}{p_0}\right)^{(a+b-c-d)} = f(T, p) \tag{12-53}$$

式中，K_x 是以摩尔成分 x 表示的理想气体平衡常数。它一般与反应温度 T 和反应总压力 p 有关，只有当反应前后的化学计量系数代数和为零时，K_x 才只与反应温度 T 有关，而且 K_x 也就等于 K_p。

对于上面讨论的化学反应等温方程式与平衡常数的概念，应注意如下几点：

(1) 无论 K_p 或 K_x 都是无量纲的量，其中 $K_p = f(T)$，而 $K_x = f(T, p)$。

(2) K_p 与化学反应方程式的写法与方向有关。例如对于

$$CO+\frac{1}{2}O_2 \rightleftharpoons CO_2$$

有
$$K_{p,1}=\frac{p_{CO_2}}{p_{CO}p_{O_2}^{\frac{1}{2}}}\cdot(p_0)^{(1+\frac{1}{2}-1)}=\frac{p_{CO_2}}{p_{CO}p_{O_2}^{\frac{1}{2}}}\cdot p_0^{\frac{1}{2}}$$

而对于
$$2CO+O_2 \rightleftharpoons 2CO_2$$

有
$$K_{p,2}=\frac{p_{CO_2}^2}{p_{CO}^2 p_{O_2}}\cdot p_0$$

对于
$$CO_2 \rightleftharpoons CO+\frac{1}{2}O_2$$

有
$$K_{p,3}=\frac{p_{CO}\cdot p_{O_2}^{\frac{1}{2}}}{p_{CO_2}}\cdot p_0^{-\frac{1}{2}}$$

显然，$K_{p,1}=(K_{p,3})^{-1}=(K_{p,2})^{\frac{1}{2}}$。

(3) K_p 的大小反映了反应的深度，通常，如 $K_p<0.001$，表示基本上无反应；而 $K_p>1\,000$，则表示反应基本可按正向完成。

(4) 若在反应系统中加入惰性气体如 N_2 等，势必使系统总压力升高，但 K_p 不变。此时会影响反应度 ε 与平衡时的各组成气体的分压力或成分，而且也会影响到 K_x。因此，定温下由于加入惰性气体使平衡发生移动，无法依靠 K_p 判断，而要由 K_x 来分析。

(5) 某些复杂的化学反应的平衡常数，可利用已知的简单化学反应的平衡常数来计算。例如 $CO+H_2O \rightleftharpoons CO_2+H_2$ 的平衡常数 $K_{p,1}$ 可利用 $CO+\frac{1}{2}O_2 \rightleftharpoons CO_2$ 的平衡常数 $K_{p,2}$ 与 $H_2+\frac{1}{2}O_2 \rightleftharpoons H_2O$ 的平衡常数 $K_{p,3}$ 来确定，这三个平衡常数之间应符合 $K_{p,1}=\frac{K_{p,2}}{K_{p,3}}$ 的关系。

(6) 最后还应注意 $dG_{T,p}$ 与 ΔG° 的区别。$dG_{T,p}$ 是在任一温度、压力下反应的方向与是否达到平衡的判据；而 ΔG° 是给定温度 T 下参与反应的物质均处于标准状态压力 p_0（101.325 kPa）时化学反应的吉布斯函数变化值，通常是一有限值，应用 ΔG° 值可计算化学平衡常数 K_p。

例题 12-10　求化学反应 $2H_2O \rightleftharpoons 2H_2+O_2$ 在 101.325 kPa 及温度分别为 298.15 K 和 2 000 K 时的平衡常数（用 $\ln K_p$ 表示）。

解：$T=298.15$ K 时，

$$(g_f^\circ)_{H_2O}=-228\,583\ \text{kJ/kmol}$$

$$(g_f^\circ)_{H_2}=0\ \text{kJ/kmol}$$

$$(g_f^\circ)_{O_2}=0\ \text{kJ/kmol}$$

$$\Delta G_{298.15}^\circ=2(g_f^\circ)_{H_2}+(g_f^\circ)_{O_2}-2(g_f^\circ)_{H_2O}$$

$$=[0+0-2\times(-228\,583)]\ \text{kJ/kmol}=457\,166\ \text{kJ/kmol}$$

$$(\ln K_p)_{298.15\,\text{K}}=-\frac{\Delta G_{298.15}^\circ}{R_m T}=-\frac{457\,166\ \text{kJ/kmol}}{8.314\,4\ \text{kJ/(kmol}\cdot\text{K)}\times 298.15\ \text{K}}$$

$$=-184.42$$

$T=2\,000$ K 时，

$$(\Delta G_{m}^{\circ})_{H_2}=(G_{m2\,000}^{\circ}-\bar{g}_{f}^{\circ})_{H_2}=(H_{m2\,000}^{\circ}-\bar{h}_{f}^{\circ})_{H_2}-(2\,000S_{m2\,000}^{\circ}-298.15S_{m298.15}^{\circ})_{H_2}=[52\,932-(2\,000\times188.406-298.15\times130.684)]\ \text{kJ/kmol}=-284\,917\ \text{kJ/kmol}$$

$$(\Delta G_{m}^{\circ})_{O_2}=(G_{m2\,000}^{\circ}-\bar{g}_{f}^{\circ})_{O_2}=(H_{m2\,000}^{\circ}-\bar{h}_{f}^{\circ})_{O_2}-(2\,000S_{m2\,000}^{\circ}-298.15S_{m298.15}^{\circ})_{O_2}=[59\,199-(2\,000\times268.764-298.15\times205.142)]\ \text{kJ/kmol}=-417\,166\ \text{kJ/kmol}$$

$$(\Delta G_{m}^{\circ})_{H_2O}=(G_{m2\,000}^{\circ}-\bar{g}_{f}^{\circ})_{H_2O}=(H_{m2\,000}^{\circ}-\bar{h}_{f}^{\circ})_{H_2O}-(2\,000S_{m2\,000}^{\circ}-298.15S_{m298.15}^{\circ})_{H_2O}=[72\,689-(2\,000\times264.681-298.15\times188.833)]\ \text{kJ/kmol}=-400\,372\ \text{kJ/kmol}$$

$$\Delta G_{2\,000}^{\circ}=2(\Delta G_{m}^{\circ})_{H_2}+(\Delta G_{m}^{\circ})_{O_2}-2(\Delta G_{m}^{\circ})_{H_2O}=[2\times(-284\,917)+(-417\,166)-2\times(-228\,583-400\,372)]\ \text{kJ/kmol}=270\,910\ \text{kJ/kmol}$$

$$(\ln K_p)_{2\,000}=\frac{-\Delta G_{2\,000}^{\circ}}{R_m T}=-\frac{270\,910\ \text{kJ/kmol}}{8.314\,4\ \text{kJ/(kmol}\cdot\text{K)}\times2\,000\ \text{K}}=-16.292$$

例题 12-11 1 kmol 的碳与氧分别在 298.15 K 与 101.325 kPa 状态下进入燃烧室。反应达到平衡后形成 3 000 K,101.325 kPa 状态下包括有 CO_2,CO 和 O_2 的混合气体,并流出燃烧室。求平衡时各组元的成分及过程中与外界的换热量。

解：由于整个系统达到反应平衡后不再存在碳,可设想反应按以下两个过程进行,即

(1) 燃烧反应　　$C+O_2\longrightarrow CO_2$

(2) 分解反应　　$2CO_2\rightleftharpoons 2CO+O_2$

就是说 C 与 O_2 完全燃烧生成了 CO_2,而 CO_2 又分解为 CO 与 O_2,设 α(kmol)的 O_2 是分解得到的,则分解反应如下：

	$2CO_2$	$\rightleftharpoons 2CO$	$+\ O_2$
开始时	1	0	0
分解后	-2α	2α	α
平衡时	$1-2\alpha$	2α	α

故总的反应为

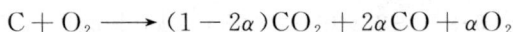

$$C+O_2\longrightarrow(1-2\alpha)CO_2+2\alpha CO+\alpha O_2$$

平衡时总摩尔数

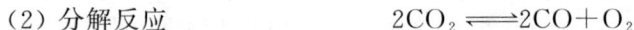

$$n=(1-2\alpha)+2\alpha+\alpha=1+\alpha$$

平衡时摩尔成分

$$x_{CO_2}=\frac{1-2\alpha}{1+\alpha},\quad x_{CO}=\frac{2\alpha}{1+\alpha},\quad x_{O_2}=\frac{\alpha}{1+\alpha}$$

查附表 8,分解反应平衡常数为

$$(\ln K_p)_{3\,000}=-2.222,\quad K_p=0.108\,4$$

$$K_p=0.108\,4=\frac{x_{CO}^2 x_{O_2}}{x_{CO_2}^2}\cdot\left(\frac{p}{p_0}\right)^{2+1-2}$$

$$=\frac{\left(\frac{2\alpha}{1+\alpha}\right)^2\left(\frac{\alpha}{1+\alpha}\right)}{\left(\frac{1-2\alpha}{1+\alpha}\right)^2}\cdot\left(\frac{1}{1}\right)$$

或

$$0.108\,4=\left(\frac{2\alpha}{1-2\alpha}\right)^2\left(\frac{\alpha}{1+\alpha}\right)$$

解得

$$\alpha=0.218\,6$$

于是

$$x_{CO_2}=\frac{0.562\,8}{1.218\,6}=0.461\,8$$

$$x_{CO}=\frac{0.437\,2}{1.218\,6}=0.358\,8$$

$$x_{O_2}=\frac{0.218\,6}{1.218\,6}=0.179\,4$$

利用生成焓求热交换量

$$H_R=(\bar{h}_f^\circ)_C+(\bar{h}_f^\circ)_{O_2}=0$$

$$\begin{aligned}H_P&=n_{CO_2}(\bar{h}_f^\circ+\Delta H_m)_{CO_2}+n_{CO}(\bar{h}_f^\circ+\Delta H_m)_{CO}+\\&\quad n_{O_2}(\bar{h}_f^\circ+\Delta H_m)_{O_2}\\&=[0.562\,8\times(-393\,522+152\,862)+\\&\quad 0.437\,2\times(-110\,529+93\,542)+0.218\,6\times(98\,098)]\ \text{kJ/kmol C}\\&=-121\,426\ \text{kJ/kmol C}\end{aligned}$$

再由热力学第一定律,得

$$Q=H_P-H_R=-121\,426\ \text{kJ/kmol C}$$

12-5-5 温度、压力对平衡常数的影响

1. 温度对 K_p 的影响

将式(12-50)对 T 求导得

$$\frac{\mathrm{d}\ln K_p}{\mathrm{d}T}=\frac{-1}{R_m}\frac{\mathrm{d}}{\mathrm{d}T}\left[\frac{\Delta G^\circ(T)}{T}\right]\tag{12-54}$$

由于 $\Delta G^\circ=f(T)$,$\frac{\mathrm{d}}{\mathrm{d}T}\left[\frac{\Delta G^\circ(T)}{T}\right]$ 又可改写为 $\left\{\frac{\partial}{\partial T}\left[\frac{\Delta G^\circ(T)}{T}\right]\right\}_p$ 或 $\Delta\left\{\frac{\partial}{\partial T}\left[\frac{G^\circ(T)}{T}\right]\right\}_p$,故上式可写成

$$\frac{\mathrm{d}\ln K_p}{\mathrm{d}T}=\frac{-1}{R_{\mathrm{m}}}\Delta\left\{\frac{\partial}{\partial T}\left[\frac{G^{\circ}(T)}{T}\right]\right\}_p \tag{12-55}$$

而在例题 10-1 中已证得吉布斯-亥姆霍兹方程，即

$$\left[\frac{\partial\left(\frac{G}{T}\right)}{\partial T}\right]_p=-\frac{H}{T^2}$$

将其代入式(12-55)得

$$\frac{\mathrm{d}\ln K_p}{\mathrm{d}T}=\frac{\Delta H^{\circ}(T)}{R_{\mathrm{m}}T^2} \tag{12-56}$$

此式表明了反应温度对平衡常数 K_p 的影响，并且把平衡常数与定压热效应 $Q_p(=\Delta H^{\circ})$联系起来，称为**范特霍夫方程**。可以看出，对于正向吸热反应($\Delta H^{\circ}>0$)，K_p 随温度升高而增大，即化学平衡向正向移动，或者说正向反应更完全，因而也将吸收更多的热量以阻止温度继续上升，直到达到新的平衡。对于正向放热反应($\Delta H^{\circ}<0$)，当温度升高时 K_p 会减小，正向反应越不完全，因而放热量也将之减小，阻止温度进一步上升。

2. 总压力对 K_x 的影响

总压力对 K_p 不产生影响，因为 K_p 只是温度的函数，但总压力对 K_x 是有影响的。

由于

$$K_x=K_p\left(\frac{p}{p_0}\right)^{(a+b-c-d)}$$

对于$(a+b-c-d)>0$ 的反应，若总压力 p 增加，K_x 随之增大，说明平衡向产生生成物或使系统总摩尔数减小的方向移动；反之，对于$(a+b-c-d)<0$ 的反应，总压力 p 增加，K_x 随之减小，说明平衡向产生反应物或使系统总摩尔数减小的方向移动。总之，提高压力，平衡总是向使系统总摩尔数减小的方向移动，以阻止压力的继续升高。

3. 平衡移动原理

从上述温度及压力对平衡常数的影响的分析中可以看出，把平衡态的某一因素加以改变后，将使平衡态向着削弱该因素影响的方向转移。这个原理称为**吕-查得里原理**或**化学反应平衡移动原理**。

12-6 热力学第三定律

热力学第三定律是独立于热力学第一、第二定律的又一个定律，是关于开尔文温度零度及其邻近热现象过程的规律，它从低温化学反应和热容量实验得出，它最重要的意义在于解决了熵基准点的选择与绝对熵的计算。

1906 年能斯特(W. Nernst)在研究低温下化学反应时，提出一个假设(后来称为能斯特热定理)：对于一个在纯固体或液体之间的化学反应，亥姆霍兹函数变化曲线与热效应变化曲线在绝对零度彼此相切。这个假设经过普朗克(M. Planck)，西蒙(F. E. Simon)，路易斯(G. N. Lewis)，古根亥姆(E. A. Guggenheim)等人的发展，成为热力学第三定律的能斯特-西蒙表述：开尔文温度趋近零度时，凝聚系统经过任何可逆定温过程，其熵的变化趋于零，即

$$\lim_{T\to 0}(\Delta S)_T = 0 \qquad (12\text{-}57)$$

上述任何可逆过程包括化学反应变化过程。

热力学第三定律的另一种表述是，绝对零度不可达到。经验证明，当一个物体已经比周围温度还低时，再进一步降温就很困难，已不能用放热给周围物体的办法。用绝热减压气化以降低温度的办法也有限度。例如液体越冷，它的蒸气压也越低，想用抽气办法使它更冷就难以办到。实践表明，采用绝热去磁降温是达到极低温度的最有效方法，假定每次绝热去磁后的温度是该次去磁前温度的 1/10，则必须无穷次去磁才能使物体温度达到绝对零度。所以，热力学第三定律的绝对零度不可达到表述为：不可能靠有限的步骤使物体的温度达到绝对零度。

为了证明这两种说法的一致性，我们采用顺磁性物质作系统，实际上这是获得最低温度的有效方法（1979 年芬兰科学家 Ehnholm 和其他人用串联的核制冷器达到 5×10^{-8} K）。图 12-5(a)和(b)是顺磁性物质在磁场强度 H 不变下的过程曲线，正如 H 为零时定容热容或定压热容不是负值那样，H 不为零时这两种热容也不是负值，即

$$C_H = T\left(\frac{\partial S}{\partial T}\right)_H \geqslant 0$$

所以过程曲线的斜率$\left(\frac{\partial T}{\partial S}\right)_H$也不为负，如图 12-5 中各条曲线所示。正如定温下对气体压缩时熵将减少那样，定温下加外磁场时顺磁性物质的熵也减少，所以 $H>0$ 的曲线必在 $H=0$ 的曲线左边。

用 T-S 图证明热力学第三定律两种说法的一致性是很方便的。根据能斯特-西蒙表述，$T\to 0$ 时，$(\Delta s)_T\to 0$，所以 0 K 时各条等磁场曲线必会聚于一点，图 12-5(a)正确地表达了这一规律，图中箭头表明用有限步骤不可能到达绝对零度。反之，如果违背能斯特-西蒙表述，在 0 K 时各条等磁线不会聚于一点，如图 12-5(b)所示，则可用有限步骤达到绝对零度，这就违背了绝对零度不可达到的表述。

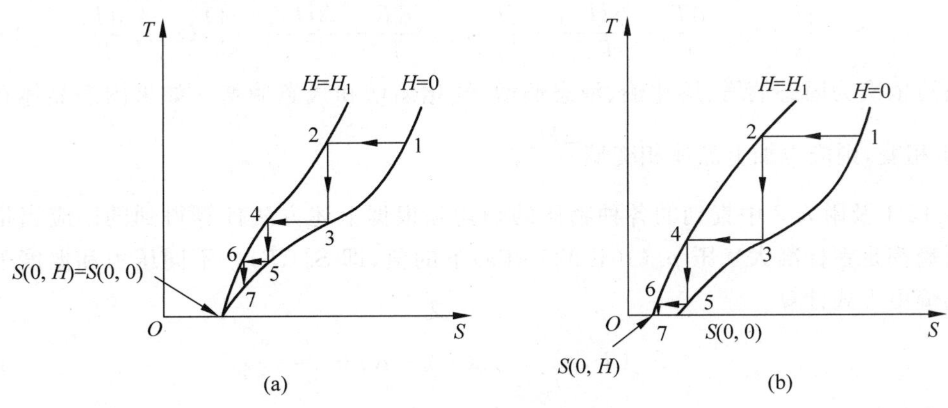

图 12-5　有限步骤不可能达到绝对零度

12-7　绝对熵及其应用

在无化学反应系统中涉及的是物质的熵的变化量，所以选择什么样的基准对热力学分

析没有影响。而化学反应系统中的熵计算必须知道物质的绝对熵,例如在12-4节和12-5节中都涉及绝对熵的计算,这与所选参考点密切相关。热力学第三定律的最重要推论就是绝对熵的导出和计算。

由式(10-32)有

$$c_V = T\left(\frac{\partial S}{\partial T}\right)_v$$

积分得

$$S = \int_{T_0}^{T} c_V \frac{\mathrm{d}T}{T} + S_0$$

根据低温下固体热容实验,可以假定$\lim\limits_{T\to 0} c_V = 0$,故选上式的积分下限 $T_0 = 0$,有

$$S = \int_0^T c_V \frac{\mathrm{d}T}{T} + S_0$$

式中,S_0 为 0 K 时的熵。积分在定容条件下进行,故 $S_0 = S_0(V)$,而由热力学第三定律的能斯特-西蒙表述,S_0=常数,与 V 无关。1911 年普朗克假定 0 K 晶体的熵为零,即

$$S_0 = 0 \tag{12-58}$$

则上式可进一步简化为

$$S = \int_0^T c_V \frac{\mathrm{d}T}{T} \tag{12-59}$$

用上式计算的熵不含任意常数,称为绝对熵。这是热力学第三定律的最重要推论。

另一种利用定压比热容计算熵的公式为

$$S = \int_0^T c_p \frac{\mathrm{d}T}{T} \tag{12-60}$$

即压力 p 保持不变时的积分,它只适用于固体中没有相变的场合。对实际气体,还必须考虑熔化和气化熵,即

$$S = \int_0^{T_s} (c_p)_s \frac{\mathrm{d}T}{T} + \frac{\Delta H_{\mathrm{mel}}}{T_{\mathrm{mel}}} + \int_0^{T_1} (c_p)_1 \frac{\mathrm{d}T}{T} + \frac{\Delta H_{\mathrm{gas}}}{T_{\mathrm{gas}}} + \int_0^{T} (c_p)_g \frac{\mathrm{d}T}{T} \tag{12-61}$$

式中右边依次为固态熵增、熔化熵、液态熵增、气化熵增和气态熵增。如果固态晶体在温度 T_i 发生相变,则应再加上晶体相变熵$\dfrac{\Delta H_i}{T_i}$。

表 12-1 及附表 7 中查到的各种物质的熵均是根据上述方法计算得到的。应当指出的是绝对熵都是在标准大气压 p_0(101.325 kPa)下的值,即 $S_m^\circ(T)$。不同压力和温度下理想气体的熵由下式计算:

$$S_m(T,p) = S_m^\circ(T) - R_m \ln \frac{p}{p_0} \tag{12-62}$$

理想混合气体:

$$S_{m,mix} = \sum_i x_i S_{mi} \tag{12-63}$$

其中

$$S_{mi}(T,p_i) = S_{mi}^\circ(T) - R_m \ln \frac{x_i p}{p_0^\circ}$$

非理想气体绝对熵的计算方法完全一样，但要复杂得多，这里不作介绍，有兴趣的读者可参阅有关书籍。

思考题

12-1　气体燃料甲烷在定温定压与定温定容下燃烧，试问定压热效应与定容热效应哪个大？

12-2　反应热与热效应有何区别？

12-3　标准状态下进行定温定压放热反应 $CO+\frac{1}{2}O_2 = CO_2$，其标准定压热效应是否就是 CO_2 的标准生成焓？

12-4　过量空气系数的大小会不会影响理论燃烧温度？会不会影响热效应？

12-5　过量空气系数的大小会不会影响化学反应的最大有用功？会不会影响化学反应过程的㶲损失？

12-6　已知 C(石墨)$+O_2=CO_2$ 的 $Q_p^\circ=-393.514$ kJ/kmol，因此只要将 1 kmol C(石墨)与 1 kmol O_2 在标准状态下发生定温定压反应就能放出 393.514 kJ/kmol 的热量，你认为这种说法对不对？

12-7　根据定义 $G_m=H_m-TS_m$，试问 $\bar{g}_f^\circ$是否等于$(\bar{h}_f^\circ-298.15S_m^\circ)$？

12-8　某反应在25℃时的 $\Delta G^\circ=0$，则 K_p 值是多少？此时是否一定为平衡态？

习题

12-1　设有以下理想气体反应

$$aA+bB \rightleftharpoons cC+dD$$

求证定容反应过程对外热量交换为

$$Q_V=(cH_{mC}+dH_{mD})-(aH_{mA}+bH_{mB})-R_m[(c+d)T_P-(a+b)T_R]$$

12-2　利用标准生成焓表 12-1 和平均比热容表计算 CO 在500℃时的热值$[-\Delta H_f]$。

12-3　如果将例题 12-7 改为一氧化碳与过量空气系数为 1.10 的实际空气量配合并且完全燃烧，其他条件不变，试计算燃烧气体的温度。

12-4　(1) 求 25℃时液态甲苯的生成焓；

(2) 液苯(25℃)与 500 K 的空气以稳态稳定流动流入燃烧室并燃烧，产物被冷却至 1 400 K 流出，其摩尔成分如下：

CO_2 10.7%；　CO 3.6%；　O_2 5.3%；　N_2 80.4%

求单位燃料的传热量。

12-5　丁烷与过量空气系数为 1.5 的空气在 25℃，250 kPa 下进入燃烧室，燃烧产物在 1 000 K，250 kPa 下离开燃烧室。假设是完全燃烧，试确定每千摩尔丁烷的传热量和过程的㶲损失。

12-6　计算水蒸气在 2 000 K 时的 ΔG°和 K_p。已知水蒸气的分解反应方程式为

$$H_2O \rightleftharpoons H_2 + \frac{1}{2}O_2$$

12-7 1 kmol N_2 和 3 kmol H_2 在 450 K，202.65 kPa 的反应室内达到化学平衡。已知化学反应方程式为 $\frac{1}{2}N_2 + \frac{3}{2}H_2 \longrightarrow NH_3$，450 K 时的平衡常数 $K_p = 1.0$，问 N_2，H_2 和 NH_3 的分压力和摩尔数各是多少？

12-8 在水煤气反应式 $CO_2 + H_2 \longrightarrow CO + H_2O$ 中，给定反应初始混合物由 2 kmol CO_2，1 kmol H_2 组成，求 1 200 K 达到化学平衡时混合物中各组元的摩尔数、摩尔成分和反应度。

12-9 反应方程式 $CO + \frac{1}{2}O_2 \longrightarrow CO_2$，在 2 500 K，101.325 kPa 时达到化学平衡，试求：

(1) CO_2 的解离度；

(2) 各组元的分压力；

(3) 各组元的摩尔成分。

12-10 CO 与理论空气量在 101.325 kPa 下燃烧 3 000 K 时达到化学平衡，试求其平衡组成。若在 506.625 kPa 下燃烧，平衡组成又怎样？

习题答案

第1章

1-1　$h_{H_2O}=10.327\ \text{m}$；$h_{酒精}=13.089\ \text{m}$；$h_{液态钠}=12.008\ \text{m}$

1-2　787.7 mmHg

1-3　730.7 mmHg

1-4　5 616 m

1-5　1 466.3 Pa

1-6　232 mmHg=30.9 kPa

1-7　(1) $p_{真空室}=1.999\ \text{kPa}$；$p_{\text{I}}=362\ \text{kPa}$；$p_{\text{II}}=192\ \text{kPa}$

(2) $p_C=190\ \text{kPa}$

(3) $F=1.58\times10^4\ \text{N}$

1-8　$t/°\text{m}=0.55\ t/℃+20$

1-9　$t/°\text{N}=3\ t/℃+100$；439.82 K

1-10　否，−40

1-11　7.18；30

1-12　$A=4.32\times10^{-3}\ 1/℃$；$B=-6.83\times10^{-7}\ 1/(℃)^2$

1-13　200 kJ

1-14　85.7 kJ

1-15　3.436 kJ

1-16　$\frac{1}{2}(v_2-v_1)(p_2-p_1)$；$\frac{1}{2}(v_1-v_2)(p_2-p_1)$

第2章

2-1　(1) 276 t/d；　(2) 0.46 kg/(kW·h)

2-2　(1) 2 071.5 kJ/kg；　(2) 2 250 kJ/kg

2-3　$Q_{12}=1\ 390\ \text{kJ}$；　$\Delta U_{23}=-395\ \text{kJ}$；

$Q_{34}=-1\ 000\ \text{kJ}$；$W_{41}=-5\ \text{kJ}$；　$\Delta U_{41}=5\ \text{kJ}$

2-4　$1.02\times10^5\ \text{kJ/h}$

2-5　(1) 0 kJ；　(2) 39.1 kJ；　(3) 0 kJ

2-6　5 cm；　98 J

2-7　3.571 cm；　271.4 K

2-9　$mu'-m_0u_0=(m-m_0)h$

2-11　$Q=(m-m_0)(h_0-h)$

2-12　$Q=\frac{V_0}{RT_0}(p_0-p)c_V(kT-T_0)$

2-13　125.88 kW

2-14　2 416 kW

2-15　(1) 67 033 kW；　(2) 0.67%；　(3) 11 770 t/h,53.5 倍

2-16　(1) 196.5 kJ/kg；　(2) 252 kJ/kg；　(3) 42 kW

2-17　207.1 m/s

2-18　(1) 29 000 kW；　(2) 1.52 kg/s；　(3) 949 m/s；
(4) 44 530 kW；　(5) 15 530 kW

第 3 章

3-1　(1) 366.25 K；　(2) 8.9 g

3-2　18.25 min

3-3　(1) 303 K；　(2) 1.846×10^5 Pa

3-4　32 400 kg/h

3-5　(1) 1 191.4 kJ/kg；　(2) 961.8 kJ/kg；　(3) 19.3%

3-6　(1) $V=1.967\times10^5\ \text{m}^3/\text{h}$；$Q=355.5\times10^5$ kJ/h
(2) 350.7×10^5 kJ/h

3-7　5 686.5 m^3/h(标准状态)；0.478 m

3-8　$T=600$ K；$p=2\times10^5$ Pa；$\Delta S=1.14$ J/K

3-9　(1) $v_2=1.391\ \text{m}^3/\text{kg}$,$T_2=484.7$ K；
(2) $W=979.2$ kJ,$W_t=1\ 336.9$ kJ；
(3) $\Delta U=-979.2$ kJ,$\Delta H=-1\ 336.9$ kJ

3-10　$p_1 e^{(s_1-s_2)/R}$

3-11　799.5 K；48.806 kJ

3-12　(1) $W=573.2$ kJ；$Q=573.2$ kJ,$T_2=303$ K
(2) $W=351.4$ kJ；$Q=0$ kJ,$T_2=221.4$ K
(3) $W=436.5$ kJ；$Q=218.3$ kJ,$T_2=252.3$ K

3-13　(1) 240 K,3.02 kg；　(2) 293 K,89.79×10^5 Pa；
(3) 3.87 kg

3-14　$c_p=1.128\ 7$ kJ/(kg·K),$c_V=0.697\ 8$ kJ/(kg·K)

3-17　$n=1.272\ 4$,$W_s=-16.442$ kJ,$T_2=678.6$ K,$Q=4.12$ kJ

3-18　多变时 1 094.7 m^3/h(标准状态),绝热时 1 038.16 m^3/h(标准状态)

3-19　9.05×10^5 Pa,18.45 kW

3-20　7.746×10^5 Pa,441 K

3-21　0.87,0.842,0.76

第 4 章

4-2　(1) $W=Q_1\left(1-\dfrac{T_0}{T_1}\right)$；　(2) 无效

4-4　(a) 不可逆；　(b) 可逆；　(c) 不可能

4-5　第二种情况：对外做功 500 kJ,T_3 放出 900 kJ 热量；
第一种情况：输入功 300 kJ,向 T_3 放热 1 500 kJ

4-6　不可能

4-7 不可能；若 $p_a>1.026$ atm 则可能

4-8 69.4 J/(kg·K)

4-9 0.178 9 kJ/K，49.73 kJ

4-10 0.934 3 kJ/K

4-11 (a) −19.14 kJ/K，19.14 kJ/K，0；
(b) −19.14 kJ/K，25.53 kJ/K，6.39 kJ/K；
(c) −19.14 kJ/K，30.63 kJ/K，11.49 kJ/K

4-12 (1) $\sqrt{T_A \cdot T_B}$；
(2) $mc(T_A+T_B-2\sqrt{T_A T_B})$；
(3) $mc\ln\dfrac{(T_A+T_B)^2}{4T_A T_B}$

4-13 左边容积 0.001 33 m^3，右边容积 0.000 67 m^3；$\Delta S=0.056\ 6$ J/K

4-14 (1) 4 116 kJ； (2) 2 389 kJ； (3) 1 727 kJ

4-15 2 m^3/min(标准状态)，20℃，0.3 MPa

4-16 8.251 kJ

4-17 $mc\left(\dfrac{T_1^2}{T_2}+T_2-2T_1\right)$

4-18 0.001 6 元

4-19 137.8 kJ

4-20 (1) 190.88 kJ/kg； (2) 0 kJ/kg； 159.6 kJ/kg；
(3) 159.6 kJ/kg； (4) 31.28 kJ/kg； (5) 0.836

4-21 $\eta_t=63.5\%$，$\eta_{ex}=100\%$

第 5 章

5-1 $p_2=2\times10^6$ Pa；$T_2=706$ K；$P_3=5.63\times10^6$ Pa，$T_3=1\ 988$ K；
$p_4=2.81\times10^5$ Pa，$\eta_t=0.575$，$p_m=6.96\times10^5$ Pa

5-2 $T_2=521.6$ K，$\eta_t=0.454$；$T_2=638$ K，$\eta_t=0.553$

5-3 $p_2=3.43\times10^6$ Pa，$T_2=804.7$ K；$p_3=1.2\times10^7$ Pa，$T_3=2\ 825$ K；
$p_4=3.495\times10^5$ Pa，$T_4=1\ 028.6$ K；$W=190.7$ kW，$\eta_t=0.636$，$p_m=1.16\times10^6$ Pa

5-4 $\dot{W}=7.6$ kW，$p_m=3.85\times10^5$ Pa，$\eta_t=0.512$

5-5 $p_3=5.15\times10^6$ Pa，$v_3=0.132\ m^3/kg$
$p_4=3.49\times10^5$ Pa，$v_4=0.902\ m^3/kg$；$\eta_t=0.604$

5-6 $\eta_t=0.599$

5-7 $w_{net}=642$ kJ/kg，$\eta_t=0.642$

5-8 $\eta_t=0.452$，$\eta_{t,C}=0.637$

5-9 $\dot{W}_c=-688$ kW，$W_T=1\ 737$ kW，$\eta_t=0.369$

5-10 $w_{net}=79$ kJ/kg

5-11 $\dot{m}=0.104\ 4$ kg/s

5-12 $\pi_{opt}=2.94$，$\dot{m}=0.104\ 2$ kg/s

5-13 $\eta_t=0.6$

5-14 $w_{net,max}=202\ kJ/kg, \dot{m}=14.85\ kg/s$

5-15 $Q_{节省}=3\ 688.7\ kW$

5-16 $W_c=-192.8\ kJ/kg, w_{net}=339.2\ kJ/kg, \eta_t=0.356$

5-17 $\eta_{t,R}=0.638$

5-18 $w_{net}=491.96\ kJ/kg$

5-19 $\dot{m}=14.8\ kg/s$

第 6 章

6-1 (1) 未饱和水, $h=1\ 086.3\ kJ/kg, s=2.757\ 5\ kJ/(kg\cdot K)$;

(2) 湿饱和蒸汽, $h=2\ 491.5\ kJ/kg, s=5.243\ 0\ kJ/(kg\cdot K), x=0.818\ 3$;

(3) 过热蒸汽, $h=3\ 323.8\ kJ/kg, s=6.879\ 2\ kJ/(kg\cdot K)$;

(4) 湿饱和蒸汽, $h=2\ 575.6\ kJ/kg, s=6.140\ 0\ kJ/(kg\cdot K), x=0.9$;

(5) 湿饱和蒸汽, $h=2\ 123.5\ kJ/kg, x=0.823$

6-3 2.7 t/h

6-4 (1) 4.04 kJ/kg; (2) 4.012 kJ/kg; (3) 0.7%

6-5 3 518 kW

6-6 83.2%

6-7 体积缩小为 1/21 232, $q=2\ 174\ kJ/kg$

6-8 (1) 1 638 kJ; (2) 140×10^5 Pa

6-9 终态为过热汽, $w=-248\ kJ/kg, q=-385\ kJ/kg$

6-10 放水时 $Q=6\ 745\ kJ$; 放汽时 $Q=5.734\times10^5\ kJ$

第 7 章

7-1

p_1/MPa	4.0	9.0	14.0
w/(kJ/kg)	1 309.52	1 380.80	1 398.05
q_1/(kJ/kg)	3 323.78	3 264.98	3 201.58
η_t/%	39.4	42.3	43.67
d/(kg/(kW·h))	2.75	2.61	2.575
x_2	0.828	0.774 5	0.741 4

7-2 38.0%, 3.06 kg/(kW·h), 40.13%, 2.609 kg/(kW·h)

7-3 37.97%, 2.969 kg/(kW·h); 36.41%, 3.138 kg/(kW·h)

7-4 $w_{net}=831.05\ kJ, \eta_t=27.43\%, d=4.331\ 9\ kg/(kW\cdot h)$

7-5 (1) 45.56%; (2) 45.03%

7-6 $\eta_{t,RG}=36.94\%, d_{RG}=3.51\ kg/(kW\cdot h)$;

$\eta_{t,R}=35.19\%, d_R=3.33\ kg/(kW\cdot h)$

7-7 $\alpha_1=0.108\ 4$; $\alpha_2=0.142\ 3$; $\eta_{t,RG}=39.7\%$;

$d_{RG}=3.648\ kg/(kW\cdot h)$

7-8 $\alpha=0.156\ 4$; $q_1=3\ 437.7\ kJ/kg$; $w=1\ 667.2\ kJ/kg$;

$\eta_t=48.5\%$

7-9 0.194 8, 3 781.6 kJ/kg, 56.35%

7-10 (1) 图略；(2) 1 178.95 kW；(3) 186.1 kW；(4) 15.79%；
(5) 164.47 kJ/kg, 18.06%, 148.55 kW

7-11 (1) 图略；(2) 4 263.61 kJ/kg, 2 064.01 kJ/kg, 2 199.55 kJ/kg, 51.59%；
(3) 16.79 kJ/kg, 0.34%

7-12 (1) 图略；(2) 24 728 kW；(3) 4 181 kW；(4) 56.4%；(5) 81.25%

第 8 章

8-1 (1) 11.69 kW；(2) 2.69 kW

8-2 13.4, 18.7 kW, 231.3 kW

8-3 1.25, 24 kJ/s；5, 30 kW

8-4 1.93, 414 K, 0.565 kW

8-5 2.8, 1.54

8-6 3.3 kJ/s, 1.1

8-7 70.21 kW, 78.71 kW

8-8 4, 0.25 kW, 0.007 14 kg/s

8-9 32 kJ/kg

8-10 3.68, 1 058.41 kg/h

8-11 2.33, 3.33

第 9 章

9-1 $w_{N_2}=0.705\ 8$；$w_{CO_2}=0.294\ 2$

9-2 (1) $w_{CO_2}=19.09\%$；$w_{H_2O}=3.61\%$；$w_{SO_2}=1.17\%$；
$w_{N_2}=68.65\%$；$w_{O_2}=7.48\%$
(2) $p_{CO_2}=9.75$ kPa；$p_{H_2O}=4.50$ kPa；$p_{SO_2}=0.41$ kPa，
$p_{N_2}=55.09$ kPa；$p_{O_2}=5.25$ kPa

9-3 (1) $x_{CO_2}=5.9\%$；$x_{N_2}=75.4\%$；$x_{H_2O}=4.8\%$；$x_{O_2}=13.9\%$；
(2) $w_{CO_2}=9.0\%$；$w_{N_2}=72.7\%$；$w_{H_2O}=3.0\%$；$w_{O_2}=15.3\%$；
(3) $M=29.03\times10^{-3}$ kg/mol；$R=286$ J/(kg·K)；
(4) $p_{CO_2}=0.177\times10^5$ Pa；$p_{N_2}=2.262\times10^5$ Pa；
$p_{H_2O}=0.144\times10^5$ Pa；$p_{O_2}=0.417\times10^5$ Pa

9-4 128.32 kJ/(h·K)

9-5 $x=\dfrac{pV}{T}\left(\dfrac{1}{R}-\dfrac{1}{R'}\right)+y$

9-6 $m=\dfrac{(p-p_1)}{p_1}\cdot\dfrac{R_1}{R_2}\cdot m_1$

9-7 第四种与第五种答案正确

9-8 (1) $d=0.019\ 40$ kg/kg 干空气；
(2) $p_v=0.029\ 7\times10^5$ Pa；
(3) $h=79.8$ kJ/kg 干空气；
(4) $d=19.0$ g/kg 干空气；$p_v=0.03\times10^5$ Pa；
(5) $\Delta d=11.4$ g/kg 干空气；$\Delta h=49.5$ kJ/kg 干空气

9-9 (1) 106.38 kg 干空气； (2) 47 kg/h；
(3) 151 000 kJ/h；3 212.68 kJ/kg 水分

9-10 略

9-11 $d_2=13.8$ g/kg 干空气；$h_2=55.5$ kJ/kg 干空气；
$\Delta h=40$ kJ/kg 干空气；$\Delta d=11.6$ g/kg 干空气

9-12 $x_{R12}=23.22\%$；$x_{Ar}=76.78\%$

9-13 $p=0.712\,8\times10^5$ Pa；$t_2=49.56$℃

9-14 (1) $d_1=0.019\,4$ kg/kg 干空气，$h_1=82$ kJ/kg 干空气，
$d_2=0.007\,6$ kg/kg 干空气，$h_2=30$ kJ/kg 干空气，
$d_3=d_2$，$h_3=40$ kJ/kg 干空气，$h_w=41.99$ kJ/kg；
(2) $m_w=0.011\,8$ kg/kg 干空气；
(3) $q_{12}=51.5$ kJ/kg 干空气；$q_{23}=10$ kJ/kg 干空气

第 10 章

10-3 $\left(\frac{\partial h}{\partial s}\right)_v>\left(\frac{\partial h}{\partial s}\right)_p>\left(\frac{\partial h}{\partial s}\right)_T$

10-9 $p(v-b)=RT$

10-10 $pv=cT$

10-11 $\mu_J=0.083\,86\times10^{-5}$ K/Pa

10-12 0.29 m^3/kmol

10-13 $p=39.8\times10^5$ Pa

10-14 (1) 193.33×10^5 Pa；(2) 174.58×10^5 Pa

第 11 章

11-1 $\dot{Q}=85.25$ J/s，$\Delta\dot{S}_{孤立}=425.6$ J/(K·s)

11-2 渐缩喷管 $A_2=7.35$ cm^2

11-3 缩放喷管 $A_{min}=6.79$ cm^2，$A_2=7.82$ cm^2

11-4 $p_b\leqslant0.316\,8$ MPa，$\dot{m}_{max}=0.415$ kg/s

11-5 $p_2=0.6$ MPa，$t_2=236$℃，$c_2=498$ m/s，$\dot{m}=3.64$ kg/s

11-6 $p_2=0.546$ MPa，$t_2=228$℃，$c_2=527$ m/s，$\dot{m}=3.89$ kg/s

11-7 绝热流动时 $m=22.4$ kg/s，定温流动时 $m=21.5$ kg/s

11-8 $T_2=529$ K，$v_2=0.68$ m^3/kg，$c_2=839$ m/s，
$A_2=40.5$ cm^2，$a_1=592$ m/s，$a_2=461$m/s

11-9 (1) $p_2=0.1$ MPa，$T_2=179.8$ K，$A_2=22.2$ cm^2，$A_{cr}=7.64$ cm^2；
(2) $T_2=382$ K，$Ma_2=0.732$，$A_2=8.18$ cm^2

11-10 $T^*=1\,021$ K，$p^*=0.71$ MPa，$v^*=0.413$ m^3/kg，$T_{cr}=850.8$ K，
$p_{cr}=0.375$ MPa，$v_{cr}=0.651$ m^3/kg，$a_{cr}=584.7$ m/s，$\dot{m}_{max}=0.026\,9$ kg/s，
达到 $\dot{m}_{max}$ 的 $p_b\leqslant0.375$ MPa

11-11 $c_2'=1\,154$ m/s，$c_2'=445$ m/s

11-13 $\eta_N=0.837$，$A_2=63$ cm^2，$c_{cr}=447.2$ m/s

11-14 (1) $p_2=0.6$ MPa, $t_{2'}=242$℃, $c_{2'}=473$ m/s;

(2) 动能损失 66 kJ/s;

(3) $\Delta s_{2-2'}=0.046$ kJ/(kg · K)

11-15 $c_{1\min}=183$ m/s

11-16 $T^*_{100}=298$ K, $p^*_{100}=106$ kPa; $T^*_{200}=313$ K, $p^*_{200}=126$ kPa;

$T^*_{400}=373$ K, $p^*_{400}=233$ kPa

11-17 $p_2=1.415$ MPa, $T_2=656$ K, $c_2=516$ m/s, $\dot{m}=3.88$ kg/s

第 12 章

12-2 283 405 kJ/kmol

12-3 $T_p=2\,525$ K

12-4 48 983 kJ/kmol; −1 270 300 kJ/kmol

12-5 −1 533 044 kJ; 2 174 591 kJ

12-6 135 455.5 kJ/kmol; 0.000 289 9

12-7 $p_{N_2}=34.96$ kPa, $p_{H_2}=104.87$ kPa, $p_{NH_3}=62.82$ kPa,

$n_{N_2}=0.527$ kmol, $n_{H_2}=1.581$ kmol, $n_{NH_3}=0.946$ kmol

12-8 $n_{CO}=n_{H_2O}=0.712$, $n_{CO_2}=1.288$, $n_{H_2}=0.288$,

$x_{CO}=x_{H_2O}=0.237$, $x_{CO_2}=0.429$, $x_{H_2}=0.096$,

$\varepsilon=0.712$

12-9 $\alpha=0.128\,7$; $p_{CO_2}=82.95$ kPa, $p_{CO}=12.25$ kPa, $p_{O_2}=6.13$ kPa;

$x_{CO_2}=0.818\,6$, $x_{CO}=0.120\,9$, $x_{O_2}=0.060\,5$

12-10 (1) 在 101.325 kPa 下燃烧,3 000 K 的平衡成分为

$x_{CO_2}=0.149\,0$, $x_{CO}=0.168\,9$, $x_{O_2}=0.084\,44$, $x_{N_2}=0.597\,7$

(2) 在 506.625 kPa 下燃烧,3 000 K 的平衡成分为

$x_{CO_2}=0.204\,3$, $x_{CO}=0.121\,8$, $x_{O_2}=0.060\,9$, $x_{N_2}=0.613\,0$

附　　录

附表 1　各种单位制常用单位换算表

量	换算关系
长度	1 m=3.280 8 ft=39.37 in 1 ft=12 in=0.304 8 m 1 in=2.54 cm 1 mile=5 280 ft=$1.609\,3\times10^{3}$ m
质量	1 kg=1 000 g=2.204 61 bm=$6.852\,1\times10^{-2}$ slug 1 lbm=0.453 59 kg=$3.108\,01\times10^{-2}$ slug 1 slug=11 bf·s^2/ft=32.174 1 bm=14.595 kg
时间	1 h=3 600 s=60 min 1 ms=10^{-3} s 1 μs=10^{-6} s
力	1 N=1 kg·m/s^2=0.102 kgf=0.224 8 lbf 1 dyn=1 g·cm/s^2=10^{-5} N 1 lbf=4.448×10^{5} dyn=4.448 N=0.453 6 kgf 1 kgf=9.8 N=2.204 6 lbf=9.8×10^{5} dyn
能量	1 J=1 kg·m^2/s^2=0.102 kgf·m=$0.238\,9\times10^{-3}$ kcal 1 Btu=778.16 ft·lbf=252 cal=1 055.0 J 1 kcal=4 186 J=427.2 kgf·m=3.09 ft·lbf 1 ft·lbf=1.355 8 J=3.24×10^{-4} kcal=0.138 3 kgf·m 1 erg=1 g·cm^2/s^2=10^{-7} J 1 ev=1.602×10^{-19} J 1 kJ=0.947 8 Btu=0.238 8 kcal
功率	1 W=1 kg·m^2/s^3=1 J/s=0.947 8 Btu/s=0.238 8 kcal/s 1 kW=1 000 W=3 412 Btu/h=859.9 kcal/h 1 hp=0.746 kW=2 545 Btu/h=550 ft·lbf/s 1 马力=75 kgf·m/s=735.5 W=2 509 Btu/h=542.3 ft·lbf/s
压力	1 atm=760 mmHg=101 325 N/m^2=1.033 3 kgf/cm^2=14.696 lbf/in^2 1 bar=10^5 N/m^2=1.019 7 kgf/cm^2=750.62 mmHg=14.504 lbf/in^2 1 kgf/cm^2=735.6 mmHg=$9.806\,65\times10^{4}$ N/m^2=14.223 lbf/in^2 1 Pa=1 N/m^2=10^{-5} bar 1 mmHg=$1.359\,5\times10^{-3}$ kgf/cm^2=0.019 34 lbf/in^2=1 Torr 1 atm=760 mmHg=1.013 25 bar
比热容	1 kJ/(kg·K)=0.238 85 kcal/(kg·K)=0.238 8 Btu/(lb·°R) 1 kcal/(kg·K)=4.186 8 kJ/(kg·K)=1 Btu/(lb·°R) 1 Btu/(lb·°R)=4.186 8 kJ/(kg·K)=1 kcal/(kg·K)
比容	1 m^3/kg=16.018 5 ft^3/lb 1 ft^3/lb=0.062 428 m^3/kg

续表

量	换算关系
温度	1 K=1.8 °R °R=°F+459.67 K=℃+273.15 $℃=\frac{5}{9}(°F-32)$

物理常数

阿伏加德罗数　$N_A=6.023\times10^{23}$/mol

玻耳兹曼常数　$k=1.380\times10^{-23}$ J/K

通用气体常数　R_m =8.314 3 J/(mol·K)
=8 314.3 J/(kmol·K)
=1.985 8 Btu/(1 bmol·°R)
=1.985 8 cal/(mol·K)

重力加速度　$g=9.806\ 65$ m/s^2

1 kg 干空气气体常数　R=287.05 J/(kg·K)=29.23 kgf·m/(kg·K)

1 kg 水蒸气气体常数　R=461.5 J/(kg·K)

水的质量热容　c=4.186 8 kJ/(kg·K)

附表 2　空气的热力性质表

T/K	h/(kJ/kg)	p_r	u/(kJ/kg)	v_r	s_T°/(kJ/(kg·K))
200	199.97	0.336 3	142.56	1 707	1.295 59
210	209.97	0.398 7	149.69	1 512	1.344 44
220	219.97	0.469 0	156.82	1 346	1.391 05
230	230.02	0.547 7	164.00	1 205	1.435 57
240	240.02	0.635 5	171.13	1 084	1.478 24
250	250.05	0.732 9	178.28	979	1.519 17
260	260.09	0.840 5	185.45	887.8	1.558 48
270	270.11	0.959 0	192.60	808.0	1.596 34
280	280.13	1.088 9	199.75	738.0	1.632 79
285	285.14	1.158 4	203.33	706.1	1.650 55
290	290.16	1.231 1	206.91	676.1	1.668 02
295	295.17	1.306 8	210.49	647.9	1.685 15
300	300.19	1.386 0	214.07	621.2	1.702 03
305	305.22	1.468 6	217.67	596.0	1.718 65
310	310.24	1.554 6	221.25	572.3	1.734 98
315	315.27	1.644 2	224.85	549.8	1.751 06
320	320.29	1.737 5	228.43	528.6	1.766 90
325	325.31	1.834 5	232.02	508.4	1.782 49
330	330.34	1.935 2	235.61	489.4	1.797 83
340	340.42	2.149	242.82	454.1	1.827 90
350	350.49	2.379	250.02	422.2	1.857 08

续表

T/K	h/(kJ/kg)	p_r	u/(kJ/kg)	v_r	s_T°/(kJ/(kg·K))
360	360.67	2.626	257.24	393.4	1.885 43
370	370.67	2.892	264.46	367.2	1.913 13
380	380.77	3.176	271.69	343.4	1.940 01
390	390.88	3.481	278.93	321.5	1.966 33
400	400.98	3.806	286.16	301.6	1.991 94
410	411.12	4.153	293.43	283.3	2.016 99
420	421.26	4.522	300.69	266.6	2.041 42
430	431.43	4.915	307.99	251.1	2.065 33
440	441.61	5.332	315.30	236.8	2.088 70
450	451.80	5.775	322.52	223.6	2.111 61
460	462.02	6.245	329.97	211.4	2.134 07
470	472.24	6.742	337.32	200.1	2.156 04
480	482.49	7.268	344.70	189.5	2.177 60
490	492.74	7.824	352.08	179.7	2.198 76
500	503.02	8.411	359.49	170.6	2.219 52
510	513.32	9.031	366.92	162.1	2.239 93
520	523.63	9.684	374.36	154.1	2.259 97
530	533.98	10.37	381.84	146.7	2.279 67
540	544.35	11.10	389.34	139.7	2.299 06
550	554.74	11.86	396.86	133.1	2.318 09
560	565.17	12.66	404.42	127.0	2.336 85
570	575.59	13.50	411.97	121.2	2.355 31
580	586.04	14.38	419.55	115.7	2.373 48
590	596.52	15.31	427.15	110.6	2.391 40
600	607.02	16.28	434.78	105.8	2.409 02
610	617.53	17.30	442.42	101.2	2.426 44
620	628.07	18.36	450.09	96.92	2.443 56
630	638.63	19.48	457.78	92.84	2.460 48
640	649.22	20.64	465.50	88.99	2.477 16
650	659.84	21.86	473.25	85.34	2.493 64
660	670.47	23.13	481.01	81.89	2.509 85
670	681.14	24.46	488.81	78.61	2.525 89
680	691.82	25.85	496.62	75.50	2.541 75
690	702.52	27.29	504.45	72.56	2.557 31
700	713.27	28.80	512.33	67.76	2.572 77
710	724.04	30.38	520.23	67.07	2.588 10
720	734.82	32.02	528.14	64.53	2.603 19
730	745.62	33.72	536.07	62.13	2.618 03
740	765.44	35.50	544.02	59.82	2.632 80
750	767.29	37.35	551.09	57.63	2.647 37
760	778.18	39.27	560.01	55.54	2.661 76
780	800.03	43.35	576.12	51.64	2.690 13
800	821.95	47.75	592.30	48.08	2.717 87
820	843.98	52.49	608.59	44.84	2.745 04
840	866.08	57.60	624.95	41.85	2.771 70

续表

T/K	h/(kJ/kg)	p_r	u/(kJ/kg)	v_r	s_T°/(kJ/(kg·K))
860	888.27	63.09	641.40	39.12	2.797 83
880	910.56	68.98	657.95	36.61	2.823 44
900	932.93	75.29	674.58	34.31	2.848 56
920	955.38	82.05	691.28	32.18	2.873 24
940	977.92	89.28	708.08	30.22	2.897 48
960	1 000.55	97.00	725.02	28.40	2.921 28
980	1 023.25	105.02	741.98	26.73	2.944 68
1 000	1 046.04	114.0	758.94	25.17	2.967 70
1 020	1 068.89	123.4	771.60	23.72	2.990 34
1 040	1 091.85	133.3	793.36	22.39	3.012 60
1 060	1 114.86	143.9	810.62	21.14	3.034 49
1 080	1 137.89	155.2	827.88	19.98	3.056 08
1 100	1 161.07	167.1	845.33	18.896	3.077 32
1 120	1 184.28	179.7	862.79	17.886	3.098 25
1 140	1 207.57	193.1	880.35	16.946	3.118 83
1 160	1 230.92	207.2	897.91	16.064	3.139 16
1 180	1 254.34	222.2	915.57	15.241	3.159 16
1 200	1 277.79	238.0	933.53	14.470	3.178 88
1 220	1 301.31	254.7	951.09	13.747	3.198 34
1 240	1 324.93	272.3	968.95	13.069	3.217 51
1 260	1 348.55	290.8	986.90	12.435	3.236 38
1 280	1 372.24	310.4	1 004.76	11.835	3.255 10
1 300	1 395.97	330.9	1 022.82	11.275	3.273 45
1 320	1 419.76	325.5	1 040.88	10.747	3.291 60
1 340	1 443.60	375.3	1 058.94	10.247	3.309 59
1 360	1 467.69	399.1	1 077.10	9.780	3.327 24
1 380	1 491.44	424.2	1 095.26	9.337	3.344 74
1 400	1 515.42	450.5	1 113.52	8.919	3.362 00
1 420	1 539.44	478.0	1 131.77	8.526	3.779 01
1 440	1 563.51	506.9	1 150.13	8.153	3.395 86
1 460	1 587.63	537.1	1 168.49	7.801	3.412 47
1 480	1 611.79	568.8	1 168.95	7.468	3.428 92
1 500	1 635.97	601.9	1 205.41	7.152	3.445 16
1 520	1 660.23	636.5	1 223.87	6.854	3.461 20
1 540	1 684.51	672.8	1 242.43	6.569	3.477 12
1 560	1 708.82	710.5	1 260.99	6.301	3.492 76
1 580	1 733.17	750.0	1 279.65	6.046	3.508 29
1 600	1 757.57	791.2	1 298.30	5.804	3.523 64
1 620	1 782.00	834.1	1 316.96	5.574	3.538 79
1 640	1 806.46	878.9	1 335.72	5.355	3.553 81
1 660	1 830.96	925.6	1 354.48	5.147	3.568 67
1 680	1 855.50	974.2	1 373.24	4.949	3.583 35

续表

T/K	h/(kJ/kg)	p_r	u/(kJ/kg)	v_r	s_T°/(kJ/(kg·K))
1 700	1 880.1	1 025	1 392.7	4.761	3.597 9
1 750	1 941.6	1 161	1 439.8	4.328	3.633 6
1 800	2 000.3	1 310	1 487.2	3.944	3.668 4
1 850	2 065.3	1 475	1 534.9	3.601	3.702 3
1 900	2 127.4	1 655	1 582.6	3.295	3.735 4
1 950	2 189.7	1 852	1 630.6	3.022	3.767 7
2 000	2 252.1	2 068	1 678.7	2.776	3.799 4
2 050	2 314.6	2 303	1 726.8	2.555	3.830 3
2 100	2 377.4	2 559	1 775.3	2.356	3.860 5
2 150	2 440.3	2 837	1 823.8	2.175	3.890 1
2 200	2 503.2	3 138	1 872.4	2.012	3.919 1
2 250	2 566.4	3 464	1 921.3	1.864	3.947 4

附表 3　气体的平均定压比热容

单位：kJ/(kg·K)

温度/℃	O_2	N_2	CO	CO_2	H_2O	SO_2	空气
0	0.915	1.039	1.040	0.815	1.859	0.607	1.004
100	0.923	1.040	1.042	0.866	1.873	0.636	1.006
200	0.935	1.043	1.046	0.910	1.894	0.662	1.012
300	0.950	1.049	1.054	0.949	1.919	0.687	1.019
400	0.965	1.057	1.063	0.983	1.948	0.708	1.028
500	0.979	1.066	1.075	1.013	1.978	0.724	1.039
600	0.993	1.076	1.086	1.040	2.009	0.737	1.050
700	1.005	1.087	1.098	1.064	2.042	0.754	1.061
800	1.016	1.097	1.109	1.085	2.075	0.762	1.071
900	1.026	1.108	1.120	1.104	2.110	0.775	1.081
1 000	1.035	1.118	1.130	1.122	2.144	0.783	1.091
1 100	1.043	1.127	1.140	1.138	2.177	0.791	1.100
1 200	1.051	1.136	1.149	1.153	2.211	0.795	1.108
1 300	1.058	1.145	1.158	1.166	2.243	—	1.117
1 400	1.065	1.153	1.166	1.178	2.274	—	1.124
1 500	1.071	1.160	1.173	1.189	2.305	—	1.131
1 600	1.077	1.167	1.180	1.200	2.335	—	1.138
1 700	1.083	1.174	1.187	1.209	2.363	—	1.144
1 800	1.089	1.180	1.192	1.218	2.391	—	1.150
1 900	1.094	1.186	1.198	1.226	2.417	—	1.156
2 000	1.099	1.191	1.203	1.233	2.442	—	1.161
2 100	1.104	1.197	1.208	1.241	2.466	—	1.166
2 200	1.109	1.201	1.213	1.247	2.489	—	1.171
2 300	1.114	1.206	1.218	1.253	2.512	—	1.176
2 400	1.118	1.210	1.222	1.259	2.533	—	1.180

续表

温度/℃	O_2	N_2	CO	CO_2	H_2O	SO_2	空气
2 500	1.123	1.214	1.226	1.264	2.554	—	1.184
2 600	1.127	—	—	—	2.574	—	—
2 700	1.131	—	—	—	2.594	—	—
2 800	—	—	—	—	2.612	—	—
2 900	—	—	—	—	2.630	—	—
3 000	—	—	—	—	—	—	—

附表 4　气体的平均定容比热容

单位：kJ/(kg·K)

温度/℃	O_2	N_2	CO	CO_2	H_2O	SO_2	空气
0	0.655	0.742	0.743	0.626	1.398	0.477	0.716
100	0.663	0.744	0.745	0.677	1.411	0.507	0.719
200	0.675	0.747	0.749	0.721	1.432	0.532	0.724
300	0.690	0.752	0.757	0.760	1.457	0.557	0.732
400	0.705	0.760	0.767	0.794	1.486	0.578	0.741
500	0.719	0.769	0.777	0.824	1.516	0.595	0.752
600	0.733	0.779	0.789	0.851	1.547	0.607	0.762
700	0.745	0.790	0.801	0.875	1.581	0.624	0.773
800	0.756	0.801	0.812	0.896	1.614	0.632	0.784
900	0.766	0.811	0.823	0.916	1.648	0.645	0.794
1 000	0.775	0.821	0.834	0.933	1.682	0.653	0.804
1 100	0.783	0.830	0.843	0.950	1.716	0.662	0.813
1 200	0.791	0.839	0.857	0.964	1.749	0.666	0.821
1 300	0.798	0.848	0.861	0.977	1.781	—	0.829
1 400	0.805	0.856	0.869	0.989	1.813	—	0.837
1 500	0.811	0.863	0.876	1.001	1.843	—	0.844
1 600	0.817	0.870	0.883	1.011	1.873	—	0.851
1 700	0.823	0.877	0.889	1.020	1.902	—	0.857
1 800	0.829	0.883	0.896	1.029	1.929	—	0.863
1 900	0.834	0.889	0.901	1.037	1.955	—	0.869
2 000	0.839	0.894	0.906	1.045	1.980	—	0.874
2 100	0.844	0.900	0.911	1.052	2.005	—	0.879
2 200	0.849	0.905	0.916	1.058	2.028	—	0.884
2 300	0.854	0.909	0.921	1.064	2.050	—	0.889
2 400	0.858	0.914	0.925	1.070	2.072	—	0.893
2 500	0.863	0.918	0.929	1.075	2.093	—	0.897
2 600	0.868	—	—	—	2.113	—	—
2 700	0.872	—	—	—	2.132	—	—
2 800	—	—	—	—	2.151	—	—
2 900	—	—	—	—	2.168	—	—
3 000	—	—	—	—	—	—	—

附表 5 气体的平均定压比热容

单位：kJ/(m³ · K)

温度/℃	O_2	N_2	CO	CO_2	H_2O	SO_2	空气
0	1.306	1.299	1.299	1.600	1.494	1.733	1.297
100	1.318	1.300	1.302	1.700	1.505	1.813	1.300
200	1.335	1.304	1.307	1.787	1.522	1.888	1.307
300	1.356	1.311	1.317	1.863	1.542	1.955	1.317
400	1.377	1.321	1.329	1.930	1.565	2.018	1.329
500	1.398	1.332	1.343	1.989	1.590	2.068	1.343
600	1.417	1.345	1.357	2.041	1.615	2.114	1.357
700	1.434	1.359	1.372	2.088	1.641	2.152	1.371
800	1.450	1.372	1.386	2.131	1.668	2.181	1.384
900	1.465	1.385	1.400	2.169	1.696	2.215	1.398
1 000	1.478	1.397	1.413	2.204	1.723	2.236	1.410
1 100	1.489	1.409	1.425	2.235	1.750	2.261	1.421
1 200	1.501	1.420	1.436	2.264	1.777	2.278	1.433
1 300	1.511	1.431	1.447	2.290	1.803	—	1.443
1 400	1.520	1.441	1.457	2.314	1.828	—	1.453
1 500	1.529	1.450	1.466	2.335	1.853	—	1.462
1 600	1.538	1.459	1.475	2.355	1.876	—	1.471
1 700	1.546	1.467	1.483	2.374	1.900	—	1.479
1 800	1.554	1.475	1.490	2.392	1.921	—	1.487
1 900	1.562	1.482	1.497	2.407	1.942	—	1.494
2 000	1.569	1.489	1.504	2.422	1.963	—	1.501
2 100	1.576	1.496	1.510	2.436	1.982	—	1.507
2 200	1.583	1.502	1.516	2.448	2.001	—	1.514
2 300	1.590	1.507	1.521	2.460	2.019	—	1.519
2 400	1.596	1.513	1.527	2.471	2.036	—	1.525
2 500	1.603	1.518	1.532	2.481	2.053	—	1.530
2 600	1.609	—	—	—	2.069	—	—
2 700	1.615	—	—	—	2.085	—	—
2 800	—	—	—	—	2.100	—	—
2 900	—	—	—	—	2.113	—	—
3 000	—	—	—	—	—	—	—

附表 6 气体的平均定容比热容

单位：kJ/(m³ · K)

温度/℃	O_2	N_2	CO	CO_2	H_2O	SO_2	空气
0	0.935	0.928	0.928	1.229	1.124	1.361	0.926
100	0.947	0.929	0.931	1.329	1.134	1.440	0.929
200	0.964	0.933	0.936	1.416	1.151	1.516	0.936
300	0.985	0.940	0.946	1.492	1.171	1.597	0.946
400	1.007	0.950	0.958	1.559	1.194	1.645	0.958

续表

温度/℃	O_2	N_2	CO	CO_2	H_2O	SO_2	空气
500	1.027	0.961	0.972	1.618	1.219	1.700	0.972
600	1.046	0.974	0.986	1.670	1.244	1.742	0.986
700	1.063	0.988	1.001	1.717	1.270	1.779	1.000
800	1.079	1.001	1.015	1.760	1.297	1.813	1.013
900	1.094	1.014	1.029	1.798	1.325	1.842	1.026
1 000	1.107	1.026	1.042	1.833	1.352	1.867	1.039
1 100	1.118	1.038	1.054	1.864	1.379	1.888	1.050
1 200	1.130	1.049	1.065	1.893	1.406	1.905	1.062
1 300	1.140	1.060	1.076	1.919	1.432	—	1.072
1 400	1.149	1.070	1.086	1.943	1.457	—	1.082
1 500	1.158	1.079	1.095	1.964	1.482	—	1.091
1 600	1.167	1.088	1.104	1.985	1.505	—	1.100
1 700	1.175	1.096	1.112	2.003	1.529	—	1.108
1 800	1.183	1.104	1.119	2.021	1.550	—	1.116
1 900	1.191	1.111	1.126	2.036	1.571	—	1.123
2 000	1.198	1.118	1.133	2.051	1.592	—	1.130
2 100	1.205	1.125	1.139	2.065	1.611	—	1.136
2 200	1.212	1.130	1.145	2.077	1.630	—	1.143
2 300	1.219	1.136	1.151	2.089	1.648	—	1.148
2 400	1.225	1.142	1.156	2.100	1.666	—	1.154
2 500	1.232	1.147	1.161	2.110	1.682	—	1.159
2 600	1.238	—	—	—	1.698	—	—
2 700	1.244	—	—	—	1.714	—	—
2 800	—	—	—	—	1.729	—	—
2 900	—	—	—	—	1.743	—	—
3 000	—	—	—	—	—	—	—

附表 7 某些理想气体的标准生成焓、焓和 101.325 kPa 下的绝对熵*

	N_2		O_2		CO_2		CO	
	$\bar{h}_f^\circ=0$ kJ/kmol		$\bar{h}_f^\circ=0$ kJ/kmol		$\bar{h}_f^\circ=-393\ 522$ kJ/kmol		$\bar{h}_f^\circ=-110\ 529$ kJ/kmol	
	$M=28.013$		$M=31.999$		$M=44.01$		$M=28.01$	
T/K	$(\bar{h}-\bar{h}^\circ)$/(kJ/kmol)	s_m°/(kJ/(kmol·K))	$(\bar{h}-\bar{h}^\circ)$/(kJ/kmol)	s_m°/(kJ/(kmol·K))	$(\bar{h}-\bar{h}^\circ)$/(kJ/kmol)	s_m°/(kJ/(kmol·K))	$(\bar{h}-\bar{h}^\circ)$/(kJ/kmol)	s_m°/(kJ/(kmol·K))
0	−8 669	0	−8 682	0	−9 364	0	−8 669	0
100	−5 770	159.813	−5 778	173.306	−6 456	179.109	−5 770	165.850
200	−2 858	179.988	−2 866	193.486	−3 414	199.975	−2 858	186.025
298	0	191.611	0	205.142	0	213.795	0	197.653

续表

T/K	$(\bar{h}-\bar{h}^{\circ})$/(kJ/kmol)	s_m°/(kJ/(kmol·K))	$(\bar{h}-\bar{h}^{\circ})$/(kJ/kmol)	s_m°/(kJ/(kmol·K))	$(\bar{h}-\bar{h}^{\circ})$/(kJ/kmol)	s_m°/(kJ/(kmol·K))	$(\bar{h}-\bar{h}^{\circ})$/(kJ/kmol)	s_m°/(kJ/(kmol·K))
300	54	191.791	54	205.322	67	214.025	54	197.833
400	2 971	200.180	3 029	213.874	4 008	225.334	2 975	206.234
500	5 912	206.740	6 088	220.698	8 314	234.924	5 929	212.828
600	8 891	212.175	9 247	226.455	12 916	243.309	8 941	218.313
700	11 937	216.866	12 502	231.272	17 761	250.773	12 021	223.062
800	15 046	221.016	15 841	235.924	22 815	257.517	15 175	227.271
900	18 221	224.757	19 246	239.936	28 041	263.668	18 397	231.066
1 000	21 460	228.167	22 707	243.585	33 405	269.325	21 686	234.531
1 100	24 757	231.309	26 217	246.928	38 894	274.555	25 033	237.719
1 200	28 108	234.225	29 765	250.016	44 484	279.417	28 426	240.673
1 300	31 501	236.941	33 351	252.886	50 158	283.956	31 865	243.426
1 400	34 936	239.484	36 966	255.564	55 907	288.216	35 338	245.999
1 500	38 405	241.878	40 610	258.078	61 714	292.224	38 848	248.421
1 600	41 903	244.137	44 279	260.446	67 580	296.010	42 384	250.702
1 700	45 430	246.275	47 970	262.685	73 492	299.592	45 940	252.861
1 800	48 982	248.304	51 689	264.810	79 442	302.993	49 522	254.907
1 900	52 551	250.237	55 434	266.835	85 429	306.232	53 124	256.852
2 000	56 141	252.078	59 199	268.764	91 450	309.320	56 739	258.710
2 100	59 748	253.836	62 986	270.613	97 500	312.269	60 375	260.480
2 200	63 371	255.522	66 802	272.387	103 575	315.098	64 019	262.174
2 300	67 007	257.137	70 634	274.090	109 671	317.805	67 676	263.802
2 400	70 651	258.689	74 492	275.735	115 788	320.411	71 346	265.362
2 500	74 312	260.183	78 375	277.316	121 926	322.918	75 023	266.865
2 600	77 973	261.622	82 274	278.848	128 085	325.332	78 714	268.312
2 700	81 659	263.011	86 199	280.329	134 256	327.658	82 408	269.705
2 800	85 345	264.350	90 144	281.764	140 444	329.909	86 115	271.053
2 900	89 036	265.647	94 111	283.157	146 645	332.085	89 826	272.358
3 000	92 738	266.902	98 098	284.508	152 862	334.193	93 542	273.618
3 200	100 161	269.295	106 127	287.098	165 331	338.218	100 998	276.023
3 400	107 608	271.555	114 232	289.554	177 849	342.013	108 479	278.291
3 600	115 081	273.689	122 399	291.889	190 405	345.599	115 976	280.433
3 800	122 570	275.741	130 629	294.115	202 999	349.005	123 495	282.467
4 000	130 076	277.638	138 913	296.236	215 635	325.243	131 026	284.369

* 此表摘自 JANAF Themochemical Tables, Thermal Research Laboratory, The Dow Chemical Company, Midland, Michigan.

T/K	NO $\bar{h}_f^\circ$=90 592 kJ/kmol M=30.006 $(\bar{h}-\bar{h}^\circ)$/(kJ/kmol)	s_m°/(kJ/(kmol·K))	NO_2 $\bar{h}_f^\circ$=33 723 kJ/kmol M=46.005 $(\bar{h}-\bar{h}^\circ)$/(kJ/kmol)	s_m°/(kJ/(kmol·K))	H_2O $\bar{h}_f^\circ$=−241 827 kJ/kmol M=18.015 $(\bar{h}-\bar{h}^\circ)$/(kJ/kmol)	s_m°/(kJ/(kmol·K))	H_2 $\bar{h}_f^\circ$=0 kJ/kmol M=2.016 $(\bar{h}-\bar{h}^\circ)$/(kJ/kmol)	s_m°/(kJ/(kmol·K))
0	−9 192	0	−10 196	0	−9 904	0	−8 468	0
100	−6 071	177.034	−6 870	202.431	−6 615	152.390	−5 293	102.145
200	−2 950	198.753	−3 502	225.732	−3 280	175.486	−2 770	119.437
298	0	210.761	0	239.953	0	188.833	0	130.684
300	54	210.950	67	240.183	63	189.038	54	138.864
400	3 042	219.535	3 950	251.321	3 452	198.783	2 958	139.215
500	6 058	226.267	8 150	260.685	6 920	206.523	5 883	145.738
600	9 146	231.890	12 640	268.865	10 498	213.037	8 812	151.077
700	12 309	236.765	17 368	276.149	14 184	218.719	11 749	155.608
800	15 548	241.091	22 288	282.714	17 991	223.803	14 703	159.549
900	18 857	244.991	27 359	288.684	21 924	228.430	17 682	163.060
1 000	22 230	248.543	32 552	294.153	25 978	232.706	20 686	166.223
1 100	25 652	251.806	37 836	299.190	30 167	236.694	23 723	169.118
1 200	29 121	254.823	43 196	303.855	34 476	240.443	26 794	171.792
1 300	32 627	257.626	48 618	308.194	38 903	243.986	29 907	174.281
1 400	36 166	260.250	54 095	312.253	43 447	247.350	33 062	176.620
1 500	39 731	262.710	59 609	316.056	48 095	250.560	36 267	178.833
1 600	43 321	265.028	65 157	319.637	52 844	253.622	39 522	180.929
1 700	46 932	267.216	70 739	323.022	57 685	256.559	42 815	182.929
1 800	50 559	269.287	76 345	326.223	62 609	259.371	46 150	184.833
1 900	54 204	271.258	81 969	329.265	67 613	262.078	49 522	186.657
2 000	57 861	273.136	87 613	332.160	72 689	264.681	52 932	188.406
2 100	561 530	274.927	93 274	334.921	77 831	267.191	56 379	190.088
2 200	65 216	276.638	98 947	337.562	83 036	269.609	59 860	191.707
2 300	68 906	278.279	104 633	340.089	88 295	271.948	63 371	193.268
2 400	72 609	279.856	110 332	342.515	93 604	274.207	66 915	194.778
2 500	76 320	281.370	116 039	344.846	98 964	276.396	70 492	196.234
2 600	80 036	282.827	121 754	347.089	104 370	278.517	74 090	197.649
2 700	83 764	284.232	127 478	349.248	109 813	280.571	77 718	199.017
2 800	88 492	285.592	133 206	351.331	115 294	282.563	81 370	200.343
2 900	91 232	286.902	138 942	353.344	120 813	284.500	85 044	201.636
3 000	94 977	288.174	144 683	355.289	126 361	286.383	88 743	202.887
3 200	102 479	290.592	156 180	359.000	137 553	289.994	96 199	200.343
3 400	110 002	292.876	167 695	362.490	148 854	293.416	103 738	207.577
3 600	117 545	295.031	179 222	365.783	160 247	296.676	111 361	209.757
3 800	125 102	297.073	190 761	368.904	171 724	299.776	119 064	211.841
4 000	132 675	299.014	202 309	371.866	183 280	302.742	126 846	213.837

附表 8 平衡常数的对数值($\ln K_p$)

T/K	$H_2 \rightleftharpoons 2H$	$O_2 \rightleftharpoons 2O$	$N_2 \rightleftharpoons 2N$	$2H_2O \rightleftharpoons 2H_2+O_2$	$2H_2O \rightleftharpoons H_2+2OH$	$2CO_2 \rightleftharpoons 2CO+O_2$	$N_2+O_2 \rightleftharpoons 2NO$
298	−164.005	−186.975	−367.480	−184.416	−212.416	−207.524	−70.104
500	−92.827	−105.630	−213.372	−105.382	−120.562	−115.232	−40.590
1 000	−39.803	−45.150	−99.127	−46.326	−52.068	−47.058	−18.776
1 200	−30.874	−35.005	−80.011	−36.364	−40.566	−35.742	−15.138
1 400	−24.463	−27.742	−66.329	−29.218	−32.198	−27.684	−12.540
1 600	−19.637	−22.285	−56.055	−23.842	−26.132	−21.660	−10.588
1 800	−15.866	−18.030	−48.051	−19.652	−21.314	−16.994	−9.072
2 000	−12.840	−14.622	−41.645	−16.290	−17.456	−13.270	−7.862
2 200	−10.353	−11.827	−36.391	−13.536	−14.296	−10.240	−6.866
2 400	−8.276	−9.497	−32.011	−11.238	−11.664	−7.720	−6.038
2 600	−6.517	−7.521	−28.304	−9.296	−9.438	−5.602	−5.342
2 800	−5.002	−5.826	−25.117	−7.624	−7.526	−3.788	−4.742
3 000	−3.685	−4.357	−22.359	−6.172	−5.874	−2.222	−4.228
3 200	−2.534	−3.072	−19.937	−4.902	−4.424	−0.858	−3.776
3 400	−1.516	−1.935	−17.800	−3.782	−3.152	0.338	−3.380
3 600	−0.609	−0.926	−15.898	−2.784	−2.176	1.402	−3.026
3 800	0.202	−0.019	−14.199	−1.890	−1.002	2.352	−2.712
4 000	0.934	0.796	−12.660	−1.084	−0.088	3.198	−2.432
4 500	2.486	2.513	−9.414	0.624	1.840	4.980	−1.842
5 000	3.725	3.895	−6.807	1.992	3.378	6.394	−1.372
5 500	4.743	5.023	−4.666	3.120	4.636	7.542	−0.994
6 000	5.590	5.963	−2.865	4.064	5.686	8.490	−0.682

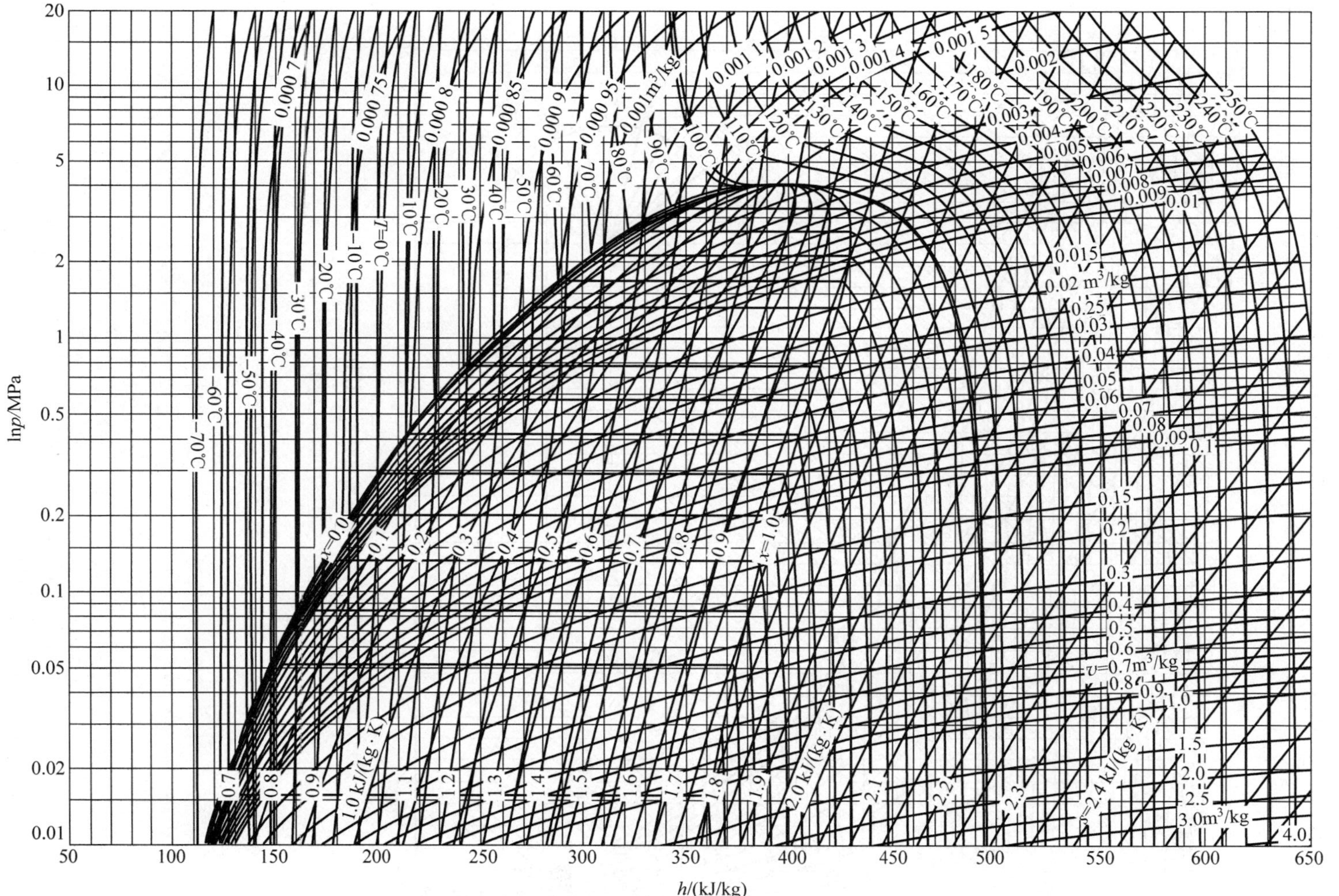

附图 1 HFC134a ln$p$-h 图

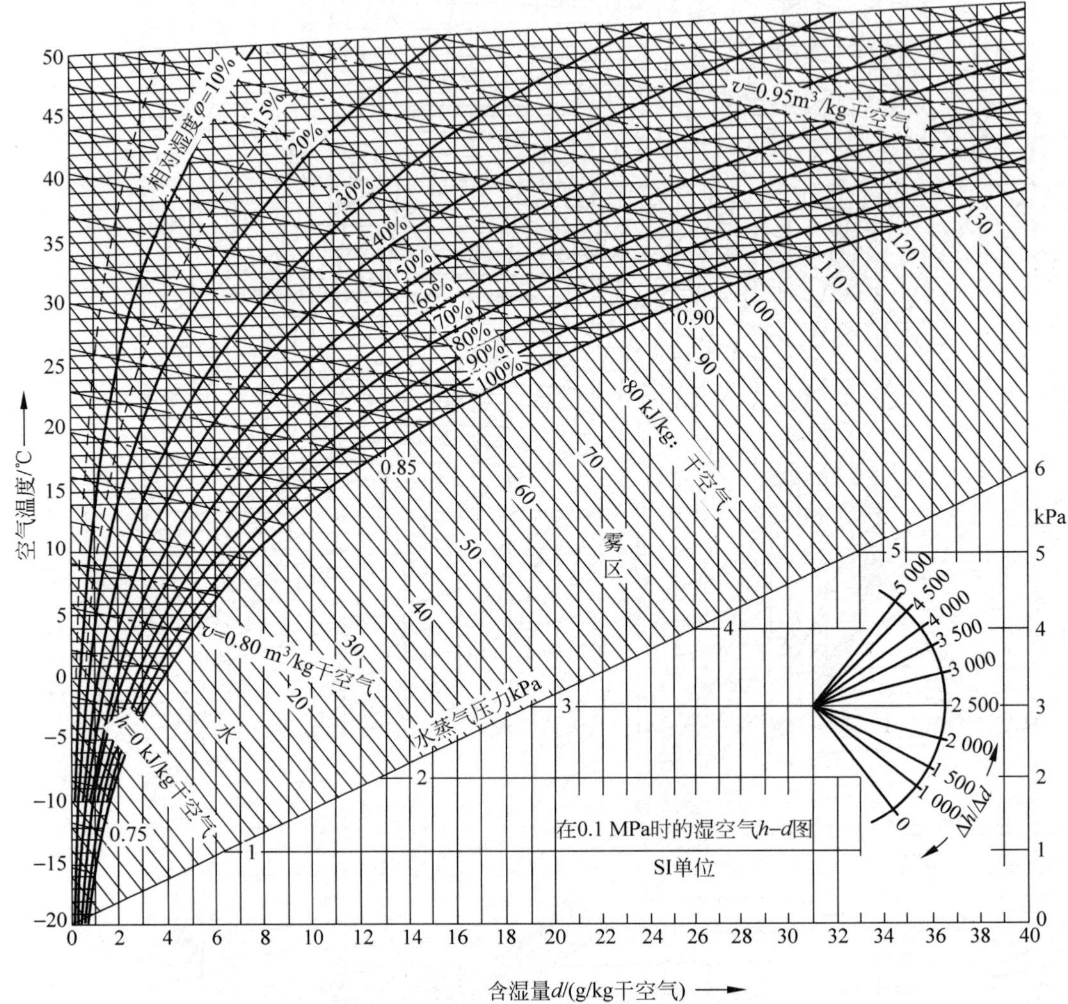
相对湿度φ=10%
15%
20%
30%
40%
50%
60%
70%
80%
90%
100%
v=0.95m³/kg干空气
v=0.80 m³/kg干空气
0.90
0.85
0.75
80 kJ/kg干空气
h=0 kJ/kg干空气
雾区
水
水蒸气压力kPa
在0.1 MPa时的湿空气h-d图
SI单位
Δh/Δd
kPa
空气温度/℃
含湿量d/(g/kg干空气)

附图 2　湿空气的 h-d 图

参考文献

1. 王补宣. 热工基础[M]. 修订 4 版. 北京：人民教育出版社，1981.
2. 沈维道，童钧耕. 工程热力学[M]. 5 版. 北京：高等教育出版社，2016.
3. 邱信立，廉乐明，李力能，等. 工程热力学[M]. 6 版. 北京：建筑工业出版社，2016.
4. 曾丹苓，敖越，张新铭，等. 工程热力学[M]. 3 版. 北京：高等教育出版社，2002.
5. 庞麓鸣，汪孟乐，冯梅仙. 工程热力学[M]. 2 版. 北京：高等教育出版社，1986.
6. 华自强，张忠进，高青，等. 工程热力学[M]. 4 版. 北京：高等教育出版社，2009.
7. 苏长荪，谭连城，刘桂玉. 高等工程热力学[M]. 北京：高等教育出版社，1987.
8. 杨思文，金六一，孔庆煦，等. 高等工程热力学[M]. 北京：高等教育出版社，1988.
9. 朱明善. 能量系统的㶲分析[M]. 北京：清华大学出版社，1988.
10. 朱明善，刘颖，史琳. 工程热力学题型分析[M]. 北京：清华大学出版社，2000.
11. 严家騄. 工程热力学[M]. 6 版. 北京：高等教育出版社，2016.
12. 刘桂玉，等. 工程热力学[M]. 3 版. 北京：高等教育出版社，2002.
13. 吴业正，韩宝琦. 制冷器[M]. 北京：机械工业出版社，1990.
14. 朱明善，陈宏芳，等. 热力学分析[M]. 北京：高等教育出版社，1992.
15. 朱明善，韩礼钟，李立. HFC134a 热物性手册[M]. 清华大学内部发行，1993.
16. 郑令仪，孙祖国，赵静霞. 工程热力学[M]. 2 版. 北京：兵器工业出版社，1993.
17. 沃克. 热力学[M]. 马元，等译. 北京：人民教育出版社，1981.
18. 谢锐生. 热力学原理[M]. 关德相，等译. 北京：人民教育出版社，1981.
19. 贝尔. 工程热力学理论基础及工程应用[M]. 杨东华，等译. 北京：科学出版社，1983.
20. HATSOPOULOS G N，KEENAN J H. Principles of general thermodynamics[M]. John Wiley & Sons，Inc.，1965.
21. HAUNG F F. Engineering thermodynamics fundamentals and applications[M]. Macmillan Publishing Co.，Inc.，1976.
22. VAN WYLEN G J，SONNTAG R E. Fundamentals of classical thermodynamics[M]. 2nd ed. John Wiley and Sons，1978.
23. ZEMANSKY M W，DITTMAN R H. Heat and thermodynamics[M]. 6th ed. McDraw-Hill Book Co.，1981.
24. CRAVALHO E G，SMITH J L. Engineering thermodynamics[M]. Pitman Publishing Inc.，1981.
25. KARLEKAR B V. Thermodynamics for engineers[M]. Prentice-Hall Inc.，1983.
26. DOOLITTLE J S，HALE F J. Thermodynamics for engineers[M]. John Wiley & Sons. Inc.，1983.
27. BLACK W Z，HARTLEY J G. Thermodynamics[M]. Harper & Row publishers，1985.
28. MORAN M J，SHAPIRO H N. Fundamentals of engineering thermodynamics[M]. John Wiley & Sons，1988.
29. 谷下市松. 工業热力学[M]. 応用编. 裳華房，1964.
30. CENGEL Y A，BOLES M A. Thermodynamics，an engineering approach[M]. 10th Ed. New York：McGraw-Hill，2023.